2-10 Variables Associated Expression Systems

1000 Associated Systems

Volume 1 (2nd Edition)

2-10 Variables Associated Expression Systems 1000 Associated Systems Volume 1

Table of Contents

2-10 Variables Associated Expression Systems........1
Abstract........3
Introduction........4
Chapter 1 - 2 Variables Associated Systems........5
Chapter 2 - 3 Variables Associated Systems........16
Chapter 3 - 4 Variables Associated Systems........37
Chapter 4 - 5 Variables Associated Systems........68
Chapter 5 - 6 Variables Associated Systems........107
Chapter 6 - 7 Variables Associated Systems........133
Chapter 7 - 8 Variables Associated Systems........184
Chapter 8 - 9 Variables Associated Systems........235
Chapter 9 - 10 Variables Associated Systems........303
Dedication........371
About Author........372
Bibliography........373

2

Abstract

This book is an applied research of Associated Expression Value System, a new theory of solving mathematics system problems or matrix problems. The book is divided in 9 chapters starting with 2-variables expression systems and completing with 10 variables expression systems. Each chapter contains more than 100 exercise problems with verifications. Associated Value Expression System simplify problem solving and can be learnt from following online resources.

Associated Expression Value System Research

http://dx.doi.org/10.13140/RG.2.2.25361.24166

Linear and System Expressions

http://dx.doi.org/10.13140/RG.2.2.35131.63527

Associated Expression Binary Logic Systems

http://dx.doi.org/10.13140/RG.2.2.17826.03522

Problems may be applied in research work at a university level, associated expression system theory guarantee established system through generalized expression systems. Book is intended to benefit readers or practitioners for the availability of confirm systems based on an associated theory making it possible to solve systems with more than 4-variables. This book makes following exercises available:

1. 2-Variables Associated Systems 100 Exercises
2. 3-Variables Associated Systems 100 Exercises
3. 4-Variables Associated Systems 150 Exercises
4. 5-Variables Associated Systems 150 Exercises
5. 6-Variables Associated Systems 100 Exercises
6. 7-Variables Associated Systems 100 Exercises
7. 8-Variables Associated Systems 100 Exercises
8. 9-Variables Associated Systems 100 Exercises
9. 10-Variables Associated Systems 100 Exercises

*Associated Expression Value System and Associated Value Expression System represent the same concept.

Introduction

A generalized system is well understood associated value expression system. A differentiated root term associate with other expressions through differentiated expressions. If we add solution values in a generalized associated system, this forms (or establishes) new system with existing system design.

If we remove (generalized) associated system we're left with solution (or solution expressions).

New System Formulation:
Solution + Associated System = New System
Solution Formulation:
System - Associated System = Solution
Associated Formulation:
RootTerm + AssociatedTerm = RootValue + AssociatedValue
AssociatedTerm + AssociatedTerm = AssociatedValue + AssociatedValue

Formulation Table. 2 (a)

For comparison between "Linear and System Expressions" read following article:
http://dx.doi.org/10.13140/RG.2.2.35131.63527

For sample research data exercises using generalized expression design refer following document.
http://dx.doi.org/10.13140/RG.2.2.20248.40961

Chapter 1 - 2 Variables Associated Systems

2-10 Variables Associated Expression Systems

2-Variable Systems				Verifications			
1)							
A	B			A	B		
-2	-5			-2	-5		
+4A	+4B	=	-28	-8	-20	=	-28
+4A	+3B	=	-23	-8	-15	=	-23
2)							
A	B			A	B		
17	11			17	11		
+4A	+4B	=	112	68	44	=	112
+2A	+1B	=	45	34	11	=	45
3)							
A	B			A	B		
-16	-1			-16	-1		
+3A	+3B	=	-51	-48	-3	=	-51
+2A	+1B	=	-33	-32	-1	=	-33
4)							
A	B			A	B		
8	19			8	19		
+3A	+3B	=	81	24	57	=	81
+2A	+1B	=	35	16	19	=	35
5)							
A	B			A	B		
6	6			6	6		
+4A	+4B	=	48	24	24	=	48
+5A	+4B	=	54	30	24	=	54

2-Variable Systems				Verifications			
6)							
A	B			A	B		
6	5			6	5		
+3A	+3B	=	33	18	15	=	33
+5A	+4B	=	50	30	20	=	50
7)							
A	B			A	B		
17	20			17	20		
+2A	+2B	=	74	34	40	=	74
+6A	+5B	=	202	102	100	=	202
8)							
A	B			A	B		
9	6			9	6		
+1A	+1B	=	15	9	6	=	15
+5A	+4B	=	69	45	24	=	69
9)							
A	B			A	B		
14	0			14	0		
+2A	+3B	=	28	28	-0	=	28
+4A	+4B	=	56	56	-0	=	56
10)							
A	B			A	B		
12	13			12	13		
+4A	+4B	=	100	48	52	=	100
+4A	+3B	=	87	48	39	=	87

2-10 Variables Associated Expression Systems	1000 Associated Systems Volume 1

2-Variable Systems	Verifications	2-Variable Systems	Verifications
11) A B 16 15 +3A +3B = 93 +6A +5B = 171	A B 16 15 48 45 = 93 96 75 = 171	16) A B 4 16 +2A +2B = 40 +5A +4B = 84	A B 4 16 8 32 = 40 20 64 = 84
12) A B 9 3 +2A +2B = 24 +4A +3B = 45	A B 9 3 18 6 = 24 36 9 = 45	17) A B 12 2 +4A +4B = 56 +2A +1B = 26	A B 12 2 48 8 = 56 24 2 = 26
13) A B 2 19 +1A +1B = 21 +5A +4B = 86	A B 2 19 2 19 = 21 10 76 = 86	18) A B 19 2 +4A +4B = 84 +5A +4B = 103	A B 19 2 76 8 = 84 95 8 = 103
14) A B 19 0 +2A +2B = 38 +3A +2B = 57	A B 19 0 38 -0 = 38 57 -0 = 57	19) A B 10 16 +1A +1B = 26 +6A +5B = 140	A B 10 16 10 16 = 26 60 80 = 140
15) A B 7 13 +3A +3B = 60 +2A +1B = 27	A B 7 13 21 39 = 60 14 13 = 27	20) A B -6 -18 +3A +3B = -72 +3A +2B = -54	A B -6 -18 -18 -54 = -72 -18 -36 = -54

2-Variable Systems	Verifications	2-Variable Systems	Verifications
21)		26)	
A B 11 6 +3A +3B = 51 +2A +1B = 28	A B 11 6 33 18 = 51 22 6 = 28	A B 18 4 +3A +3B = 66 +4A +3B = 84	A B 18 4 54 12 = 66 72 12 = 84
22)		27)	
A B 12 13 +1A +1B = 25 +6A +5B = 137	A B 12 13 12 13 = 25 72 65 = 137	A B -2 -1 +2A +2B = -6 +6A +5B = -17	A B -2 -1 -4 -2 = -6 -12 -5 = -17
23)		28)	
A B -1 -1 +2A +4B = -4 +5A +6B = -9	A B -1 -1 -2 -4 = -4 -5 -6 = -9	A B -18 -12 +4A +4B = -120 +3A +2B = -78	A B -18 -12 -72 -48 = -120 -54 -24 = -78
24)		29)	
A B -17 -15 +1A +1B = -32 +4A +3B = -113	A B -17 -15 -17 -15 = -32 -68 -45 = -113	A B 11 18 +1A +1B = 29 +5A +4B = 127	A B 11 18 11 18 = 29 55 72 = 127
25)		30)	
A B 6 14 +4A +4B = 80 +5A +4B = 86	A B 6 14 24 56 = 80 30 56 = 86	A B 2 18 +2A +2B = 40 +6A +5B = 102	A B 2 18 4 36 = 40 12 90 = 102

2-10 Variables Associated Expression Systems

2-Variable Systems	Verifications	2-Variable Systems	Verifications
31) A B 9 2 +2A +2B = 22 +2A +1B = 20	A B 9 2 18 4 = 22 18 2 = 20	36) A B 17 5 +4A +4B = 88 +5A +4B = 105	A B 17 5 68 20 = 88 85 20 = 105
32) A B 17 0 +2A +2B = 34 +4A +3B = 68	A B 17 0 34 -0 = 34 68 -0 = 68	37) A B 6 18 +3A +3B = 72 +3A +2B = 54	A B 6 18 18 54 = 72 18 36 = 54
33) A B 11 2 +4A +4B = 52 +4A +3B = 50	A B 11 2 44 8 = 52 44 6 = 50	38) A B 5 5 +4A +4B = 40 +5A +4B = 45	A B 5 5 20 20 = 40 25 20 = 45
34) A B 8 11 +2A +2B = 38 +2A +1B = 27	A B 8 11 16 22 = 38 16 11 = 27	39) A B 2 9 +1A +1B = 11 +5A +4B = 46	A B 2 9 2 9 = 11 10 36 = 46
35) A B 19 11 +3A +3B = 90 +5A +4B = 139	A B 19 11 57 33 = 90 95 44 = 139	40) A B 9 9 +1A +1B = 18 +5A +4B = 81	A B 9 9 9 9 = 18 45 36 = 81

2-10 Variables Associated Expression Systems

2-Variable Systems	Verifications	2-Variable Systems	Verifications
41)		46)	
A B -13 -17	A B -13 -17	A B -15 -18	A B -15 -18
+1A +1B = -30 +2A +1B = -43	-13 -17 = -30 -26 -17 = -43	+2A +2B = -66 +2A +1B = -48	-30 -36 = -66 -30 -18 = -48
42)		47)	
A B 17 8	A B 17 8	A B 1 8	A B 1 8
+2A +2B = 50 +2A +1B = 42	34 16 = 50 34 8 = 42	+3A +3B = 27 +2A +1B = 10	3 24 = 27 2 8 = 10
43)		48)	
A B -13 -20	A B -13 -20	A B 1 5	A B 1 5
+2A +2B = -66 +3A +2B = -79	-26 -40 = -66 -39 -40 = -79	+1A +1B = 6 +6A +5B = 31	1 5 = 6 6 25 = 31
44)		49)	
A B 16 10	A B 16 10	A B 17 0	A B 17 0
+1A +1B = 26 +6A +5B = 146	16 10 = 26 96 50 = 146	+2A +3B = 34 +4A +4B = 68	34 -0 = 34 68 -0 = 68
45)		50)	
A B 4 18	A B 4 18	A B 16 7	A B 16 7
+2A +2B = 44 +5A +4B = 92	8 36 = 44 20 72 = 92	+4A +4B = 92 +2A +1B = 39	64 28 = 92 32 7 = 39

2-Variable Systems

51)

A	B
13	19

$+4A +4B = 128$
$+5A +4B = 141$

Verifications

A	B
13	19

$52 \quad 76 = 128$
$65 \quad 76 = 141$

52)

A	B
17	20

$+3A +3B = 111$
$+5A +4B = 165$

Verifications

A	B
17	20

$51 \quad 60 = 111$
$85 \quad 80 = 165$

53)

A	B
15	6

$+3A +3B = 63$
$+5A +4B = 99$

Verifications

A	B
15	6

$45 \quad 18 = 63$
$75 \quad 24 = 99$

54)

A	B
12	13

$+4A +4B = 100$
$+5A +4B = 112$

Verifications

A	B
12	13

$48 \quad 52 = 100$
$60 \quad 52 = 112$

55)

A	B
-2	-19

$+1A +1B = -21$
$+2A +1B = -23$

Verifications

A	B
-2	-19

$-2 \quad -19 = -21$
$-4 \quad -19 = -23$

56)

A	B
-10	-13

$+3A +3B = -69$
$+6A +5B = -125$

Verifications

A	B
-10	-13

$-30 \quad -39 = -69$
$-60 \quad -65 = -125$

57)

A	B
-1	-13

$+2A +2B = -28$
$+4A +3B = -43$

Verifications

A	B
-1	-13

$-2 \quad -26 = -28$
$-4 \quad -39 = -43$

58)

A	B
12	7

$+1A +1B = 19$
$+3A +2B = 50$

Verifications

A	B
12	7

$12 \quad 7 = 19$
$36 \quad 14 = 50$

59)

A	B
12	12

$+1A +1B = 24$
$+4A +3B = 84$

Verifications

A	B
12	12

$12 \quad 12 = 24$
$48 \quad 36 = 84$

60)

A	B
18	6

$+1A +1B = 24$
$+2A +1B = 42$

Verifications

A	B
18	6

$18 \quad 6 = 24$
$36 \quad 6 = 42$

2-10 Variables Associated Expression Systems

2-Variable Systems	Verifications

61)

A	B			A	B		
7	0			7	0		
+4A	+4B	=	28	28	-0	=	28
+4A	+3B	=	28	28	-0	=	28

62)

A	B			A	B		
6	0			6	0		
+1A	+2B	=	6	6	-0	=	6
+3A	+3B	=	18	18	-0	=	18

63)

A	B			A	B		
15	5			15	5		
+2A	+2B	=	40	30	10	=	40
+6A	+5B	=	115	90	25	=	115

64)

A	B			A	B		
16	7			16	7		
+3A	+3B	=	69	48	21	=	69
+6A	+5B	=	131	96	35	=	131

65)

A	B			A	B		
0	5			0	5		
+3A	+3B	=	15	-0	15	=	15
+6A	+5B	=	25	-0	25	=	25

66)

A	B			A	B		
-13	-9			-13	-9		
+1A	+1B	=	-22	-13	-9	=	-22
+6A	+5B	=	-123	-78	-45	=	-123

67)

A	B			A	B		
-12	-7			-12	-7		
+2A	+2B	=	-38	-24	-14	=	-38
+4A	+3B	=	-69	-48	-21	=	-69

68)

A	B			A	B		
2	1			2	1		
+4A	+4B	=	12	8	4	=	12
+3A	+2B	=	8	6	2	=	8

69)

A	B			A	B		
14	0			14	0		
+3A	+4B	=	42	42	-0	=	42
+3A	+3B	=	42	42	-0	=	42

70)

A	B			A	B		
8	4			8	4		
+3A	+3B	=	36	24	12	=	36
+5A	+4B	=	56	40	16	=	56

2-10 Variables Associated Expression Systems — 1000 Associated Systems Volume 1

2-Variable Systems	Verifications	2-Variable Systems	Verifications

71)

A	B			A	B		
19	6			19	6		
+3A	+3B	=	75	57	18	=	75
+4A	+3B	=	94	76	18	=	94

76)

A	B			A	B		
5	19			5	19		
+1A	+1B	=	24	5	19	=	24
+2A	+1B	=	29	10	19	=	29

72)

A	B			A	B		
7	2			7	2		
+3A	+3B	=	27	21	6	=	27
+2A	+1B	=	16	14	2	=	16

77)

A	B			A	B		
15	2			15	2		
+4A	+4B	=	68	60	8	=	68
+2A	+1B	=	32	30	2	=	32

73)

A	B			A	B		
16	0			16	0		
+2A	+3B	=	32	32	-0	=	32
+6A	+6B	=	96	96	-0	=	96

78)

A	B			A	B		
8	19			8	19		
+3A	+3B	=	81	24	57	=	81
+6A	+5B	=	143	48	95	=	143

74)

A	B			A	B		
5	1			5	1		
+4A	+4B	=	24	20	4	=	24
+5A	+4B	=	29	25	4	=	29

79)

A	B			A	B		
12	0			12	0		
+4A	+8B	=	48	48	-0	=	48
+4A	+7B	=	48	48	-0	=	48

75)

A	B			A	B		
8	8			8	8		
+4A	+4B	=	64	32	32	=	64
+5A	+4B	=	72	40	32	=	72

80)

A	B			A	B		
11	7			11	7		
+2A	+2B	=	36	22	14	=	36
+5A	+4B	=	83	55	28	=	83

2-10 Variables Associated Expression Systems

2-Variable Systems	Verifications

81)

A	B			A	B		
6	11			6	11		
+4A	+4B	=	68	24	44	=	68
+6A	+5B	=	91	36	55	=	91

82)

A	B			A	B		
13	11			13	11		
+1A	+1B	=	24	13	11	=	24
+6A	+5B	=	133	78	55	=	133

83)

A	B			A	B		
19	12			19	12		
+2A	+2B	=	62	38	24	=	62
+5A	+4B	=	143	95	48	=	143

84)

A	B			A	B		
15	3			15	3		
+3A	+3B	=	54	45	9	=	54
+4A	+3B	=	69	60	9	=	69

85)

A	B			A	B		
-5	-15			-5	-15		
+1A	+1B	=	-20	-5	-15	=	-20
+2A	+1B	=	-25	-10	-15	=	-25

86)

A	B			A	B		
-10	-14			-10	-14		
+2A	+2B	=	-48	-20	-28	=	-48
+3A	+2B	=	-58	-30	-28	=	-58

87)

A	B			A	B		
11	8			11	8		
+1A	+1B	=	19	11	8	=	19
+5A	+4B	=	87	55	32	=	87

88)

A	B			A	B		
-9	-11			-9	-11		
+4A	+4B	=	-80	-36	-44	=	-80
+3A	+2B	=	-49	-27	-22	=	-49

89)

A	B			A	B		
5	2			5	2		
+1A	+1B	=	7	5	2	=	7
+5A	+4B	=	33	25	8	=	33

90)

A	B			A	B		
-11	-6			-11	-6		
+4A	+4B	=	-68	-44	-24	=	-68
+4A	+3B	=	-62	-44	-18	=	-62

2-10 Variables Associated Expression Systems — 1000 Associated Systems Volume 1

2-Variable Systems	Verifications	2-Variable Systems	Verifications
91) A B 4 18 +2A +2B = 44 +5A +4B = 92	A B 4 18 8 36 = 44 20 72 = 92	**96)** A B -7 -4 +2A +2B = -22 +4A +3B = -40	A B -7 -4 -14 -8 = -22 -28 -12 = -40
92) A B 6 20 +2A +2B = 52 +2A +1B = 32	A B 6 20 12 40 = 52 12 20 = 32	**97)** A B 18 13 +2A +2B = 62 +5A +4B = 142	A B 18 13 36 26 = 62 90 52 = 142
93) A B -3 -14 +3A +3B = -51 +5A +4B = -71	A B -3 -14 -9 -42 = -51 -15 -56 = -71	**98)** A B -13 -15 +2A +2B = -56 +2A +1B = -41	A B -13 -15 -26 -30 = -56 -26 -15 = -41
94) A B -5 -18 +1A +1B = -23 +6A +5B = -120	A B -5 -18 -5 -18 = -23 -30 -90 = -120	**99)** A B 18 0 +4A +6B = 72 +6A +7B = 108	A B 18 0 72 -0 = 72 108 -0 = 108
95) A B 14 0 +2A +2B = 28 +6A +5B = 84	A B 14 0 28 -0 = 28 84 -0 = 84	**100)** A B 6 14 +4A +4B = 80 +4A +3B = 66	A B 6 14 24 56 = 80 24 42 = 66

Chapter 2 - 3 Variables Associated Systems

2-10 Variables Associated Expression Systems　　　　1000 Associated Systems Volume 1

| 3-Variable Systems | Verifications |

1)

A	B	C			A	B	C		
8	17	2			8	17	2		
+7A	+9B	+5C	=	219	56	153	10	=	219
+8A	+11B	+5C	=	261	64	187	10	=	261
+8A	+10B	+4C	=	242	64	170	8	=	242

2)

A	B	C			A	B	C		
3	8	14			3	8	14		
+6A	+4B	+6C	=	134	18	32	84	=	134
+8A	+6B	+7C	=	170	24	48	98	=	170
+9A	+6B	+7C	=	173	27	48	98	=	173

3)

A	B	C			A	B	C		
9	12	14			9	12	14		
+3A	+3B	+7C	=	161	27	36	98	=	161
+3A	+3B	+6C	=	147	27	36	84	=	147
+5A	+4B	+7C	=	191	45	48	98	=	191

4)

A	B	C			A	B	C		
16	5	12			16	5	12		
+12A	+11B	+15C	=	427	192	55	180	=	427
+13A	+12B	+15C	=	448	208	60	180	=	448
+14A	+12B	+15C	=	464	224	60	180	=	464

5)

A	B	C			A	B	C		
7	18	0			7	18	0		
+10A	+9B	+10C	=	232	70	162	-0	=	232
+14A	+14B	+13C	=	350	98	252	-0	=	350
+15A	+14B	+13C	=	357	105	252	-0	=	357

2-10 Variables Associated Expression Systems

3-Variable Systems					Verifications				
6)									
A	B	C			A	B	C		
1	4	3			1	4	3		
+5A	+5B	+5C	=	40	5	20	15	=	40
+6A	+7B	+5C	=	49	6	28	15	=	49
+7A	+7B	+5C	=	50	7	28	15	=	50
7)									
A	B	C			A	B	C		
10	0	1			10	0	1		
+7A	+7B	+5C	=	75	70	-0	5	=	75
+9A	+9B	+6C	=	96	90	-0	6	=	96
+8A	+7B	+4C	=	84	80	-0	4	=	84
8)									
A	B	C			A	B	C		
13	12	2			13	12	2		
+8A	+4B	+8C	=	168	104	48	16	=	168
+8A	+4B	+7C	=	166	104	48	14	=	166
+12A	+7B	+10C	=	260	156	84	20	=	260
9)									
A	B	C			A	B	C		
4	10	4			4	10	4		
+5A	+4B	+5C	=	80	20	40	20	=	80
+8A	+7B	+7C	=	130	32	70	28	=	130
+10A	+8B	+8C	=	152	40	80	32	=	152
10)									
A	B	C			A	B	C		
-7	-7	-2			-7	-7	-2		
+1A	+1B	+2C	=	-18	-7	-7	-4	=	-18
+4A	+5B	+4C	=	-71	-28	-35	-8	=	-71
+8A	+8B	+7C	=	-126	-56	-56	-14	=	-126

3-Variable Systems	Verifications
11)	
A B C -19 -9 -17 +4A +9B +2C = -191 +9A +14B +6C = -399 +8A +12B +4C = -328	A B C -19 -9 -17 -76 -81 -34 = -191 -171 -126 -102 = -399 -152 -108 -68 = -328
12)	
A B C -15 -8 -21 +5A +2B +5C = -196 +6A +3B +5C = -219 +8A +4B +6C = -278	A B C -15 -8 -21 -75 -16 -105 = -196 -90 -24 -105 = -219 -120 -32 -126 = -278
13)	
A B C 0 18 10 +3A +10B +3C = 210 +5A +12B +4C = 256 +8A +14B +6C = 312	A B C 0 18 10 -0 180 30 = 210 -0 216 40 = 256 -0 252 60 = 312
14)	
A B C 10 20 15 +4A +2B +4C = 140 +7A +5B +6C = 260 +6A +3B +4C = 180	A B C 10 20 15 40 40 60 = 140 70 100 90 = 260 60 60 60 = 180
15)	
A B C 3 4 13 +9A +8B +12C = 215 +12A +12B +14C = 266 +16A +15B +17C = 329	A B C 3 4 13 27 32 156 = 215 36 48 182 = 266 48 60 221 = 329

3-Variable Systems

16)

A	B	C		
15	11	6		
+6A	+12B	+6C	=	258
+4A	+10B	+3C	=	188
+6A	+11B	+4C	=	235

17)

A	B	C		
9	14	21		
+10A	+10B	+10C	=	440
+13A	+17B	+12C	=	607
+15A	+18B	+13C	=	660

18)

A	B	C		
16	0	18		
+9A	+4B	+9C	=	306
+11A	+7B	+10C	=	356
+15A	+10B	+13C	=	474

19)

A	B	C		
17	17	18		
+4A	+4B	+4C	=	208
+4A	+4B	+3C	=	190
+3A	+2B	+1C	=	103

20)

A	B	C		
-15	-11	-1		
+6A	+8B	+6C	=	-184
+6A	+10B	+5C	=	-205
+6A	+9B	+4C	=	-193

Verifications

16)

A	B	C		
15	11	6		
90	132	36	=	258
60	110	18	=	188
90	121	24	=	235

17)

A	B	C		
9	14	21		
90	140	210	=	440
117	238	252	=	607
135	252	273	=	660

18)

A	B	C		
16	0	18		
144	-0	162	=	306
176	-0	180	=	356
240	-0	234	=	474

19)

A	B	C		
17	17	18		
68	68	72	=	208
68	68	54	=	190
51	34	18	=	103

20)

A	B	C		
-15	-11	-1		
-90	-88	-6	=	-184
-90	-110	-5	=	-205
-90	-99	-4	=	-193

2-10 Variables Associated Expression Systems

3-Variable Systems

21)

A	B	C		
-12	-1	-15		
+6A	+2B	+6C	=	-164
+6A	+4B	+5C	=	-151
+11A	+8B	+9C	=	-275

Verifications

A	B	C		
-12	-1	-15		
-72	-2	-90	=	-164
-72	-4	-75	=	-151
-132	-8	-135	=	-275

22)

A	B	C		
-12	-17	-15		
+7A	+4B	+5C	=	-227
+5A	+4B	+2C	=	-158
+11A	+9B	+7C	=	-390

A	B	C		
-12	-17	-15		
-84	-68	-75	=	-227
-60	-68	-30	=	-158
-132	-153	-105	=	-390

23)

A	B	C		
-4	-6	-2		
+3A	+3B	+3C	=	-36
+3A	+3B	+2C	=	-34
+8A	+7B	+6C	=	-86

A	B	C		
-4	-6	-2		
-12	-18	-6	=	-36
-12	-18	-4	=	-34
-32	-42	-12	=	-86

24)

A	B	C		
0	13	14		
+10A	+12B	+10C	=	296
+9A	+11B	+8C	=	255
+10A	+11B	+8C	=	255

A	B	C		
0	13	14		
-0	156	140	=	296
-0	143	112	=	255
-0	143	112	=	255

25)

A	B	C		
6	1	20		
+3A	+1B	+3C	=	79
+5A	+3B	+4C	=	113
+6A	+3B	+4C	=	119

A	B	C		
6	1	20		
18	1	60	=	79
30	3	80	=	113
36	3	80	=	119

3-Variable Systems

26)

A	B	C		
7	18	2		
+9A	+5B	+7C	=	167
+7A	+3B	+4C	=	111
+12A	+7B	+8C	=	226

27)

A	B	C		
1	13	21		
+2A	+5B	+2C	=	109
+5A	+11B	+4C	=	232
+9A	+14B	+7C	=	338

28)

A	B	C		
11	11	20		
+9A	+9B	+9C	=	378
+10A	+11B	+9C	=	411
+13A	+13B	+11C	=	506

29)

A	B	C		
14	20	14		
+7A	+10B	+11C	=	452
+8A	+12B	+11C	=	506
+12A	+15B	+14C	=	664

30)

A	B	C		
10	11	21		
+10A	+9B	+13C	=	472
+10A	+10B	+12C	=	462
+11A	+10B	+12C	=	472

Verifications

26)

A	B	C		
7	18	2		
63	90	14	=	167
49	54	8	=	111
84	126	16	=	226

27)

A	B	C		
1	13	21		
2	65	42	=	109
5	143	84	=	232
9	182	147	=	338

28)

A	B	C		
11	11	20		
99	99	180	=	378
110	121	180	=	411
143	143	220	=	506

29)

A	B	C		
14	20	14		
98	200	154	=	452
112	240	154	=	506
168	300	196	=	664

30)

A	B	C		
10	11	21		
100	99	273	=	472
100	110	252	=	462
110	110	252	=	472

2-10 Variables Associated Expression Systems 1000 Associated Systems Volume 1

3-Variable Systems | Verifications

31)

A	B	C			A	B	C		
19	2	17			19	2	17		
+6A	+8B	+6C	=	232	114	16	102	=	232
+9A	+13B	+8C	=	333	171	26	136	=	333
+13A	+16B	+11C	=	466	247	32	187	=	466

32)

A	B	C			A	B	C		
3	4	1			3	4	1		
+2A	+1B	+2C	=	12	6	4	2	=	12
+3A	+2B	+2C	=	19	9	8	2	=	19
+6A	+4B	+4C	=	38	18	16	4	=	38

33)

A	B	C			A	B	C		
11	4	20			11	4	20		
+3A	+2B	+3C	=	101	33	8	60	=	101
+6A	+7B	+5C	=	194	66	28	100	=	194
+9A	+9B	+7C	=	275	99	36	140	=	275

34)

A	B	C			A	B	C		
0	6	8			0	6	8		
+5A	+8B	+5C	=	88	-0	48	40	=	88
+7A	+10B	+6C	=	108	-0	60	48	=	108
+6A	+8B	+4C	=	80	-0	48	32	=	80

35)

A	B	C			A	B	C		
3	5	20			3	5	20		
+5A	+6B	+5C	=	145	15	30	100	=	145
+8A	+10B	+7C	=	214	24	50	140	=	214
+11A	+12B	+9C	=	273	33	60	180	=	273

3-Variable Systems

36)

A	B	C		
7	18	9		
+9A	+8B	+9C	=	288
+12A	+11B	+11C	=	381
+12A	+10B	+10C	=	354

Verifications

A	B	C		
7	18	9		
63	144	81	=	288
84	198	99	=	381
84	180	90	=	354

37)

A	B	C		
3	14	0		
+6A	+2B	+6C	=	46
+11A	+8B	+10C	=	145
+13A	+9B	+11C	=	165

A	B	C		
3	14	0		
18	28	-0	=	46
33	112	-0	=	145
39	126	-0	=	165

38)

A	B	C		
10	11	1		
+6A	+9B	+6C	=	165
+4A	+7B	+3C	=	120
+9A	+11B	+7C	=	218

A	B	C		
10	11	1		
60	99	6	=	165
40	77	3	=	120
90	121	7	=	218

39)

A	B	C		
16	19	19		
+5A	+7B	+3C	=	270
+7A	+10B	+4C	=	378
+7A	+9B	+3C	=	340

A	B	C		
16	19	19		
80	133	57	=	270
112	190	76	=	378
112	171	57	=	340

40)

A	B	C		
-2	-10	0		
+5A	+9B	+5C	=	-100
+6A	+11B	+5C	=	-122
+8A	+12B	+6C	=	-136

A	B	C		
-2	-10	0		
-10	-90	-0	=	-100
-12	-110	-0	=	-122
-16	-120	-0	=	-136

2-10 Variables Associated Expression Systems   1000 Associated Systems Volume 1

| 3-Variable Systems | Verifications |

41)

```
     A     B     C                        A     B     C
    -7    -9   -19                       -7    -9   -19

   +5A   +8B   +5C  =  -202             -35   -72   -95  =  -202
  +10A  +14B   +9C  =  -367             -70  -126  -171  =  -367
  +11A  +14B   +9C  =  -374             -77  -126  -171  =  -374
```

42)

```
     A     B     C                        A     B     C
    13     7     0                       13     7     0

   +8A   +2B   +8C  =   118             104    14    -0  =   118
  +13A   +7B  +12C  =   218             169    49    -0  =   218
  +15A   +8B  +13C  =   251             195    56    -0  =   251
```

43)

```
     A     B     C                        A     B     C
     9     0     8                        9     0     8

   +7A   +8B   +7C  =   119              63    -0    56  =   119
   +8A  +10B   +7C  =   128              72    -0    56  =   128
   +9A  +10B   +7C  =   137              81    -0    56  =   137
```

44)

```
     A     B     C                        A     B     C
     6    20    17                        6    20    17

  +12A  +12B  +15C  =   567              72   240   255  =   567
  +11A  +11B  +13C  =   507              66   220   221  =   507
  +16A  +15B  +17C  =   685              96   300   289  =   685
```

45)

```
     A     B     C                        A     B     C
    16    11    11                       16    11    11

   +4A   +6B   +6C  =   196              64    66    66  =   196
   +3A   +8B   +4C  =   180              48    88    44  =   180
   +9A  +13B   +9C  =   386             144   143    99  =   386
```

3-Variable Systems

46)

A	B	C		
2	19	11		
+9A	+8B	+5C	=	225
+7A	+6B	+2C	=	150
+12A	+10B	+6C	=	280

Verifications

A	B	C		
2	19	11		
18	152	55	=	225
14	114	22	=	150
24	190	66	=	280

47)

A	B	C		
0	12	0		
+2A	+8B	+2C	=	96
+4A	+11B	+3C	=	132
+7A	+13B	+5C	=	156

A	B	C		
0	12	0		
0	96	-0	=	96
-0	132	-0	=	132
-0	156	-0	=	156

48)

A	B	C		
13	6	14		
+4A	+9B	+5C	=	176
+5A	+10B	+5C	=	195
+6A	+10B	+5C	=	208

A	B	C		
13	6	14		
52	54	70	=	176
65	60	70	=	195
78	60	70	=	208

49)

A	B	C		
-14	-6	-7		
+8A	+4B	+8C	=	-192
+7A	+3B	+6C	=	-158
+9A	+4B	+7C	=	-199

A	B	C		
-14	-6	-7		
-112	-24	-56	=	-192
-98	-18	-42	=	-158
-126	-24	-49	=	-199

50)

A	B	C		
-3	0	0		
+3A	+11B	+3C	=	-9
+3A	+11B	+2C	=	-9
+4A	+11B	+2C	=	-12

A	B	C		
-3	0	0		
-9	-0	-0	=	-9
-9	-0	-0	=	-9
-12	-0	-0	=	-12

2-10 Variables Associated Expression Systems 1000 Associated Systems Volume 1

3-Variable Systems

Verifications

51)

A	B	C
-10	-18	-3

+8A	+3B	+6C	=	-152
+9A	+5B	+6C	=	-198
+14A	+9B	+10C	=	-332

A	B	C
-10	-18	-3

-80	-54	-18	=	-152
-90	-90	-18	=	-198
-140	-162	-30	=	-332

52)

A	B	C
15	2	21

+11A	+6B	+11C	=	408
+12A	+7B	+11C	=	425
+15A	+9B	+13C	=	516

A	B	C
15	2	21

165	12	231	=	408
180	14	231	=	425
225	18	273	=	516

53)

A	B	C
6	3	13

+3A	+3B	+5C	=	92
+6A	+6B	+7C	=	145
+6A	+5B	+6C	=	129

A	B	C
6	3	13

18	9	65	=	92
36	18	91	=	145
36	15	78	=	129

54)

A	B	C
2	6	15

+8A	+8B	+8C	=	184
+8A	+11B	+7C	=	187
+7A	+9B	+5C	=	143

A	B	C
2	6	15

16	48	120	=	184
16	66	105	=	187
14	54	75	=	143

55)

A	B	C
18	20	19

+9A	+7B	+9C	=	473
+11A	+11B	+10C	=	608
+12A	+11B	+10C	=	626

A	B	C
18	20	19

162	140	171	=	473
198	220	190	=	608
216	220	190	=	626

3-Variable Systems

56)

A	B	C		
13	6	20		
+4A	+6B	+4C	=	168
+5A	+9B	+4C	=	199
+8A	+11B	+6C	=	290

Verifications

A	B	C		
13	6	20		
52	36	80	=	168
65	54	80	=	199
104	66	120	=	290

57)

A	B	C		
9	14	6		
+5A	+4B	+5C	=	131
+6A	+5B	+5C	=	154
+6A	+4B	+4C	=	134

A	B	C		
9	14	6		
45	56	30	=	131
54	70	30	=	154
54	56	24	=	134

58)

A	B	C		
3	4	19		
+6A	+5B	+6C	=	152
+8A	+8B	+7C	=	189
+9A	+8B	+7C	=	192

A	B	C		
3	4	19		
18	20	114	=	152
24	32	133	=	189
27	32	133	=	192

59)

A	B	C		
1	8	14		
+7A	+1B	+7C	=	113
+11A	+5B	+10C	=	191
+12A	+5B	+10C	=	192

A	B	C		
1	8	14		
7	8	98	=	113
11	40	140	=	191
12	40	140	=	192

60)

A	B	C		
12	6	18		
+6A	+3B	+6C	=	198
+6A	+6B	+5C	=	198
+11A	+10B	+9C	=	354

A	B	C		
12	6	18		
72	18	108	=	198
72	36	90	=	198
132	60	162	=	354

3-Variable Systems

61)

A	B	C		
19	19	19		
+8A	+2B	+10C	=	380
+11A	+5B	+12C	=	532
+13A	+6B	+13C	=	608

Verifications

A	B	C		
19	19	19		
152	38	190	=	380
209	95	228	=	532
247	114	247	=	608

62)

A	B	C		
17	18	7		
+10A	+6B	+10C	=	348
+12A	+9B	+11C	=	443
+15A	+11B	+13C	=	544

A	B	C		
17	18	7		
170	108	70	=	348
204	162	77	=	443
255	198	91	=	544

63)

A	B	C		
2	15	16		
+5A	+5B	+5C	=	165
+9A	+11B	+8C	=	311
+10A	+11B	+8C	=	313

A	B	C		
2	15	16		
10	75	80	=	165
18	165	128	=	311
20	165	128	=	313

64)

A	B	C		
0	5	4		
+12A	+7B	+9C	=	71
+11A	+7B	+7C	=	63
+14A	+9B	+9C	=	81

A	B	C		
0	5	4		
-0	35	36	=	71
-0	35	28	=	63
-0	45	36	=	81

65)

A	B	C		
18	1	7		
+5A	+12B	+5C	=	137
+3A	+10B	+2C	=	78
+4A	+10B	+2C	=	96

A	B	C		
18	1	7		
90	12	35	=	137
54	10	14	=	78
72	10	14	=	96

3-Variable Systems

66)

A	B	C
0	7	0

$+11A + 12B + 11C = 84$
$+10A + 12B + 9C = 84$
$+13A + 14B + 11C = 98$

Verifications

A	B	C
0	7	0

0	84	-0	=	84
-0	84	-0	=	84
-0	98	-0	=	98

67)

A	B	C
1	13	1

$+5A + 4B + 5C = 62$
$+10A + 12B + 9C = 175$
$+7A + 8B + 5C = 116$

A	B	C
1	13	1

5	52	5	=	62
10	156	9	=	175
7	104	5	=	116

68)

A	B	C
6	3	8

$+6A + 5B + 4C = 83$
$+9A + 8B + 6C = 126$
$+9A + 7B + 5C = 115$

A	B	C
6	3	8

36	15	32	=	83
54	24	48	=	126
54	21	40	=	115

69)

A	B	C
8	0	3

$+5A + 5B + 8C = 64$
$+7A + 7B + 9C = 83$
$+9A + 8B + 10C = 102$

A	B	C
8	0	3

40	-0	24	=	64
56	-0	27	=	83
72	-0	30	=	102

70)

A	B	C
-10	-15	-1

$+9A + 8B + 9C = -219$
$+10A + 11B + 9C = -274$
$+11A + 11B + 9C = -284$

A	B	C
-10	-15	-1

-90	-120	-9	=	-219
-100	-165	-9	=	-274
-110	-165	-9	=	-284

2-10 Variables Associated Expression Systems　　　　　　1000 Associated Systems Volume 1

3-Variable Systems					Verifications				

71)

A	B	C		
-16	-15	-5		
+3A	+5B	+7C	=	-158
+7A	+11B	+10C	=	-327
+9A	+12B	+11C	=	-379

A	B	C		
-16	-15	-5		
-48	-75	-35	=	-158
-112	-165	-50	=	-327
-144	-180	-55	=	-379

72)

A	B	C		
-11	-8	-6		
+9A	+8B	+9C	=	-217
+9A	+8B	+8C	=	-211
+9A	+7B	+7C	=	-197

A	B	C		
-11	-8	-6		
-99	-64	-54	=	-217
-99	-64	-48	=	-211
-99	-56	-42	=	-197

73)

A	B	C		
-2	-19	-17		
+8A	+4B	+10C	=	-262
+12A	+8B	+13C	=	-397
+15A	+10B	+15C	=	-475

A	B	C		
-2	-19	-17		
-16	-76	-170	=	-262
-24	-152	-221	=	-397
-30	-190	-255	=	-475

74)

A	B	C		
13	20	16		
+5A	+3B	+5C	=	205
+10A	+8B	+9C	=	434
+9A	+6B	+7C	=	349

A	B	C		
13	20	16		
65	60	80	=	205
130	160	144	=	434
117	120	112	=	349

75)

A	B	C		
13	5	11		
+9A	+4B	+9C	=	236
+10A	+8B	+9C	=	269
+8A	+5B	+6C	=	195

A	B	C		
13	5	11		
117	20	99	=	236
130	40	99	=	269
104	25	66	=	195

3-Variable Systems

76)

A	B	C
13	11	4

+4A	+7B	+4C	=	145
+7A	+11B	+6C	=	236
+5A	+8B	+3C	=	165

Verifications

A	B	C
13	11	4

52	77	16	=	145
91	121	24	=	236
65	88	12	=	165

77)

A	B	C
16	20	11

+7A	+2B	+5C	=	207
+9A	+4B	+6C	=	290
+12A	+6B	+8C	=	400

A	B	C
16	20	11

112	40	55	=	207
144	80	66	=	290
192	120	88	=	400

78)

A	B	C
10	15	7

+6A	+6B	+6C	=	192
+9A	+10B	+8C	=	296
+12A	+12B	+10C	=	370

A	B	C
10	15	7

60	90	42	=	192
90	150	56	=	296
120	180	70	=	370

79)

A	B	C
10	0	15

+7A	+2B	+7C	=	175
+12A	+9B	+11C	=	285
+14A	+10B	+12C	=	320

A	B	C
10	0	15

70	-0	105	=	175
120	-0	165	=	285
140	-0	180	=	320

80)

A	B	C
7	9	2

+7A	+4B	+7C	=	99
+10A	+7B	+9C	=	151
+10A	+6B	+8C	=	140

A	B	C
7	9	2

49	36	14	=	99
70	63	18	=	151
70	54	16	=	140

3-Variable Systems	Verifications
81)	

A	B	C			A	B	C		
0	16	13			0	16	13		
+7A	+7B	+9C	=	229	-0	112	117	=	229
+7A	+7B	+8C	=	216	-0	112	104	=	216
+8A	+7B	+8C	=	216	-0	112	104	=	216

82)

A	B	C			A	B	C		
13	0	7			13	0	7		
+6A	+5B	+6C	=	120	78	-0	42	=	120
+6A	+6B	+5C	=	113	78	-0	35	=	113
+6A	+5B	+4C	=	106	78	-0	28	=	106

83)

A	B	C			A	B	C		
12	6	7			12	6	7		
+3A	+8B	+3C	=	105	36	48	21	=	105
+7A	+14B	+6C	=	210	84	84	42	=	210
+5A	+11B	+3C	=	147	60	66	21	=	147

84)

A	B	C			A	B	C		
0	15	1			0	15	1		
+11A	+9B	+11C	=	146	-0	135	11	=	146
+9A	+9B	+8C	=	143	-0	135	8	=	143
+10A	+9B	+8C	=	143	-0	135	8	=	143

85)

A	B	C			A	B	C		
1	13	10			1	13	10		
+3A	+7B	+3C	=	124	3	91	30	=	124
+6A	+14B	+5C	=	238	6	182	50	=	238
+4A	+11B	+2C	=	167	4	143	20	=	167

3-Variable Systems

86)

A	B	C		
16	1	9		
+11A	+8B	+11C	=	283
+13A	+10B	+12C	=	326
+15A	+11B	+13C	=	368

Verifications

A	B	C		
16	1	9		
176	8	99	=	283
208	10	108	=	326
240	11	117	=	368

87)

A	B	C		
8	16	13		
+5A	+4B	+5C	=	169
+7A	+7B	+6C	=	246
+6A	+5B	+4C	=	180

A	B	C		
8	16	13		
40	64	65	=	169
56	112	78	=	246
48	80	52	=	180

88)

A	B	C		
10	6	19		
+9A	+5B	+9C	=	291
+10A	+7B	+9C	=	313
+10A	+6B	+8C	=	288

A	B	C		
10	6	19		
90	30	171	=	291
100	42	171	=	313
100	36	152	=	288

89)

A	B	C		
17	15	14		
+4A	+8B	+4C	=	244
+6A	+13B	+5C	=	367
+8A	+14B	+6C	=	430

A	B	C		
17	15	14		
68	120	56	=	244
102	195	70	=	367
136	210	84	=	430

90)

A	B	C		
18	6	3		
+4A	+12B	+6C	=	162
+6A	+14B	+7C	=	213
+7A	+14B	+7C	=	231

A	B	C		
18	6	3		
72	72	18	=	162
108	84	21	=	213
126	84	21	=	231

3-Variable Systems

91)

A	B	C
4	13	12

+6A	+9B	+6C	=	213
+4A	+8B	+3C	=	156
+10A	+13B	+8C	=	305

Verifications

A	B	C
4	13	12

24	117	72	=	213
16	104	36	=	156
40	169	96	=	305

92)

A	B	C
-16	-12	-5

+4A	+2B	+2C	=	-98
+7A	+7B	+4C	=	-216
+6A	+5B	+2C	=	-166

A	B	C
-16	-12	-5

-64	-24	-10	=	-98
-112	-84	-20	=	-216
-96	-60	-10	=	-166

93)

A	B	C
-17	-6	-19

+8A	+7B	+8C	=	-330
+10A	+9B	+9C	=	-395
+11A	+9B	+9C	=	-412

A	B	C
-17	-6	-19

-136	-42	-152	=	-330
-170	-54	-171	=	-395
-187	-54	-171	=	-412

94)

A	B	C
-3	-7	-14

+5A	+11B	+5C	=	-162
+5A	+11B	+4C	=	-148
+6A	+11B	+4C	=	-151

A	B	C
-3	-7	-14

-15	-77	-70	=	-162
-15	-77	-56	=	-148
-18	-77	-56	=	-151

95)

A	B	C
-10	-1	-2

+10A	+8B	+8C	=	-124
+10A	+8B	+7C	=	-122
+13A	+10B	+9C	=	-158

A	B	C
-10	-1	-2

-100	-8	-16	=	-124
-100	-8	-14	=	-122
-130	-10	-18	=	-158

3-Variable Systems	Verifications
96)	
A B C 10 7 0 +6A +7B +6C = 109 +9A +12B +8C = 174 +9A +11B +7C = 167	A B C 10 7 0 60 49 -0 = 109 90 84 -0 = 174 90 77 -0 = 167
97)	
A B C 16 15 8 +1A +1B +4C = 63 +6A +8B +8C = 280 +7A +8B +8C = 296	A B C 16 15 8 16 15 32 = 63 96 120 64 = 280 112 120 64 = 296
98)	
A B C 8 8 2 +5A +8B +5C = 114 +8A +11B +7C = 166 +9A +11B +7C = 174	A B C 8 8 2 40 64 10 = 114 64 88 14 = 166 72 88 14 = 174
99)	
A B C 3 12 17 +6A +8B +6C = 216 +7A +9B +6C = 231 +9A +10B +7C = 266	A B C 3 12 17 18 96 102 = 216 21 108 102 = 231 27 120 119 = 266
100)	
A B C 15 10 16 +5A +8B +5C = 235 +9A +12B +8C = 383 +9A +11B +7C = 357	A B C 15 10 16 75 80 80 = 235 135 120 128 = 383 135 110 112 = 357

Chapter 3 - 4 Variables Associated Systems

2-10 Variables Associated Expression Systems 1000 Associated Systems Volume 1

4-Variable Systems	Verifications

1)

A	B	C	D		
8	17	0	14		
+3A	+5B	+7C	+3D	=	151
+15A	+11B	+19C	+7D	=	405
+16A	+16B	+19C	+7D	=	498
+15A	+14B	+17C	+5D	=	428

A	B	C	D		
8	17	0	14		
24	85	-0	42	=	151
120	187	-0	98	=	405
128	272	-0	98	=	498
120	238	-0	70	=	428

2)

A	B	C	D		
7	18	9	2		
+7A	+9B	+5C	+7D	=	270
+10A	+13B	+8C	+7D	=	390
+12A	+15B	+9C	+8D	=	451
+14A	+16B	+10C	+9D	=	494

A	B	C	D		
7	18	9	2		
49	162	45	14	=	270
70	234	72	14	=	390
84	270	81	16	=	451
98	288	90	18	=	494

3)

A	B	C	D		
3	16	15	5		
+11A	+12B	+9C	+15D	=	435
+20A	+14B	+16C	+16D	=	604
+19A	+14B	+14C	+14D	=	561
+18A	+12B	+12C	+12D	=	486

A	B	C	D		
3	16	15	5		
33	192	135	75	=	435
60	224	240	80	=	604
57	224	210	70	=	561
54	192	180	60	=	486

4)

A	B	C	D		
12	12	13	9		
+4A	+9B	+8C	+4D	=	296
+14A	+21B	+18C	+7D	=	717
+13A	+23B	+16C	+5D	=	685
+13A	+22B	+15C	+4D	=	651

A	B	C	D		
12	12	13	9		
48	108	104	36	=	296
168	252	234	63	=	717
156	276	208	45	=	685
156	264	195	36	=	651

5)

A	B	C	D		
6	0	16	21		
+8A	+8B	+8C	+8D	=	344
+15A	+18B	+15C	+10D	=	540
+18A	+22B	+17C	+12D	=	632
+16A	+19B	+14C	+9D	=	509

A	B	C	D		
6	0	16	21		
48	-0	128	168	=	344
90	-0	240	210	=	540
108	-0	272	252	=	632
96	-0	224	189	=	509

4-Variable Systems							Verifications					
6)												
A	B	C	D				A	B	C	D		
-5	-4	-18	0				-5	-4	-18	0		
+4A	+3B	+8C	+4D	=	-176		-20	-12	-144	-0	=	-176
+11A	+10B	+15C	+7D	=	-365		-55	-40	-270	-0	=	-365
+13A	+14B	+16C	+8D	=	-409		-65	-56	-288	-0	=	-409
+13A	+13B	+15C	+7D	=	-387		-65	-52	-270	-0	=	-387
7)												
A	B	C	D				A	B	C	D		
-17	-9	-8	-14				-17	-9	-8	-14		
+11A	+11B	+7C	+11D	=	-496		-187	-99	-56	-154	=	-496
+16A	+17B	+12C	+10D	=	-661		-272	-153	-96	-140	=	-661
+18A	+19B	+13C	+11D	=	-735		-306	-171	-104	-154	=	-735
+17A	+17B	+11C	+9D	=	-656		-289	-153	-88	-126	=	-656
8)												
A	B	C	D				A	B	C	D		
-13	-17	-18	-20				-13	-17	-18	-20		
+2A	+5B	+3C	+2D	=	-205		-26	-85	-54	-40	=	-205
+4A	+9B	+7C	+2D	=	-371		-52	-153	-126	-40	=	-371
+9A	+15B	+11C	+6D	=	-690		-117	-255	-198	-120	=	-690
+8A	+13B	+9C	+4D	=	-567		-104	-221	-162	-80	=	-567
9)												
A	B	C	D				A	B	C	D		
9	17	21	21				9	17	21	21		
+5A	+4B	+9C	+5D	=	407		45	68	189	105	=	407
+15A	+9B	+19C	+8D	=	855		135	153	399	168	=	855
+13A	+7B	+16C	+5D	=	677		117	119	336	105	=	677
+16A	+9B	+18C	+7D	=	822		144	153	378	147	=	822
10)												
A	B	C	D				A	B	C	D		
10	13	18	2				10	13	18	2		
+12A	+11B	+10C	+12D	=	467		120	143	180	24	=	467
+20A	+12B	+22C	+12D	=	776		200	156	396	24	=	776
+20A	+13B	+21C	+11D	=	769		200	169	378	22	=	769
+20A	+12B	+20C	+10D	=	736		200	156	360	20	=	736

4-Variable Systems						Verifications					
11)											
A	B	C	D			A	B	C	D		
18	5	15	21			18	5	15	21		
+7A	+3B	+5C	+7D	=	363	126	15	75	147	=	363
+8A	+11B	+10C	+7D	=	496	144	55	150	147	=	496
+10A	+15B	+11C	+8D	=	588	180	75	165	168	=	588
+9A	+13B	+9C	+6D	=	488	162	65	135	126	=	488
12)											
A	B	C	D			A	B	C	D		
7	7	15	1			7	7	15	1		
+8A	+11B	+7C	+8D	=	246	56	77	105	8	=	246
+16A	+18B	+15C	+9D	=	472	112	126	225	9	=	472
+13A	+15B	+11C	+5D	=	366	91	105	165	5	=	366
+15A	+16B	+12C	+6D	=	403	105	112	180	6	=	403
13)											
A	B	C	D			A	B	C	D		
0	17	6	11			0	17	6	11		
+5A	+3B	+5C	+5D	=	136	-0	51	30	55	=	136
+15A	+5B	+15C	+6D	=	241	-0	85	90	66	=	241
+19A	+10B	+18C	+9D	=	377	-0	170	108	99	=	377
+17A	+7B	+15C	+6D	=	275	-0	119	90	66	=	275
14)											
A	B	C	D			A	B	C	D		
12	12	17	14			12	12	17	14		
+7A	+9B	+10C	+7D	=	460	84	108	170	98	=	460
+13A	+19B	+16C	+8D	=	768	156	228	272	112	=	768
+12A	+21B	+14C	+6D	=	718	144	252	238	84	=	718
+11A	+19B	+12C	+4D	=	620	132	228	204	56	=	620
15)											
A	B	C	D			A	B	C	D		
6	8	18	18			6	8	18	18		
+9A	+2B	+1C	+9D	=	250	54	16	18	162	=	250
+14A	+6B	+8C	+10D	=	456	84	48	144	180	=	456
+15A	+8B	+8C	+10D	=	478	90	64	144	180	=	478
+15A	+7B	+7C	+9D	=	434	90	56	126	162	=	434

2-10 Variables Associated Expression Systems 1000 Associated Systems Volume 1

4-Variable Systems

Verifications

16)

A	B	C	D			A	B	C	D		
19	14	14	7			19	14	14	7		
+9A	+6B	+8C	+9D	=	430	171	84	112	63	=	430
+10A	+12B	+9C	+8D	=	540	190	168	126	56	=	540
+11A	+14B	+9C	+8D	=	587	209	196	126	56	=	587
+14A	+16B	+11C	+10D	=	714	266	224	154	70	=	714

17)

A	B	C	D			A	B	C	D		
11	20	15	4			11	20	15	4		
+9A	+4B	+10C	+9D	=	365	99	80	150	36	=	365
+17A	+5B	+18C	+9D	=	593	187	100	270	36	=	593
+20A	+8B	+20C	+11D	=	724	220	160	300	44	=	724
+20A	+7B	+19C	+10D	=	685	220	140	285	40	=	685

18)

A	B	C	D			A	B	C	D		
5	20	7	13			5	20	7	13		
+11A	+9B	+8C	+11D	=	434	55	180	56	143	=	434
+13A	+11B	+10C	+9D	=	472	65	220	70	117	=	472
+17A	+15B	+13C	+12D	=	632	85	300	91	156	=	632
+14A	+11B	+9C	+8D	=	457	70	220	63	104	=	457

19)

A	B	C	D			A	B	C	D		
16	12	12	12			16	12	12	12		
+4A	+2B	+2C	+4D	=	160	64	24	24	48	=	160
+13A	+9B	+13C	+5D	=	532	208	108	156	60	=	532
+17A	+16B	+16C	+8D	=	752	272	192	192	96	=	752
+15A	+13B	+13C	+5D	=	612	240	156	156	60	=	612

20)

A	B	C	D			A	B	C	D		
4	17	14	6			4	17	14	6		
+8A	+7B	+4C	+8D	=	255	32	119	56	48	=	255
+15A	+20B	+11C	+12D	=	626	60	340	154	72	=	626
+12A	+17B	+7C	+8D	=	483	48	289	98	48	=	483
+16A	+20B	+10C	+11D	=	610	64	340	140	66	=	610

2-10 Variables Associated Expression Systems

4-Variable Systems

21)

A	B	C	D		
-6	-3	-7	0		
+10A	+8B	+5C	+10D	=	-119
+19A	+15B	+14C	+11D	=	-257
+22A	+20B	+16C	+13D	=	-304
+20A	+17B	+13C	+10D	=	-262

Verifications

A	B	C	D		
-6	-3	-7	0		
-60	-24	-35	-0	=	-119
-114	-45	-98	-0	=	-257
-132	-60	-112	-0	=	-304
-120	-51	-91	-0	=	-262

22)

A	B	C	D		
-12	-16	-21	-3		
+3A	+7B	+5C	+5D	=	-268
+3A	+12B	+6C	+4D	=	-366
+7A	+16B	+9C	+7D	=	-550
+7A	+15B	+8C	+6D	=	-510

A	B	C	D		
-12	-16	-21	-3		
-36	-112	-105	-15	=	-268
-36	-192	-126	-12	=	-366
-84	-256	-189	-21	=	-550
-84	-240	-168	-18	=	-510

23)

A	B	C	D		
-9	-14	-2	-16		
+3A	+10B	+4C	+3D	=	-223
+8A	+11B	+9C	+2D	=	-276
+11A	+16B	+11C	+4D	=	-409
+12A	+16B	+11C	+4D	=	-418

A	B	C	D		
-9	-14	-2	-16		
-27	-140	-8	-48	=	-223
-72	-154	-18	-32	=	-276
-99	-224	-22	-64	=	-409
-108	-224	-22	-64	=	-418

24)

A	B	C	D		
-19	-8	-21	-13		
+10A	+8B	+12C	+10D	=	-636
+15A	+11B	+17C	+8D	=	-834
+20A	+17B	+21C	+12D	=	-1113
+16A	+12B	+16C	+7D	=	-827

A	B	C	D		
-19	-8	-21	-13		
-190	-64	-252	-130	=	-636
-285	-88	-357	-104	=	-834
-380	-136	-441	-156	=	-1113
-304	-96	-336	-91	=	-827

25)

A	B	C	D		
0	14	17	6		
+11A	+12B	+8C	+13D	=	382
+15A	+18B	+12C	+10D	=	516
+16A	+20B	+12C	+10D	=	544
+19A	+22B	+14C	+12D	=	618

A	B	C	D		
0	14	17	6		
-0	168	136	78	=	382
-0	252	204	60	=	516
-0	280	204	60	=	544
-0	308	238	72	=	618

4-Variable Systems

Verifications

26)

A	B	C	D			A	B	C	D		
14	9	7	22			14	9	7	22		
+8A	+12B	+4C	+8D	=	424	112	108	28	176	=	424
+8A	+13B	+5C	+7D	=	418	112	117	35	154	=	418
+7A	+12B	+3C	+5D	=	337	98	108	21	110	=	337
+9A	+13B	+4C	+6D	=	403	126	117	28	132	=	403

27)

A	B	C	D			A	B	C	D		
10	4	14	17			10	4	14	17		
+6A	+10B	+12C	+6D	=	370	60	40	168	102	=	370
+11A	+17B	+17C	+6D	=	518	110	68	238	102	=	518
+13A	+22B	+18C	+7D	=	589	130	88	252	119	=	589
+10A	+18B	+14C	+3D	=	419	100	72	196	51	=	419

28)

A	B	C	D			A	B	C	D		
3	2	3	15			3	2	3	15		
+8A	+3B	+2C	+8D	=	156	24	6	6	120	=	156
+13A	+12B	+7C	+8D	=	204	39	24	21	120	=	204
+17A	+16B	+10C	+11D	=	278	51	32	30	165	=	278
+14A	+12B	+6C	+7D	=	189	42	24	18	105	=	189

29)

A	B	C	D			A	B	C	D		
2	7	18	16			2	7	18	16		
+4A	+4B	+9C	+4D	=	262	8	28	162	64	=	262
+12A	+13B	+17C	+5D	=	501	24	91	306	80	=	501
+17A	+18B	+21C	+9D	=	682	34	126	378	144	=	682
+14A	+14B	+17C	+5D	=	512	28	98	306	80	=	512

30)

A	B	C	D			A	B	C	D		
14	18	9	2			14	18	9	2		
+2A	+3B	+5C	+3D	=	133	28	54	45	6	=	133
+14A	+13B	+17C	+6D	=	595	196	234	153	12	=	595
+12A	+11B	+14C	+3D	=	498	168	198	126	6	=	498
+14A	+12B	+15C	+4D	=	555	196	216	135	8	=	555

4-Variable Systems

31)

	A	B	C	D	
	16	17	16	8	
	+12A	+11B	+6C	+9D	= 547
	+17A	+15B	+11C	+7D	= 759
	+20A	+20B	+13C	+9D	= 940
	+18A	+17B	+10C	+6D	= 785

Verifications

A	B	C	D	
16	17	16	8	
192	187	96	72	= 547
272	255	176	56	= 759
320	340	208	72	= 940
288	289	160	48	= 785

32)

	A	B	C	D	
	10	16	3	5	
	+7A	+4B	+9C	+7D	= 196
	+18A	+15B	+20C	+10D	= 530
	+16A	+13B	+17C	+7D	= 454
	+17A	+13B	+17C	+7D	= 464

A	B	C	D	
10	16	3	5	
70	64	27	35	= 196
180	240	60	50	= 530
160	208	51	35	= 454
170	208	51	35	= 464

33)

	A	B	C	D	
	15	18	12	17	
	+7A	+8B	+1C	+7D	= 380
	+18A	+13B	+12C	+9D	= 801
	+22A	+19B	+15C	+12D	= 1056
	+19A	+15B	+11C	+8D	= 823

A	B	C	D	
15	18	12	17	
105	144	12	119	= 380
270	234	144	153	= 801
330	342	180	204	= 1056
285	270	132	136	= 823

34)

	A	B	C	D	
	1	19	10	21	
	+8A	+6B	+7C	+8D	= 360
	+11A	+15B	+10C	+8D	= 564
	+16A	+23B	+14C	+12D	= 845
	+12A	+18B	+9C	+7D	= 591

A	B	C	D	
1	19	10	21	
8	114	70	168	= 360
11	285	100	168	= 564
16	437	140	252	= 845
12	342	90	147	= 591

35)

	A	B	C	D	
	5	11	2	2	
	+9A	+5B	+4C	+9D	= 126
	+13A	+6B	+8C	+8D	= 163
	+18A	+13B	+12C	+12D	= 281
	+17A	+11B	+10C	+10D	= 246

A	B	C	D	
5	11	2	2	
45	55	8	18	= 126
65	66	16	16	= 163
90	143	24	24	= 281
85	121	20	20	= 246

2-10 Variables Associated Expression Systems   1000 Associated Systems Volume 1

4-Variable Systems						Verifications

36)

A	B	C	D			A	B	C	D	
18	9	3	7			18	9	3	7	
+2A	+9B	+6C	+2D	=	149	36	81	18	14	= 149
+7A	+20B	+11C	+5D	=	374	126	180	33	35	= 374
+5A	+20B	+8C	+2D	=	308	90	180	24	14	= 308
+7A	+21B	+9C	+3D	=	363	126	189	27	21	= 363

37)

A	B	C	D			A	B	C	D	
-5	-5	-21	-1			-5	-5	-21	-1	
+7A	+5B	+7C	+7D	=	-214	-35	-25	-147	-7	= -214
+14A	+9B	+12C	+8D	=	-375	-70	-45	-252	-8	= -375
+15A	+10B	+12C	+8D	=	-385	-75	-50	-252	-8	= -385
+14A	+8B	+10C	+6D	=	-326	-70	-40	-210	-6	= -326

38)

A	B	C	D			A	B	C	D	
2	19	15	15			2	19	15	15	
+2A	+2B	+3C	+2D	=	117	4	38	45	30	= 117
+7A	+9B	+8C	+3D	=	350	14	171	120	45	= 350
+9A	+11B	+9C	+4D	=	422	18	209	135	60	= 422
+10A	+11B	+9C	+4D	=	424	20	209	135	60	= 424

39)

A	B	C	D			A	B	C	D	
15	18	2	1			15	18	2	1	
+7A	+6B	+12C	+7D	=	244	105	108	24	7	= 244
+12A	+11B	+17C	+6D	=	418	180	198	34	6	= 418
+11A	+11B	+15C	+4D	=	397	165	198	30	4	= 397
+12A	+11B	+15C	+4D	=	412	180	198	30	4	= 412

40)

A	B	C	D			A	B	C	D	
1	16	13	14			1	16	13	14	
+12A	+5B	+11C	+12D	=	403	12	80	143	168	= 403
+19A	+10B	+18C	+12D	=	581	19	160	234	168	= 581
+17A	+8B	+15C	+9D	=	466	17	128	195	126	= 466
+20A	+10B	+17C	+11D	=	555	20	160	221	154	= 555

4-Variable Systems

41)

A	B	C	D
18	20	14	8

+9A	+7B	+6C	+7D	=	442
+13A	+14B	+12C	+9D	=	754
+11A	+14B	+9C	+6D	=	652
+12A	+14B	+9C	+6D	=	670

Verifications

A	B	C	D
18	20	14	8

162	140	84	56	=	442
234	280	168	72	=	754
198	280	126	48	=	652
216	280	126	48	=	670

42)

A	B	C	D
9	17	18	18

+5A	+5B	+6C	+9D	=	400
+7A	+6B	+8C	+8D	=	453
+10A	+11B	+10C	+10D	=	637
+12A	+12B	+11C	+11D	=	708

A	B	C	D
9	17	18	18

45	85	108	162	=	400
63	102	144	144	=	453
90	187	180	180	=	637
108	204	198	198	=	708

43)

A	B	C	D
8	18	1	12

+6A	+8B	+7C	+6D	=	271
+10A	+10B	+11C	+5D	=	331
+12A	+14B	+12C	+6D	=	432
+14A	+15B	+13C	+7D	=	479

A	B	C	D
8	18	1	12

48	144	7	72	=	271
80	180	11	60	=	331
96	252	12	72	=	432
112	270	13	84	=	479

44)

A	B	C	D
0	1	10	1

+7A	+10B	+5C	+7D	=	67
+13A	+18B	+11C	+6D	=	134
+14A	+20B	+11C	+6D	=	136
+15A	+20B	+11C	+6D	=	136

A	B	C	D
0	1	10	1

-0	10	50	7	=	67
-0	18	110	6	=	134
-0	20	110	6	=	136
-0	20	110	6	=	136

45)

A	B	C	D
0	3	17	19

+8A	+11B	+10C	+8D	=	355
+16A	+14B	+18C	+8D	=	500
+16A	+14B	+17C	+7D	=	464
+19A	+16B	+19C	+9D	=	542

A	B	C	D
0	3	17	19

-0	33	170	152	=	355
-0	42	306	152	=	500
-0	42	289	133	=	464
-0	48	323	171	=	542

4-Variable Systems	Verifications4

46)

A	B	C	D		
3	18	13	16		
+9A	+8B	+7C	+9D	=	406
+15A	+17B	+13C	+11D	=	696
+18A	+20B	+15C	+13D	=	817
+15A	+16B	+11C	+9D	=	620

A	B	C	D		
3	18	13	16		
27	144	91	144	=	406
45	306	169	176	=	696
54	360	195	208	=	817
45	288	143	144	=	620

47)

A	B	C	D		
19	7	14	21		
+9A	+5B	+11C	+9D	=	549
+8A	+4B	+10C	+7D	=	467
+12A	+8B	+13C	+10D	=	676
+12A	+7B	+12C	+9D	=	634

A	B	C	D		
19	7	14	21		
171	35	154	189	=	549
152	28	140	147	=	467
228	56	182	210	=	676
228	49	168	189	=	634

48)

A	B	C	D		
16	1	14	12		
+8A	+9B	+12C	+8D	=	401
+9A	+16B	+13C	+6D	=	414
+11A	+18B	+14C	+7D	=	474
+11A	+17B	+13C	+6D	=	447

A	B	C	D		
16	1	14	12		
128	9	168	96	=	401
144	16	182	72	=	414
176	18	196	84	=	474
176	17	182	72	=	447

49)

A	B	C	D		
15	6	11	11		
+10A	+11B	+9C	+10D	=	425
+10A	+10B	+11C	+8D	=	419
+16A	+16B	+16C	+13D	=	655
+13A	+12B	+12C	+9D	=	498

A	B	C	D		
15	6	11	11		
150	66	99	110	=	425
150	60	121	88	=	419
240	96	176	143	=	655
195	72	132	99	=	498

50)

A	B	C	D		
15	14	11	17		
+9A	+12B	+12C	+7D	=	554
+10A	+15B	+13C	+4D	=	571
+14A	+20B	+16C	+7D	=	785
+13A	+18B	+14C	+5D	=	686

A	B	C	D		
15	14	11	17		
135	168	132	119	=	554
150	210	143	68	=	571
210	280	176	119	=	785
195	252	154	85	=	686

4-Variable Systems	Verifications
51)	

51)

A	B	C	D			A	B	C	D		
-17	-8	-5	-13			-17	-8	-5	-13		
+8A	+11B	+4C	+8D	=	-348	-136	-88	-20	-104	=	-348
+15A	+19B	+15C	+7D	=	-573	-255	-152	-75	-91	=	-573
+15A	+19B	+14C	+6D	=	-555	-255	-152	-70	-78	=	-555
+18A	+21B	+16C	+8D	=	-658	-306	-168	-80	-104	=	-658

52)

A	B	C	D			A	B	C	D		
-19	-16	-14	-8			-19	-16	-14	-8		
+6A	+8B	+6C	+8D	=	-390	-114	-128	-84	-64	=	-390
+17A	+15B	+17C	+12D	=	-897	-323	-240	-238	-96	=	-897
+18A	+16B	+17C	+12D	=	-932	-342	-256	-238	-96	=	-932
+18A	+15B	+16C	+11D	=	-894	-342	-240	-224	-88	=	-894

53)

A	B	C	D			A	B	C	D		
-4	0	-15	-10			-4	0	-15	-10		
+5A	+7B	+8C	+5D	=	-190	-20	-0	-120	-50	=	-190
+10A	+12B	+13C	+7D	=	-305	-40	-0	-195	-70	=	-305
+11A	+13B	+13C	+7D	=	-309	-44	-0	-195	-70	=	-309
+10A	+11B	+11C	+5D	=	-255	-40	-0	-165	-50	=	-255

54)

A	B	C	D			A	B	C	D		
4	14	17	2			4	14	17	2		
+7A	+8B	+4C	+7D	=	222	28	112	68	14	=	222
+12A	+16B	+9C	+8D	=	441	48	224	153	16	=	441
+14A	+19B	+10C	+9D	=	510	56	266	170	18	=	510
+14A	+18B	+9C	+8D	=	477	56	252	153	16	=	477

55)

A	B	C	D			A	B	C	D		
13	5	1	21			13	5	1	21		
+7A	+4B	+1C	+7D	=	259	91	20	1	147	=	259
+16A	+9B	+10C	+10D	=	473	208	45	10	210	=	473
+15A	+9B	+8C	+8D	=	416	195	45	8	168	=	416
+17A	+10B	+9C	+9D	=	469	221	50	9	189	=	469

2-10 Variables Associated Expression Systems — 1000 Associated Systems Volume 1

4-Variable Systems

56)

A	B	C	D
18	3	19	14

+2A	+2B	+3C	+2D	=	127
+5A	+4B	+6C	+2D	=	244
+11A	+10B	+11C	+7D	=	535
+10A	+8B	+9C	+5D	=	445

Verifications

A	B	C	D
18	3	19	14

36	6	57	28	=	127
90	12	114	28	=	244
198	30	209	98	=	535
180	24	171	70	=	445

57)

A	B	C	D
4	9	21	20

+8A	+3B	+6C	+8D	=	345
+19A	+8B	+17C	+10D	=	705
+22A	+11B	+19C	+12D	=	826
+19A	+7B	+15C	+8D	=	614

A	B	C	D
4	9	21	20

32	27	126	160	=	345
76	72	357	200	=	705
88	99	399	240	=	826
76	63	315	160	=	614

58)

A	B	C	D
18	15	20	16

+6A	+8B	+4C	+6D	=	404
+16A	+15B	+14C	+7D	=	905
+18A	+20B	+15C	+8D	=	1052
+17A	+18B	+13C	+6D	=	932

A	B	C	D
18	15	20	16

108	120	80	96	=	404
288	225	280	112	=	905
324	300	300	128	=	1052
306	270	260	96	=	932

59)

A	B	C	D
16	12	20	11

+3A	+5B	+8C	+3D	=	301
+8A	+10B	+13C	+5D	=	563
+6A	+8B	+10C	+2D	=	414
+8A	+9B	+11C	+3D	=	489

A	B	C	D
16	12	20	11

48	60	160	33	=	301
128	120	260	55	=	563
96	96	200	22	=	414
128	108	220	33	=	489

60)

A	B	C	D
19	12	6	20

+8A	+9B	+7C	+6D	=	422
+17A	+15B	+16C	+7D	=	739
+19A	+20B	+17C	+8D	=	863
+18A	+18B	+15C	+6D	=	768

A	B	C	D
19	12	6	20

152	108	42	120	=	422
323	180	96	140	=	739
361	240	102	160	=	863
342	216	90	120	=	768

4-Variable Systems							Verifications					
61)												
	A	B	C	D			A	B	C	D		
	18	12	3	12			18	12	3	12		
	+5A	+6B	+8C	+5D	=	246	90	72	24	60	=	246
	+7A	+13B	+12C	+5D	=	378	126	156	36	60	=	378
	+7A	+13B	+11C	+4D	=	363	126	156	33	48	=	363
	+9A	+14B	+12C	+5D	=	426	162	168	36	60	=	426
62)												
	A	B	C	D			A	B	C	D		
	7	20	11	3			7	20	11	3		
	+5A	+7B	+2C	+5D	=	212	35	140	22	15	=	212
	+14A	+14B	+11C	+6D	=	517	98	280	121	18	=	517
	+16A	+16B	+12C	+7D	=	585	112	320	132	21	=	585
	+16A	+15B	+11C	+6D	=	551	112	300	121	18	=	551
63)												
	A	B	C	D			A	B	C	D		
	10	4	10	11			10	4	10	11		
	+8A	+9B	+6C	+6D	=	242	80	36	60	66	=	242
	+13A	+11B	+13C	+7D	=	381	130	44	130	77	=	381
	+14A	+14B	+13C	+7D	=	403	140	56	130	77	=	403
	+12A	+11B	+10C	+4D	=	308	120	44	100	44	=	308
64)												
	A	B	C	D			A	B	C	D		
	0	16	6	5			0	16	6	5		
	+6A	+11B	+4C	+10D	=	250	-0	176	24	50	=	250
	+11A	+19B	+9C	+9D	=	403	-0	304	54	45	=	403
	+12A	+24B	+9C	+9D	=	483	-0	384	54	45	=	483
	+13A	+24B	+9C	+9D	=	483	-0	384	54	45	=	483
65)												
	A	B	C	D			A	B	C	D		
	14	2	15	5			14	2	15	5		
	+12A	+10B	+9C	+9D	=	368	168	20	135	45	=	368
	+11A	+9B	+8C	+7D	=	327	154	18	120	35	=	327
	+16A	+15B	+12C	+11D	=	489	224	30	180	55	=	489
	+13A	+11B	+8C	+7D	=	359	182	22	120	35	=	359

4-Variable Systems	Verifications

66)

A	B	C	D		
6	11	15	2		
+5A	+4B	+4C	+5D	=	144
+9A	+14B	+8C	+6D	=	340
+11A	+16B	+9C	+7D	=	391
+11A	+15B	+8C	+6D	=	363

A	B	C	D		
6	11	15	2		
30	44	60	10	=	144
54	154	120	12	=	340
66	176	135	14	=	391
66	165	120	12	=	363

67)

A	B	C	D		
-5	-6	0	-13		
+8A	+3B	+3C	+8D	=	-162
+11A	+5B	+6C	+6D	=	-163
+13A	+10B	+7C	+7D	=	-216
+15A	+11B	+8C	+8D	=	-245

A	B	C	D		
-5	-6	0	-13		
-40	-18	-0	-104	=	-162
-55	-30	-0	-78	=	-163
-65	-60	-0	-91	=	-216
-75	-66	-0	-104	=	-245

68)

A	B	C	D		
-14	0	-1	-11		
+4A	+5B	+3C	+8D	=	-147
+11A	+9B	+10C	+8D	=	-252
+17A	+16B	+15C	+13D	=	-396
+15A	+13B	+12C	+10D	=	-332

A	B	C	D		
-14	0	-1	-11		
-56	-0	-3	-88	=	-147
-154	-0	-10	-88	=	-252
-238	-0	-15	-143	=	-396
-210	-0	-12	-110	=	-332

69)

A	B	C	D		
-11	-4	-16	-3		
+9A	+6B	+4C	+9D	=	-214
+13A	+10B	+8C	+10D	=	-341
+14A	+14B	+8C	+10D	=	-368
+14A	+13B	+7C	+9D	=	-345

A	B	C	D		
-11	-4	-16	-3		
-99	-24	-64	-27	=	-214
-143	-40	-128	-30	=	-341
-154	-56	-128	-30	=	-368
-154	-52	-112	-27	=	-345

70)

A	B	C	D		
9	7	7	4		
+10A	+10B	+7C	+13D	=	261
+15A	+18B	+12C	+15D	=	405
+16A	+19B	+12C	+15D	=	421
+14A	+16B	+9C	+12D	=	349

A	B	C	D		
9	7	7	4		
90	70	49	52	=	261
135	126	84	60	=	405
144	133	84	60	=	421
126	112	63	48	=	349

4-Variable Systems						Verifications					
71)											
A	B	C	D			A	B	C	D		
6	7	13	8			6	7	13	8		
+9A	+9B	+9C	+9D	=	306	54	63	117	72	=	306
+15A	+9B	+15C	+8D	=	412	90	63	195	64	=	412
+17A	+13B	+16C	+9D	=	473	102	91	208	72	=	473
+18A	+13B	+16C	+9D	=	479	108	91	208	72	=	479
72)											
A	B	C	D			A	B	C	D		
7	8	3	16			7	8	3	16		
+10A	+11B	+5C	+10D	=	333	70	88	15	160	=	333
+13A	+13B	+11C	+10D	=	388	91	104	33	160	=	388
+13A	+14B	+10C	+9D	=	377	91	112	30	144	=	377
+14A	+14B	+10C	+9D	=	384	98	112	30	144	=	384
73)											
A	B	C	D			A	B	C	D		
11	16	0	3			11	16	0	3		
+7A	+6B	+6C	+7D	=	194	77	96	-0	21	=	194
+15A	+8B	+14C	+6D	=	311	165	128	-0	18	=	311
+20A	+13B	+18C	+10D	=	458	220	208	-0	30	=	458
+19A	+11B	+16C	+8D	=	409	209	176	-0	24	=	409
74)											
A	B	C	D			A	B	C	D		
1	12	9	13			1	12	9	13		
+5A	+6B	+12C	+5D	=	250	5	72	108	65	=	250
+7A	+6B	+14C	+2D	=	231	7	72	126	26	=	231
+8A	+7B	+14C	+2D	=	244	8	84	126	26	=	244
+11A	+9B	+16C	+4D	=	315	11	108	144	52	=	315
75)											
A	B	C	D			A	B	C	D		
19	4	20	13			19	4	20	13		
+8A	+4B	+6C	+8D	=	392	152	16	120	104	=	392
+11A	+9B	+9C	+9D	=	542	209	36	180	117	=	542
+12A	+10B	+9C	+9D	=	565	228	40	180	117	=	565
+13A	+10B	+9C	+9D	=	584	247	40	180	117	=	584

2-10 Variables Associated Expression Systems

4-Variable Systems

76)

A	B	C	D		
7	3	0	17		
+9A	+10B	+11C	+9D	=	246
+14A	+13B	+16C	+10D	=	307
+17A	+16B	+18C	+12D	=	371
+16A	+14B	+16C	+10D	=	324

Verifications

A	B	C	D		
7	3	0	17		
63	30	-0	153	=	246
98	39	-0	170	=	307
119	48	-0	204	=	371
112	42	-0	170	=	324

77)

A	B	C	D		
3	10	16	13		
+2A	+3B	+3C	+2D	=	110
+12A	+12B	+13C	+6D	=	442
+10A	+10B	+10C	+3D	=	329
+12A	+11B	+11C	+4D	=	374

A	B	C	D		
3	10	16	13		
6	30	48	26	=	110
36	120	208	78	=	442
30	100	160	39	=	329
36	110	176	52	=	374

78)

A	B	C	D		
13	4	5	8		
+6A	+10B	+8C	+6D	=	206
+15A	+17B	+14C	+6D	=	381
+15A	+17B	+13C	+5D	=	368
+17A	+18B	+14C	+6D	=	411

A	B	C	D		
13	4	5	8		
78	40	40	48	=	206
195	68	70	48	=	381
195	68	65	40	=	368
221	72	70	48	=	411

79)

A	B	C	D		
8	5	11	7		
+5A	+9B	+6C	+5D	=	186
+4A	+13B	+5C	+3D	=	173
+5A	+14B	+5C	+3D	=	186
+7A	+15B	+6C	+4D	=	225

A	B	C	D		
8	5	11	7		
40	45	66	35	=	186
32	65	55	21	=	173
40	70	55	21	=	186
56	75	66	28	=	225

80)

A	B	C	D		
7	15	9	22		
+5A	+4B	+4C	+5D	=	241
+10A	+11B	+9C	+4D	=	404
+12A	+13B	+10C	+5D	=	479
+14A	+14B	+11C	+6D	=	539

A	B	C	D		
7	15	9	22		
35	60	36	110	=	241
70	165	81	88	=	404
84	195	90	110	=	479
98	210	99	132	=	539

2-10 Variables Associated Expression Systems

4-Variable Systems

81)

A	B	C	D
-15	-20	-4	-16

+6A	+10B	+4C	+6D	=	-402
+10A	+17B	+8C	+7D	=	-634
+10A	+19B	+7C	+6D	=	-654
+12A	+20B	+8C	+7D	=	-724

Verifications

A	B	C	D
-15	-20	-4	-16

-90	-200	-16	-96	=	-402
-150	-340	-32	-112	=	-634
-150	-380	-28	-96	=	-654
-180	-400	-32	-112	=	-724

82)

A	B	C	D
-12	-14	-14	-8

+6A	+9B	+11C	+6D	=	-400
+8A	+16B	+13C	+5D	=	-542
+13A	+22B	+17C	+9D	=	-774
+12A	+20B	+15C	+7D	=	-690

A	B	C	D
-12	-14	-14	-8

-72	-126	-154	-48	=	-400
-96	-224	-182	-40	=	-542
-156	-308	-238	-72	=	-774
-144	-280	-210	-56	=	-690

83)

A	B	C	D
-17	-4	-7	-12

+11A	+9B	+11C	+11D	=	-432
+10A	+9B	+10C	+8D	=	-372
+15A	+14B	+14C	+12D	=	-553
+13A	+11B	+11C	+9D	=	-450

A	B	C	D
-17	-4	-7	-12

-187	-36	-77	-132	=	-432
-170	-36	-70	-96	=	-372
-255	-56	-98	-144	=	-553
-221	-44	-77	-108	=	-450

84)

A	B	C	D
-17	0	-20	-4

+9A	+7B	+2C	+9D	=	-229
+20A	+11B	+13C	+11D	=	-644
+19A	+14B	+11C	+9D	=	-579
+20A	+14B	+11C	+9D	=	-596

A	B	C	D
-17	0	-20	-4

-153	-0	-40	-36	=	-229
-340	-0	-260	-44	=	-644
-323	-0	-220	-36	=	-579
-340	-0	-220	-36	=	-596

85)

A	B	C	D
15	12	19	22

+5A	+5B	+10C	+5D	=	435
+15A	+7B	+20C	+6D	=	821
+14A	+6B	+18C	+4D	=	712
+17A	+8B	+20C	+6D	=	863

A	B	C	D
15	12	19	22

75	60	190	110	=	435
225	84	380	132	=	821
210	72	342	88	=	712
255	96	380	132	=	863

4-Variable Systems							Verifications					
86)												
A	B	C	D				A	B	C	D		
10	13	7	7				10	13	7	7		
+3A	+8B	+6C	+3D	=	197		30	104	42	21	=	197
+12A	+12B	+15C	+4D	=	409		120	156	105	28	=	409
+15A	+19B	+17C	+6D	=	558		150	247	119	42	=	558
+14A	+17B	+15C	+4D	=	494		140	221	105	28	=	494
87)												
A	B	C	D				A	B	C	D		
18	12	14	0				18	12	14	0		
+12A	+8B	+9C	+12D	=	438		216	96	126	-0	=	438
+16A	+16B	+13C	+13D	=	662		288	192	182	-0	=	662
+13A	+16B	+9C	+9D	=	552		234	192	126	-0	=	552
+16A	+18B	+11C	+11D	=	658		288	216	154	-0	=	658
88)												
A	B	C	D				A	B	C	D		
15	4	4	9				15	4	4	9		
+9A	+8B	+6C	+9D	=	272		135	32	24	81	=	272
+15A	+10B	+12C	+8D	=	385		225	40	48	72	=	385
+14A	+11B	+10C	+6D	=	348		210	44	40	54	=	348
+17A	+13B	+12C	+8D	=	427		255	52	48	72	=	427
89)												
A	B	C	D				A	B	C	D		
12	9	19	21				12	9	19	21		
+4A	+4B	+10C	+4D	=	358		48	36	190	84	=	358
+11A	+13B	+17C	+6D	=	698		132	117	323	126	=	698
+10A	+12B	+15C	+4D	=	597		120	108	285	84	=	597
+12A	+13B	+16C	+5D	=	670		144	117	304	105	=	670
90)												
A	B	C	D				A	B	C	D		
18	14	13	3				18	14	13	3		
+6A	+12B	+6C	+6D	=	372		108	168	78	18	=	372
+6A	+16B	+6C	+5D	=	425		108	224	78	15	=	425
+9A	+19B	+8C	+7D	=	553		162	266	104	21	=	553
+8A	+17B	+6C	+5D	=	475		144	238	78	15	=	475

4-Variable Systems

91)

A	B	C	D		
11	15	17	19		
+7A	+2B	+9C	+7D	=	393
+10A	+4B	+12C	+7D	=	507
+12A	+6B	+13C	+8D	=	595
+12A	+5B	+12C	+7D	=	544

Verifications

A	B	C	D		
11	15	17	19		
77	30	153	133	=	393
110	60	204	133	=	507
132	90	221	152	=	595
132	75	204	133	=	544

92)

A	B	C	D		
14	15	9	7		
+9A	+8B	+3C	+9D	=	336
+19A	+20B	+13C	+12D	=	767
+17A	+19B	+10C	+9D	=	676
+18A	+19B	+10C	+9D	=	690

A	B	C	D		
14	15	9	7		
126	120	27	63	=	336
266	300	117	84	=	767
238	285	90	63	=	676
252	285	90	63	=	690

93)

A	B	C	D		
10	3	20	3		
+7A	+9B	+8C	+7D	=	278
+12A	+14B	+13C	+7D	=	443
+13A	+16B	+13C	+7D	=	459
+15A	+17B	+14C	+8D	=	505

A	B	C	D		
10	3	20	3		
70	27	160	21	=	278
120	42	260	21	=	443
130	48	260	21	=	459
150	51	280	24	=	505

94)

A	B	C	D		
1	16	3	2		
+4A	+11B	+6C	+4D	=	206
+7A	+21B	+9C	+5D	=	380
+8A	+23B	+9C	+5D	=	413
+6A	+20B	+6C	+2D	=	348

A	B	C	D		
1	16	3	2		
4	176	18	8	=	206
7	336	27	10	=	380
8	368	27	10	=	413
6	320	18	4	=	348

95)

A	B	C	D		
16	3	2	3		
+5A	+5B	+6C	+5D	=	122
+13A	+6B	+14C	+4D	=	266
+16A	+9B	+16C	+6D	=	333
+15A	+7B	+14C	+4D	=	301

A	B	C	D		
16	3	2	3		
80	15	12	15	=	122
208	18	28	12	=	266
256	27	32	18	=	333
240	21	28	12	=	301

4-Variable Systems						Verifications					
96)											
A	B	C	D			A	B	C	D		
4	2	8	4			4	2	8	4		
+9A	+2B	+6C	+6D	=	112	36	4	48	24	=	112
+20A	+6B	+19C	+9D	=	280	80	12	152	36	=	280
+21A	+7B	+19C	+9D	=	286	84	14	152	36	=	286
+22A	+7B	+19C	+9D	=	290	88	14	152	36	=	290
97)											
A	B	C	D			A	B	C	D		
4	20	9	0			4	20	9	0		
+12A	+6B	+7C	+12D	=	231	48	120	63	-0	=	231
+18A	+7B	+10C	+9D	=	302	72	140	90	-0	=	302
+21A	+10B	+12C	+11D	=	392	84	200	108	-0	=	392
+20A	+8B	+10C	+9D	=	330	80	160	90	-0	=	330
98)											
A	B	C	D			A	B	C	D		
9	9	1	16			9	9	1	16		
+1A	+1B	+3C	+1D	=	37	9	9	3	16	=	37
+6A	+6B	+8C	+3D	=	164	54	54	8	48	=	164
+8A	+8B	+9C	+4D	=	217	72	72	9	64	=	217
+7A	+6B	+7C	+2D	=	156	63	54	7	32	=	156
99)											
A	B	C	D			A	B	C	D		
19	17	21	-9			19	17	21	-9		
+3A	+3B	+4C	+3D	=	165	57	51	84	-27	=	165
+10A	+7B	+11C	+6D	=	486	190	119	231	-54	=	486
+13A	+10B	+13C	+8D	=	618	247	170	273	-72	=	618
+10A	+6B	+9C	+4D	=	445	190	102	189	-36	=	445
100)											
A	B	C	D			A	B	C	D		
-14	-18	-17	-19			-14	-18	-17	-19		
+5A	+2B	+4C	+5D	=	-269	-70	-36	-68	-95	=	-269
+16A	+10B	+15C	+8D	=	-811	-224	-180	-255	-152	=	-811
+19A	+13B	+17C	+10D	=	-979	-266	-234	-289	-190	=	-979
+18A	+11B	+15C	+8D	=	-857	-252	-198	-255	-152	=	-857

2-10 Variables Associated Expression Systems

4-Variable Systems						Verifications					
101)											
A	B	C	D			A	B	C	D		
3	20	9	5			3	20	9	5		
+1A	+1B	+1C	+3D	=	47	3	20	9	15	=	47
+6A	+6B	+10C	+7D	=	263	18	120	90	35	=	263
+5A	+5B	+8C	+5D	=	212	15	100	72	25	=	212
+6A	+5B	+8C	+5D	=	215	18	100	72	25	=	215
102)											
A	B	C	D			A	B	C	D		
0	17	20	15			0	17	20	15		
+2A	+2B	+2C	+2D	=	104	-0	34	40	30	=	104
+6A	+6B	+6C	+5D	=	297	-0	102	120	75	=	297
+3A	+5B	+2C	+1D	=	140	-0	85	40	15	=	140
+7A	+8B	+5C	+4D	=	296	-0	136	100	60	=	296
103)											
A	B	C	D			A	B	C	D		
5	1	0	19			5	1	0	19		
+2A	+2B	+2C	+2D	=	50	10	2	-0	38	=	50
+6A	+6B	+7C	+5D	=	131	30	6	-0	95	=	131
+7A	+7B	+7C	+5D	=	137	35	7	-0	95	=	137
+4A	+3B	+3C	+1D	=	42	20	3	-0	19	=	42
104)											
A	B	C	D			A	B	C	D		
2	7	18	14			2	7	18	14		
+4A	+4B	+4C	+6D	=	192	8	28	72	84	=	192
+4A	+4B	+7C	+5D	=	232	8	28	126	70	=	232
+8A	+10B	+10C	+8D	=	378	16	70	180	112	=	378
+6A	+7B	+7C	+5D	=	257	12	49	126	70	=	257
105)											
A	B	C	D			A	B	C	D		
6	16	21	19			6	16	21	19		
+1A	+1B	+1C	+4D	=	119	6	16	21	76	=	119
+6A	+6B	+7C	+8D	=	431	36	96	147	152	=	431
+3A	+3B	+3C	+4D	=	205	18	48	63	76	=	205
+7A	+6B	+6C	+7D	=	397	42	96	126	133	=	397

2-10 Variables Associated Expression Systems

4-Variable Systems

106)

A	B	C	D		
-14	-19	-13	-10		
+1A	+1B	+1C	+1D	=	-56
+2A	+2B	+3C	+1D	=	-115
+6A	+6B	+6C	+4D	=	-316
+5A	+4B	+4C	+2D	=	-218

Verifications

A	B	C	D		
-14	-19	-13	-10		
-14	-19	-13	-10	=	-56
-28	-38	-39	-10	=	-115
-84	-114	-78	-40	=	-316
-70	-76	-52	-20	=	-218

107)

A	B	C	D		
-10	-12	-20	0		
+2A	+2B	+2C	+2D	=	-84
+5A	+5B	+5C	+4D	=	-210
+8A	+10B	+7C	+6D	=	-340
+6A	+7B	+4C	+3D	=	-224

A	B	C	D		
-10	-12	-20	0		
-20	-24	-40	-0	=	-84
-50	-60	-100	-0	=	-210
-80	-120	-140	-0	=	-340
-60	-84	-80	-0	=	-224

108)

A	B	C	D		
-9	-10	-8	0		
+1A	+1B	+1C	+1D	=	-27
+3A	+3B	+4C	+2D	=	-89
+7A	+8B	+7C	+5D	=	-199
+5A	+5B	+4C	+2D	=	-127

A	B	C	D		
-9	-10	-8	0		
-9	-10	-8	-0	=	-27
-27	-30	-32	-0	=	-89
-63	-80	-56	-0	=	-199
-45	-50	-32	-0	=	-127

109)

A	B	C	D		
16	20	15	5		
+1A	+1B	+1C	+2D	=	61
+2A	+2B	+2C	+2D	=	112
+7A	+9B	+6C	+6D	=	412
+6A	+7B	+4C	+4D	=	316

A	B	C	D		
16	20	15	5		
16	20	15	10	=	61
32	40	30	10	=	112
112	180	90	30	=	412
96	140	60	20	=	316

110)

A	B	C	D		
14	18	1	14		
+2A	+2B	+2C	+2D	=	94
+2A	+2B	+4C	+1D	=	82
+5A	+7B	+6C	+3D	=	244
+6A	+7B	+6C	+3D	=	258

A	B	C	D		
14	18	1	14		
28	36	2	28	=	94
28	36	4	14	=	82
70	126	6	42	=	244
84	126	6	42	=	258

4-Variable Systems

111)

A	B	C	D
12	6	7	3

+1A	+1B	+1C	+1D	=	28
+2A	+2B	+2C	+1D	=	53
+3A	+3B	+2C	+1D	=	71
+5A	+4B	+3C	+2D	=	111

Verifications

A	B	C	D
12	6	7	3

12	6	7	3	=	28
24	12	14	3	=	53
36	18	14	3	=	71
60	24	21	6	=	111

112)

A	B	C	D
14	4	11	14

+2A	+2B	+2C	+2D	=	86
+6A	+6B	+7C	+5D	=	255
+7A	+8B	+7C	+5D	=	277
+6A	+6B	+5C	+3D	=	205

A	B	C	D
14	4	11	14

28	8	22	28	=	86
84	24	77	70	=	255
98	32	77	70	=	277
84	24	55	42	=	205

113)

A	B	C	D
11	12	0	15

+3A	+3B	+3C	+4D	=	129
+4A	+4B	+5C	+4D	=	152
+4A	+4B	+4C	+3D	=	137
+4A	+3B	+3C	+2D	=	110

A	B	C	D
11	12	0	15

33	36	-0	60	=	129
44	48	-0	60	=	152
44	48	-0	45	=	137
44	36	-0	30	=	110

114)

A	B	C	D
12	19	16	9

+2A	+2B	+2C	+2D	=	112
+2A	+2B	+2C	+1D	=	103
+6A	+6B	+5C	+4D	=	302
+6A	+5B	+4C	+3D	=	258

A	B	C	D
12	19	16	9

24	38	32	18	=	112
24	38	32	9	=	103
72	114	80	36	=	302
72	95	64	27	=	258

115)

A	B	C	D
4	9	4	17

+2A	+2B	+2C	+3D	=	85
+6A	+6B	+7C	+6D	=	208
+3A	+3B	+3C	+2D	=	85
+6A	+5B	+5C	+4D	=	157

A	B	C	D
4	9	4	17

8	18	8	51	=	85
24	54	28	102	=	208
12	27	12	34	=	85
24	45	20	68	=	157

2-10 Variables Associated Expression Systems

4-Variable Systems

116)

	A	B	C	D		
	4	9	2	20		
	+4A	+4B	+4C	+5D	=	160
	+6A	+6B	+8C	+6D	=	214
	+7A	+8B	+8C	+6D	=	236
	+4A	+4B	+4C	+2D	=	100

Verifications

A	B	C	D		
4	9	2	20		
16	36	8	100	=	160
24	54	16	120	=	214
28	72	16	120	=	236
16	36	8	40	=	100

117)

	A	B	C	D		
	9	8	12	6		
	+1A	+1B	+1C	+1D	=	35
	+3A	+3B	+3C	+2D	=	99
	+7A	+8B	+6C	+5D	=	229
	+7A	+7B	+5C	+4D	=	203

A	B	C	D		
9	8	12	6		
9	8	12	6	=	35
27	24	36	12	=	99
63	64	72	30	=	229
63	56	60	24	=	203

118)

	A	B	C	D		
	-6	-16	-11	-12		
	+2A	+2B	+2C	+2D	=	-90
	+4A	+4B	+6C	+3D	=	-190
	+4A	+4B	+5C	+2D	=	-167
	+4A	+3B	+4C	+1D	=	-128

A	B	C	D		
-6	-16	-11	-12		
-12	-32	-22	-24	=	-90
-24	-64	-66	-36	=	-190
-24	-64	-55	-24	=	-167
-24	-48	-44	-12	=	-128

119)

	A	B	C	D		
	-13	-14	-20	-5		
	+3A	+3B	+3C	+4D	=	-161
	+4A	+4B	+5C	+4D	=	-228
	+7A	+8B	+7C	+6D	=	-373
	+7A	+7B	+6C	+5D	=	-334

A	B	C	D		
-13	-14	-20	-5		
-39	-42	-60	-20	=	-161
-52	-56	-100	-20	=	-228
-91	-112	-140	-30	=	-373
-91	-98	-120	-25	=	-334

120)

	A	B	C	D		
	19	4	18	17		
	+2A	+2B	+2C	+2D	=	116
	+5A	+5B	+5C	+4D	=	273
	+8A	+12B	+7C	+6D	=	428
	+6A	+9B	+4C	+3D	=	273

A	B	C	D		
19	4	18	17		
38	8	36	34	=	116
95	20	90	68	=	273
152	48	126	102	=	428
114	36	72	51	=	273

4-Variable Systems

121)

A	B	C	D		
13	16	12	19		
+2A	+2B	+2C	+2D	=	120
+5A	+5B	+7C	+4D	=	305
+4A	+4B	+5C	+2D	=	214
+6A	+5B	+6C	+3D	=	287

Verifications

A	B	C	D		
13	16	12	19		
26	32	24	38	=	120
65	80	84	76	=	305
52	64	60	38	=	214
78	80	72	57	=	287

122)

A	B	C	D		
11	17	0	22		
+3A	+3B	+3C	+3D	=	150
+2A	+2B	+3C	+1D	=	78
+4A	+6B	+4C	+2D	=	190
+4A	+5B	+3C	+1D	=	151

A	B	C	D		
11	17	0	22		
33	51	-0	66	=	150
22	34	-0	22	=	78
44	102	-0	44	=	190
44	85	-0	22	=	151

123)

A	B	C	D		
0	5	17	17		
+2A	+2B	+2C	+4D	=	112
+6A	+6B	+8C	+7D	=	285
+8A	+9B	+9C	+8D	=	334
+7A	+7B	+7C	+6D	=	256

A	B	C	D		
0	5	17	17		
-0	10	34	68	=	112
-0	30	136	119	=	285
-0	45	153	136	=	334
-0	35	119	102	=	256

124)

A	B	C	D		
0	-18	-3	-13		
+4A	+4B	+4C	+6D	=	-162
+6A	+6B	+9C	+7D	=	-226
+4A	+5B	+6C	+4D	=	-160
+5A	+5B	+6C	+4D	=	-160

A	B	C	D		
0	-18	-3	-13		
-0	-72	-12	-78	=	-162
-0	-108	-27	-91	=	-226
-0	-90	-18	-52	=	-160
-0	-90	-18	-52	=	-160

125)

A	B	C	D		
-7	-6	-16	-6		
+4A	+4B	+4C	+5D	=	-146
+6A	+6B	+6C	+6D	=	-210
+8A	+10B	+7C	+7D	=	-270
+5A	+6B	+3C	+3D	=	-137

A	B	C	D		
-7	-6	-16	-6		
-28	-24	-64	-30	=	-146
-42	-36	-96	-36	=	-210
-56	-60	-112	-42	=	-270
-35	-36	-48	-18	=	-137

2-10 Variables Associated Expression Systems

4-Variable Systems

126)

A	B	C	D		
-3	-9	-11	-18		
+4A	+4B	+4C	+4D	=	-164
+3A	+3B	+6C	+2D	=	-138
+6A	+9B	+8C	+4D	=	-259
+4A	+6B	+5C	+1D	=	-139

Verifications

A	B	C	D		
-3	-9	-11	-18		
-12	-36	-44	-72	=	-164
-9	-27	-66	-36	=	-138
-18	-81	-88	-72	=	-259
-12	-54	-55	-18	=	-139

127)

A	B	C	D		
11	6	12	3		
+1A	+1B	+1C	+1D	=	32
+4A	+4B	+4C	+3D	=	125
+3A	+4B	+2C	+1D	=	84
+7A	+7B	+5C	+4D	=	191

A	B	C	D		
11	6	12	3		
11	6	12	3	=	32
44	24	48	9	=	125
33	24	24	3	=	84
77	42	60	12	=	191

128)

A	B	C	D		
6	3	20	3		
+4A	+4B	+4C	+6D	=	134
+5A	+5B	+6C	+6D	=	183
+3A	+3B	+3C	+3D	=	96
+5A	+4B	+4C	+4D	=	134

A	B	C	D		
6	3	20	3		
24	12	80	18	=	134
30	15	120	18	=	183
18	9	60	9	=	96
30	12	80	12	=	134

129)

A	B	C	D		
17	15	12	3		
+4A	+4B	+4C	+5D	=	191
+4A	+4B	+4C	+4D	=	188
+3A	+3B	+2C	+2D	=	126
+5A	+4B	+3C	+3D	=	190

A	B	C	D		
17	15	12	3		
68	60	48	15	=	191
68	60	48	12	=	188
51	45	24	6	=	126
85	60	36	9	=	190

130)

A	B	C	D		
11	7	20	0		
+4A	+4B	+4C	+4D	=	152
+3A	+3B	+3C	+2D	=	114
+3A	+3B	+2C	+1D	=	94
+7A	+6B	+5C	+4D	=	219

A	B	C	D		
11	7	20	0		
44	28	80	-0	=	152
33	21	60	-0	=	114
33	21	40	-0	=	94
77	42	100	-0	=	219

4-Variable Systems

131)

A	B	C	D		
2	17	20	13		
+1A	+1B	+1C	+1D	=	52
+3A	+3B	+5C	+2D	=	183
+8A	+9B	+9C	+6D	=	427
+6A	+6B	+6C	+3D	=	273

Verifications

A	B	C	D		
2	17	20	13		
2	17	20	13	=	52
6	51	100	26	=	183
16	153	180	78	=	427
12	102	120	39	=	273

132)

A	B	C	D		
7	9	7	10		
+1A	+1B	+1C	+2D	=	43
+6A	+6B	+9C	+6D	=	219
+7A	+9B	+9C	+6D	=	253
+7A	+8B	+8C	+5D	=	227

A	B	C	D		
7	9	7	10		
7	9	7	20	=	43
42	54	63	60	=	219
49	81	63	60	=	253
49	72	56	50	=	227

133)

A	B	C	D		
0	16	7	3		
+4A	+4B	+4C	+4D	=	104
+3A	+3B	+3C	+2D	=	75
+3A	+4B	+2C	+1D	=	81
+5A	+5B	+3C	+2D	=	107

A	B	C	D		
0	16	7	3		
-0	64	28	12	=	104
-0	48	21	6	=	75
-0	64	14	3	=	81
-0	80	21	6	=	107

134)

A	B	C	D		
6	12	9	22		
+3A	+3B	+3C	+4D	=	169
+3A	+3B	+4C	+3D	=	156
+4A	+4B	+4C	+3D	=	174
+6A	+5B	+5C	+4D	=	229

A	B	C	D		
6	12	9	22		
18	36	27	88	=	169
18	36	36	66	=	156
24	48	36	66	=	174
36	60	45	88	=	229

135)

A	B	C	D		
-12	-15	-19	-18		
+1A	+1B	+1C	+3D	=	-100
+2A	+2B	+4C	+3D	=	-184
+6A	+6B	+7C	+6D	=	-403
+6A	+5B	+6C	+5D	=	-351

A	B	C	D		
-12	-15	-19	-18		
-12	-15	-19	-54	=	-100
-24	-30	-76	-54	=	-184
-72	-90	-133	-108	=	-403
-72	-75	-114	-90	=	-351

4-Variable Systems							Verifications					
136)												
A	B	C	D				A	B	C	D		
-5	-19	-12	-21				-5	-19	-12	-21		
+3A	+3B	+3C	+3D	=	-171		-15	-57	-36	-63	=	-171
+5A	+5B	+6C	+4D	=	-276		-25	-95	-72	-84	=	-276
+7A	+7B	+7C	+5D	=	-357		-35	-133	-84	-105	=	-357
+4A	+3B	+3C	+1D	=	-134		-20	-57	-36	-21	=	-134
137)												
A	B	C	D				A	B	C	D		
15	14	7	19				15	14	7	19		
+4A	+4B	+4C	+5D	=	239		60	56	28	95	=	239
+4A	+4B	+4C	+4D	=	220		60	56	28	76	=	220
+8A	+8B	+7C	+7D	=	414		120	112	49	133	=	414
+5A	+4B	+3C	+3D	=	209		75	56	21	57	=	209
138)												
A	B	C	D				A	B	C	D		
18	5	14	7				18	5	14	7		
+4A	+4B	+4C	+4D	=	176		72	20	56	28	=	176
+2A	+2B	+2C	+1D	=	81		36	10	28	7	=	81
+6A	+8B	+5C	+4D	=	246		108	40	70	28	=	246
+7A	+8B	+5C	+4D	=	264		126	40	70	28	=	264
139)												
A	B	C	D				A	B	C	D		
3	20	18	22				3	20	18	22		
+1A	+1B	+1C	+1D	=	63		3	20	18	22	=	63
+2A	+2B	+3C	+1D	=	122		6	40	54	22	=	122
+4A	+4B	+4C	+2D	=	208		12	80	72	44	=	208
+6A	+5B	+5C	+3D	=	274		18	100	90	66	=	274
140)												
A	B	C	D				A	B	C	D		
7	1	13	19				7	1	13	19		
+3A	+3B	+3C	+3D	=	120		21	3	39	57	=	120
+3A	+3B	+4C	+2D	=	114		21	3	52	38	=	114
+4A	+4B	+4C	+2D	=	122		28	4	52	38	=	122
+5A	+4B	+4C	+2D	=	129		35	4	52	38	=	129

2-10 Variables Associated Expression Systems	1000 Associated Systems Volume 1

4-Variable Systems

141)

A	B	C	D
8	2	7	9

+1A	+1B	+1C	+2D	=	35
+3A	+3B	+3C	+3D	=	78
+3A	+3B	+2C	+2D	=	62
+7A	+6B	+5C	+5D	=	148

Verifications

A	B	C	D
8	2	7	9

8	2	7	18	=	35
24	6	21	27	=	78
24	6	14	18	=	62
56	12	35	45	=	148

142)

A	B	C	D
5	7	11	21

+3A	+3B	+3C	+3D	=	132
+5A	+5B	+5C	+4D	=	199
+7A	+7B	+6C	+5D	=	255
+4A	+3B	+2C	+1D	=	84

A	B	C	D
5	7	11	21

15	21	33	63	=	132
25	35	55	84	=	199
35	49	66	105	=	255
20	21	22	21	=	84

143)

A	B	C	D
5	1	6	18

+2A	+2B	+2C	+2D	=	60
+2A	+2B	+6C	+1D	=	66
+3A	+6B	+6C	+1D	=	75
+7A	+9B	+9C	+4D	=	170

A	B	C	D
5	1	6	18

10	2	12	36	=	60
10	2	36	18	=	66
15	6	36	18	=	75
35	9	54	72	=	170

144)

A	B	C	D
15	8	6	20

+2A	+2B	+2C	+3D	=	118
+6A	+6B	+6C	+6D	=	294
+7A	+8B	+6C	+6D	=	325
+6A	+6B	+4C	+4D	=	242

A	B	C	D
15	8	6	20

30	16	12	60	=	118
90	48	36	120	=	294
105	64	36	120	=	325
90	48	24	80	=	242

145)

A	B	C	D
4	19	9	0

+3A	+3B	+3C	+4D	=	96
+5A	+5B	+5C	+5D	=	160
+4A	+6B	+3C	+3D	=	157
+5A	+6B	+3C	+3D	=	161

A	B	C	D
4	19	9	0

12	57	27	-0	=	96
20	95	45	-0	=	160
16	114	27	-0	=	157
20	114	27	-0	=	161

4-Variable Systems

146)

A	B	C	D
-2	-8	-8	-21

+3A	+3B	+3C	+3D	=	-117
+3A	+3B	+3C	+2D	=	-96
+3A	+5B	+2C	+1D	=	-83
+6A	+7B	+4C	+3D	=	-163

147)

A	B	C	D
-6	-16	-4	-17

+2A	+2B	+2C	+2D	=	-86
+5A	+5B	+5C	+4D	=	-198
+6A	+8B	+5C	+4D	=	-252
+6A	+7B	+4C	+3D	=	-215

148)

A	B	C	D
16	8	5	13

+2A	+2B	+2C	+2D	=	84
+3A	+3B	+3C	+2D	=	113
+4A	+6B	+3C	+2D	=	153
+5A	+6B	+3C	+2D	=	169

149)

A	B	C	D
7	8	14	12

+3A	+3B	+3C	+4D	=	135
+3A	+3B	+3C	+3D	=	123
+5A	+5B	+4C	+4D	=	179
+4A	+3B	+2C	+2D	=	104

150)

A	B	C	D
18	14	4	5

+2A	+2B	+2C	+2D	=	82
+6A	+6B	+6C	+5D	=	241
+5A	+5B	+4C	+3D	=	191
+7A	+6B	+5C	+4D	=	250

Verifications

146)

A	B	C	D
-2	-8	-8	-21

-6	-24	-24	-63	=	-117
-6	-24	-24	-42	=	-96
-6	-40	-16	-21	=	-83
-12	-56	-32	-63	=	-163

147)

A	B	C	D
-6	-16	-4	-17

-12	-32	-8	-34	=	-86
-30	-80	-20	-68	=	-198
-36	-128	-20	-68	=	-252
-36	-112	-16	-51	=	-215

148)

A	B	C	D
16	8	5	13

32	16	10	26	=	84
48	24	15	26	=	113
64	48	15	26	=	153
80	48	15	26	=	169

149)

A	B	C	D
7	8	14	12

21	24	42	48	=	135
21	24	42	36	=	123
35	40	56	48	=	179
28	24	28	24	=	104

150)

A	B	C	D
18	14	4	5

36	28	8	10	=	82
108	84	24	25	=	241
90	70	16	15	=	191
126	84	20	20	=	250

Chapter 4 - 5 Variables Associated Systems

2-10 Variables Associated Expression Systems — 1000 Associated Systems Volume 1

5-Variable Systems

1)

A	B	C	D	E
-10	-6	-11	-17	-22

+6A	+7B	+10C	+11D	+6E	=	-531
+12A	+13B	+11C	+17D	+5E	=	-718
+18A	+18B	+19C	+19D	+7E	=	-974
+15A	+17B	+15C	+15D	+3E	=	-738
+16A	+17B	+15C	+15D	+3E	=	-748

Verifications

A	B	C	D	E
-10	-6	-11	-17	-22

-60	-42	-110	-187	-132	=	-531
-120	-78	-121	-289	-110	=	-718
-180	-108	-209	-323	-154	=	-974
-150	-102	-165	-255	-66	=	-738
-160	-102	-165	-255	-66	=	-748

2)

A	B	C	D	E
-19	-1	-5	-1	-8

+8A	+8B	+9C	+12D	+8E	=	-281
+8A	+7B	+7C	+12D	+5E	=	-246
+16A	+12B	+17C	+12D	+5E	=	-453
+20A	+16B	+20C	+15D	+8E	=	-575
+21A	+16B	+20C	+15D	+8E	=	-594

A	B	C	D	E
-19	-1	-5	-1	-8

-152	-8	-45	-12	-64	=	-281
-152	-7	-35	-12	-40	=	-246
-304	-12	-85	-12	-40	=	-453
-380	-16	-100	-15	-64	=	-575
-399	-16	-100	-15	-64	=	-594

3)

A	B	C	D	E
6	7	16	5	20

+3A	+9B	+8C	+5D	+3E	=	294
+9A	+13B	+13C	+11D	+6E	=	528
+13A	+21B	+17C	+12D	+7E	=	697
+9A	+20B	+12C	+7D	+2E	=	461
+10A	+20B	+12C	+7D	+2E	=	467

A	B	C	D	E
6	7	16	5	20

18	63	128	25	60	=	294
54	91	208	55	120	=	528
78	147	272	60	140	=	697
54	140	192	35	40	=	461
60	140	192	35	40	=	467

4)

A	B	C	D	E
16	10	3	21	14

+5A	+3B	+5C	+2D	+5E	=	237
+12A	+7B	+12C	+9D	+6E	=	571
+19A	+14B	+23C	+12D	+9E	=	891
+16A	+12B	+19C	+8D	+5E	=	671
+17A	+12B	+19C	+8D	+5E	=	687

A	B	C	D	E
16	10	3	21	14

80	30	15	42	70	=	237
192	70	36	189	84	=	571
304	140	69	252	126	=	891
256	120	57	168	70	=	671
272	120	57	168	70	=	687

5-Variable Systems

5)

A	B	C	D	E		
19	16	4	13	1		
+12A	+10B	+6C	+6D	+12E	=	502
+19A	+17B	+7C	+13D	+11E	=	841
+26A	+23B	+14C	+15D	+13E	=	1126
+25A	+22B	+12C	+13D	+11E	=	1055
+27A	+23B	+13C	+14D	+12E	=	1127

Verifications

A	B	C	D	E		
19	16	4	13	1		
228	160	24	78	12	=	502
361	272	28	169	11	=	841
494	368	56	195	13	=	1126
475	352	48	169	11	=	1055
513	368	52	182	12	=	1127

6)

A	B	C	D	E		
18	0	21	20	21		
+8A	+7B	+3C	+10D	+8E	=	575
+18A	+14B	+13C	+20D	+11E	=	1228
+23A	+16B	+16C	+19D	+10E	=	1340
+22A	+19B	+14C	+17D	+8E	=	1198
+23A	+19B	+14C	+17D	+8E	=	1216

A	B	C	D	E		
18	0	21	20	21		
144	-0	63	200	168	=	575
324	-0	273	400	231	=	1228
414	-0	336	380	210	=	1340
396	-0	294	340	168	=	1198
414	-0	294	340	168	=	1216

7)

A	B	C	D	E		
3	11	9	19	3		
+5A	+8B	+6C	+5D	+7E	=	273
+6A	+9B	+10C	+7D	+7E	=	361
+11A	+12B	+15C	+8D	+8E	=	476
+11A	+12B	+14C	+7D	+7E	=	445
+15A	+15B	+17C	+10D	+10E	=	583

A	B	C	D	E		
3	11	9	19	3		
15	88	54	95	21	=	273
18	99	90	133	21	=	361
33	132	135	152	24	=	476
33	132	126	133	21	=	445
45	165	153	190	30	=	583

8)

A	B	C	D	E		
0	19	20	14	8		
+7A	+4B	+8C	+3D	+7E	=	334
+13A	+7B	+12C	+11D	+5E	=	567
+21A	+13B	+22C	+15D	+9E	=	969
+18A	+10B	+18C	+11D	+5E	=	744
+20A	+11B	+19C	+12D	+6E	=	805

A	B	C	D	E		
0	19	20	14	8		
-0	76	160	42	56	=	334
-0	133	240	154	40	=	567
-0	247	440	210	72	=	969
-0	190	360	154	40	=	744
-0	209	380	168	48	=	805

5-Variable Systems / Verifications

9)

A	B	C	D	E		
-16	-16	-18	-7	-9		
+11A	+3B	+4C	+7D	+14E	=	-471
+17A	+7B	+7C	+15D	+14E	=	-741
+28A	+14B	+20C	+18D	+17E	=	-1311
+25A	+13B	+16C	+14D	+13E	=	-1111
+25A	+12B	+15C	+13D	+12E	=	-1061

A	B	C	D	E		
-16	-16	-18	-7	-9		
-176	-48	-72	-49	-126	=	-471
-272	-112	-126	-105	-126	=	-741
-448	-224	-360	-126	-153	=	-1311
-400	-208	-288	-98	-117	=	-1111
-400	-192	-270	-91	-108	=	-1061

10)

A	B	C	D	E		
12	20	11	18	3		
+6A	+6B	+5C	+1D	+6E	=	283
+13A	+12B	+13C	+8D	+10E	=	713
+20A	+13B	+20C	+8D	+10E	=	894
+17A	+12B	+16C	+4D	+6E	=	710
+22A	+16B	+20C	+8D	+10E	=	978

A	B	C	D	E		
12	20	11	18	3		
72	120	55	18	18	=	283
156	240	143	144	30	=	713
240	260	220	144	30	=	894
204	240	176	72	18	=	710
264	320	220	144	30	=	978

11)

A	B	C	D	E		
0	1	19	13	2		
+4A	+2B	+8C	+4D	+4E	=	214
+11A	+12B	+15C	+11D	+8E	=	456
+17A	+12B	+21C	+10D	+7E	=	555
+16A	+11B	+19C	+8D	+5E	=	486
+18A	+12B	+20C	+9D	+6E	=	521

A	B	C	D	E		
0	1	19	13	2		
-0	2	152	52	8	=	214
-0	12	285	143	16	=	456
-0	12	399	130	14	=	555
-0	11	361	104	10	=	486
-0	12	380	117	12	=	521

12)

A	B	C	D	E		
11	6	14	6	18		
+9A	+11B	+6C	+11D	+11E	=	513
+16A	+10B	+9C	+18D	+9E	=	632
+24A	+13B	+17C	+18D	+9E	=	850
+24A	+14B	+16C	+17D	+8E	=	818
+25A	+14B	+16C	+17D	+8E	=	829

A	B	C	D	E		
11	6	14	6	18		
99	66	84	66	198	=	513
176	60	126	108	162	=	632
264	78	238	108	162	=	850
264	84	224	102	144	=	818
275	84	224	102	144	=	829

5-Variable Systems

13)

A	B	C	D	E		
10	11	1	9	8		
+6A	+6B	+8C	+10D	+6E	=	272
+13A	+10B	+19C	+17D	+9E	=	484
+15A	+18B	+21C	+16D	+8E	=	577
+14A	+18B	+19C	+14D	+6E	=	531
+18A	+21B	+22C	+17D	+9E	=	658

Verifications

A	B	C	D	E		
10	11	1	9	8		
60	66	8	90	48	=	272
130	110	19	153	72	=	484
150	198	21	144	64	=	577
140	198	19	126	48	=	531
180	231	22	153	72	=	658

14)

A	B	C	D	E		
3	4	4	2	3		
+2A	+9B	+5C	+4D	+2E	=	76
+14A	+15B	+15C	+16D	+5E	=	209
+19A	+20B	+20C	+15D	+4E	=	259
+18A	+19B	+18C	+13D	+2E	=	234
+21A	+21B	+20C	+15D	+4E	=	269

A	B	C	D	E		
3	4	4	2	3		
6	36	20	8	6	=	76
42	60	60	32	15	=	209
57	80	80	30	12	=	259
54	76	72	26	6	=	234
63	84	80	30	12	=	269

15)

A	B	C	D	E		
0	2	11	14	11		
+3A	+11B	+4C	+10D	+4E	=	250
+8A	+14B	+8C	+15D	+4E	=	370
+17A	+16B	+15C	+16D	+5E	=	476
+17A	+17B	+14C	+15D	+4E	=	442
+17A	+16B	+13C	+14D	+3E	=	404

A	B	C	D	E		
0	2	11	14	11		
-0	22	44	140	44	=	250
-0	28	88	210	44	=	370
-0	32	165	224	55	=	476
-0	34	154	210	44	=	442
-0	32	143	196	33	=	404

16)

A	B	C	D	E		
17	7	6	4	13		
+11A	+11B	+10C	+5D	+9E	=	461
+18A	+14B	+13C	+8D	+8E	=	618
+24A	+16B	+19C	+9D	+9E	=	787
+22A	+15B	+16C	+6D	+6E	=	677
+26A	+18B	+19C	+9D	+9E	=	835

A	B	C	D	E		
17	7	6	4	13		
187	77	60	20	117	=	461
306	98	78	32	104	=	618
408	112	114	36	117	=	787
374	105	96	24	78	=	677
442	126	114	36	117	=	835

2-10 Variables Associated Expression Systems — 1000 Associated Systems Volume 1

5-Variable Systems

17)

A	B	C	D	E
9	8	12	17	22

+6A	+7B	+7C	+11D	+6E	=	513
+10A	+13B	+6C	+19D	+4E	=	677
+19A	+16B	+19C	+20D	+5E	=	977
+21A	+19B	+20C	+21D	+6E	=	1070
+24A	+21B	+22C	+23D	+8E	=	1215

Verifications

A	B	C	D	E
9	8	12	17	22

54	56	84	187	132	=	513
90	104	72	323	88	=	677
171	128	228	340	110	=	977
189	152	240	357	132	=	1070
216	168	264	391	176	=	1215

18)

A	B	C	D	E
-19	-10	-19	-8	-22

+3A	+9B	+9C	+3D	+4E	=	-430
+3A	+12B	+11C	+3D	+2E	=	-454
+12A	+23B	+20C	+5D	+4E	=	-966
+11A	+23B	+18C	+3D	+2E	=	-849
+15A	+26B	+21C	+6D	+5E	=	-1102

A	B	C	D	E
-19	-10	-19	-8	-22

-57	-90	-171	-24	-88	=	-430
-57	-120	-209	-24	-44	=	-454
-228	-230	-380	-40	-88	=	-966
-209	-230	-342	-24	-44	=	-849
-285	-260	-399	-48	-110	=	-1102

19)

A	B	C	D	E
0	-5	-2	-15	-5

+9A	+5B	+7C	+1D	+9E	=	-99
+21A	+12B	+14C	+13D	+13E	=	-348
+19A	+15B	+12C	+9D	+9E	=	-279
+22A	+18B	+14C	+11D	+11E	=	-338
+24A	+19B	+15C	+12D	+12E	=	-365

A	B	C	D	E
0	-5	-2	-15	-5

-0	-25	-14	-15	-45	=	-99
-0	-60	-28	-195	-65	=	-348
-0	-75	-24	-135	-45	=	-279
-0	-90	-28	-165	-55	=	-338
-0	-95	-30	-180	-60	=	-365

20)

A	B	C	D	E
13	12	5	7	2

+7A	+6B	+5C	+6D	+4E	=	238
+12A	+10B	+9C	+11D	+4E	=	406
+20A	+22B	+17C	+14D	+7E	=	721
+19A	+24B	+15C	+12D	+5E	=	704
+20A	+24B	+15C	+12D	+5E	=	717

A	B	C	D	E
13	12	5	7	2

91	72	25	42	8	=	238
156	120	45	77	8	=	406
260	264	85	98	14	=	721
247	288	75	84	10	=	704
260	288	75	84	10	=	717

5-Variable Systems

21)

A	B	C	D	E		
17	9	19	20	14		
+10A	+7B	+7C	+11D	+10E	=	726
+9A	+14B	+6C	+12D	+8E	=	745
+19A	+19B	+16C	+15D	+11E	=	1252
+17A	+17B	+13C	+12D	+8E	=	1041
+22A	+21B	+17C	+16D	+12E	=	1374

Verifications

A	B	C	D	E		
17	9	19	20	14		
170	63	133	220	140	=	726
153	126	114	240	112	=	745
323	171	304	300	154	=	1252
289	153	247	240	112	=	1041
374	189	323	320	168	=	1374

22)

A	B	C	D	E		
1	7	16	22	14		
+9A	+4B	+10C	+7D	+9E	=	477
+18A	+6B	+12C	+16D	+9E	=	730
+24A	+17B	+18C	+19D	+12E	=	1017
+21A	+15B	+14C	+15D	+8E	=	792
+25A	+18B	+17C	+18D	+11E	=	973

A	B	C	D	E		
1	7	16	22	14		
9	28	160	154	126	=	477
18	42	192	352	126	=	730
24	119	288	418	168	=	1017
21	105	224	330	112	=	792
25	126	272	396	154	=	973

23)

A	B	C	D	E		
11	19	19	20	6		
+7A	+3B	+6C	+7D	+7E	=	430
+12A	+6B	+8C	+10D	+8E	=	646
+13A	+15B	+9C	+10D	+8E	=	847
+14A	+16B	+9C	+10D	+8E	=	877
+16A	+17B	+10C	+11D	+9E	=	963

A	B	C	D	E		
11	19	19	20	6		
77	57	114	140	42	=	430
132	114	152	200	48	=	646
143	285	171	200	48	=	847
154	304	171	200	48	=	877
176	323	190	220	54	=	963

24)

A	B	C	D	E		
12	9	12	3	16		
+4A	+3B	+5C	+7D	+4E	=	220
+7A	+9B	+14C	+10D	+6E	=	459
+10A	+16B	+17C	+9D	+5E	=	575
+13A	+22B	+19C	+11D	+7E	=	727
+14A	+22B	+19C	+11D	+7E	=	739

A	B	C	D	E		
12	9	12	3	16		
48	27	60	21	64	=	220
84	81	168	30	96	=	459
120	144	204	27	80	=	575
156	198	228	33	112	=	727
168	198	228	33	112	=	739

2-10 Variables Associated Expression Systems 1000 Associated Systems Volume 1

5-Variable Systems   Verifications

25)

A	B	C	D	E			A	B	C	D	E		
10	18	3	17	17			10	18	3	17	17		
+7A	+8B	+2C	+9D	+7E	=	492	70	144	6	153	119	=	492
+15A	+14B	+12C	+17D	+10E	=	897	150	252	36	289	170	=	897
+18A	+18B	+16C	+19D	+12E	=	1079	180	324	48	323	204	=	1079
+15A	+15B	+12C	+15D	+8E	=	847	150	270	36	255	136	=	847
+17A	+16B	+13C	+16D	+9E	=	922	170	288	39	272	153	=	922

26)

A	B	C	D	E			A	B	C	D	E		
17	14	7	1	17			17	14	7	1	17		
+7A	+9B	+4C	+6D	+7E	=	398	119	126	28	6	119	=	398
+7A	+14B	+10C	+9D	+4E	=	462	119	196	70	9	68	=	462
+11A	+26B	+14C	+12D	+7E	=	780	187	364	98	12	119	=	780
+11A	+27B	+13C	+11D	+6E	=	769	187	378	91	11	102	=	769
+13A	+28B	+14C	+12D	+7E	=	842	221	392	98	12	119	=	842

27)

A	B	C	D	E			A	B	C	D	E		
11	0	2	6	10			11	0	2	6	10		
+11A	+10B	+9C	+11D	+14E	=	345	121	-0	18	66	140	=	345
+13A	+20B	+18C	+14D	+15E	=	413	143	-0	36	84	150	=	413
+18A	+24B	+23C	+11D	+12E	=	430	198	-0	46	66	120	=	430
+19A	+27B	+23C	+11D	+12E	=	441	209	-0	46	66	120	=	441
+21A	+28B	+24C	+12D	+13E	=	481	231	-0	48	72	130	=	481

28)

A	B	C	D	E			A	B	C	D	E		
-2	-13	-20	-19	-2			-2	-13	-20	-19	-2		
+3A	+8B	+7C	+4D	+3E	=	-332	-6	-104	-140	-76	-6	=	-332
+8A	+17B	+15C	+9D	+3E	=	-714	-16	-221	-300	-171	-6	=	-714
+17A	+20B	+24C	+11D	+5E	=	-993	-34	-260	-480	-209	-10	=	-993
+16A	+21B	+22C	+9D	+3E	=	-922	-32	-273	-440	-171	-6	=	-922
+19A	+23B	+24C	+11D	+5E	=	-1036	-38	-299	-480	-209	-10	=	-1036

5-Variable Systems

Verifications

29)

A	B	C	D	E		
-5	-18	-10	-2	-23		
+10A	+5B	+10C	+8D	+10E	=	-486
+21A	+8B	+14C	+19D	+12E	=	-703
+18A	+7B	+11C	+15D	+8E	=	-540
+20A	+9B	+12C	+16D	+9E	=	-621
+21A	+9B	+12C	+16D	+9E	=	-626

A	B	C	D	E		
-5	-18	-10	-2	-23		
-50	-90	-100	-16	-230	=	-486
-105	-144	-140	-38	-276	=	-703
-90	-126	-110	-30	-184	=	-540
-100	-162	-120	-32	-207	=	-621
-105	-162	-120	-32	-207	=	-626

30)

A	B	C	D	E		
2	19	8	15	6		
+8A	+7B	+8C	+4D	+8E	=	321
+16A	+14B	+18C	+12D	+9E	=	676
+19A	+19B	+21C	+11D	+8E	=	780
+17A	+18B	+18C	+8D	+5E	=	670
+20A	+20B	+20C	+10D	+7E	=	772

A	B	C	D	E		
2	19	8	15	6		
16	133	64	60	48	=	321
32	266	144	180	54	=	676
38	361	168	165	48	=	780
34	342	144	120	30	=	670
40	380	160	150	42	=	772

31)

A	B	C	D	E		
9	17	20	3	23		
+5A	+3B	+3C	+6D	+5E	=	289
+13A	+13B	+6C	+14D	+7E	=	661
+15A	+15B	+8C	+14D	+7E	=	753
+15A	+15B	+7C	+13D	+6E	=	707
+16A	+15B	+7C	+13D	+6E	=	716

A	B	C	D	E		
9	17	20	3	23		
45	51	60	18	115	=	289
117	221	120	42	161	=	661
135	255	160	42	161	=	753
135	255	140	39	138	=	707
144	255	140	39	138	=	716

32)

A	B	C	D	E		
17	17	3	16	9		
+7A	+3B	+2C	+10D	+7E	=	399
+12A	+4B	+2C	+13D	+6E	=	540
+15A	+14B	+7C	+14D	+7E	=	801
+16A	+15B	+7C	+14D	+7E	=	835
+18A	+16B	+8C	+15D	+8E	=	914

A	B	C	D	E		
17	17	3	16	9		
119	51	6	160	63	=	399
204	68	6	208	54	=	540
255	238	21	224	63	=	801
272	255	21	224	63	=	835
306	272	24	240	72	=	914

5-Variable Systems

Verifications

33)

A	B	C	D	E		
2	13	3	10	21		
+5A	+9B	+11C	+6D	+5E	=	325
+14A	+13B	+18C	+15D	+6E	=	527
+16A	+15B	+18C	+13D	+4E	=	495
+17A	+16B	+18C	+13D	+4E	=	510
+21A	+19B	+21C	+16D	+7E	=	659

A	B	C	D	E		
2	13	3	10	21		
10	117	33	60	105	=	325
28	169	54	150	126	=	527
32	195	54	130	84	=	495
34	208	54	130	84	=	510
42	247	63	160	147	=	659

34)

A	B	C	D	E		
12	14	11	10	11		
+9A	+4B	+5C	+7D	+9E	=	388
+17A	+10B	+9C	+19D	+11E	=	754
+22A	+8B	+14C	+16D	+8E	=	778
+22A	+8B	+13C	+15D	+7E	=	746
+27A	+12B	+17C	+19D	+11E	=	990

A	B	C	D	E		
12	14	11	10	11		
108	56	55	70	99	=	388
204	140	99	190	121	=	754
264	112	154	160	88	=	778
264	112	143	150	77	=	746
324	168	187	190	121	=	990

35)

A	B	C	D	E		
14	16	3	0	12		
+9A	+11B	+3C	+4D	+9E	=	419
+17A	+19B	+11C	+12D	+11E	=	707
+21A	+23B	+15C	+10D	+9E	=	815
+23A	+25B	+16C	+11D	+10E	=	890
+22A	+23B	+14C	+9D	+8E	=	814

A	B	C	D	E		
14	16	3	0	12		
126	176	9	-0	108	=	419
238	304	33	-0	132	=	707
294	368	45	-0	108	=	815
322	400	48	-0	120	=	890
308	368	42	-0	96	=	814

36)

A	B	C	D	E		
0	17	18	2	21		
+2A	+2B	+3C	+7D	+3E	=	165
+9A	+13B	+15C	+12D	+6E	=	641
+7A	+17B	+13C	+8D	+2E	=	581
+10A	+20B	+15C	+10D	+4E	=	714
+9A	+18B	+13C	+8D	+2E	=	598

A	B	C	D	E		
0	17	18	2	21		
-0	34	54	14	63	=	165
-0	221	270	24	126	=	641
-0	289	234	16	42	=	581
-0	340	270	20	84	=	714
-0	306	234	16	42	=	598

2-10 Variables Associated Expression Systems　　　　　　　　1000 Associated Systems Volume 1

5-Variable Systems　　　　　　　　　　　　Verifications

37)

	A	B	C	D	E				A	B	C	D	E		
	8	11	11	19	13				8	11	11	19	13		
+9A	+9B	+9C	+7D	+9E	=	520		72	99	99	133	117	=	520
+19A	+12B	+14C	+17D	+11E	=	904		152	132	154	323	143	=	904
+26A	+19B	+21C	+17D	+11E	=	1114		208	209	231	323	143	=	1114
+25A	+19B	+19C	+15D	+9E	=	1020		200	209	209	285	117	=	1020
+27A	+20B	+20C	+16D	+10E	=	1090		216	220	220	304	130	=	1090

38)

	A	B	C	D	E				A	B	C	D	E		
	4	15	18	2	17				4	15	18	2	17		
+9A	+7B	+10C	+11D	+9E	=	496		36	105	180	22	153	=	496
+10A	+9B	+10C	+12D	+8E	=	515		40	135	180	24	136	=	515
+18A	+18B	+18C	+16D	+12E	=	902		72	270	324	32	204	=	902
+15A	+15B	+14C	+12D	+8E	=	697		60	225	252	24	136	=	697
+16A	+15B	+14C	+12D	+8E	=	701		64	225	252	24	136	=	701

39)

	A	B	C	D	E				A	B	C	D	E		
	-19	-6	0	-22	-2				-19	-6	0	-22	-2		
+4A	+12B	+6C	+9D	+4E	=	-354		-76	-72	-0	-198	-8	=	-354
+12A	+19B	+11C	+17D	+4E	=	-724		-228	-114	-0	-374	-8	=	-724
+18A	+20B	+17C	+14D	+1E	=	-772		-342	-120	-0	-308	-2	=	-772
+19A	+21B	+17C	+14D	+1E	=	-797		-361	-126	-0	-308	-2	=	-797
+22A	+23B	+19C	+16D	+3E	=	-914		-418	-138	-0	-352	-6	=	-914

40)

	A	B	C	D	E				A	B	C	D	E		
	0	-8	-5	-16	-9				0	-8	-5	-16	-9		
+1A	+5B	+1C	+7D	+1E	=	-166		-0	-40	-5	-112	-9	=	-166
+8A	+16B	+5C	+12D	+4E	=	-381		-0	-128	-25	-192	-36	=	-381
+7A	+22B	+6C	+9D	+1E	=	-359		-0	-176	-30	-144	-9	=	-359
+9A	+24B	+7C	+10D	+2E	=	-405		-0	-192	-35	-160	-18	=	-405
+13A	+27B	+10C	+13D	+5E	=	-519		-0	-216	-50	-208	-45	=	-519

5-Variable Systems	Verifications

41)

A	B	C	D	E			A	B	C	D	E		
8	0	0	20	3			8	0	0	20	3		
+10A	+7B	+10C	+4D	+10E	=	190	80	-0	-0	80	30	=	190
+19A	+16B	+20C	+9D	+11E	=	365	152	-0	-0	180	33	=	365
+25A	+24B	+26C	+8D	+10E	=	390	200	-0	-0	160	30	=	390
+25A	+25B	+25C	+7D	+9E	=	367	200	-0	-0	140	27	=	367
+27A	+26B	+26C	+8D	+10E	=	406	216	-0	-0	160	30	=	406

42)

A	B	C	D	E			A	B	C	D	E		
9	4	5	11	3			9	4	5	11	3		
+5A	+10B	+7C	+2D	+5E	=	157	45	40	35	22	15	=	157
+17A	+20B	+11C	+14D	+8E	=	466	153	80	55	154	24	=	466
+25A	+25B	+19C	+14D	+8E	=	598	225	100	95	154	24	=	598
+22A	+22B	+15C	+10D	+4E	=	483	198	88	75	110	12	=	483
+25A	+24B	+17C	+12D	+6E	=	556	225	96	85	132	18	=	556

43)

A	B	C	D	E			A	B	C	D	E		
0	4	19	3	12			0	4	19	3	12		
+6A	+7B	+6C	+5D	+6E	=	229	-0	28	114	15	72	=	229
+14A	+13B	+11C	+13D	+10E	=	420	-0	52	209	39	120	=	420
+16A	+15B	+16C	+12D	+9E	=	508	-0	60	304	36	108	=	508
+15A	+14B	+14C	+10D	+7E	=	436	-0	56	266	30	84	=	436
+19A	+17B	+17C	+13D	+10E	=	550	-0	68	323	39	120	=	550

44)

A	B	C	D	E			A	B	C	D	E		
3	1	5	20	14			3	1	5	20	14		
+5A	+5B	+6C	+6D	+5E	=	240	15	5	30	120	70	=	240
+17A	+12B	+15C	+20D	+9E	=	664	51	12	75	400	126	=	664
+23A	+17B	+21C	+19D	+8E	=	683	69	17	105	380	112	=	683
+24A	+18B	+21C	+19D	+8E	=	687	72	18	105	380	112	=	687
+24A	+17B	+20C	+18D	+7E	=	647	72	17	100	360	98	=	647

5-Variable Systems							Verifications						
45)													
A	B	C	D	E			A	B	C	D	E		
5	4	19	2	17			5	4	19	2	17		
+5A	+6B	+12C	+12D	+5E	=	386	25	24	228	24	85	=	386
+13A	+6B	+13C	+20D	+4E	=	444	65	24	247	40	68	=	444
+14A	+7B	+14C	+18D	+2E	=	434	70	28	266	36	34	=	434
+15A	+12B	+14C	+18D	+2E	=	459	75	48	266	36	34	=	459
+18A	+14B	+16C	+20D	+4E	=	558	90	56	304	40	68	=	558
46)													
A	B	C	D	E			A	B	C	D	E		
15	9	5	11	1			15	9	5	11	1		
+10A	+9B	+3C	+9D	+10E	=	355	150	81	15	99	10	=	355
+14A	+18B	+11C	+11D	+10E	=	558	210	162	55	121	10	=	558
+21A	+20B	+18C	+12D	+11E	=	728	315	180	90	132	11	=	728
+20A	+20B	+16C	+10D	+9E	=	679	300	180	80	110	9	=	679
+23A	+22B	+18C	+12D	+11E	=	776	345	198	90	132	11	=	776
47)													
A	B	C	D	E			A	B	C	D	E		
1	3	3	17	21			1	3	3	17	21		
+5A	+6B	+8C	+7D	+8E	=	334	5	18	24	119	168	=	334
+8A	+9B	+17C	+11D	+10E	=	483	8	27	51	187	210	=	483
+11A	+9B	+20C	+10D	+9E	=	457	11	27	60	170	189	=	457
+10A	+8B	+18C	+8D	+7E	=	371	10	24	54	136	147	=	371
+13A	+10B	+20C	+10D	+9E	=	462	13	30	60	170	189	=	462
48)													
A	B	C	D	E			A	B	C	D	E		
-11	-2	-18	-19	-23			-11	-2	-18	-19	-23		
+10A	+9B	+7C	+7D	+10E	=	-617	-110	-18	-126	-133	-230	=	-617
+12A	+13B	+6C	+11D	+8E	=	-659	-132	-26	-108	-209	-184	=	-659
+17A	+20B	+11C	+11D	+8E	=	-818	-187	-40	-198	-209	-184	=	-818
+19A	+22B	+12C	+12D	+9E	=	-904	-209	-44	-216	-228	-207	=	-904
+18A	+20B	+10C	+10D	+7E	=	-769	-198	-40	-180	-190	-161	=	-769

5-Variable Systems							Verifications						
49)													
A	B	C	D	E			A	B	C	D	E		
-1	-7	-19	-4	-16			-1	-7	-19	-4	-16		
+2A	+8B	+3C	+2D	+2E	=	-155	-2	-56	-57	-8	-32	=	-155
+7A	+12B	+7C	+7D	+3E	=	-300	-7	-84	-133	-28	-48	=	-300
+14A	+16B	+14C	+7D	+3E	=	-468	-14	-112	-266	-28	-48	=	-468
+14A	+16B	+13C	+6D	+2E	=	-429	-14	-112	-247	-24	-32	=	-429
+15A	+16B	+13C	+6D	+2E	=	-430	-15	-112	-247	-24	-32	=	-430
50)													
A	B	C	D	E			A	B	C	D	E		
8	9	15	13	18			8	9	15	13	18		
+4A	+4B	+3C	+2D	+2E	=	175	32	36	45	26	36	=	175
+9A	+12B	+13C	+7D	+6E	=	574	72	108	195	91	108	=	574
+10A	+12B	+14C	+4D	+3E	=	504	80	108	210	52	54	=	504
+11A	+13B	+14C	+4D	+3E	=	521	88	117	210	52	54	=	521
+11A	+12B	+13C	+3D	+2E	=	466	88	108	195	39	36	=	466
51)													
A	B	C	D	E			A	B	C	D	E		
8	1	0	9	19			8	1	0	9	19		
+5A	+5B	+9C	+7D	+5E	=	203	40	5	-0	63	95	=	203
+15A	+11B	+13C	+17D	+7E	=	417	120	11	-0	153	133	=	417
+20A	+23B	+18C	+20D	+10E	=	553	160	23	-0	180	190	=	553
+19A	+22B	+16C	+18D	+8E	=	488	152	22	-0	162	152	=	488
+18A	+20B	+14C	+16D	+6E	=	422	144	20	-0	144	114	=	422
52)													
A	B	C	D	E			A	B	C	D	E		
16	6	8	10	5			16	6	8	10	5		
+7A	+1B	+5C	+7D	+7E	=	263	112	6	40	70	35	=	263
+10A	+5B	+9C	+11D	+9E	=	417	160	30	72	110	45	=	417
+14A	+8B	+13C	+12D	+10E	=	546	224	48	104	120	50	=	546
+14A	+9B	+12C	+11D	+9E	=	529	224	54	96	110	45	=	529
+14A	+8B	+11C	+10D	+8E	=	500	224	48	88	100	40	=	500

5-Variable Systems							Verifications						
53)													
A	B	C	D	E			A	B	C	D	E		
3	8	11	19	4			3	8	11	19	4		
+6A	+4B	+9C	+4D	+6E	=	249	18	32	99	76	24	=	249
+9A	+10B	+18C	+7D	+6E	=	462	27	80	198	133	24	=	462
+13A	+11B	+22C	+6D	+5E	=	503	39	88	242	114	20	=	503
+15A	+14B	+23C	+7D	+6E	=	567	45	112	253	133	24	=	567
+17A	+15B	+24C	+8D	+7E	=	615	51	120	264	152	28	=	615
54)													
A	B	C	D	E			A	B	C	D	E		
19	12	11	21	11			19	12	11	21	11		
+2A	+8B	+6C	+6D	+2E	=	348	38	96	66	126	22	=	348
+13A	+17B	+18C	+17D	+6E	=	1072	247	204	198	357	66	=	1072
+19A	+21B	+26C	+15D	+4E	=	1258	361	252	286	315	44	=	1258
+18A	+20B	+24C	+13D	+2E	=	1141	342	240	264	273	22	=	1141
+22A	+23B	+27C	+16D	+5E	=	1382	418	276	297	336	55	=	1382
55)													
A	B	C	D	E			A	B	C	D	E		
18	19	13	1	19			18	19	13	1	19		
+12A	+4B	+7C	+5D	+12E	=	616	216	76	91	5	228	=	616
+17A	+9B	+7C	+10D	+10E	=	768	306	171	91	10	190	=	768
+21A	+12B	+11C	+11D	+11E	=	969	378	228	143	11	209	=	969
+20A	+11B	+9C	+9D	+9E	=	866	360	209	117	9	171	=	866
+23A	+13B	+11C	+11D	+11E	=	1024	414	247	143	11	209	=	1024
56)													
A	B	C	D	E			A	B	C	D	E		
9	6	14	5	8			9	6	14	5	8		
+9A	+5B	+4C	+1D	+6E	=	220	81	30	56	5	48	=	220
+13A	+15B	+8C	+5D	+8E	=	408	117	90	112	25	64	=	408
+21A	+21B	+16C	+8D	+11E	=	667	189	126	224	40	88	=	667
+18A	+18B	+12C	+4D	+7E	=	514	162	108	168	20	56	=	514
+22A	+21B	+15C	+7D	+10E	=	649	198	126	210	35	80	=	649

5-Variable Systems							Verifications						
57)													
A	B	C	D	E			A	B	C	D	E		
17	14	18	17	1			17	14	18	17	1		
+11A	+6B	+7C	+6D	+13E	=	512	187	84	126	102	13	=	512
+17A	+13B	+11C	+12D	+12E	=	885	289	182	198	204	12	=	885
+26A	+18B	+20C	+12D	+12E	=	1270	442	252	360	204	12	=	1270
+28A	+22B	+21C	+13D	+13E	=	1396	476	308	378	221	13	=	1396
+30A	+23B	+22C	+14D	+14E	=	1480	510	322	396	238	14	=	1480
58)													
A	B	C	D	E			A	B	C	D	E		
2	11	5	10	22			2	11	5	10	22		
+2A	+7B	+10C	+10D	+4E	=	319	4	77	50	100	88	=	319
+11A	+14B	+18C	+19D	+4E	=	544	22	154	90	190	88	=	544
+16A	+24B	+25C	+22D	+7E	=	795	32	264	125	220	154	=	795
+16A	+24B	+24C	+21D	+6E	=	758	32	264	120	210	132	=	758
+16A	+23B	+23C	+20D	+5E	=	710	32	253	115	200	110	=	710
59)													
A	B	C	D	E			A	B	C	D	E		
2	2	0	14	10			2	2	0	14	10		
+11A	+6B	+11C	+11D	+11E	=	298	22	12	-0	154	110	=	298
+14A	+12B	+9C	+12D	+8E	=	300	28	24	-0	168	80	=	300
+24A	+20B	+15C	+14D	+10E	=	384	48	40	-0	196	100	=	384
+25A	+22B	+15C	+14D	+10E	=	390	50	44	-0	196	100	=	390
+26A	+22B	+15C	+14D	+10E	=	392	52	44	-0	196	100	=	392
60)													
A	B	C	D	E			A	B	C	D	E		
-11	-19	-13	-13	-6			-11	-19	-13	-13	-6		
+12A	+6B	+5C	+6D	+12E	=	-461	-132	-114	-65	-78	-72	=	-461
+15A	+10B	+4C	+11D	+9E	=	-604	-165	-190	-52	-143	-54	=	-604
+28A	+21B	+17C	+15D	+13E	=	-1201	-308	-399	-221	-195	-78	=	-1201
+26A	+19B	+14C	+12D	+10E	=	-1045	-286	-361	-182	-156	-60	=	-1045
+29A	+21B	+16C	+14D	+12E	=	-1180	-319	-399	-208	-182	-72	=	-1180

5-Variable Systems	Verifications

61)

A	B	C	D	E		
0	0	-21	-10	-16		
+6A	+4B	+8C	+9D	+6E	=	-354
+13A	+5B	+10C	+16D	+6E	=	-466
+23A	+10B	+20C	+19D	+9E	=	-754
+22A	+11B	+18C	+17D	+7E	=	-660
+21A	+9B	+16C	+15D	+5E	=	-566

A	B	C	D	E		
0	0	-21	-10	-16		
-0	-0	-168	-90	-96	=	-354
-0	-0	-210	-160	-96	=	-466
-0	-0	-420	-190	-144	=	-754
-0	-0	-378	-170	-112	=	-660
-0	-0	-336	-150	-80	=	-566

62)

A	B	C	D	E		
14	17	6	20	10		
+7A	+9B	+8C	+7D	+7E	=	509
+14A	+15B	+17C	+17D	+11E	=	1003
+16A	+23B	+19C	+17D	+11E	=	1179
+13A	+20B	+15C	+13D	+7E	=	942
+16A	+22B	+17C	+15D	+9E	=	1090

A	B	C	D	E		
14	17	6	20	10		
98	153	48	140	70	=	509
196	255	102	340	110	=	1003
224	391	114	340	110	=	1179
182	340	90	260	70	=	942
224	374	102	300	90	=	1090

63)

A	B	C	D	E		
7	20	11	11	4		
+7A	+11B	+5C	+5D	+7E	=	407
+12A	+18B	+15C	+10D	+8E	=	751
+23A	+21B	+26C	+12D	+10E	=	1039
+19A	+17B	+21C	+7D	+5E	=	801
+23A	+20B	+24C	+10D	+8E	=	967

A	B	C	D	E		
7	20	11	11	4		
49	220	55	55	28	=	407
84	360	165	110	32	=	751
161	420	286	132	40	=	1039
133	340	231	77	20	=	801
161	400	264	110	32	=	967

64)

A	B	C	D	E		
6	15	16	11	21		
+3A	+5B	+8C	+2D	+5E	=	348
+8A	+16B	+19C	+9D	+8E	=	859
+17A	+23B	+28C	+10D	+9E	=	1194
+13A	+22B	+23C	+5D	+4E	=	915
+16A	+24B	+25C	+7D	+6E	=	1059

A	B	C	D	E		
6	15	16	11	21		
18	75	128	22	105	=	348
48	240	304	99	168	=	859
102	345	448	110	189	=	1194
78	330	368	55	84	=	915
96	360	400	77	126	=	1059

5-Variable Systems							Verifications						
65)													
A	B	C	D	E			A	B	C	D	E		
19	11	19	20	3			19	11	19	20	3		
+2A	+9B	+2C	+2D	+2E	=	221	38	99	38	40	6	=	221
+7A	+16B	+10C	+7D	+4E	=	651	133	176	190	140	12	=	651
+14A	+22B	+17C	+8D	+5E	=	1006	266	242	323	160	15	=	1006
+12A	+20B	+14C	+5D	+2E	=	820	228	220	266	100	6	=	820
+15A	+22B	+16C	+7D	+4E	=	983	285	242	304	140	12	=	983
66)													
A	B	C	D	E			A	B	C	D	E		
12	5	13	4	11			12	5	13	4	11		
+6A	+8B	+10C	+4D	+8E	=	346	72	40	130	16	88	=	346
+15A	+15B	+16C	+15D	+9E	=	622	180	75	208	60	99	=	622
+20A	+23B	+21C	+16D	+10E	=	802	240	115	273	64	110	=	802
+20A	+26B	+20C	+15D	+9E	=	789	240	130	260	60	99	=	789
+19A	+24B	+18C	+13D	+7E	=	711	228	120	234	52	77	=	711
67)													
A	B	C	D	E			A	B	C	D	E		
2	15	8	7	9			2	15	8	7	9		
+6A	+6B	+4C	+1D	+6E	=	195	12	90	32	7	54	=	195
+16A	+15B	+11C	+8D	+7E	=	464	32	225	88	56	63	=	464
+24A	+24B	+19C	+9D	+8E	=	695	48	360	152	63	72	=	695
+24A	+24B	+18C	+8D	+7E	=	671	48	360	144	56	63	=	671
+24A	+23B	+17C	+7D	+6E	=	632	48	345	136	49	54	=	632
68)													
A	B	C	D	E			A	B	C	D	E		
12	8	0	13	4			12	8	0	13	4		
+4A	+8B	+2C	+8D	+7E	=	244	48	64	-0	104	28	=	244
+13A	+15B	+13C	+17D	+10E	=	537	156	120	-0	221	40	=	537
+16A	+22B	+16C	+16D	+9E	=	612	192	176	-0	208	36	=	612
+15A	+21B	+14C	+14D	+7E	=	558	180	168	-0	182	28	=	558
+15A	+20B	+13C	+13D	+6E	=	533	180	160	-0	169	24	=	533

5-Variable Systems							Verifications						
69)													
A	B	C	D	E			A	B	C	D	E		
-18	-17	0	-18	-8			-18	-17	0	-18	-8		
+1A	+7B	+9C	+4D	+2E	=	-225	-18	-119	-0	-72	-16	=	-225
+5A	+8B	+13C	+8D	+2E	=	-386	-90	-136	-0	-144	-16	=	-386
+10A	+18B	+16C	+9D	+3E	=	-672	-180	-306	-0	-162	-24	=	-672
+13A	+21B	+18C	+11D	+5E	=	-829	-234	-357	-0	-198	-40	=	-829
+14A	+21B	+18C	+11D	+5E	=	-847	-252	-357	-0	-198	-40	=	-847
70)													
A	B	C	D	E			A	B	C	D	E		
-14	-20	-15	-3	-18			-14	-20	-15	-3	-18		
+5A	+8B	+6C	+8D	+5E	=	-434	-70	-160	-90	-24	-90	=	-434
+7A	+17B	+14C	+10D	+6E	=	-786	-98	-340	-210	-30	-108	=	-786
+8A	+24B	+15C	+10D	+6E	=	-955	-112	-480	-225	-30	-108	=	-955
+8A	+28B	+14C	+9D	+5E	=	-999	-112	-560	-210	-27	-90	=	-999
+12A	+31B	+17C	+12D	+8E	=	-1223	-168	-620	-255	-36	-144	=	-1223
71)													
A	B	C	D	E			A	B	C	D	E		
19	10	6	4	16			19	10	6	4	16		
+10A	+8B	+5C	+5D	+10E	=	480	190	80	30	20	160	=	480
+17A	+13B	+10C	+12D	+11E	=	737	323	130	60	48	176	=	737
+21A	+16B	+14C	+12D	+11E	=	867	399	160	84	48	176	=	867
+19A	+14B	+11C	+9D	+8E	=	731	361	140	66	36	128	=	731
+22A	+16B	+13C	+11D	+10E	=	860	418	160	78	44	160	=	860
72)													
A	B	C	D	E			A	B	C	D	E		
11	4	0	6	6			11	4	0	6	6		
+9A	+2B	+7C	+8D	+9E	=	209	99	8	-0	48	54	=	209
+13A	+13B	+11C	+14D	+11E	=	345	143	52	-0	84	66	=	345
+18A	+13B	+16C	+13D	+10E	=	388	198	52	-0	78	60	=	388
+18A	+13B	+15C	+12D	+9E	=	376	198	52	-0	72	54	=	376
+22A	+16B	+18C	+15D	+12E	=	468	242	64	-0	90	72	=	468

2-10 Variables Associated Expression Systems — 1000 Associated Systems Volume 1

5-Variable Systems | Verifications

73)

A	B	C	D	E			A	B	C	D	E		
-7	-16	-3	-14	-15			-7	-16	-3	-14	-15		
+9A	+9B	+7C	+6D	+9E	=	-447	-63	-144	-21	-84	-135	=	-447
+14A	+17B	+12C	+11D	+10E	=	-710	-98	-272	-36	-154	-150	=	-710
+17A	+26B	+17C	+12D	+11E	=	-919	-119	-416	-51	-168	-165	=	-919
+15A	+25B	+14C	+9D	+8E	=	-793	-105	-400	-42	-126	-120	=	-793
+17A	+26B	+15C	+10D	+9E	=	-855	-119	-416	-45	-140	-135	=	-855

74)

A	B	C	D	E			A	B	C	D	E		
-11	-10	-1	-17	-14			-11	-10	-1	-17	-14		
+9A	+4B	+8C	+1D	+9E	=	-290	-99	-40	-8	-17	-126	=	-290
+13A	+13B	+9C	+5D	+9E	=	-493	-143	-130	-9	-85	-126	=	-493
+25A	+22B	+21C	+10D	+14E	=	-882	-275	-220	-21	-170	-196	=	-882
+23A	+20B	+18C	+7D	+11E	=	-744	-253	-200	-18	-119	-154	=	-744
+26A	+22B	+20C	+9D	+13E	=	-861	-286	-220	-20	-153	-182	=	-861

75)

A	B	C	D	E			A	B	C	D	E		
14	8	11	22	20			14	8	11	22	20		
+5A	+5B	+6C	+1D	+5E	=	298	70	40	66	22	100	=	298
+18A	+17B	+12C	+14D	+9E	=	1008	252	136	132	308	180	=	1008
+19A	+21B	+13C	+13D	+8E	=	1023	266	168	143	286	160	=	1023
+18A	+20B	+11C	+11D	+6E	=	895	252	160	121	242	120	=	895
+21A	+22B	+13C	+13D	+8E	=	1059	294	176	143	286	160	=	1059

76)

A	B	C	D	E			A	B	C	D	E		
16	19	4	9	6			16	19	4	9	6		
+8A	+3B	+7C	+3D	+6E	=	276	128	57	28	27	36	=	276
+8A	+8B	+12C	+3D	+4E	=	379	128	152	48	27	24	=	379
+12A	+15B	+16C	+4D	+5E	=	607	192	285	64	36	30	=	607
+14A	+19B	+17C	+5D	+6E	=	734	224	361	68	45	36	=	734
+15A	+19B	+17C	+5D	+6E	=	750	240	361	68	45	36	=	750

5-Variable Systems							Verifications						
77)													
A	B	C	D	E			A	B	C	D	E		
0	4	5	15	16			0	4	5	15	16		
+9A	+7B	+4C	+9D	+9E	=	327	-0	28	20	135	144	=	327
+11A	+7B	+5C	+11D	+8E	=	346	-0	28	25	165	128	=	346
+18A	+15B	+10C	+12D	+9E	=	434	-0	60	50	180	144	=	434
+19A	+17B	+10C	+12D	+9E	=	442	-0	68	50	180	144	=	442
+19A	+16B	+9C	+11D	+8E	=	402	-0	64	45	165	128	=	402
78)													
A	B	C	D	E			A	B	C	D	E		
15	2	2	12	8			15	2	2	12	8		
+4A	+8B	+9C	+6D	+4E	=	198	60	16	18	72	32	=	198
+11A	+11B	+14C	+11D	+5E	=	387	165	22	28	132	40	=	387
+11A	+17B	+14C	+10D	+4E	=	379	165	34	28	120	32	=	379
+13A	+20B	+15C	+11D	+5E	=	437	195	40	30	132	40	=	437
+16A	+22B	+17C	+13D	+7E	=	530	240	44	34	156	56	=	530
79)													
A	B	C	D	E			A	B	C	D	E		
18	2	4	0	15			18	2	4	0	15		
+6A	+10B	+10C	+4D	+6E	=	258	108	20	40	-0	90	=	258
+12A	+19B	+19C	+10D	+8E	=	450	216	38	76	-0	120	=	450
+17A	+25B	+24C	+8D	+6E	=	542	306	50	96	-0	90	=	542
+20A	+29B	+26C	+10D	+8E	=	642	360	58	104	-0	120	=	642
+19A	+27B	+24C	+8D	+6E	=	582	342	54	96	-0	90	=	582
80)													
A	B	C	D	E			A	B	C	D	E		
14	4	13	1	17			14	4	13	1	17		
+7A	+4B	+11C	+6D	+7E	=	382	98	16	143	6	119	=	382
+9A	+9B	+13C	+8D	+4E	=	407	126	36	169	8	68	=	407
+17A	+15B	+23C	+8D	+4E	=	673	238	60	299	8	68	=	673
+20A	+18B	+25C	+10D	+6E	=	789	280	72	325	10	102	=	789
+23A	+20B	+27C	+12D	+8E	=	901	322	80	351	12	136	=	901

5-Variable Systems							Verifications						
81)													
A	B	C	D	E			A	B	C	D	E		
12	11	0	12	4			12	11	0	12	4		
+8A	+6B	+3C	+5D	+8E	=	254	96	66	-0	60	32	=	254
+11A	+12B	+6C	+10D	+9E	=	420	132	132	-0	120	36	=	420
+23A	+20B	+18C	+13D	+12E	=	700	276	220	-0	156	48	=	700
+22A	+20B	+16C	+11D	+10E	=	656	264	220	-0	132	40	=	656
+21A	+18B	+14C	+9D	+8E	=	590	252	198	-0	108	32	=	590
82)													
A	B	C	D	E			A	B	C	D	E		
1	11	16	10	4			1	11	16	10	4		
+2A	+8B	+8C	+9D	+5E	=	328	2	88	128	90	20	=	328
+7A	+15B	+13C	+14D	+4E	=	536	7	165	208	140	16	=	536
+20A	+20B	+26C	+18D	+8E	=	868	20	220	416	180	32	=	868
+17A	+17B	+22C	+14D	+4E	=	712	17	187	352	140	16	=	712
+18A	+17B	+22C	+14D	+4E	=	713	18	187	352	140	16	=	713
83)													
A	B	C	D	E			A	B	C	D	E		
14	3	7	21	17			14	3	7	21	17		
+8A	+5B	+8C	+2D	+8E	=	361	112	15	56	42	136	=	361
+15A	+11B	+11C	+9D	+8E	=	645	210	33	77	189	136	=	645
+20A	+19B	+14C	+10D	+9E	=	798	280	57	98	210	153	=	798
+22A	+21B	+15C	+11D	+10E	=	877	308	63	105	231	170	=	877
+21A	+19B	+13C	+9D	+8E	=	767	294	57	91	189	136	=	767
84)													
A	B	C	D	E			A	B	C	D	E		
-16	-12	-4	-7	-17			-16	-12	-4	-7	-17		
+6A	+10B	+5C	+9D	+6E	=	-401	-96	-120	-20	-63	-102	=	-401
+9A	+11B	+6C	+12D	+6E	=	-486	-144	-132	-24	-84	-102	=	-486
+19A	+21B	+16C	+14D	+8E	=	-854	-304	-252	-64	-98	-136	=	-854
+17A	+19B	+13C	+11D	+5E	=	-714	-272	-228	-52	-77	-85	=	-714
+19A	+20B	+14C	+12D	+6E	=	-786	-304	-240	-56	-84	-102	=	-786

5-Variable Systems							Verifications						
85)													
A	B	C	D	E			A	B	C	D	E		
-9	-17	-11	-4	-8			-9	-17	-11	-4	-8		
+9A	+4B	+9C	+5D	+11E	=	-356	-81	-68	-99	-20	-88	=	-356
+13A	+9B	+14C	+9D	+12E	=	-556	-117	-153	-154	-36	-96	=	-556
+21A	+11B	+22C	+8D	+11E	=	-738	-189	-187	-242	-32	-88	=	-738
+22A	+14B	+22C	+8D	+11E	=	-798	-198	-238	-242	-32	-88	=	-798
+25A	+16B	+24C	+10D	+13E	=	-905	-225	-272	-264	-40	-104	=	-905
86)													
A	B	C	D	E			A	B	C	D	E		
11	17	7	10	5			11	17	7	10	5		
+12A	+8B	+4C	+10D	+12E	=	456	132	136	28	100	60	=	456
+14A	+13B	+11C	+10D	+10E	=	602	154	221	77	100	50	=	602
+20A	+17B	+14C	+10D	+10E	=	757	220	289	98	100	50	=	757
+21A	+19B	+14C	+10D	+10E	=	802	231	323	98	100	50	=	802
+23A	+20B	+15C	+11D	+11E	=	863	253	340	105	110	55	=	863
87)													
A	B	C	D	E			A	B	C	D	E		
18	11	20	17	12			18	11	20	17	12		
+2A	+8B	+1C	+2D	+2E	=	202	36	88	20	34	24	=	202
+5A	+13B	+10C	+6D	+4E	=	583	90	143	200	102	48	=	583
+11A	+21B	+16C	+7D	+5E	=	928	198	231	320	119	60	=	928
+11A	+21B	+15C	+6D	+4E	=	879	198	231	300	102	48	=	879
+12A	+21B	+15C	+6D	+4E	=	897	216	231	300	102	48	=	897
88)													
A	B	C	D	E			A	B	C	D	E		
6	13	16	3	6			6	13	16	3	6		
+3A	+6B	+9C	+10D	+3E	=	288	18	78	144	30	18	=	288
+5A	+12B	+16C	+12D	+4E	=	502	30	156	256	36	24	=	502
+11A	+21B	+19C	+12D	+4E	=	703	66	273	304	36	24	=	703
+11A	+22B	+18C	+11D	+3E	=	691	66	286	288	33	18	=	691
+11A	+21B	+17C	+10D	+2E	=	653	66	273	272	30	12	=	653

5-Variable Systems

Verifications

89)

A	B	C	D	E		
19	12	2	10	0		
+8A	+4B	+6C	+4D	+5E	=	252
+15A	+9B	+13C	+11D	+3E	=	529
+24A	+10B	+22C	+11D	+3E	=	730
+28A	+14B	+25C	+14D	+6E	=	890
+26A	+11B	+22C	+11D	+3E	=	780

A	B	C	D	E		
19	12	2	10	0		
152	48	12	40	-0	=	252
285	108	26	110	-0	=	529
456	120	44	110	-0	=	730
532	168	50	140	-0	=	890
494	132	44	110	-0	=	780

90)

A	B	C	D	E		
19	15	18	0	13		
+3A	+5B	+2C	+5D	+3E	=	207
+7A	+10B	+8C	+13D	+6E	=	505
+10A	+17B	+13C	+15D	+8E	=	783
+6A	+13B	+8C	+10D	+3E	=	492
+9A	+15B	+10C	+12D	+5E	=	641

A	B	C	D	E		
19	15	18	0	13		
57	75	36	-0	39	=	207
133	150	144	-0	78	=	505
190	255	234	-0	104	=	783
114	195	144	-0	39	=	492
171	225	180	-0	65	=	641

91)

A	B	C	D	E		
4	9	14	10	20		
+6A	+9B	+6C	+3D	+6E	=	339
+13A	+18B	+16C	+10D	+8E	=	698
+18A	+21B	+19C	+11D	+9E	=	817
+15A	+19B	+15C	+7D	+5E	=	611
+20A	+23B	+19C	+11D	+9E	=	843

A	B	C	D	E		
4	9	14	10	20		
24	81	84	30	120	=	339
52	162	224	100	160	=	698
72	189	266	110	180	=	817
60	171	210	70	100	=	611
80	207	266	110	180	=	843

92)

A	B	C	D	E		
15	2	18	5	4		
+12A	+7B	+11C	+5D	+12E	=	465
+16A	+12B	+15C	+9D	+10E	=	619
+27A	+21B	+26C	+12D	+13E	=	1027
+27A	+24B	+25C	+11D	+12E	=	1006
+28A	+24B	+25C	+11D	+12E	=	1021

A	B	C	D	E		
15	2	18	5	4		
180	14	198	25	48	=	465
240	24	270	45	40	=	619
405	42	468	60	52	=	1027
405	48	450	55	48	=	1006
420	48	450	55	48	=	1021

5-Variable Systems							Verifications						
93)													
A	B	C	D	E			A	B	C	D	E		
-15	-13	-15	-9	-15			-15	-13	-15	-9	-15		
+5A	+4B	+7C	+6D	+5E	=	-361	-75	-52	-105	-54	-75	=	-361
+15A	+12B	+14C	+16D	+8E	=	-855	-225	-156	-210	-144	-120	=	-855
+16A	+14B	+17C	+15D	+7E	=	-917	-240	-182	-255	-135	-105	=	-917
+16A	+15B	+16C	+14D	+6E	=	-891	-240	-195	-240	-126	-90	=	-891
+18A	+16B	+17C	+15D	+7E	=	-973	-270	-208	-255	-135	-105	=	-973
94)													
A	B	C	D	E			A	B	C	D	E		
-12	14	15	10	12			-12	14	15	10	12		
+8A	+6B	+10C	+5D	+8E	=	284	-96	84	150	50	96	=	284
+13A	+12B	+17C	+10D	+10E	=	487	-156	168	255	100	120	=	487
+18A	+17B	+22C	+10D	+10E	=	572	-216	238	330	100	120	=	572
+18A	+18B	+21C	+9D	+9E	=	549	-216	252	315	90	108	=	549
+18A	+17B	+20C	+8D	+8E	=	498	-216	238	300	80	96	=	498
95)													
A	B	C	D	E			A	B	C	D	E		
1	17	16	8	4			1	17	16	8	4		
+7A	+6B	+9C	+5D	+9E	=	329	7	102	144	40	36	=	329
+8A	+7B	+15C	+6D	+7E	=	443	8	119	240	48	28	=	443
+19A	+12B	+26C	+8D	+9E	=	739	19	204	416	64	36	=	739
+17A	+12B	+23C	+5D	+6E	=	653	17	204	368	40	24	=	653
+20A	+14B	+25C	+7D	+8E	=	746	20	238	400	56	32	=	746
96)													
A	B	C	D	E			A	B	C	D	E		
14	10	17	22	21			14	10	17	22	21		
+11A	+10B	+10C	+9D	+7E	=	769	154	100	170	198	147	=	769
+19A	+16B	+19C	+17D	+8E	=	1291	266	160	323	374	168	=	1291
+23A	+18B	+23C	+17D	+8E	=	1435	322	180	391	374	168	=	1435
+21A	+17B	+20C	+14D	+5E	=	1217	294	170	340	308	105	=	1217
+25A	+20B	+23C	+17D	+8E	=	1483	350	200	391	374	168	=	1483

5-Variable Systems	Verifications

97)

A	B	C	D	E		
11	8	21	2	5		
+7A	+6B	+8C	+7D	+7E	=	342
+9A	+15B	+15C	+10D	+8E	=	594
+16A	+19B	+22C	+10D	+8E	=	850
+17A	+20B	+22C	+10D	+8E	=	869
+18A	+20B	+22C	+10D	+8E	=	880

A	B	C	D	E		
11	8	21	2	5		
77	48	168	14	35	=	342
99	120	315	20	40	=	594
176	152	462	20	40	=	850
187	160	462	20	40	=	869
198	160	462	20	40	=	880

98)

A	B	C	D	E		
3	5	5	15	17		
+5A	+6B	+9C	+10D	+5E	=	325
+6A	+13B	+16C	+13D	+5E	=	443
+12A	+22B	+22C	+14D	+6E	=	568
+11A	+21B	+20C	+12D	+4E	=	486
+16A	+25B	+24C	+16D	+8E	=	669

A	B	C	D	E		
3	5	5	15	17		
15	30	45	150	85	=	325
18	65	80	195	85	=	443
36	110	110	210	102	=	568
33	105	100	180	68	=	486
48	125	120	240	136	=	669

99)

A	B	C	D	E		
7	19	18	1	12		
+6A	+7B	+10C	+11D	+6E	=	438
+9A	+7B	+14C	+14D	+5E	=	522
+15A	+12B	+20C	+17D	+8E	=	806
+15A	+12B	+19C	+16D	+7E	=	775
+17A	+13B	+20C	+17D	+8E	=	839

A	B	C	D	E		
7	19	18	1	12		
42	133	180	11	72	=	438
63	133	252	14	60	=	522
105	228	360	17	96	=	806
105	228	342	16	84	=	775
119	247	360	17	96	=	839

100)

A	B	C	D	E		
6	8	9	6	19		
+2A	+2B	+2C	+2D	+2E	=	96
+2A	+2B	+2C	+3D	+1E	=	83
+8A	+8B	+8C	+8D	+6E	=	346
+5A	+6B	+4C	+4D	+2E	=	176
+5A	+5B	+3C	+3D	+1E	=	134

A	B	C	D	E		
6	8	9	6	19		
12	16	18	12	38	=	96
12	16	18	18	19	=	83
48	64	72	48	114	=	346
30	48	36	24	38	=	176
30	40	27	18	19	=	134

5-Variable Systems	Verifications

101)

A	B	C	D	E			A	B	C	D	E		
3	5	9	6	14			3	5	9	6	14		
+3A	+3B	+3C	+3D	+6E	=	153	9	15	27	18	84	=	153
+2A	+2B	+2C	+4D	+4E	=	114	6	10	18	24	56	=	114
+5A	+5B	+5C	+6D	+6E	=	205	15	25	45	36	84	=	205
+4A	+4B	+3C	+4D	+4E	=	139	12	20	27	24	56	=	139
+7A	+6B	+5C	+6D	+6E	=	216	21	30	45	36	84	=	216

102)

A	B	C	D	E			A	B	C	D	E		
8	19	18	22	9			8	19	18	22	9		
+1A	+1B	+1C	+1D	+1E	=	76	8	19	18	22	9	=	76
+4A	+4B	+4C	+4D	+3E	=	295	32	76	72	88	27	=	295
+3A	+3B	+4C	+2D	+1E	=	206	24	57	72	44	9	=	206
+7A	+9B	+7C	+5D	+4E	=	499	56	171	126	110	36	=	499
+9A	+10B	+8C	+6D	+5E	=	583	72	190	144	132	45	=	583

103)

A	B	C	D	E			A	B	C	D	E		
19	13	18	2	10			19	13	18	2	10		
+3A	+3B	+3C	+3D	+3E	=	186	57	39	54	6	30	=	186
+3A	+3B	+3C	+3D	+2E	=	176	57	39	54	6	20	=	176
+7A	+7B	+7C	+6D	+5E	=	412	133	91	126	12	50	=	412
+4A	+5B	+3C	+2D	+1E	=	209	76	65	54	4	10	=	209
+9A	+9B	+7C	+6D	+5E	=	476	171	117	126	12	50	=	476

104)

A	B	C	D	E			A	B	C	D	E		
-15	-3	-4	-1	-4			-15	-3	-4	-1	-4		
+1A	+1B	+1C	+1D	+1E	=	-27	-15	-3	-4	-1	-4	=	-27
+4A	+4B	+4C	+4D	+3E	=	-104	-60	-12	-16	-4	-12	=	-104
+5A	+5B	+5C	+4D	+3E	=	-126	-75	-15	-20	-4	-12	=	-126
+4A	+7B	+3C	+2D	+1E	=	-99	-60	-21	-12	-2	-4	=	-99
+8A	+10B	+6C	+5D	+4E	=	-195	-120	-30	-24	-5	-16	=	-195

2-10 Variables Associated Expression Systems — 1000 Associated Systems Volume 1

5-Variable Systems | **Verifications**

105)

A	B	C	D	E			A	B	C	D	E		
15	13	21	16	10			15	13	21	16	10		
+1A	+1B	+1C	+1D	+1E	=	75	15	13	21	16	10	=	75
+3A	+3B	+3C	+5D	+2E	=	247	45	39	63	80	20	=	247
+7A	+7B	+10C	+8D	+5E	=	584	105	91	210	128	50	=	584
+5A	+8B	+7C	+5D	+2E	=	426	75	104	147	80	20	=	426
+6A	+8B	+7C	+5D	+2E	=	441	90	104	147	80	20	=	441

106)

A	B	C	D	E			A	B	C	D	E		
3	10	17	14	13			3	10	17	14	13		
+2A	+2B	+2C	+2D	+3E	=	127	6	20	34	28	39	=	127
+4A	+4B	+4C	+4D	+4E	=	228	12	40	68	56	52	=	228
+8A	+8B	+8C	+7D	+7E	=	429	24	80	136	98	91	=	429
+6A	+7B	+5C	+4D	+4E	=	281	18	70	85	56	52	=	281
+6A	+6B	+4C	+3D	+3E	=	227	18	60	68	42	39	=	227

107)

A	B	C	D	E			A	B	C	D	E		
9	3	20	17	23			9	3	20	17	23		
+1A	+1B	+1C	+1D	+2E	=	95	9	3	20	17	46	=	95
+2A	+2B	+2C	+2D	+2E	=	144	18	6	40	34	46	=	144
+8A	+8B	+10C	+7D	+7E	=	576	72	24	200	119	161	=	576
+7A	+7B	+8C	+5D	+5E	=	444	63	21	160	85	115	=	444
+7A	+6B	+7C	+4D	+4E	=	381	63	18	140	68	92	=	381

108)

A	B	C	D	E			A	B	C	D	E		
10	0	16	13	22			10	0	16	13	22		
+4A	+4B	+4C	+4D	+7E	=	310	40	-0	64	52	154	=	310
+5A	+5B	+5C	+6D	+7E	=	362	50	-0	80	78	154	=	362
+4A	+4B	+4C	+4D	+5E	=	266	40	-0	64	52	110	=	266
+5A	+8B	+4C	+4D	+5E	=	276	50	-0	64	52	110	=	276
+5A	+7B	+3C	+3D	+4E	=	225	50	-0	48	39	88	=	225

5-Variable Systems

109)

A	B	C	D	E		
15	8	12	14	13		
+3A	+3B	+3C	+3D	+3E	=	186
+4A	+4B	+4C	+4D	+3E	=	235
+3A	+3B	+4C	+2D	+1E	=	158
+5A	+7B	+5C	+3D	+2E	=	259
+6A	+7B	+5C	+3D	+2E	=	274

Verifications

A	B	C	D	E		
15	8	12	14	13		
45	24	36	42	39	=	186
60	32	48	56	39	=	235
45	24	48	28	13	=	158
75	56	60	42	26	=	259
90	56	60	42	26	=	274

110)

A	B	C	D	E		
18	13	13	15	0		
+1A	+1B	+1C	+1D	+2E	=	59
+4A	+4B	+4C	+4D	+4E	=	236
+6A	+6B	+6C	+5D	+5E	=	339
+4A	+4B	+3C	+2D	+2E	=	193
+8A	+7B	+6C	+5D	+5E	=	388

A	B	C	D	E		
18	13	13	15	0		
18	13	13	15	-0	=	59
72	52	52	60	-0	=	236
108	78	78	75	-0	=	339
72	52	39	30	-0	=	193
144	91	78	75	-0	=	388

111)

A	B	C	D	E		
14	16	10	13	13		
+3A	+3B	+3C	+3D	+3E	=	198
+2A	+2B	+2C	+3D	+1E	=	132
+6A	+6B	+7C	+6D	+4E	=	380
+4A	+5B	+4C	+3D	+1E	=	228
+5A	+5B	+4C	+3D	+1E	=	242

A	B	C	D	E		
14	16	10	13	13		
42	48	30	39	39	=	198
28	32	20	39	13	=	132
84	96	70	78	52	=	380
56	80	40	39	13	=	228
70	80	40	39	13	=	242

112)

A	B	C	D	E		
-11	-6	-18	-5	-21		
+4A	+4B	+4C	+4D	+7E	=	-307
+4A	+4B	+4C	+5D	+6E	=	-291
+6A	+6B	+7C	+6D	+7E	=	-405
+5A	+6B	+5C	+4D	+5E	=	-306
+9A	+9B	+8C	+7D	+8E	=	-500

A	B	C	D	E		
-11	-6	-18	-5	-21		
-44	-24	-72	-20	-147	=	-307
-44	-24	-72	-25	-126	=	-291
-66	-36	-126	-30	-147	=	-405
-55	-36	-90	-20	-105	=	-306
-99	-54	-144	-35	-168	=	-500

2-10 Variables Associated Expression Systems — 1000 Associated Systems Volume 1

5-Variable Systems

113)

A	B	C	D	E		
-9	-6	-6	-17	0		
+1A	+1B	+1C	+1D	+1E	=	-38
+5A	+5B	+5C	+6D	+4E	=	-207
+4A	+4B	+7C	+4D	+2E	=	-170
+4A	+5B	+6C	+3D	+1E	=	-153
+8A	+8B	+9C	+6D	+4E	=	-276

Verifications

A	B	C	D	E		
-9	-6	-6	-17	0		
-9	-6	-6	-17	-0	=	-38
-45	-30	-30	-102	-0	=	-207
-36	-24	-42	-68	-0	=	-170
-36	-30	-36	-51	-0	=	-153
-72	-48	-54	-102	-0	=	-276

114)

A	B	C	D	E		
5	4	14	3	19		
+2A	+2B	+2C	+2D	+2E	=	90
+2A	+2B	+2C	+5D	+1E	=	80
+6A	+6B	+6C	+8D	+4E	=	238
+4A	+5B	+3C	+5D	+1E	=	116
+5A	+5B	+3C	+5D	+1E	=	121

A	B	C	D	E		
5	4	14	3	19		
10	8	28	6	38	=	90
10	8	28	15	19	=	80
30	24	84	24	76	=	238
20	20	42	15	19	=	116
25	20	42	15	19	=	121

115)

A	B	C	D	E		
7	1	1	13	17		
+4A	+4B	+4C	+4D	+6E	=	190
+6A	+6B	+6C	+6D	+7E	=	251
+7A	+7B	+7C	+6D	+7E	=	260
+7A	+10B	+6C	+5D	+6E	=	232
+9A	+11B	+7C	+6D	+7E	=	278

A	B	C	D	E		
7	1	1	13	17		
28	4	4	52	102	=	190
42	6	6	78	119	=	251
49	7	7	78	119	=	260
49	10	6	65	102	=	232
63	11	7	78	119	=	278

116)

A	B	C	D	E		
4	0	17	13	12		
+1A	+1B	+1C	+1D	+1E	=	46
+2A	+2B	+2C	+4D	+1E	=	106
+8A	+8B	+8C	+9D	+6E	=	357
+4A	+4B	+3C	+4D	+1E	=	131
+9A	+8B	+7C	+8D	+5E	=	319

A	B	C	D	E		
4	0	17	13	12		
4	-0	17	13	12	=	46
8	-0	34	52	12	=	106
32	-0	136	117	72	=	357
16	-0	51	52	12	=	131
36	-0	119	104	60	=	319

5-Variable Systems	Verifications

117)

A	B	C	D	E		
17	5	11	19	12		
+2A	+2B	+2C	+2D	+2E	=	128
+4A	+4B	+4C	+4D	+3E	=	244
+4A	+4B	+7C	+3D	+2E	=	246
+6A	+6B	+8C	+4D	+3E	=	332
+7A	+6B	+8C	+4D	+3E	=	349

A	B	C	D	E		
17	5	11	19	12		
34	10	22	38	24	=	128
68	20	44	76	36	=	244
68	20	77	57	24	=	246
102	30	88	76	36	=	332
119	30	88	76	36	=	349

118)

A	B	C	D	E		
2	11	8	12	10		
+3A	+3B	+3C	+3D	+3E	=	129
+3A	+3B	+3C	+6D	+2E	=	155
+7A	+7B	+9C	+9D	+5E	=	321
+6A	+6B	+7C	+7D	+3E	=	248
+8A	+7B	+8C	+8D	+4E	=	293

A	B	C	D	E		
2	11	8	12	10		
6	33	24	36	30	=	129
6	33	24	72	20	=	155
14	77	72	108	50	=	321
12	66	56	84	30	=	248
16	77	64	96	40	=	293

119)

A	B	C	D	E		
2	3	2	1	19		
+2A	+2B	+2C	+2D	+6E	=	130
+6A	+6B	+6C	+8D	+9E	=	221
+3A	+3B	+5C	+4D	+5E	=	124
+5A	+6B	+6C	+5D	+6E	=	159
+6A	+6B	+6C	+5D	+6E	=	161

A	B	C	D	E		
2	3	2	1	19		
4	6	4	2	114	=	130
12	18	12	8	171	=	221
6	9	10	4	95	=	124
10	18	12	5	114	=	159
12	18	12	5	114	=	161

120)

A	B	C	D	E		
-8	-15	-6	-4	-5		
+1A	+1B	+1C	+1D	+1E	=	-38
+5A	+5B	+5C	+6D	+4E	=	-189
+6A	+6B	+7C	+6D	+4E	=	-224
+4A	+4B	+4C	+3D	+1E	=	-133
+5A	+4B	+4C	+3D	+1E	=	-141

A	B	C	D	E		
-8	-15	-6	-4	-5		
-8	-15	-6	-4	-5	=	-38
-40	-75	-30	-24	-20	=	-189
-48	-90	-42	-24	-20	=	-224
-32	-60	-24	-12	-5	=	-133
-40	-60	-24	-12	-5	=	-141

5-Variable Systems							Verifications						
121)													
A	B	C	D	E			A	B	C	D	E		
-16	-7	-20	-20	-5			-16	-7	-20	-20	-5		
+4A	+4B	+4C	+4D	+4E	=	-272	-64	-28	-80	-80	-20	=	-272
+2A	+2B	+2C	+3D	+1E	=	-151	-32	-14	-40	-60	-5	=	-151
+8A	+8B	+8C	+8D	+6E	=	-534	-128	-56	-160	-160	-30	=	-534
+7A	+9B	+6C	+6D	+4E	=	-435	-112	-63	-120	-120	-20	=	-435
+9A	+10B	+7C	+7D	+5E	=	-519	-144	-70	-140	-140	-25	=	-519
122)													
A	B	C	D	E			A	B	C	D	E		
9	20	4	14	5			9	20	4	14	5		
+4A	+4B	+4C	+4D	+5E	=	213	36	80	16	56	25	=	213
+2A	+2B	+2C	+3D	+2E	=	118	18	40	8	42	10	=	118
+5A	+5B	+8C	+5D	+4E	=	267	45	100	32	70	20	=	267
+7A	+10B	+9C	+6D	+5E	=	408	63	200	36	84	25	=	408
+5A	+7B	+6C	+3D	+2E	=	261	45	140	24	42	10	=	261
123)													
A	B	C	D	E			A	B	C	D	E		
14	5	12	4	10			14	5	12	4	10		
+3A	+3B	+3C	+3D	+3E	=	135	42	15	36	12	30	=	135
+3A	+3B	+3C	+6D	+2E	=	137	42	15	36	24	20	=	137
+8A	+8B	+10C	+10D	+6E	=	372	112	40	120	40	60	=	372
+7A	+9B	+8C	+8D	+4E	=	311	98	45	96	32	40	=	311
+8A	+9B	+8C	+8D	+4E	=	325	112	45	96	32	40	=	325
124)													
A	B	C	D	E			A	B	C	D	E		
6	2	0	11	6			6	2	0	11	6		
+2A	+2B	+2C	+2D	+2E	=	50	12	4	-0	22	12	=	50
+6A	+6B	+6C	+6D	+5E	=	144	36	12	-0	66	30	=	144
+7A	+7B	+7C	+6D	+5E	=	152	42	14	-0	66	30	=	152
+7A	+7B	+6C	+5D	+4E	=	135	42	14	-0	55	24	=	135
+5A	+4B	+3C	+2D	+1E	=	66	30	8	-0	22	6	=	66

5-Variable Systems	Verifications

125)

A	B	C	D	E			A	B	C	D	E		
18	1	13	16	21			18	1	13	16	21		
+3A	+3B	+3C	+3D	+4E	=	228	54	3	39	48	84	=	228
+6A	+6B	+6C	+7D	+6E	=	430	108	6	78	112	126	=	430
+6A	+6B	+6C	+6D	+5E	=	393	108	6	78	96	105	=	393
+7A	+8B	+6C	+6D	+5E	=	413	126	8	78	96	105	=	413
+5A	+5B	+3C	+3D	+2E	=	224	90	5	39	48	42	=	224

126)

A	B	C	D	E			A	B	C	D	E		
10	15	17	4	14			10	15	17	4	14		
+3A	+3B	+3C	+3D	+3E	=	180	30	45	51	12	42	=	180
+5A	+5B	+5C	+5D	+4E	=	286	50	75	85	20	56	=	286
+7A	+7B	+7C	+6D	+5E	=	388	70	105	119	24	70	=	388
+7A	+7B	+6C	+5D	+4E	=	353	70	105	102	20	56	=	353
+9A	+8B	+7C	+6D	+5E	=	423	90	120	119	24	70	=	423

127)

A	B	C	D	E			A	B	C	D	E		
16	9	10	10	5			16	9	10	10	5		
+3A	+3B	+3C	+3D	+6E	=	165	48	27	30	30	30	=	165
+3A	+3B	+3C	+4D	+5E	=	170	48	27	30	40	25	=	170
+8A	+8B	+11C	+8D	+9E	=	435	128	72	110	80	45	=	435
+4A	+6B	+6C	+3D	+4E	=	228	64	54	60	30	20	=	228
+9A	+10B	+10C	+7D	+8E	=	444	144	90	100	70	40	=	444

128)

A	B	C	D	E			A	B	C	D	E		
-1	-19	-16	-4	-23			-1	-19	-16	-4	-23		
+1A	+1B	+1C	+1D	+3E	=	-109	-1	-19	-16	-4	-69	=	-109
+3A	+3B	+3C	+4D	+4E	=	-216	-3	-57	-48	-16	-92	=	-216
+3A	+3B	+5C	+3D	+3E	=	-221	-3	-57	-80	-12	-69	=	-221
+5A	+5B	+6C	+4D	+4E	=	-304	-5	-95	-96	-16	-92	=	-304
+7A	+6B	+7C	+5D	+5E	=	-368	-7	-114	-112	-20	-115	=	-368

5-Variable Systems							Verifications						
129)													
A	B	C	D	E			A	B	C	D	E		
1	6	21	10	8			1	6	21	10	8		
+1A	+1B	+1C	+1D	+1E	=	46	1	6	21	10	8	=	46
+2A	+2B	+2C	+5D	+1E	=	114	2	12	42	50	8	=	114
+8A	+8B	+8C	+10D	+6E	=	372	8	48	168	100	48	=	372
+4A	+4B	+3C	+5D	+1E	=	149	4	24	63	50	8	=	149
+9A	+8B	+7C	+9D	+5E	=	334	9	48	147	90	40	=	334
130)													
A	B	C	D	E			A	B	C	D	E		
18	3	8	2	5			18	3	8	2	5		
+2A	+2B	+2C	+2D	+3E	=	77	36	6	16	4	15	=	77
+3A	+3B	+3C	+4D	+3E	=	110	54	9	24	8	15	=	110
+4A	+4B	+5C	+4D	+3E	=	147	72	12	40	8	15	=	147
+6A	+6B	+6C	+5D	+4E	=	204	108	18	48	10	20	=	204
+9A	+8B	+8C	+7D	+6E	=	294	162	24	64	14	30	=	294
131)													
A	B	C	D	E			A	B	C	D	E		
15	12	5	13	17			15	12	5	13	17		
+2A	+2B	+2C	+2D	+5E	=	175	30	24	10	26	85	=	175
+3A	+3B	+3C	+3D	+5E	=	220	45	36	15	39	85	=	220
+3A	+3B	+4C	+2D	+4E	=	195	45	36	20	26	68	=	195
+4A	+5B	+4C	+2D	+4E	=	234	60	60	20	26	68	=	234
+9A	+9B	+8C	+6D	+8E	=	497	135	108	40	78	136	=	497
132)													
A	B	C	D	E			A	B	C	D	E		
10	10	3	13	17			10	10	3	13	17		
+4A	+4B	+4C	+4D	+6E	=	246	40	40	12	52	102	=	246
+2A	+2B	+2C	+3D	+3E	=	136	20	20	6	39	51	=	136
+3A	+3B	+3C	+3D	+3E	=	159	30	30	9	39	51	=	159
+7A	+9B	+6C	+6D	+6E	=	358	70	90	18	78	102	=	358
+8A	+9B	+6C	+6D	+6E	=	368	80	90	18	78	102	=	368

5-Variable Systems

133)

A	B	C	D	E		
0	20	21	16	8		
+3A	+3B	+3C	+3D	+4E	=	203
+2A	+2B	+2C	+3D	+2E	=	146
+6A	+6B	+8C	+6D	+5E	=	424
+7A	+9B	+8C	+6D	+5E	=	484
+5A	+6B	+5C	+3D	+2E	=	289

Verifications

A	B	C	D	E		
0	20	21	16	8		
-0	60	63	48	32	=	203
-0	40	42	48	16	=	146
-0	120	168	96	40	=	424
-0	180	168	96	40	=	484
-0	120	105	48	16	=	289

134)

A	B	C	D	E		
12	1	2	4	6		
+4A	+4B	+4C	+4D	+4E	=	100
+4A	+4B	+4C	+4D	+3E	=	94
+6A	+6B	+6C	+5D	+4E	=	134
+7A	+7B	+6C	+5D	+4E	=	147
+8A	+7B	+6C	+5D	+4E	=	159

A	B	C	D	E		
12	1	2	4	6		
48	4	8	16	24	=	100
48	4	8	16	18	=	94
72	6	12	20	24	=	134
84	7	12	20	24	=	147
96	7	12	20	24	=	159

135)

A	B	C	D	E		
-7	-19	-5	-1	-2		
+4A	+4B	+4C	+4D	+6E	=	-140
+3A	+3B	+3C	+3D	+4E	=	-104
+5A	+5B	+6C	+4D	+5E	=	-174
+4A	+4B	+4C	+2D	+3E	=	-132
+6A	+5B	+5C	+3D	+4E	=	-173

A	B	C	D	E		
-7	-19	-5	-1	-2		
-28	-76	-20	-4	-12	=	-140
-21	-57	-15	-3	-8	=	-104
-35	-95	-30	-4	-10	=	-174
-28	-76	-20	-2	-6	=	-132
-42	-95	-25	-3	-8	=	-173

136)

A	B	C	D	E		
-1	-17	-18	-4	-3		
+1A	+1B	+1C	+1D	+2E	=	-46
+4A	+4B	+4C	+4D	+4E	=	-172
+3A	+3B	+6C	+2D	+2E	=	-176
+5A	+7B	+7C	+3D	+3E	=	-271
+5A	+6B	+6C	+2D	+2E	=	-229

A	B	C	D	E		
-1	-17	-18	-4	-3		
-1	-17	-18	-4	-6	=	-46
-4	-68	-72	-16	-12	=	-172
-3	-51	-108	-8	-6	=	-176
-5	-119	-126	-12	-9	=	-271
-5	-102	-108	-8	-6	=	-229

5-Variable Systems

137)

A	B	C	D	E		
16	10	17	11	9		
+4A	+4B	+4C	+4D	+6E	=	270
+2A	+2B	+2C	+2D	+3E	=	135
+8A	+8B	+8C	+7D	+8E	=	493
+5A	+5B	+4C	+3D	+4E	=	267
+5A	+4B	+3C	+2D	+3E	=	220

Verifications

A	B	C	D	E		
16	10	17	11	9		
64	40	68	44	54	=	270
32	20	34	22	27	=	135
128	80	136	77	72	=	493
80	50	68	33	36	=	267
80	40	51	22	27	=	220

138)

A	B	C	D	E		
10	18	6	15	20		
+2A	+2B	+2C	+2D	+3E	=	158
+6A	+6B	+6C	+7D	+6E	=	429
+7A	+7B	+7C	+7D	+6E	=	463
+7A	+7B	+6C	+6D	+5E	=	422
+6A	+5B	+4C	+4D	+3E	=	294

A	B	C	D	E		
10	18	6	15	20		
20	36	12	30	60	=	158
60	108	36	105	120	=	429
70	126	42	105	120	=	463
70	126	36	90	100	=	422
60	90	24	60	60	=	294

139)

A	B	C	D	E		
4	13	10	17	22		
+3A	+3B	+3C	+3D	+5E	=	242
+6A	+6B	+6C	+6D	+7E	=	418
+6A	+6B	+9C	+5D	+6E	=	409
+6A	+7B	+8C	+4D	+5E	=	373
+7A	+7B	+8C	+4D	+5E	=	377

A	B	C	D	E		
4	13	10	17	22		
12	39	30	51	110	=	242
24	78	60	102	154	=	418
24	78	90	85	132	=	409
24	91	80	68	110	=	373
28	91	80	68	110	=	377

140)

A	B	C	D	E		
5	7	0	15	9		
+1A	+1B	+1C	+1D	+1E	=	36
+3A	+3B	+3C	+3D	+2E	=	99
+6A	+6B	+6C	+5D	+4E	=	183
+6A	+7B	+5C	+4D	+3E	=	166
+6A	+6B	+4C	+3D	+2E	=	135

A	B	C	D	E		
5	7	0	15	9		
5	7	-0	15	9	=	36
15	21	-0	45	18	=	99
30	42	-0	75	36	=	183
30	49	-0	60	27	=	166
30	42	-0	45	18	=	135

2-10 Variables Associated Expression Systems

5-Variable Systems

141)

A	B	C	D	E		
12	4	7	21	5		
+1A	+1B	+1C	+1D	+2E	=	54
+6A	+6B	+6C	+7D	+6E	=	315
+5A	+5B	+5C	+5D	+4E	=	240
+5A	+6B	+4C	+4D	+3E	=	211
+8A	+8B	+6C	+6D	+5E	=	321

Verifications

A	B	C	D	E		
12	4	7	21	5		
12	4	7	21	10	=	54
72	24	42	147	30	=	315
60	20	35	105	20	=	240
60	24	28	84	15	=	211
96	32	42	126	25	=	321

142)

A	B	C	D	E		
12	20	8	9	20		
+2A	+2B	+2C	+2D	+2E	=	138
+4A	+4B	+4C	+7D	+3E	=	283
+5A	+5B	+5C	+7D	+3E	=	323
+5A	+6B	+4C	+6D	+2E	=	306
+8A	+8B	+6C	+8D	+4E	=	456

A	B	C	D	E		
12	20	8	9	20		
24	40	16	18	40	=	138
48	80	32	63	60	=	283
60	100	40	63	60	=	323
60	120	32	54	40	=	306
96	160	48	72	80	=	456

143)

A	B	C	D	E		
-5	-20	-16	-1	-19		
+1A	+1B	+1C	+1D	+1E	=	-61
+6A	+6B	+6C	+6D	+5E	=	-347
+3A	+3B	+6C	+2D	+1E	=	-192
+6A	+6B	+8C	+4D	+3E	=	-339
+7A	+6B	+8C	+4D	+3E	=	-344

A	B	C	D	E		
-5	-20	-16	-1	-19		
-5	-20	-16	-1	-19	=	-61
-30	-120	-96	-6	-95	=	-347
-15	-60	-96	-2	-19	=	-192
-30	-120	-128	-4	-57	=	-339
-35	-120	-128	-4	-57	=	-344

144)

A	B	C	D	E		
-14	-18	-7	-13	-6		
+3A	+3B	+3C	+3D	+4E	=	-180
+5A	+5B	+5C	+9D	+5E	=	-342
+6A	+6B	+6C	+9D	+5E	=	-381
+6A	+8B	+5C	+8D	+4E	=	-391
+6A	+7B	+4C	+7D	+3E	=	-347

A	B	C	D	E		
-14	-18	-7	-13	-6		
-42	-54	-21	-39	-24	=	-180
-70	-90	-35	-117	-30	=	-342
-84	-108	-42	-117	-30	=	-381
-84	-144	-35	-104	-24	=	-391
-84	-126	-28	-91	-18	=	-347

5-Variable Systems	Verifications

145)

A	B	C	D	E		
13	20	13	18	11		
+1A	+1B	+1C	+1D	+4E	=	108
+4A	+4B	+4C	+5D	+6E	=	340
+4A	+4B	+4C	+4D	+5E	=	311
+4A	+7B	+3C	+3D	+4E	=	329
+8A	+10B	+6C	+6D	+7E	=	567

A	B	C	D	E		
13	20	13	18	11		
13	20	13	18	44	=	108
52	80	52	90	66	=	340
52	80	52	72	55	=	311
52	140	39	54	44	=	329
104	200	78	108	77	=	567

146)

A	B	C	D	E		
8	15	5	4	9		
+2A	+2B	+2C	+2D	+4E	=	100
+6A	+6B	+6C	+6D	+7E	=	255
+5A	+5B	+6C	+4D	+5E	=	206
+4A	+4B	+4C	+2D	+3E	=	147
+8A	+7B	+7C	+5D	+6E	=	278

A	B	C	D	E		
8	15	5	4	9		
16	30	10	8	36	=	100
48	90	30	24	63	=	255
40	75	30	16	45	=	206
32	60	20	8	27	=	147
64	105	35	20	54	=	278

147)

A	B	C	D	E		
17	9	1	11	7		
+3A	+3B	+3C	+3D	+5E	=	149
+2A	+2B	+2C	+3D	+3E	=	108
+5A	+5B	+5C	+5D	+5E	=	225
+5A	+9B	+4C	+4D	+4E	=	242
+7A	+10B	+5C	+5D	+5E	=	304

A	B	C	D	E		
17	9	1	11	7		
51	27	3	33	35	=	149
34	18	2	33	21	=	108
85	45	5	55	35	=	225
85	81	4	44	28	=	242
119	90	5	55	35	=	304

148)

A	B	C	D	E		
10	20	15	21	4		
+3A	+3B	+3C	+3D	+4E	=	214
+6A	+6B	+6C	+7D	+6E	=	441
+3A	+3B	+3C	+3D	+2E	=	206
+5A	+7B	+4C	+4D	+3E	=	346
+6A	+7B	+4C	+4D	+3E	=	356

A	B	C	D	E		
10	20	15	21	4		
30	60	45	63	16	=	214
60	120	90	147	24	=	441
30	60	45	63	8	=	206
50	140	60	84	12	=	346
60	140	60	84	12	=	356

5-Variable Systems	Verifications
149)	

A	B	C	D	E		
19	1	3	0	9		
+1A	+1B	+1C	+1D	+3E	=	50
+5A	+5B	+5C	+9D	+6E	=	169
+6A	+6B	+7C	+9D	+6E	=	195
+6A	+7B	+6C	+8D	+5E	=	184
+5A	+5B	+4C	+6D	+3E	=	139

A	B	C	D	E		
19	1	3	0	9		
19	1	3	-0	27	=	50
95	5	15	-0	54	=	169
114	6	21	-0	54	=	195
114	7	18	-0	45	=	184
95	5	12	-0	27	=	139

150)

A	B	C	D	E		
16	9	2	1	0		
+4A	+4B	+4C	+4D	+4E	=	112
+3A	+3B	+3C	+5D	+2E	=	86
+6A	+6B	+6C	+7D	+4E	=	169
+7A	+10B	+6C	+7D	+4E	=	221
+7A	+9B	+5C	+6D	+3E	=	209

A	B	C	D	E		
16	9	2	1	0		
64	36	8	4	-0	=	112
48	27	6	5	-0	=	86
96	54	12	7	-0	=	169
112	90	12	7	-0	=	221
112	81	10	6	-0	=	209

Chapter 5 - 6 Variables Associated Systems

6-Variable Systems	Verifications

1)

A	B	C	D	E	F		
2	19	6	4	17	20		
+8A	+5B	+4C	+1D	+7E	+4F	=	338
+16A	+11B	+15C	+12D	+15E	+6F	=	754
+17A	+10B	+16C	+13D	+13E	+4F	=	673
+18A	+16B	+19C	+13D	+13E	+4F	=	807
+19A	+20B	+19C	+13D	+13E	+4F	=	885
+20A	+20B	+19C	+13D	+13E	+4F	=	887

A	B	C	D	E	F		
2	19	6	4	17	20		
16	95	24	4	119	80	=	338
32	209	90	48	255	120	=	754
34	190	96	52	221	80	=	673
36	304	114	52	221	80	=	807
38	380	114	52	221	80	=	885
40	380	114	52	221	80	=	887

2)

A	B	C	D	E	F		
18	7	18	8	19	1		
+2A	+2B	+8C	+4D	+8E	+4F	=	382
+10A	+9B	+13C	+7D	+16E	+5F	=	842
+12A	+15B	+16C	+9D	+14E	+3F	=	950
+22A	+20B	+26C	+11D	+16E	+5F	=	1401
+23A	+22B	+26C	+11D	+16E	+5F	=	1433
+27A	+25B	+29C	+14D	+19E	+8F	=	1664

A	B	C	D	E	F		
18	7	18	8	19	1		
36	14	144	32	152	4	=	382
180	63	234	56	304	5	=	842
216	105	288	72	266	3	=	950
396	140	468	88	304	5	=	1401
414	154	468	88	304	5	=	1433
486	175	522	112	361	8	=	1664

3)

A	B	C	D	E	F		
10	0	19	16	23	12		
+3A	+6B	+6C	+5D	+6E	+6F	=	434
+5A	+13B	+16C	+14D	+11E	+7F	=	915
+12A	+14B	+19C	+21D	+11E	+7F	=	1154
+15A	+18B	+22C	+23D	+13E	+9F	=	1343
+17A	+20B	+23C	+24D	+14E	+10F	=	1433
+15A	+17B	+20C	+21D	+11E	+7F	=	1203

A	B	C	D	E	F		
10	0	19	16	23	12		
30	-0	114	80	138	72	=	434
50	-0	304	224	253	84	=	915
120	-0	361	336	253	84	=	1154
150	-0	418	368	299	108	=	1343
170	-0	437	384	322	120	=	1433
150	-0	380	336	253	84	=	1203

4)

A	B	C	D	E	F		
11	10	11	20	9	3		
+6A	+9B	+8C	+8D	+5E	+6F	=	467
+14A	+12B	+16C	+19D	+13E	+8F	=	971
+17A	+13B	+17C	+22D	+13E	+8F	=	1085
+18A	+15B	+18C	+20D	+11E	+6F	=	1063
+19A	+17B	+18C	+20D	+11E	+6F	=	1094
+22A	+19B	+20C	+22D	+13E	+8F	=	1233

A	B	C	D	E	F		
11	10	11	20	9	3		
66	90	88	160	45	18	=	467
154	120	176	380	117	24	=	971
187	130	187	440	117	24	=	1085
198	150	198	400	99	18	=	1063
209	170	198	400	99	18	=	1094
242	190	220	440	117	24	=	1233

6-Variable Systems	Verifications

5)

A	B	C	D	E	F		
0	-3	-14	-3	-22	-13		
+9A	+6B	+8C	+4D	+8E	+9F	=	-435
+18A	+11B	+11C	+11D	+17E	+10F	=	-724
+19A	+10B	+11C	+12D	+13E	+6F	=	-584
+26A	+21B	+18C	+14D	+15E	+8F	=	-791
+25A	+20B	+16C	+12D	+13E	+6F	=	-684
+27A	+21B	+17C	+13D	+14E	+7F	=	-739

A	B	C	D	E	F		
0	-3	-14	-3	-22	-13		
-0	-18	-112	-12	-176	-117	=	-435
-0	-33	-154	-33	-374	-130	=	-724
-0	-30	-154	-36	-286	-78	=	-584
-0	-63	-252	-42	-330	-104	=	-791
-0	-60	-224	-36	-286	-78	=	-684
-0	-63	-238	-39	-308	-91	=	-739

6)

A	B	C	D	E	F		
19	1	0	15	4	16		
+6A	+8B	+6C	+8D	+7E	+6F	=	366
+8A	+9B	+15C	+14D	+9E	+6F	=	503
+14A	+21B	+24C	+20D	+12E	+9F	=	779
+15A	+26B	+25C	+19D	+11E	+8F	=	768
+15A	+28B	+24C	+18D	+10E	+7F	=	735
+19A	+31B	+27C	+21D	+13E	+10F	=	919

A	B	C	D	E	F		
19	1	0	15	4	16		
114	8	-0	120	28	96	=	366
152	9	-0	210	36	96	=	503
266	21	-0	300	48	144	=	779
285	26	-0	285	44	128	=	768
285	28	-0	270	40	112	=	735
361	31	-0	315	52	160	=	919

7)

A	B	C	D	E	F		
14	9	4	6	16	18		
+7A	+7B	+8C	+5D	+9E	+7F	=	493
+19A	+13B	+21C	+16D	+23E	+11F	=	1129
+24A	+12B	+19C	+21D	+20E	+8F	=	1110
+32A	+18B	+27C	+22D	+21E	+9F	=	1348
+31A	+18B	+25C	+20D	+19E	+7F	=	1246
+32A	+18B	+25C	+20D	+19E	+7F	=	1260

A	B	C	D	E	F		
14	9	4	6	16	18		
98	63	32	30	144	126	=	493
266	117	84	96	368	198	=	1129
336	108	76	126	320	144	=	1110
448	162	108	132	336	162	=	1348
434	162	100	120	304	126	=	1246
448	162	100	120	304	126	=	1260

8)

A	B	C	D	E	F		
1	5	8	8	5	17		
+3A	+5B	+8C	+11D	+8E	+3F	=	271
+9A	+7B	+9C	+16D	+14E	+3F	=	365
+17A	+16B	+13C	+24D	+17E	+6F	=	580
+21A	+12B	+17C	+19D	+12E	+1F	=	446
+22A	+15B	+17C	+19D	+12E	+1F	=	462
+26A	+18B	+20C	+22D	+15E	+4F	=	595

A	B	C	D	E	F		
1	5	8	8	5	17		
3	25	64	88	40	51	=	271
9	35	72	128	70	51	=	365
17	80	104	192	85	102	=	580
21	60	136	152	60	17	=	446
22	75	136	152	60	17	=	462
26	90	160	176	75	68	=	595

6-Variable Systems	Verifications

9)

A	B	C	D	E	F		
-17	-8	0	-2	-5	-15		
+4A	+9B	+4C	+2D	+10E	+4F	=	-254
+7A	+16B	+11C	+13D	+13E	+6F	=	-428
+15A	+17B	+12C	+17D	+13E	+6F	=	-580
+16A	+15B	+15C	+14D	+10E	+3F	=	-515
+18A	+18B	+16C	+15D	+11E	+4F	=	-595
+18A	+17B	+15C	+14D	+10E	+3F	=	-565

A	B	C	D	E	F		
-17	-8	0	-2	-5	-15		
-68	-72	-0	-4	-50	-60	=	-254
-119	-128	-0	-26	-65	-90	=	-428
-255	-136	-0	-34	-65	-90	=	-580
-272	-120	-0	-28	-50	-45	=	-515
-306	-144	-0	-30	-55	-60	=	-595
-306	-136	-0	-28	-50	-45	=	-565

10)

A	B	C	D	E	F		
-1	-6	-1	-19	-5	-9		
+4A	+11B	+8C	+10D	+5E	+4F	=	-329
+7A	+14B	+17C	+16D	+8E	+5F	=	-497
+11A	+19B	+27C	+23D	+9E	+6F	=	-688
+9A	+22B	+25C	+19D	+5E	+2F	=	-570
+11A	+24B	+26C	+20D	+6E	+3F	=	-618
+10A	+22B	+24C	+18D	+4E	+1F	=	-537

A	B	C	D	E	F		
-1	-6	-1	-19	-5	-9		
-4	-66	-8	-190	-25	-36	=	-329
-7	-84	-17	-304	-40	-45	=	-497
-11	-114	-27	-437	-45	-54	=	-688
-9	-132	-25	-361	-25	-18	=	-570
-11	-144	-26	-380	-30	-27	=	-618
-10	-132	-24	-342	-20	-9	=	-537

11)

A	B	C	D	E	F		
13	6	10	7	10	1		
+6A	+10B	+5C	+3D	+8E	+6F	=	295
+11A	+13B	+8C	+4D	+13E	+5F	=	464
+23A	+22B	+15C	+16D	+17E	+9F	=	872
+27A	+21B	+19C	+13D	+14E	+6F	=	904
+31A	+26B	+22C	+16D	+17E	+9F	=	1070
+33A	+27B	+23C	+17D	+18E	+10F	=	1130

A	B	C	D	E	F		
13	6	10	7	10	1		
78	60	50	21	80	6	=	295
143	78	80	28	130	5	=	464
299	132	150	112	170	9	=	872
351	126	190	91	140	6	=	904
403	156	220	112	170	9	=	1070
429	162	230	119	180	10	=	1130

12)

A	B	C	D	E	F		
16	17	9	11	0	8		
+5A	+3B	+5C	+7D	+10E	+3F	=	277
+12A	+6B	+8C	+13D	+17E	+2F	=	525
+16A	+11B	+12C	+17D	+17E	+2F	=	754
+27A	+16B	+23C	+19D	+19E	+4F	=	1152
+29A	+20B	+24C	+20D	+20E	+5F	=	1280
+27A	+17B	+21C	+17D	+17E	+2F	=	1113

A	B	C	D	E	F		
16	17	9	11	0	8		
80	51	45	77	-0	24	=	277
192	102	72	143	-0	16	=	525
256	187	108	187	-0	16	=	754
432	272	207	209	-0	32	=	1152
464	340	216	220	-0	40	=	1280
432	289	189	187	-0	16	=	1113

6-Variable Systems	Verifications

13)

A	B	C	D	E	F		
4	15	10	6	9	9		
+4A	+6B	+10C	+5D	+11E	+4F	=	371
+11A	+13B	+16C	+10D	+18E	+5F	=	666
+19A	+20B	+23C	+18D	+19E	+6F	=	939
+18A	+21B	+25C	+14D	+15E	+2F	=	874
+21A	+25B	+27C	+16D	+17E	+4F	=	1014
+23A	+26B	+28C	+17D	+18E	+5F	=	1071

A	B	C	D	E	F		
4	15	10	6	9	9		
16	90	100	30	99	36	=	371
44	195	160	60	162	45	=	666
76	300	230	108	171	54	=	939
72	315	250	84	135	18	=	874
84	375	270	96	153	36	=	1014
92	390	280	102	162	45	=	1071

14)

A	B	C	D	E	F		
11	5	18	8	18	24		
+8A	+6B	+3C	+6D	+10E	+8F	=	592
+14A	+14B	+7C	+16D	+16E	+9F	=	982
+19A	+19B	+9C	+21D	+17E	+10F	=	1180
+22A	+18B	+12C	+19D	+15E	+8F	=	1162
+22A	+18B	+11C	+18D	+14E	+7F	=	1094
+26A	+21B	+14C	+21D	+17E	+10F	=	1357

A	B	C	D	E	F		
11	5	18	8	18	24		
88	30	54	48	180	192	=	592
154	70	126	128	288	216	=	982
209	95	162	168	306	240	=	1180
242	90	216	152	270	192	=	1162
242	90	198	144	252	168	=	1094
286	105	252	168	306	240	=	1357

15)

A	B	C	D	E	F		
0	3	0	9	21	22		
+5A	+3B	+3C	+4D	+3E	+9F	=	306
+15A	+9B	+11C	+13D	+16E	+10F	=	700
+25A	+19B	+22C	+23D	+18E	+12F	=	906
+28A	+24B	+27C	+22D	+17E	+11F	=	869
+29A	+25B	+27C	+22D	+17E	+11F	=	872
+32A	+27B	+29C	+24D	+19E	+13F	=	982

A	B	C	D	E	F		
0	3	0	9	21	22		
-0	9	-0	36	63	198	=	306
-0	27	-0	117	336	220	=	700
-0	57	-0	207	378	264	=	906
-0	72	-0	198	357	242	=	869
-0	75	-0	198	357	242	=	872
-0	81	-0	216	399	286	=	982

16)

A	B	C	D	E	F		
6	10	1	11	19	24		
+9A	+11B	+5C	+4D	+5E	+9F	=	524
+13A	+16B	+13C	+7D	+9E	+10F	=	739
+22A	+19B	+16C	+16D	+11E	+12F	=	1011
+27A	+20B	+17C	+13D	+8E	+9F	=	890
+28A	+21B	+17C	+13D	+8E	+9F	=	906
+31A	+23B	+19C	+15D	+10E	+11F	=	1054

A	B	C	D	E	F		
6	10	1	11	19	24		
54	110	5	44	95	216	=	524
78	160	13	77	171	240	=	739
132	190	16	176	209	288	=	1011
162	200	17	143	152	216	=	890
168	210	17	143	152	216	=	906
186	230	19	165	190	264	=	1054

6-Variable Systems	Verifications

17)

A	B	C	D	E	F		
-4	-13	-19	0	-10	-24		
+11A	+11B	+7C	+9D	+5E	+11F	=	-634
+15A	+18B	+9C	+16D	+9E	+11F	=	-819
+23A	+27B	+11C	+24D	+10E	+12F	=	-1040
+26A	+33B	+16C	+23D	+9E	+11F	=	-1191
+28A	+35B	+17C	+24D	+10E	+12F	=	-1278
+25A	+31B	+13C	+20D	+6E	+8F	=	-1002

A	B	C	D	E	F		
-4	-13	-19	0	-10	-24		
-44	-143	-133	-0	-50	-264	=	-634
-60	-234	-171	-0	-90	-264	=	-819
-92	-351	-209	-0	-100	-288	=	-1040
-104	-429	-304	-0	-90	-264	=	-1191
-112	-455	-323	-0	-100	-288	=	-1278
-100	-403	-247	-0	-60	-192	=	-1002

18)

A	B	C	D	E	F		
19	9	1	8	22	1		
+6A	+7B	+6C	+3D	+5E	+6F	=	323
+8A	+11B	+10C	+7D	+7E	+5F	=	476
+11A	+13B	+12C	+10D	+8E	+6F	=	600
+13A	+21B	+14C	+10D	+8E	+6F	=	712
+16A	+26B	+16C	+12D	+10E	+8F	=	878
+19A	+28B	+18C	+14D	+12E	+10F	=	1017

A	B	C	D	E	F		
19	9	1	8	22	1		
114	63	6	24	110	6	=	323
152	99	10	56	154	5	=	476
209	117	12	80	176	6	=	600
247	189	14	80	176	6	=	712
304	234	16	96	220	8	=	878
361	252	18	112	264	10	=	1017

19)

A	B	C	D	E	F		
11	9	8	11	12	20		
+11A	+5B	+6C	+7D	+10E	+11F	=	631
+17A	+6B	+12C	+10D	+20E	+11F	=	907
+21A	+7B	+14C	+14D	+19E	+10F	=	988
+26A	+16B	+19C	+15D	+20E	+11F	=	1207
+27A	+18B	+19C	+15D	+20E	+11F	=	1236
+27A	+17B	+18C	+14D	+19E	+10F	=	1176

A	B	C	D	E	F		
11	9	8	11	12	20		
121	45	48	77	120	220	=	631
187	54	96	110	240	220	=	907
231	63	112	154	228	200	=	988
286	144	152	165	240	220	=	1207
297	162	152	165	240	220	=	1236
297	153	144	154	228	200	=	1176

20)

A	B	C	D	E	F		
9	10	2	14	11	22		
+7A	+1B	+1C	+7D	+7E	+7F	=	404
+14A	+9B	+5C	+16D	+14E	+9F	=	802
+16A	+14B	+8C	+18D	+15E	+10F	=	937
+14A	+16B	+6C	+15D	+12E	+7F	=	794
+18A	+20B	+9C	+18D	+15E	+10F	=	1017
+21A	+22B	+11C	+20D	+17E	+12F	=	1162

A	B	C	D	E	F		
9	10	2	14	11	22		
63	10	2	98	77	154	=	404
126	90	10	224	154	198	=	802
144	140	16	252	165	220	=	937
126	160	12	210	132	154	=	794
162	200	18	252	165	220	=	1017
189	220	22	280	187	264	=	1162

2-10 Variables Associated Expression Systems

6-Variable Systems

21)

A	B	C	D	E	F		
2	1	15	9	13	6		
+5A	+2B	+7C	+5D	+5E	+3F	=	245
+8A	+5B	+14C	+16D	+9E	+5F	=	522
+14A	+6B	+16C	+22D	+8E	+4F	=	600
+24A	+9B	+26C	+23D	+9E	+5F	=	801
+25A	+10B	+26C	+23D	+9E	+5F	=	804
+24A	+8B	+24C	+21D	+7E	+3F	=	714

Verifications

A	B	C	D	E	F		
2	1	15	9	13	6		
10	2	105	45	65	18	=	245
16	5	210	144	117	30	=	522
28	6	240	198	104	24	=	600
48	9	390	207	117	30	=	801
50	10	390	207	117	30	=	804
48	8	360	189	91	18	=	714

22)

A	B	C	D	E	F		
5	3	4	8	5	19		
+10A	+11B	+5C	+9D	+4E	+8F	=	347
+17A	+18B	+10C	+16D	+11E	+9F	=	533
+27A	+22B	+20C	+23D	+12E	+10F	=	715
+28A	+27B	+19C	+20D	+9E	+7F	=	635
+30A	+31B	+20C	+21D	+10E	+8F	=	693
+33A	+33B	+22C	+23D	+12E	+10F	=	786

A	B	C	D	E	F		
5	3	4	8	5	19		
50	33	20	72	20	152	=	347
85	54	40	128	55	171	=	533
135	66	80	184	60	190	=	715
140	81	76	160	45	133	=	635
150	93	80	168	50	152	=	693
165	99	88	184	60	190	=	786

23)

A	B	C	D	E	F		
-11	-5	-4	-1	-2	-6		
+3A	+8B	+2C	+6D	+2E	+3F	=	-109
+14A	+15B	+12C	+9D	+13E	+5F	=	-342
+16A	+18B	+18C	+11D	+12E	+4F	=	-397
+22A	+25B	+24C	+10D	+11E	+3F	=	-513
+26A	+30B	+27C	+13D	+14E	+6F	=	-621
+24A	+27B	+24C	+10D	+11E	+3F	=	-545

A	B	C	D	E	F		
-11	-5	-4	-1	-2	-6		
-33	-40	-8	-6	-4	-18	=	-109
-154	-75	-48	-9	-26	-30	=	-342
-176	-90	-72	-11	-24	-24	=	-397
-242	-125	-96	-10	-22	-18	=	-513
-286	-150	-108	-13	-28	-36	=	-621
-264	-135	-96	-10	-22	-18	=	-545

24)

A	B	C	D	E	F		
-2	-9	-2	-12	-5	-24		
+2A	+6B	+5C	+10D	+6E	+2F	=	-266
+9A	+8B	+9C	+19D	+13E	+3F	=	-473
+15A	+10B	+9C	+25D	+12E	+2F	=	-546
+18A	+19B	+15C	+25D	+12E	+2F	=	-645
+18A	+19B	+14C	+24D	+11E	+1F	=	-602
+20A	+20B	+15C	+25D	+12E	+2F	=	-658

A	B	C	D	E	F		
-2	-9	-2	-12	-5	-24		
-4	-54	-10	-120	-30	-48	=	-266
-18	-72	-18	-228	-65	-72	=	-473
-30	-90	-18	-300	-60	-48	=	-546
-36	-171	-30	-300	-60	-48	=	-645
-36	-171	-28	-288	-55	-24	=	-602
-40	-180	-30	-300	-60	-48	=	-658

6-Variable Systems

25)

A	B	C	D	E	F		
5	18	1	3	3	1		
+2A	+7B	+9C	+8D	+6E	+2F	=	189
+13A	+11B	+13C	+17D	+15E	+5F	=	377
+12A	+17B	+11C	+16D	+12E	+2F	=	463
+21A	+22B	+18C	+17D	+13E	+3F	=	612
+24A	+25B	+20C	+19D	+15E	+5F	=	697
+24A	+24B	+19C	+18D	+14E	+4F	=	671

Verifications

A	B	C	D	E	F		
5	18	1	3	3	1		
10	126	9	24	18	2	=	189
65	198	13	51	45	5	=	377
60	306	11	48	36	2	=	463
105	396	18	51	39	3	=	612
120	450	20	57	45	5	=	697
120	432	19	54	42	4	=	671

26)

A	B	C	D	E	F		
7	13	18	21	19	18		
+4A	+7B	+3C	+2D	+1E	+4F	=	306
+12A	+16B	+13C	+7D	+7E	+8F	=	950
+17A	+21B	+12C	+12D	+5E	+6F	=	1063
+21A	+27B	+16C	+13D	+6E	+7F	=	1299
+23A	+29B	+17C	+14D	+7E	+8F	=	1415
+22A	+27B	+15C	+12D	+5E	+6F	=	1230

A	B	C	D	E	F		
7	13	18	21	19	18		
28	91	54	42	19	72	=	306
84	208	234	147	133	144	=	950
119	273	216	252	95	108	=	1063
147	351	288	273	114	126	=	1299
161	377	306	294	133	144	=	1415
154	351	270	252	95	108	=	1230

27)

A	B	C	D	E	F		
18	20	13	8	8	9		
+3A	+8B	+9C	+9D	+7E	+3F	=	486
+13A	+13B	+16C	+16D	+17E	+4F	=	1002
+19A	+19B	+27C	+22D	+20E	+7F	=	1472
+20A	+19B	+31C	+20D	+18E	+5F	=	1492
+23A	+22B	+33C	+22D	+20E	+7F	=	1682
+23A	+21B	+32C	+21D	+19E	+6F	=	1624

A	B	C	D	E	F		
18	20	13	8	8	9		
54	160	117	72	56	27	=	486
234	260	208	128	136	36	=	1002
342	380	351	176	160	63	=	1472
360	380	403	160	144	45	=	1492
414	440	429	176	160	63	=	1682
414	420	416	168	152	54	=	1624

28)

A	B	C	D	E	F		
7	5	15	13	7	7		
+4A	+7B	+8C	+11D	+3E	+4F	=	375
+3A	+10B	+7C	+12D	+4E	+2F	=	374
+12A	+12B	+12C	+21D	+4E	+2F	=	639
+20A	+20B	+20C	+24D	+7E	+5F	=	936
+22A	+25B	+21C	+25D	+8E	+6F	=	1017
+19A	+21B	+17C	+21D	+4E	+2F	=	808

A	B	C	D	E	F		
7	5	15	13	7	7		
28	35	120	143	21	28	=	375
21	50	105	156	28	14	=	374
84	60	180	273	28	14	=	639
140	100	300	312	49	35	=	936
154	125	315	325	56	42	=	1017
133	105	255	273	28	14	=	808

2-10 Variables Associated Expression Systems — 1000 Associated Systems Volume 1

6-Variable Systems

29)

A	B	C	D	E	F
-14	-8	-1	0	-5	-8

+7A	+7B	+4C	+4D	+6E	+7F	=	-244
+17A	+13B	+14C	+16D	+16E	+10F	=	-516
+24A	+21B	+20C	+23D	+18E	+12F	=	-710
+23A	+27B	+19C	+20D	+15E	+9F	=	-704
+25A	+29B	+20C	+21D	+16E	+10F	=	-762
+24A	+27B	+18C	+19D	+14E	+8F	=	-704

Verifications

A	B	C	D	E	F
-14	-8	-1	0	-5	-8

-98	-56	-4	-0	-30	-56	=	-244
-238	-104	-14	-0	-80	-80	=	-516
-336	-168	-20	-0	-90	-96	=	-710
-322	-216	-19	-0	-75	-72	=	-704
-350	-232	-20	-0	-80	-80	=	-762
-336	-216	-18	-0	-70	-64	=	-704

30)

A	B	C	D	E	F
-1	-12	-18	-16	-13	13

+9A	+10B	+7C	+7D	+10E	+9F	=	-380
+14A	+10B	+13C	+12D	+15E	+8F	=	-651
+22A	+20B	+23C	+20D	+19E	+12F	=	-1087
+24A	+24B	+25C	+17D	+16E	+9F	=	-1125
+27A	+29B	+27C	+19D	+18E	+11F	=	-1256
+25A	+26B	+24C	+16D	+15E	+8F	=	-1116

A	B	C	D	E	F
-1	-12	-18	-16	-13	13

-9	-120	-126	-112	-130	117	=	-380
-14	-120	-234	-192	-195	104	=	-651
-22	-240	-414	-320	-247	156	=	-1087
-24	-288	-450	-272	-208	117	=	-1125
-27	-348	-486	-304	-234	143	=	-1256
-25	-312	-432	-256	-195	104	=	-1116

31)

A	B	C	D	E	F
18	14	1	13	9	9

+2A	+2B	+2C	+9D	+2E	+5F	=	246
+5A	+10B	+7C	+15D	+7E	+6F	=	549
+16A	+19B	+10C	+26D	+9E	+8F	=	1055
+18A	+27B	+12C	+25D	+8E	+7F	=	1174
+18A	+27B	+11C	+24D	+7E	+6F	=	1142
+17A	+25B	+9C	+22D	+5E	+4F	=	1032

A	B	C	D	E	F
18	14	1	13	9	9

36	28	2	117	18	45	=	246
90	140	7	195	63	54	=	549
288	266	10	338	81	72	=	1055
324	378	12	325	72	63	=	1174
324	378	11	312	63	54	=	1142
306	350	9	286	45	36	=	1032

32)

A	B	C	D	E	F
7	18	16	19	21	14

+2A	+4B	+8C	+7D	+7E	+3F	=	536
+8A	+9B	+17C	+18D	+13E	+6F	=	1189
+13A	+17B	+25C	+20D	+12E	+5F	=	1499
+16A	+18B	+28C	+18D	+10E	+3F	=	1478
+19A	+21B	+30C	+20D	+12E	+5F	=	1693
+21A	+22B	+31C	+21D	+13E	+6F	=	1795

A	B	C	D	E	F
7	18	16	19	21	14

14	72	128	133	147	42	=	536
56	162	272	342	273	84	=	1189
91	306	400	380	252	70	=	1499
112	324	448	342	210	42	=	1478
133	378	480	380	252	70	=	1693
147	396	496	399	273	84	=	1795

6-Variable Systems

33)

A	B	C	D	E	F		
7	9	14	11	15	10		
+7A	+5B	+10C	+8D	+3E	+7F	=	437
+8A	+4B	+15C	+11D	+4E	+5F	=	533
+16A	+13B	+22C	+17D	+8E	+9F	=	934
+16A	+19B	+22C	+15D	+6E	+7F	=	916
+15A	+19B	+20C	+13D	+4E	+5F	=	809
+17A	+20B	+21C	+14D	+5E	+6F	=	882

Verifications

A	B	C	D	E	F		
7	9	14	11	15	10		
49	45	140	88	45	70	=	437
56	36	210	121	60	50	=	533
112	117	308	187	120	90	=	934
112	171	308	165	90	70	=	916
105	171	280	143	60	50	=	809
119	180	294	154	75	60	=	882

34)

A	B	C	D	E	F		
12	17	9	12	6	10		
+4A	+10B	+2C	+9D	+3E	+4F	=	402
+15A	+22B	+11C	+20D	+14E	+7F	=	1047
+17A	+26B	+9C	+22D	+10E	+3F	=	1081
+25A	+36B	+17C	+25D	+13E	+6F	=	1503
+23A	+34B	+14C	+22D	+10E	+3F	=	1334
+28A	+38B	+18C	+26D	+14E	+7F	=	1610

A	B	C	D	E	F		
12	17	9	12	6	10		
48	170	18	108	18	40	=	402
180	374	99	240	84	70	=	1047
204	442	81	264	60	30	=	1081
300	612	153	300	78	60	=	1503
276	578	126	264	60	30	=	1334
336	646	162	312	84	70	=	1610

35)

A	B	C	D	E	F		
2	12	17	7	21	6		
+6A	+3B	+3C	+1D	+3E	+6F	=	205
+15A	+8B	+11C	+6D	+12E	+10F	=	667
+21A	+8B	+16C	+12D	+9E	+7F	=	725
+22A	+16B	+17C	+12D	+9E	+7F	=	840
+26A	+23B	+20C	+15D	+12E	+10F	=	1085
+24A	+20B	+17C	+12D	+9E	+7F	=	892

A	B	C	D	E	F		
2	12	17	7	21	6		
12	36	51	7	63	36	=	205
30	96	187	42	252	60	=	667
42	96	272	84	189	42	=	725
44	192	289	84	189	42	=	840
52	276	340	105	252	60	=	1085
48	240	289	84	189	42	=	892

36)

A	B	C	D	E	F		
1	8	13	2	22	4		
+8A	+4B	+4C	+1D	+9E	+6F	=	316
+16A	+7B	+15C	+4D	+15E	+8F	=	637
+18A	+11B	+20C	+8D	+13E	+6F	=	692
+24A	+23B	+26C	+11D	+16E	+9F	=	956
+23A	+22B	+24C	+9D	+14E	+7F	=	865
+25A	+23B	+25C	+10D	+15E	+8F	=	916

A	B	C	D	E	F		
1	8	13	2	22	4		
8	32	52	2	198	24	=	316
16	56	195	8	330	32	=	637
18	88	260	16	286	24	=	692
24	184	338	22	352	36	=	956
23	176	312	18	308	28	=	865
25	184	325	20	330	32	=	916

6-Variable Systems

37)

A	B	C	D	E	F		
1	10	10	17	0	15		
+5A	+8B	+9C	+12D	+8E	+5F	=	454
+13A	+17B	+18C	+19D	+16E	+5F	=	761
+21A	+23B	+26C	+30D	+18E	+7F	=	1126
+21A	+26B	+26C	+28D	+16E	+5F	=	1092
+21A	+26B	+25C	+27D	+15E	+4F	=	1050
+22A	+26B	+25C	+27D	+15E	+4F	=	1051

Verifications

A	B	C	D	E	F		
1	10	10	17	0	15		
5	80	90	204	-0	75	=	454
13	170	180	323	-0	75	=	761
21	230	260	510	-0	105	=	1126
21	260	260	476	-0	75	=	1092
21	260	250	459	-0	60	=	1050
22	260	250	459	-0	60	=	1051

38)

A	B	C	D	E	F		
14	14	6	22	0	21		
+8A	+9B	+5C	+3D	+9E	+8F	=	502
+11A	+13B	+6C	+11D	+12E	+7F	=	761
+20A	+20B	+15C	+20D	+14E	+9F	=	1279
+25A	+23B	+17C	+19D	+13E	+8F	=	1360
+26A	+24B	+17C	+19D	+13E	+8F	=	1388
+27A	+24B	+17C	+19D	+13E	+8F	=	1402

A	B	C	D	E	F		
14	14	6	22	0	21		
112	126	30	66	-0	168	=	502
154	182	36	242	-0	147	=	761
280	280	90	440	-0	189	=	1279
350	322	102	418	-0	168	=	1360
364	336	102	418	-0	168	=	1388
378	336	102	418	-0	168	=	1402

39)

A	B	C	D	E	F		
2	10	13	17	18	8		
+9A	+11B	+8C	+4D	+6E	+9F	=	480
+17A	+19B	+12C	+6D	+14E	+10F	=	814
+18A	+20B	+17C	+7D	+13E	+9F	=	882
+23A	+23B	+22C	+7D	+13E	+9F	=	987
+24A	+24B	+22C	+7D	+13E	+9F	=	999
+24A	+23B	+21C	+6D	+12E	+8F	=	933

A	B	C	D	E	F		
2	10	13	17	18	8		
18	110	104	68	108	72	=	480
34	190	156	102	252	80	=	814
36	200	221	119	234	72	=	882
46	230	286	119	234	72	=	987
48	240	286	119	234	72	=	999
48	230	273	102	216	64	=	933

40)

A	B	C	D	E	F		
18	16	7	10	19	17		
+10A	+3B	+9C	+11D	+10E	+8F	=	727
+15A	+13B	+15C	+16D	+15E	+9F	=	1181
+17A	+20B	+20C	+18D	+15E	+9F	=	1384
+18A	+26B	+21C	+17D	+14E	+8F	=	1459
+18A	+26B	+20C	+16D	+13E	+7F	=	1406
+21A	+28B	+22C	+18D	+15E	+9F	=	1598

A	B	C	D	E	F		
18	16	7	10	19	17		
180	48	63	110	190	136	=	727
270	208	105	160	285	153	=	1181
306	320	140	180	285	153	=	1384
324	416	147	170	266	136	=	1459
324	416	140	160	247	119	=	1406
378	448	154	180	285	153	=	1598

2-10 Variables Associated Expression Systems

6-Variable Systems

41)

A	B	C	D	E	F		
3	13	15	4	12	0		
+9A	+7B	+4C	+5D	+2E	+9F	=	222
+19A	+15B	+13C	+14D	+8E	+11F	=	599
+18A	+22B	+14C	+13D	+6E	+9F	=	674
+26A	+30B	+22C	+14D	+7E	+10F	=	938
+30A	+34B	+25C	+17D	+10E	+13F	=	1095
+27A	+30B	+21C	+13D	+6E	+9F	=	910

Verifications

A	B	C	D	E	F		
3	13	15	4	12	0		
27	91	60	20	24	-0	=	222
57	195	195	56	96	-0	=	599
54	286	210	52	72	-0	=	674
78	390	330	56	84	-0	=	938
90	442	375	68	120	-0	=	1095
81	390	315	52	72	-0	=	910

42)

A	B	C	D	E	F		
-12	-7	-2	-14	0	-3		
+9A	+8B	+7C	+3D	+6E	+9F	=	-247
+17A	+18B	+16C	+12D	+14E	+13F	=	-569
+18A	+25B	+24C	+13D	+14E	+13F	=	-660
+15A	+25B	+24C	+9D	+10E	+9F	=	-556
+20A	+31B	+28C	+13D	+14E	+13F	=	-734
+22A	+32B	+29C	+14D	+15E	+14F	=	-784

A	B	C	D	E	F		
-12	-7	-2	-14	0	-3		
-108	-56	-14	-42	-0	-27	=	-247
-204	-126	-32	-168	-0	-39	=	-569
-216	-175	-48	-182	-0	-39	=	-660
-180	-175	-48	-126	-0	-27	=	-556
-240	-217	-56	-182	-0	-39	=	-734
-264	-224	-58	-196	-0	-42	=	-784

43)

A	B	C	D	E	F		
-13	-12	-8	-5	-14	-24		
+8A	+9B	+6C	+7D	+10E	+8F	=	-627
+16A	+13B	+12C	+12D	+18E	+9F	=	-988
+22A	+14B	+12C	+20D	+16E	+7F	=	-1042
+24A	+18B	+14C	+21D	+17E	+8F	=	-1175
+28A	+23B	+17C	+24D	+20E	+11F	=	-1440
+25A	+19B	+13C	+20D	+16E	+7F	=	-1149

A	B	C	D	E	F		
-13	-12	-8	-5	-14	-24		
-104	-108	-48	-35	-140	-192	=	-627
-208	-156	-96	-60	-252	-216	=	-988
-286	-168	-96	-100	-224	-168	=	-1042
-312	-216	-112	-105	-238	-192	=	-1175
-364	-276	-136	-120	-280	-264	=	-1440
-325	-228	-104	-100	-224	-168	=	-1149

44)

A	B	C	D	E	F		
14	3	12	20	8	23		
+7A	+10B	+10C	+7D	+9E	+7F	=	621
+12A	+14B	+11C	+7D	+14E	+5F	=	709
+16A	+16B	+19C	+11D	+13E	+4F	=	916
+19A	+21B	+22C	+12D	+14E	+5F	=	1060
+20A	+23B	+22C	+12D	+14E	+5F	=	1080
+25A	+27B	+26C	+16D	+18E	+9F	=	1414

A	B	C	D	E	F		
14	3	12	20	8	23		
98	30	120	140	72	161	=	621
168	42	132	140	112	115	=	709
224	48	228	220	104	92	=	916
266	63	264	240	112	115	=	1060
280	69	264	240	112	115	=	1080
350	81	312	320	144	207	=	1414

2-10 Variables Associated Expression Systems   1000 Associated Systems Volume 1

6-Variable Systems   Verifications

45)

A	B	C	D	E	F			A	B	C	D	E	F		
19	8	3	1	6	8			19	8	3	1	6	8		
+11A	+5B	+8C	+7D	+5E	+11F	=	398	209	40	24	7	30	88	=	398
+17A	+11B	+8C	+7D	+9E	+9F	=	568	323	88	24	7	54	72	=	568
+22A	+16B	+19C	+12D	+12E	+12F	=	783	418	128	57	12	72	96	=	783
+28A	+17B	+25C	+10D	+10E	+10F	=	893	532	136	75	10	60	80	=	893
+29A	+18B	+25C	+10D	+10E	+10F	=	920	551	144	75	10	60	80	=	920
+31A	+19B	+26C	+11D	+11E	+11F	=	984	589	152	78	11	66	88	=	984

46)

A	B	C	D	E	F			A	B	C	D	E	F		
15	7	5	17	0	8			15	7	5	17	0	8		
+3A	+8B	+5C	+5D	+5E	+3F	=	235	45	56	25	85	-0	24	=	235
+7A	+15B	+13C	+15D	+11E	+6F	=	578	105	105	65	255	-0	48	=	578
+11A	+22B	+18C	+17D	+9E	+4F	=	730	165	154	90	289	-0	32	=	730
+19A	+26B	+24C	+19D	+11E	+6F	=	958	285	182	120	323	-0	48	=	958
+19A	+26B	+23C	+18D	+10E	+5F	=	928	285	182	115	306	-0	40	=	928
+22A	+28B	+25C	+20D	+12E	+7F	=	1047	330	196	125	340	-0	56	=	1047

47)

A	B	C	D	E	F			A	B	C	D	E	F		
13	10	17	21	23	9			13	10	17	21	23	9		
+10A	+9B	+5C	+10D	+8E	+10F	=	789	130	90	85	210	184	90	=	789
+12A	+12B	+8C	+11D	+10E	+10F	=	963	156	120	136	231	230	90	=	963
+17A	+21B	+16C	+16D	+12E	+12F	=	1423	221	210	272	336	276	108	=	1423
+23A	+19B	+22C	+13D	+9E	+9F	=	1424	299	190	374	273	207	81	=	1424
+26A	+22B	+24C	+15D	+11E	+11F	=	1633	338	220	408	315	253	99	=	1633
+28A	+23B	+25C	+16D	+12E	+12F	=	1739	364	230	425	336	276	108	=	1739

48)

A	B	C	D	E	F			A	B	C	D	E	F		
9	6	1	8	15	24			9	6	1	8	15	24		
+9A	+8B	+8C	+6D	+3E	+9F	=	446	81	48	8	48	45	216	=	446
+12A	+9B	+12C	+10D	+6E	+9F	=	560	108	54	12	80	90	216	=	560
+22A	+16B	+18C	+20D	+8E	+11F	=	856	198	96	18	160	120	264	=	856
+26A	+23B	+22C	+20D	+8E	+11F	=	938	234	138	22	160	120	264	=	938
+26A	+26B	+21C	+19D	+7E	+10F	=	908	234	156	21	152	105	240	=	908
+29A	+28B	+23C	+21D	+9E	+12F	=	1043	261	168	23	168	135	288	=	1043

6-Variable Systems | Verifications

49)

A	B	C	D	E	F			A	B	C	D	E	F		
-19	-1	-8	-8	-18	-8			-19	-1	-8	-8	-18	-8		
+3A	+10B	+10C	+3D	+3E	+3F	=	-249	-57	-10	-80	-24	-54	-24	=	-249
+3A	+12B	+17C	+7D	+3E	+1F	=	-323	-57	-12	-136	-56	-54	-8	=	-323
+10A	+15B	+22C	+14D	+5E	+3F	=	-607	-190	-15	-176	-112	-90	-24	=	-607
+10A	+22B	+22C	+13D	+4E	+2F	=	-580	-190	-22	-176	-104	-72	-16	=	-580
+13A	+25B	+24C	+15D	+6E	+4F	=	-724	-247	-25	-192	-120	-108	-32	=	-724
+13A	+24B	+23C	+14D	+5E	+3F	=	-681	-247	-24	-184	-112	-90	-24	=	-681

50)

A	B	C	D	E	F			A	B	C	D	E	F		
-10	-5	-17	-1	-16	-3			-10	-5	-17	-1	-16	-3		
+6A	+10B	+2C	+2D	+4E	+6F	=	-228	-60	-50	-34	-2	-64	-18	=	-228
+13A	+13B	+8C	+5D	+11E	+8F	=	-536	-130	-65	-136	-5	-176	-24	=	-536
+14A	+13B	+13C	+6D	+8E	+5F	=	-575	-140	-65	-221	-6	-128	-15	=	-575
+25A	+21B	+24C	+8D	+10E	+7F	=	-952	-250	-105	-408	-8	-160	-21	=	-952
+26A	+23B	+24C	+8D	+10E	+7F	=	-972	-260	-115	-408	-8	-160	-21	=	-972
+27A	+23B	+24C	+8D	+10E	+7F	=	-982	-270	-115	-408	-8	-160	-21	=	-982

51)

A	B	C	D	E	F			A	B	C	D	E	F		
2	7	14	13	15	18			2	7	14	13	15	18		
+10A	+3B	+10C	+11D	+6E	+6F	=	522	20	21	140	143	90	108	=	522
+15A	+10B	+12C	+16D	+11E	+5F	=	731	30	70	168	208	165	90	=	731
+23A	+13B	+19C	+24D	+10E	+4F	=	937	46	91	266	312	150	72	=	937
+26A	+21B	+25C	+26D	+12E	+6F	=	1175	52	147	350	338	180	108	=	1175
+29A	+27B	+27C	+28D	+14E	+8F	=	1343	58	189	378	364	210	144	=	1343
+28A	+25B	+25C	+26D	+12E	+6F	=	1207	56	175	350	338	180	108	=	1207

52)

A	B	C	D	E	F			A	B	C	D	E	F		
8	14	21	8	22	12			8	14	21	8	22	12		
+3A	+8B	+3C	+6D	+2E	+3F	=	327	24	112	63	48	44	36	=	327
+14A	+12B	+7C	+11D	+13E	+5F	=	861	112	168	147	88	286	60	=	861
+21A	+18B	+12C	+18D	+11E	+3F	=	1094	168	252	252	144	242	36	=	1094
+30A	+28B	+21C	+20D	+13E	+5F	=	1579	240	392	441	160	286	60	=	1579
+33A	+31B	+23C	+22D	+15E	+7F	=	1771	264	434	483	176	330	84	=	1771
+35A	+32B	+24C	+23D	+16E	+8F	=	1864	280	448	504	184	352	96	=	1864

6-Variable Systems								Verifications							
53)															
A	B	C	D	E	F			A	B	C	D	E	F		
18	13	6	4	12	2			18	13	6	4	12	2		
+9A	+5B	+4C	+5D	+2E	+9F	=	313	162	65	24	20	24	18	=	313
+21A	+12B	+17C	+10D	+12E	+13F	=	846	378	156	102	40	144	26	=	846
+26A	+19B	+19C	+15D	+10E	+11F	=	1031	468	247	114	60	120	22	=	1031
+34A	+25B	+27C	+16D	+11E	+12F	=	1319	612	325	162	64	132	24	=	1319
+36A	+27B	+28C	+17D	+12E	+13F	=	1405	648	351	168	68	144	26	=	1405
+35A	+25B	+26C	+15D	+10E	+11F	=	1313	630	325	156	60	120	22	=	1313
54)															
A	B	C	D	E	F			A	B	C	D	E	F		
9	0	10	8	16	7			9	0	10	8	16	7		
+5A	+12B	+12C	+10D	+10E	+5F	=	440	45	-0	120	80	160	35	=	440
+5A	+17B	+12C	+14D	+13E	+4F	=	513	45	-0	120	112	208	28	=	513
+8A	+18B	+21C	+17D	+13E	+4F	=	654	72	-0	210	136	208	28	=	654
+8A	+19B	+21C	+16D	+12E	+3F	=	623	72	-0	210	128	192	21	=	623
+10A	+22B	+22C	+17D	+13E	+4F	=	682	90	-0	220	136	208	28	=	682
+11A	+22B	+22C	+17D	+13E	+4F	=	691	99	-0	220	136	208	28	=	691
55)															
A	B	C	D	E	F			A	B	C	D	E	F		
0	10	5	19	23	1			0	10	5	19	23	1		
+5A	+6B	+3C	+3D	+4E	+8F	=	232	-0	60	15	57	92	8	=	232
+8A	+8B	+6C	+6D	+7E	+7F	=	392	-0	80	30	114	161	7	=	392
+15A	+12B	+14C	+13D	+7E	+7F	=	605	-0	120	70	247	161	7	=	605
+26A	+23B	+22C	+15D	+9E	+9F	=	841	-0	230	110	285	207	9	=	841
+27A	+24B	+22C	+15D	+9E	+9F	=	851	-0	240	110	285	207	9	=	851
+26A	+22B	+20C	+13D	+7E	+7F	=	735	-0	220	100	247	161	7	=	735
56)															
A	B	C	D	E	F			A	B	C	D	E	F		
-16	0	-11	-12	-8	-17			-16	0	-11	-12	-8	-17		
+6A	+4B	+10C	+11D	+6E	+9F	=	-539	-96	-0	-110	-132	-48	-153	=	-539
+12A	+11B	+18C	+16D	+10E	+9F	=	-815	-192	-0	-198	-192	-80	-153	=	-815
+18A	+16B	+25C	+22D	+8E	+7F	=	-1010	-288	-0	-275	-264	-64	-119	=	-1010
+20A	+20B	+27C	+21D	+7E	+6F	=	-1027	-320	-0	-297	-252	-56	-102	=	-1027
+24A	+24B	+30C	+24D	+10E	+9F	=	-1235	-384	-0	-330	-288	-80	-153	=	-1235
+23A	+22B	+28C	+22D	+8E	+7F	=	-1123	-368	-0	-308	-264	-64	-119	=	-1123

6-Variable Systems

57)

A	B	C	D	E	F		
10	2	7	6	14	24		
+2A	+9B	+2C	+8D	+9E	+2F	=	274
+9A	+12B	+11C	+18D	+13E	+3F	=	553
+15A	+14B	+14C	+24D	+11E	+1F	=	598
+20A	+17B	+17C	+25D	+12E	+2F	=	719
+23A	+21B	+19C	+27D	+14E	+4F	=	859
+26A	+23B	+21C	+29D	+16E	+6F	=	995

Verifications

A	B	C	D	E	F		
10	2	7	6	14	24		
20	18	14	48	126	48	=	274
90	24	77	108	182	72	=	553
150	28	98	144	154	24	=	598
200	34	119	150	168	48	=	719
230	42	133	162	196	96	=	859
260	46	147	174	224	144	=	995

58)

A	B	C	D	E	F		
18	16	4	13	3	3		
+5A	+5B	+8C	+9D	+9E	+5F	=	361
+11A	+9B	+18C	+17D	+13E	+7F	=	695
+13A	+15B	+20C	+19D	+11E	+5F	=	849
+22A	+18B	+29C	+20D	+12E	+6F	=	1114
+23A	+19B	+29C	+20D	+12E	+6F	=	1148
+24A	+19B	+29C	+20D	+12E	+6F	=	1166

A	B	C	D	E	F		
18	16	4	13	3	3		
90	80	32	117	27	15	=	361
198	144	72	221	39	21	=	695
234	240	80	247	33	15	=	849
396	288	116	260	36	18	=	1114
414	304	116	260	36	18	=	1148
432	304	116	260	36	18	=	1166

59)

A	B	C	D	E	F		
8	5	14	4	16	24		
+2A	+1B	+3C	+6D	+3E	+2F	=	183
+11A	+11B	+6C	+9D	+12E	+3F	=	527
+16A	+19B	+15C	+14D	+12E	+3F	=	753
+17A	+27B	+16C	+14D	+12E	+3F	=	815
+17A	+29B	+15C	+13D	+11E	+2F	=	767
+18A	+29B	+15C	+13D	+11E	+2F	=	775

A	B	C	D	E	F		
8	5	14	4	16	24		
16	5	42	24	48	48	=	183
88	55	84	36	192	72	=	527
128	95	210	56	192	72	=	753
136	135	224	56	192	72	=	815
136	145	210	52	176	48	=	767
144	145	210	52	176	48	=	775

60)

A	B	C	D	E	F		
1	13	2	6	20	0		
+6A	+10B	+9C	+5D	+7E	+6F	=	324
+16A	+20B	+13C	+10D	+17E	+7F	=	702
+18A	+19B	+12C	+12D	+13E	+3F	=	621
+20A	+27B	+16C	+13D	+14E	+4F	=	761
+20A	+27B	+15C	+12D	+13E	+3F	=	733
+21A	+27B	+15C	+12D	+13E	+3F	=	734

A	B	C	D	E	F		
1	13	2	6	20	0		
6	130	18	30	140	-0	=	324
16	260	26	60	340	-0	=	702
18	247	24	72	260	-0	=	621
20	351	32	78	280	-0	=	761
20	351	30	72	260	-0	=	733
21	351	30	72	260	-0	=	734

2-10 Variables Associated Expression Systems   1000 Associated Systems Volume 1

6-Variable Systems   Verifications

61)

A	B	C	D	E	F			A	B	C	D	E	F		
14	6	1	1	11	8			14	6	1	1	11	8		
+7A	+9B	+4C	+8D	+7E	+7F	=	297	98	54	4	8	77	56	=	297
+9A	+10B	+7C	+16D	+9E	+7F	=	364	126	60	7	16	99	56	=	364
+21A	+19B	+19C	+28D	+12E	+10F	=	667	294	114	19	28	132	80	=	667
+19A	+17B	+19C	+24D	+8E	+6F	=	547	266	102	19	24	88	48	=	547
+24A	+22B	+23C	+28D	+12E	+10F	=	731	336	132	23	28	132	80	=	731
+26A	+23B	+24C	+29D	+13E	+11F	=	786	364	138	24	29	143	88	=	786

62)

A	B	C	D	E	F			A	B	C	D	E	F		
10	19	15	11	17	5			10	19	15	11	17	5		
+6A	+6B	+3C	+6D	+2E	+4F	=	339	60	114	45	66	34	20	=	339
+18A	+11B	+11C	+11D	+12E	+8F	=	919	180	209	165	121	204	40	=	919
+25A	+11B	+12C	+18D	+10E	+6F	=	1037	250	209	180	198	170	30	=	1037
+31A	+13B	+16C	+18D	+10E	+6F	=	1195	310	247	240	198	170	30	=	1195
+32A	+14B	+16C	+18D	+10E	+6F	=	1224	320	266	240	198	170	30	=	1224
+35A	+16B	+18C	+20D	+12E	+8F	=	1388	350	304	270	220	204	40	=	1388

63)

A	B	C	D	E	F			A	B	C	D	E	F		
-14	-14	-8	-6	-10	0			-14	-14	-8	-6	-10	0		
+8A	+5B	+4C	+11D	+4E	+10F	=	-320	-112	-70	-32	-66	-40	-0	=	-320
+13A	+10B	+11C	+14D	+7E	+9F	=	-564	-182	-140	-88	-84	-70	-0	=	-564
+14A	+11B	+16C	+18D	+7E	+9F	=	-656	-196	-154	-128	-108	-70	-0	=	-656
+24A	+17B	+29C	+19D	+8E	+10F	=	-1000	-336	-238	-232	-114	-80	-0	=	-1000
+26A	+19B	+30C	+20D	+9E	+11F	=	-1080	-364	-266	-240	-120	-90	-0	=	-1080
+28A	+20B	+31C	+21D	+10E	+12F	=	-1146	-392	-280	-248	-126	-100	-0	=	-1146

64)

A	B	C	D	E	F			A	B	C	D	E	F		
-18	-6	-10	-10	0	-3			-18	-6	-10	-10	0	-3		
+10A	+5B	+12C	+4D	+9E	+10F	=	-400	-180	-30	-120	-40	-0	-30	=	-400
+11A	+7B	+16C	+12D	+13E	+10F	=	-550	-198	-42	-160	-120	-0	-30	=	-550
+17A	+14B	+17C	+18D	+12E	+9F	=	-767	-306	-84	-170	-180	-0	-27	=	-767
+18A	+16B	+18C	+17D	+11E	+8F	=	-794	-324	-96	-180	-170	-0	-24	=	-794
+21A	+19B	+20C	+19D	+13E	+10F	=	-912	-378	-114	-200	-190	-0	-30	=	-912
+19A	+16B	+17C	+16D	+10E	+7F	=	-789	-342	-96	-170	-160	-0	-21	=	-789

6-Variable Systems

65)

A	B	C	D	E	F
12	20	11	2	12	5

+10A +10B +7C +11D +5E +10F = 529
+18A +15B +11C +14D +13E +9F = 866
+21A +18B +15C +17D +14E +10F = 1029
+23A +23B +15C +15D +12E +8F = 1115
+23A +23B +14C +14D +11E +7F = 1085
+27A +26B +17C +17D +14E +10F = 1283

Verifications

A	B	C	D	E	F
12	20	11	2	12	5

120 200 77 22 60 50 = 529
216 300 121 28 156 45 = 866
252 360 165 34 168 50 = 1029
276 460 165 30 144 40 = 1115
276 460 154 28 132 35 = 1085
324 520 187 34 168 50 = 1283

66)

A	B	C	D	E	F
15	14	12	20	17	24

+8A +3B +3C +9D +11E +6F = 709
+14A +6B +12C +11D +17E +7F = 1115
+21A +13B +15C +15D +15E +5F = 1352
+32A +22B +26C +17D +17E +7F = 1897
+34A +24B +27C +18D +18E +8F = 2028
+35A +24B +27C +18D +18E +8F = 2043

A	B	C	D	E	F
15	14	12	20	17	24

120 42 36 180 187 144 = 709
210 84 144 220 289 168 = 1115
315 182 180 300 255 120 = 1352
480 308 312 340 289 168 = 1897
510 336 324 360 306 192 = 2028
525 336 324 360 306 192 = 2043

67)

A	B	C	D	E	F
4	19	14	17	0	7

+9A +4B +6C +4D +10E +9F = 327
+11A +12B +10C +12D +15E +8F = 672
+22A +19B +18C +25D +18E +11F = 1203
+22A +18B +18C +23D +16E +9F = 1136
+21A +17B +16C +21D +14E +7F = 1037
+22A +17B +16C +21D +14E +7F = 1041

A	B	C	D	E	F
4	19	14	17	0	7

36 76 84 68 -0 63 = 327
44 228 140 204 -0 56 = 672
88 361 252 425 -0 77 = 1203
88 342 252 391 -0 63 = 1136
84 323 224 357 -0 49 = 1037
88 323 224 357 -0 49 = 1041

68)

A	B	C	D	E	F
6	15	5	1	6	21

+4A +3B +1C +8D +7E +8F = 292
+16A +9B +12C +16D +19E +11F = 652
+20A +20B +22C +20D +21E +13F = 949
+20A +25B +22C +16D +17E +9F = 912
+24A +30B +25C +19D +20E +12F = 1110
+22A +27B +22C +16D +17E +9F = 954

A	B	C	D	E	F
6	15	5	1	6	21

24 45 5 8 42 168 = 292
96 135 60 16 114 231 = 652
120 300 110 20 126 273 = 949
120 375 110 16 102 189 = 912
144 450 125 19 120 252 = 1110
132 405 110 16 102 189 = 954

6-Variable Systems / Verifications

69)

A	B	C	D	E	F		
3	19	21	1	3	18		
+8A	+7B	+7C	+9D	+5E	+8F	=	472
+11A	+18B	+13C	+15D	+9E	+10F	=	870
+14A	+28B	+19C	+19D	+11E	+12F	=	1241
+14A	+33B	+19C	+15D	+7E	+8F	=	1248
+19A	+40B	+23C	+19D	+11E	+12F	=	1568
+18A	+38B	+21C	+17D	+9E	+10F	=	1441

A	B	C	D	E	F		
3	19	21	1	3	18		
24	133	147	9	15	144	=	472
33	342	273	15	27	180	=	870
42	532	399	19	33	216	=	1241
42	627	399	15	21	144	=	1248
57	760	483	19	33	216	=	1568
54	722	441	17	27	180	=	1441

70)

A	B	C	D	E	F		
-15	-14	-4	-18	-18	-23		
+2A	+6B	+10C	+2D	+10E	+3F	=	-439
+7A	+10B	+21C	+9D	+18E	+5F	=	-930
+9A	+18B	+22C	+11D	+18E	+5F	=	-1112
+10A	+21B	+23C	+11D	+18E	+5F	=	-1173
+10A	+21B	+22C	+10D	+17E	+4F	=	-1110
+11A	+21B	+22C	+10D	+17E	+4F	=	-1125

A	B	C	D	E	F		
-15	-14	-4	-18	-18	-23		
-30	-84	-40	-36	-180	-69	=	-439
-105	-140	-84	-162	-324	-115	=	-930
-135	-252	-88	-198	-324	-115	=	-1112
-150	-294	-92	-198	-324	-115	=	-1173
-150	-294	-88	-180	-306	-92	=	-1110
-165	-294	-88	-180	-306	-92	=	-1125

71)

A	B	C	D	E	F		
-11	-12	-13	-5	-6	-19		
+9A	+2B	+3C	+8D	+7E	+9F	=	-415
+11A	+4B	+10C	+18D	+9E	+10F	=	-633
+19A	+7B	+18C	+26D	+8E	+9F	=	-876
+24A	+15B	+23C	+28D	+10E	+11F	=	-1152
+22A	+13B	+20C	+25D	+7E	+8F	=	-977
+24A	+14B	+21C	+26D	+8E	+9F	=	-1054

A	B	C	D	E	F		
-11	-12	-13	-5	-6	-19		
-99	-24	-39	-40	-42	-171	=	-415
-121	-48	-130	-90	-54	-190	=	-633
-209	-84	-234	-130	-48	-171	=	-876
-264	-180	-299	-140	-60	-209	=	-1152
-242	-156	-260	-125	-42	-152	=	-977
-264	-168	-273	-130	-48	-171	=	-1054

72)

A	B	C	D	E	F		
14	4	0	13	19	5		
14	24	-0	91	152	15	=	296
56	56	-0	143	209	25	=	489
98	60	-0	182	209	25	=	574
112	68	-0	182	209	25	=	596
126	72	-0	182	209	25	=	614
112	64	-0	156	171	15	=	518

A	B	C	D	E	F		
14	4	0	13	19	5		
14	24	-0	91	152	15	=	296
56	56	-0	143	209	25	=	489
98	60	-0	182	209	25	=	574
112	68	-0	182	209	25	=	596
126	72	-0	182	209	25	=	614
112	64	-0	156	171	15	=	518

6-Variable Systems

73)

A	B	C	D	E	F		
6	8	4	5	19	5		
+8A	+7B	+4C	+10D	+7E	+8F	=	343
+16A	+8B	+12C	+12D	+15E	+8F	=	593
+16A	+14B	+17C	+15D	+14E	+7F	=	652
+22A	+15B	+23C	+15D	+14E	+7F	=	720
+22A	+16B	+22C	+14D	+13E	+6F	=	695
+25A	+18B	+24C	+16D	+15E	+8F	=	795

Verifications

A	B	C	D	E	F		
6	8	4	5	19	5		
48	56	16	50	133	40	=	343
96	64	48	60	285	40	=	593
96	112	68	75	266	35	=	652
132	120	92	75	266	35	=	720
132	128	88	70	247	30	=	695
150	144	96	80	285	40	=	795

74)

A	B	C	D	E	F		
5	18	18	20	21	17		
+12A	+7B	+10C	+10D	+11E	+12F	=	1001
+12A	+12B	+13C	+17D	+11E	+10F	=	1251
+22A	+17B	+24C	+25D	+15E	+14F	=	1901
+24A	+13B	+26C	+20D	+10E	+9F	=	1585
+28A	+18B	+29C	+23D	+13E	+12F	=	1923
+31A	+20B	+31C	+25D	+15E	+14F	=	2126

A	B	C	D	E	F		
5	18	18	20	21	17		
60	126	180	200	231	204	=	1001
60	216	234	340	231	170	=	1251
110	306	432	500	315	238	=	1901
120	234	468	400	210	153	=	1585
140	324	522	460	273	204	=	1923
155	360	558	500	315	238	=	2126

75)

A	B	C	D	E	F		
9	1	21	19	6	24		
+6A	+4B	+7C	+8D	+10E	+6F	=	561
+11A	+7B	+10C	+12D	+15E	+3F	=	706
+24A	+20B	+16C	+25D	+20E	+8F	=	1359
+29A	+24B	+21C	+21D	+16E	+4F	=	1317
+33A	+30B	+24C	+24D	+19E	+7F	=	1569
+32A	+28B	+22C	+22D	+17E	+5F	=	1418

A	B	C	D	E	F		
9	1	21	19	6	24		
54	4	147	152	60	144	=	561
99	7	210	228	90	72	=	706
216	20	336	475	120	192	=	1359
261	24	441	399	96	96	=	1317
297	30	504	456	114	168	=	1569
288	28	462	418	102	120	=	1418

76)

A	B	C	D	E	F		
13	17	11	14	23	4		
+7A	+10B	+4C	+7D	+6E	+5F	=	561
+14A	+18B	+6C	+13D	+15E	+4F	=	1097
+19A	+22B	+12C	+18D	+17E	+6F	=	1420
+22A	+27B	+15C	+18D	+17E	+6F	=	1577
+22A	+30B	+14C	+17D	+16E	+5F	=	1576
+26A	+33B	+17C	+20D	+19E	+8F	=	1835

A	B	C	D	E	F		
13	17	11	14	23	4		
91	170	44	98	138	20	=	561
182	306	66	182	345	16	=	1097
247	374	132	252	391	24	=	1420
286	459	165	252	391	24	=	1577
286	510	154	238	368	20	=	1576
338	561	187	280	437	32	=	1835

2-10 Variables Associated Expression Systems   1000 Associated Systems Volume 1

6-Variable Systems | Verifications

77)

A	B	C	D	E	F			A	B	C	D	E	F		
3	5	20	2	10	7			3	5	20	2	10	7		
+5A	+8B	+10C	+11D	+5E	+5F	=	362	15	40	200	22	50	35	=	362
+7A	+16B	+10C	+12D	+7E	+4F	=	423	21	80	200	24	70	28	=	423
+10A	+16B	+10C	+19D	+6E	+3F	=	429	30	80	200	38	60	21	=	429
+13A	+16B	+13C	+18D	+5E	+2F	=	479	39	80	260	36	50	14	=	479
+14A	+18B	+13C	+18D	+5E	+2F	=	492	42	90	260	36	50	14	=	492
+17A	+20B	+15C	+20D	+7E	+4F	=	589	51	100	300	40	70	28	=	589

78)

A	B	C	D	E	F			A	B	C	D	E	F		
12	4	-19	-17	-13	-14			12	4	-19	-17	-13	-14		
+6A	+3B	+7C	+10D	+4E	+6F	=	-355	72	12	-133	-170	-52	-84	=	-355
+9A	+12B	+12C	+16D	+7E	+7F	=	-533	108	48	-228	-272	-91	-98	=	-533
+14A	+13B	+20C	+21D	+7E	+7F	=	-706	168	52	-380	-357	-91	-98	=	-706
+19A	+21B	+22C	+20D	+6E	+6F	=	-608	228	84	-418	-340	-78	-84	=	-608
+20A	+23B	+22C	+20D	+6E	+6F	=	-588	240	92	-418	-340	-78	-84	=	-588
+22A	+24B	+23C	+21D	+7E	+7F	=	-623	264	96	-437	-357	-91	-98	=	-623

79)

A	B	C	D	E	F			A	B	C	D	E	F		
-19	-10	-20	-5	-11	-6			-19	-10	-20	-5	-11	-6		
+8A	+5B	+1C	+4D	+8E	+12F	=	-402	-152	-50	-20	-20	-88	-72	=	-402
+17A	+15B	+6C	+14D	+17E	+14F	=	-934	-323	-150	-120	-70	-187	-84	=	-934
+20A	+22B	+10C	+20D	+17E	+14F	=	-1171	-380	-220	-200	-100	-187	-84	=	-1171
+20A	+30B	+10C	+19D	+16E	+13F	=	-1229	-380	-300	-200	-95	-176	-78	=	-1229
+20A	+33B	+9C	+18D	+15E	+12F	=	-1217	-380	-330	-180	-90	-165	-72	=	-1217
+23A	+35B	+11C	+20D	+17E	+14F	=	-1378	-437	-350	-220	-100	-187	-84	=	-1378

80)

A	B	C	D	E	F			A	B	C	D	E	F		
7	11	13	9	4	14			7	11	13	9	4	14		
+4A	+3B	+2C	+5D	+2E	+4F	=	196	28	33	26	45	8	56	=	196
+8A	+4B	+11C	+9D	+6E	+4F	=	404	56	44	143	81	24	56	=	404
+10A	+7B	+15C	+11D	+7E	+5F	=	539	70	77	195	99	28	70	=	539
+11A	+15B	+16C	+10D	+6E	+4F	=	620	77	165	208	90	24	56	=	620
+14A	+18B	+18C	+12D	+8E	+6F	=	754	98	198	234	108	32	84	=	754
+12A	+15B	+15C	+9D	+5E	+3F	=	587	84	165	195	81	20	42	=	587

6-Variable Systems								Verifications							
81)															
A	B	C	D	E	F			A	B	C	D	E	F		
5	18	15	21	7	22			5	18	15	21	7	22		
+12A	+5B	+10C	+11D	+4E	+12F	=	823	60	90	150	231	28	264	=	823
+17A	+12B	+12C	+18D	+9E	+13F	=	1208	85	216	180	378	63	286	=	1208
+20A	+17B	+12C	+21D	+5E	+9F	=	1260	100	306	180	441	35	198	=	1260
+23A	+21B	+16C	+23D	+7E	+11F	=	1507	115	378	240	483	49	242	=	1507
+24A	+25B	+16C	+23D	+7E	+11F	=	1584	120	450	240	483	49	242	=	1584
+24A	+24B	+15C	+22D	+6E	+10F	=	1501	120	432	225	462	42	220	=	1501
82)															
A	B	C	D	E	F			A	B	C	D	E	F		
18	7	9	21	5	0			18	7	9	21	5	0		
+4A	+4B	+3C	+5D	+4E	+4F	=	252	72	28	27	105	20	-0	=	252
+7A	+10B	+6C	+9D	+7E	+4F	=	474	126	70	54	189	35	-0	=	474
+14A	+20B	+16C	+16D	+8E	+5F	=	912	252	140	144	336	40	-0	=	912
+19A	+22B	+21C	+16D	+8E	+5F	=	1061	342	154	189	336	40	-0	=	1061
+21A	+25B	+22C	+17D	+9E	+6F	=	1153	378	175	198	357	45	-0	=	1153
+19A	+22B	+19C	+14D	+6E	+3F	=	991	342	154	171	294	30	-0	=	991
83)															
A	B	C	D	E	F			A	B	C	D	E	F		
5	19	5	4	20	10			5	19	5	4	20	10		
+11A	+12B	+4C	+5D	+4E	+13F	=	533	55	228	20	20	80	130	=	533
+17A	+19B	+12C	+9D	+10E	+14F	=	882	85	361	60	36	200	140	=	882
+19A	+18B	+13C	+11D	+6E	+10F	=	766	95	342	65	44	120	100	=	766
+23A	+25B	+17C	+12D	+7E	+11F	=	973	115	475	85	48	140	110	=	973
+27A	+30B	+20C	+15D	+10E	+14F	=	1205	135	570	100	60	200	140	=	1205
+25A	+27B	+17C	+12D	+7E	+11F	=	1021	125	513	85	48	140	110	=	1021
84)															
A	B	C	D	E	F			A	B	C	D	E	F		
13	10	18	5	2	17			13	10	18	5	2	17		
+4A	+7B	+5C	+2D	+2E	+4F	=	294	52	70	90	10	4	68	=	294
+13A	+16B	+16C	+6D	+11E	+7F	=	788	169	160	288	30	22	119	=	788
+12A	+19B	+15C	+5D	+7E	+3F	=	706	156	190	270	25	14	51	=	706
+24A	+24B	+30C	+8D	+10E	+6F	=	1254	312	240	540	40	20	102	=	1254
+25A	+27B	+30C	+8D	+10E	+6F	=	1297	325	270	540	40	20	102	=	1297
+26A	+27B	+30C	+8D	+10E	+6F	=	1310	338	270	540	40	20	102	=	1310

6-Variable Systems	Verifications

85)

A	B	C	D	E	F		
11	18	13	14	17	5		
+9A	+10B	+4C	+6D	+4E	+9F	=	528
+15A	+19B	+15C	+11D	+8E	+11F	=	1047
+23A	+22B	+23C	+19D	+7E	+10F	=	1383
+27A	+22B	+27C	+18D	+6E	+9F	=	1443
+30A	+25B	+29C	+20D	+8E	+11F	=	1628
+28A	+22B	+26C	+17D	+5E	+8F	=	1405

A	B	C	D	E	F		
11	18	13	14	17	5		
99	180	52	84	68	45	=	528
165	342	195	154	136	55	=	1047
253	396	299	266	119	50	=	1383
297	396	351	252	102	45	=	1443
330	450	377	280	136	55	=	1628
308	396	338	238	85	40	=	1405

86)

A	B	C	D	E	F		
-11	-4	-8	-20	-13	-1		
+6A	+7B	+5C	+9D	+7E	+6F	=	-411
+8A	+12B	+4C	+7D	+9E	+3F	=	-428
+17A	+21B	+16C	+19D	+12E	+6F	=	-941
+21A	+23B	+20C	+16D	+9E	+3F	=	-923
+24A	+27B	+22C	+18D	+11E	+5F	=	-1056
+26A	+28B	+23C	+19D	+12E	+6F	=	-1124

A	B	C	D	E	F		
-11	-4	-8	-20	-13	-1		
-66	-28	-40	-180	-91	-6	=	-411
-88	-48	-32	-140	-117	-3	=	-428
-187	-84	-128	-380	-156	-6	=	-941
-231	-92	-160	-320	-117	-3	=	-923
-264	-108	-176	-360	-143	-5	=	-1056
-286	-112	-184	-380	-156	-6	=	-1124

87)

A	B	C	D	E	F		
-14	-7	-8	-10	-12	-10		
+11A	+3B	+8C	+10D	+4E	+11F	=	-497
+21A	+13B	+12C	+18D	+17E	+12F	=	-985
+30A	+21B	+15C	+27D	+19E	+14F	=	-1325
+31A	+26B	+16C	+24D	+16E	+11F	=	-1286
+33A	+31B	+17C	+25D	+17E	+12F	=	-1389
+36A	+33B	+19C	+27D	+19E	+14F	=	-1525

A	B	C	D	E	F		
-14	-7	-8	-10	-12	-10		
-154	-21	-64	-100	-48	-110	=	-497
-294	-91	-96	-180	-204	-120	=	-985
-420	-147	-120	-270	-228	-140	=	-1325
-434	-182	-128	-240	-192	-110	=	-1286
-462	-217	-136	-250	-204	-120	=	-1389
-504	-231	-152	-270	-228	-140	=	-1525

88)

A	B	C	D	E	F		
12	9	17	11	20	11		
+5A	+7B	+10C	+8D	+3E	+3F	=	474
+13A	+12B	+14C	+18D	+11E	+4F	=	964
+19A	+17B	+20C	+28D	+13E	+6F	=	1355
+19A	+16B	+23C	+25D	+10E	+3F	=	1271
+22A	+19B	+25C	+27D	+12E	+5F	=	1452
+21A	+17B	+23C	+25D	+10E	+3F	=	1304

A	B	C	D	E	F		
12	9	17	11	20	11		
60	63	170	88	60	33	=	474
156	108	238	198	220	44	=	964
228	153	340	308	260	66	=	1355
228	144	391	275	200	33	=	1271
264	171	425	297	240	55	=	1452
252	153	391	275	200	33	=	1304

6-Variable Systems								Verifications							
89)															
A	B	C	D	E	F			A	B	C	D	E	F		
6	8	9	9	20	4			6	8	9	9	20	4		
+11A	+8B	+7C	+4D	+9E	+11F	=	453	66	64	63	36	180	44	=	453
+18A	+15B	+8C	+7D	+16E	+11F	=	727	108	120	72	63	320	44	=	727
+22A	+21B	+20C	+11D	+19E	+14F	=	1015	132	168	180	99	380	56	=	1015
+28A	+28B	+26C	+9D	+17E	+12F	=	1095	168	224	234	81	340	48	=	1095
+30A	+30B	+27C	+10D	+18E	+13F	=	1165	180	240	243	90	360	52	=	1165
+27A	+26B	+23C	+6D	+14E	+9F	=	947	162	208	207	54	280	36	=	947
90)															
A	B	C	D	E	F			A	B	C	D	E	F		
12	6	8	3	15	11			12	6	8	3	15	11		
+6A	+2B	+10C	+2D	+8E	+6F	=	356	72	12	80	6	120	66	=	356
+12A	+8B	+15C	+12D	+14E	+8F	=	646	144	48	120	36	210	88	=	646
+18A	+19B	+18C	+18D	+16E	+10F	=	878	216	114	144	54	240	110	=	878
+20A	+25B	+20C	+15D	+13E	+7F	=	867	240	150	160	45	195	77	=	867
+20A	+26B	+19C	+14D	+12E	+6F	=	836	240	156	152	42	180	66	=	836
+20A	+25B	+18C	+13D	+11E	+5F	=	793	240	150	144	39	165	55	=	793
91)															
A	B	C	D	E	F			A	B	C	D	E	F		
9	3	13	0	3	22			9	3	13	0	3	22		
+8A	+11B	+5C	+10D	+12E	+8F	=	382	72	33	65	-0	36	176	=	382
+13A	+21B	+12C	+14D	+15E	+9F	=	579	117	63	156	-0	45	198	=	579
+20A	+21B	+16C	+21D	+13E	+7F	=	644	180	63	208	-0	39	154	=	644
+28A	+22B	+24C	+20D	+12E	+6F	=	798	252	66	312	-0	36	132	=	798
+31A	+26B	+26C	+22D	+14E	+8F	=	913	279	78	338	-0	42	176	=	913
+34A	+28B	+28C	+24D	+16E	+10F	=	1022	306	84	364	-0	48	220	=	1022
92)															
A	B	C	D	E	F			A	B	C	D	E	F		
14	13	3	19	0	6			14	13	3	19	0	6		
+9A	+8B	+9C	+6D	+5E	+13F	=	449	126	104	27	114	-0	78	=	449
+18A	+12B	+11C	+13D	+14E	+13F	=	766	252	156	33	247	-0	78	=	766
+26A	+12B	+13C	+18D	+13E	+12F	=	973	364	156	39	342	-0	72	=	973
+30A	+21B	+17C	+21D	+16E	+15F	=	1233	420	273	51	399	-0	90	=	1233
+32A	+24B	+18C	+22D	+17E	+16F	=	1328	448	312	54	418	-0	96	=	1328
+29A	+20B	+14C	+18D	+13E	+12F	=	1122	406	260	42	342	-0	72	=	1122

6-Variable Systems	Verifications

93)

A	B	C	D	E	F		
-19	-12	-20	-9	-15	-5		
+10A	+5B	+8C	+10D	+6E	+10F	=	-640
+16A	+5B	+14C	+10D	+9E	+7F	=	-904
+24A	+12B	+23C	+18D	+9E	+7F	=	-1392
+31A	+22B	+30C	+20D	+11E	+9F	=	-1843
+32A	+23B	+30C	+20D	+11E	+9F	=	-1874
+33A	+23B	+30C	+20D	+11E	+9F	=	-1893

A	B	C	D	E	F		
-19	-12	-20	-9	-15	-5		
-190	-60	-160	-90	-90	-50	=	-640
-304	-60	-280	-90	-135	-35	=	-904
-456	-144	-460	-162	-135	-35	=	-1392
-589	-264	-600	-180	-165	-45	=	-1843
-608	-276	-600	-180	-165	-45	=	-1874
-627	-276	-600	-180	-165	-45	=	-1893

94)

A	B	C	D	E	F		
11	19	12	21	2	0		
+9A	+3B	+10C	+4D	+4E	+11F	=	368
+15A	+3B	+11C	+9D	+10E	+10F	=	563
+24A	+15B	+22C	+18D	+15E	+15F	=	1221
+27A	+16B	+27C	+15D	+12E	+12F	=	1264
+26A	+15B	+25C	+13D	+10E	+10F	=	1164
+31A	+19B	+29C	+17D	+14E	+14F	=	1435

A	B	C	D	E	F		
11	19	12	21	2	0		
99	57	120	84	8	-0	=	368
165	57	132	189	20	-0	=	563
264	285	264	378	30	-0	=	1221
297	304	324	315	24	-0	=	1264
286	285	300	273	20	-0	=	1164
341	361	348	357	28	-0	=	1435

95)

A	B	C	D	E	F		
9	14	0	2	14	4		
+5A	+1B	+4C	+3D	+8E	+5F	=	197
+16A	+10B	+11C	+15D	+19E	+9F	=	616
+22A	+14B	+16C	+21D	+17E	+7F	=	702
+26A	+22B	+20C	+21D	+17E	+7F	=	850
+27A	+24B	+20C	+21D	+17E	+7F	=	887
+27A	+23B	+19C	+20D	+16E	+6F	=	853

A	B	C	D	E	F		
9	14	0	2	14	4		
45	14	-0	6	112	20	=	197
144	140	-0	30	266	36	=	616
198	196	-0	42	238	28	=	702
234	308	-0	42	238	28	=	850
243	336	-0	42	238	28	=	887
243	322	-0	40	224	24	=	853

96)

A	B	C	D	E	F		
10	15	19	15	10	23		
+1A	+9B	+3C	+1D	+2E	+2F	=	283
+8A	+15B	+7C	+7D	+13E	+5F	=	788
+12A	+20B	+5C	+11D	+10E	+2F	=	826
+16A	+23B	+7C	+11D	+10E	+2F	=	949
+21A	+28B	+11C	+15D	+14E	+6F	=	1342
+18A	+24B	+7C	+11D	+10E	+2F	=	984

A	B	C	D	E	F		
10	15	19	15	10	23		
10	135	57	15	20	46	=	283
80	225	133	105	130	115	=	788
120	300	95	165	100	46	=	826
160	345	133	165	100	46	=	949
210	420	209	225	140	138	=	1342
180	360	133	165	100	46	=	984

6-Variable Systems	Verifications

97)

A	B	C	D	E	F		
9	11	17	19	15	23		
+5A	+8B	+6C	+6D	+6E	+3F	=	508
+10A	+17B	+16C	+9D	+11E	+4F	=	977
+16A	+27B	+26C	+15D	+12E	+5F	=	1463
+22A	+29B	+34C	+13D	+10E	+3F	=	1561
+24A	+31B	+35C	+14D	+11E	+4F	=	1675
+26A	+32B	+36C	+15D	+12E	+5F	=	1778

A	B	C	D	E	F		
9	11	17	19	15	23		
45	88	102	114	90	69	=	508
90	187	272	171	165	92	=	977
144	297	442	285	180	115	=	1463
198	319	578	247	150	69	=	1561
216	341	595	266	165	92	=	1675
234	352	612	285	180	115	=	1778

98)

A	B	C	D	E	F		
3	0	9	21	12	1		
+4A	+6B	+5C	+5D	+4E	+2F	=	212
+14A	+10B	+15C	+15D	+14E	+5F	=	665
+25A	+19B	+21C	+26D	+16E	+7F	=	1009
+26A	+17B	+22C	+21D	+11E	+2F	=	851
+30A	+23B	+25C	+24D	+14E	+5F	=	992
+33A	+25B	+27C	+26D	+16E	+7F	=	1087

A	B	C	D	E	F		
3	0	9	21	12	1		
12	-0	45	105	48	2	=	212
42	-0	135	315	168	5	=	665
75	-0	189	546	192	7	=	1009
78	-0	198	441	132	2	=	851
90	-0	225	504	168	5	=	992
99	-0	243	546	192	7	=	1087

99)

A	B	C	D	E	F		
13	3	7	8	4	23		
+4A	+7B	+5C	+7D	+8E	+4F	=	288
+14A	+14B	+10C	+14D	+18E	+7F	=	639
+16A	+19B	+11C	+16D	+18E	+7F	=	703
+22A	+21B	+17C	+13D	+15E	+4F	=	724
+25A	+25B	+19C	+15D	+17E	+6F	=	859
+28A	+27B	+21C	+17D	+19E	+8F	=	988

A	B	C	D	E	F		
13	3	7	8	4	23		
52	21	35	56	32	92	=	288
182	42	70	112	72	161	=	639
208	57	77	128	72	161	=	703
286	63	119	104	60	92	=	724
325	75	133	120	68	138	=	859
364	81	147	136	76	184	=	988

100)

A	B	C	D	E	F		
-2	-10	-21	-12	-17	-19		
+5A	+4B	+10C	+7D	+5E	+7F	=	-562
+11A	+11B	+13C	+10D	+9E	+5F	=	-773
+15A	+17B	+14C	+12D	+9E	+5F	=	-886
+21A	+22B	+20C	+11D	+8E	+4F	=	-1026
+26A	+29B	+24C	+15D	+12E	+8F	=	-1382
+28A	+30B	+25C	+16D	+13E	+9F	=	-1465

A	B	C	D	E	F		
-2	-10	-21	-12	-17	-19		
-10	-40	-210	-84	-85	-133	=	-562
-22	-110	-273	-120	-153	-95	=	-773
-30	-170	-294	-144	-153	-95	=	-886
-42	-220	-420	-132	-136	-76	=	-1026
-52	-290	-504	-180	-204	-152	=	-1382
-56	-300	-525	-192	-221	-171	=	-1465

Chapter 6 - 7 Variables Associated Systems

2-10 Variables Associated Expression Systems 1000 Associated Systems Volume 1

7-Variable Systems followed by Verificiations

1)

A	B	C	D	E	F	G		
10	20	3	17	12	10	21		
+3A	+5B	+5C	+8D	+5E	+4F	+4G	=	465
+5A	+7B	+7C	+11D	+7E	+8F	+4G	=	646
+7A	+11B	+10C	+11D	+9E	+7F	+3G	=	748
+15A	+16B	+21C	+21D	+11E	+9F	+5G	=	1217
+18A	+20B	+24C	+19D	+9E	+7F	+3G	=	1216
+18A	+20B	+23C	+18D	+8E	+6F	+2G	=	1153
+19A	+20B	+23C	+18D	+8E	+6F	+2G	=	1163

A	B	C	D	E	F	G		
10	20	3	17	12	10	21		
30	100	15	136	60	40	84	=	465
50	140	21	187	84	80	84	=	646
70	220	30	187	108	70	63	=	748
150	320	63	357	132	90	105	=	1217
180	400	72	323	108	70	63	=	1216
180	400	69	306	96	60	42	=	1153
190	400	69	306	96	60	42	=	1163

2)

A	B	C	D	E	F	G		
12	20	14	12	0	11	4		
+12A	+12B	+9C	+12D	+6E	+6F	+12G	=	768
+15A	+19B	+16C	+16D	+9E	+9F	+13G	=	1127
+16A	+24B	+21C	+17D	+10E	+5F	+9G	=	1261
+25A	+32B	+29C	+26D	+13E	+8F	+12G	=	1794
+27A	+37B	+31C	+23D	+10E	+5F	+9G	=	1865
+32A	+43B	+35C	+27D	+14E	+9F	+13G	=	2209
+29A	+39B	+31C	+23D	+10E	+5F	+9G	=	1929

A	B	C	D	E	F	G		
12	20	14	12	0	11	4		
144	240	126	144	-0	66	48	=	768
180	380	224	192	-0	99	52	=	1127
192	480	294	204	-0	55	36	=	1261
300	640	406	312	-0	88	48	=	1794
324	740	434	276	-0	55	36	=	1865
384	860	490	324	-0	99	52	=	2209
348	780	434	276	-0	55	36	=	1929

7-Variable Systems followed by Verificiations

3)

A	B	C	D	E	F	G		
15	9	17	11	22	1	23		
+6A	+8B	+4C	+6D	+9E	+10F	+6G	=	642
+10A	+11B	+3C	+13D	+9E	+14F	+4G	=	747
+14A	+13B	+6C	+15D	+13E	+13F	+3G	=	962
+20A	+20B	+14C	+21D	+16E	+16F	+6G	=	1455
+23A	+25B	+17C	+18D	+13E	+13F	+3G	=	1425
+24A	+27B	+17C	+18D	+13E	+13F	+3G	=	1458
+28A	+30B	+20C	+21D	+16E	+16F	+6G	=	1767

A	B	C	D	E	F	G		
15	9	17	11	22	1	23		
90	72	68	66	198	10	138	=	642
150	99	51	143	198	14	92	=	747
210	117	102	165	286	13	69	=	962
300	180	238	231	352	16	138	=	1455
345	225	289	198	286	13	69	=	1425
360	243	289	198	286	13	69	=	1458
420	270	340	231	352	16	138	=	1767

4)

A	B	C	D	E	F	G		
4	9	0	1	15	12	11		
+10A	+8B	+10C	+10D	+6E	+5F	+10G	=	382
+16A	+11B	+15C	+14D	+4E	+8F	+7G	=	410
+22A	+18B	+20C	+19D	+10E	+9F	+8G	=	615
+29A	+18B	+28C	+26D	+9E	+8F	+7G	=	612
+34A	+21B	+33C	+28D	+11E	+10F	+9G	=	737
+38A	+27B	+36C	+31D	+14E	+13F	+12G	=	924
+37A	+25B	+34C	+29D	+12E	+11F	+10G	=	824

A	B	C	D	E	F	G		
4	9	0	1	15	12	11		
40	72	-0	10	90	60	110	=	382
64	99	-0	14	60	96	77	=	410
88	162	-0	19	150	108	88	=	615
116	162	-0	26	135	96	77	=	612
136	189	-0	28	165	120	99	=	737
152	243	-0	31	210	156	132	=	924
148	225	-0	29	180	132	110	=	824

7-Variable Systems followed by Verificiations

5)

A	B	C	D	E	F	G		
8	0	7	11	1	16	2		
+5A	+4B	+3C	+4D	+9E	+4F	+5G	=	188
+12A	+11B	+14C	+10D	+14E	+11F	+8G	=	510
+11A	+10B	+20C	+14D	+14E	+9F	+6G	=	552
+17A	+14B	+25C	+20D	+15E	+10F	+7G	=	720
+23A	+15B	+35C	+18D	+13E	+8F	+5G	=	778
+26A	+19B	+37C	+20D	+15E	+10F	+7G	=	876
+27A	+19B	+37C	+20D	+15E	+10F	+7G	=	884

A	B	C	D	E	F	G		
8	0	7	11	1	16	2		
40	-0	21	44	9	64	10	=	188
96	-0	98	110	14	176	16	=	510
88	-0	140	154	14	144	12	=	552
136	-0	175	220	15	160	14	=	720
184	-0	245	198	13	128	10	=	778
208	-0	259	220	15	160	14	=	876
216	-0	259	220	15	160	14	=	884

6)

A	B	C	D	E	F	G		
6	8	10	21	17	6	18		
+8A	+9B	+7C	+4D	+5E	+2F	+8G	=	515
+16A	+19B	+17C	+16D	+13E	+10F	+12G	=	1251
+21A	+18B	+23C	+22D	+18E	+7F	+9G	=	1472
+30A	+25B	+29C	+31D	+19E	+8F	+10G	=	1872
+38A	+30B	+37C	+30D	+18E	+7F	+9G	=	1978
+40A	+33B	+38C	+31D	+19E	+8F	+10G	=	2086
+42A	+34B	+39C	+32D	+20E	+9F	+11G	=	2178

A	B	C	D	E	F	G		
6	8	10	21	17	6	18		
48	72	70	84	85	12	144	=	515
96	152	170	336	221	60	216	=	1251
126	144	230	462	306	42	162	=	1472
180	200	290	651	323	48	180	=	1872
228	240	370	630	306	42	162	=	1978
240	264	380	651	323	48	180	=	2086
252	272	390	672	340	54	198	=	2178

7-Variable Systems followed by Verificiations

7)

A	B	C	D	E	F	G	
14	18	18	20	16	2	8	
+4A	+8B	+5C	+7D	+7E	+6F	+4G =	586
+8A	+16B	+9C	+11D	+12E	+10F	+6G =	1042
+19A	+24B	+15C	+20D	+26E	+12F	+8G =	1872
+24A	+26B	+13C	+25D	+23E	+9F	+5G =	1964
+31A	+37B	+20C	+27D	+25E	+11F	+7G =	2478
+32A	+39B	+20C	+27D	+25E	+11F	+7G =	2528
+33A	+39B	+20C	+27D	+25E	+11F	+7G =	2542

A	B	C	D	E	F	G	
14	18	18	20	16	2	8	
56	144	90	140	112	12	32 =	586
112	288	162	220	192	20	48 =	1042
266	432	270	400	416	24	64 =	1872
336	468	234	500	368	18	40 =	1964
434	666	360	540	400	22	56 =	2478
448	702	360	540	400	22	56 =	2528
462	702	360	540	400	22	56 =	2542

8)

A	B	C	D	E	F	G	
11	15	20	6	16	3	2	
+9A	+8B	+3C	+5D	+9E	+2F	+7G =	473
+21A	+17B	+7C	+10D	+15E	+14F	+10G =	988
+21A	+18B	+6C	+12D	+18E	+11F	+7G =	1028
+30A	+23B	+10C	+21D	+20E	+13F	+9G =	1378
+34A	+29B	+14C	+19D	+18E	+11F	+7G =	1538
+35A	+30B	+14C	+19D	+18E	+11F	+7G =	1564
+38A	+32B	+16C	+21D	+20E	+13F	+9G =	1721

A	B	C	D	E	F	G	
11	15	20	6	16	3	2	
99	120	60	30	144	6	14 =	473
231	255	140	60	240	42	20 =	988
231	270	120	72	288	33	14 =	1028
330	345	200	126	320	39	18 =	1378
374	435	280	114	288	33	14 =	1538
385	450	280	114	288	33	14 =	1564
418	480	320	126	320	39	18 =	1721

2-10 Variables Associated Expression Systems — 1000 Associated Systems Volume 1

7-Variable Systems followed by Verificiations

9)

A	B	C	D	E	F	G		
1	9	3	21	2	15	8		
+5A	+9B	+6C	+10D	+8E	+2F	+5G	=	400
+14A	+11B	+15C	+14D	+17E	+11F	+5G	=	691
+26A	+21B	+25C	+20D	+26E	+14F	+8G	=	1036
+27A	+27B	+28C	+21D	+25E	+13F	+7G	=	1096
+31A	+26B	+32C	+18D	+22E	+10F	+4G	=	965
+32A	+27B	+32C	+18D	+22E	+10F	+4G	=	975
+34A	+28B	+33C	+19D	+23E	+11F	+5G	=	1035

A	B	C	D	E	F	G		
1	9	3	21	2	15	8		
5	81	18	210	16	30	40	=	400
14	99	45	294	34	165	40	=	691
26	189	75	420	52	210	64	=	1036
27	243	84	441	50	195	56	=	1096
31	234	96	378	44	150	32	=	965
32	243	96	378	44	150	32	=	975
34	252	99	399	46	165	40	=	1035

10)

A	B	C	D	E	F	G		
17	19	17	21	9	13	1		
+2A	+6B	+8C	+4D	+5E	+6F	+5G	=	496
+4A	+15B	+9C	+5D	+11E	+8F	+5G	=	819
+13A	+27B	+15C	+12D	+17E	+11F	+8G	=	1545
+15A	+33B	+23C	+14D	+16E	+10F	+7G	=	1848
+15A	+39B	+23C	+11D	+13E	+7F	+4G	=	1830
+19A	+45B	+26C	+14D	+16E	+10F	+7G	=	2195
+19A	+44B	+25C	+13D	+15E	+9F	+6G	=	2115

A	B	C	D	E	F	G		
17	19	17	21	9	13	1		
34	114	136	84	45	78	5	=	496
68	285	153	105	99	104	5	=	819
221	513	255	252	153	143	8	=	1545
255	627	391	294	144	130	7	=	1848
255	741	391	231	117	91	4	=	1830
323	855	442	294	144	130	7	=	2195
323	836	425	273	135	117	6	=	2115

7-Variable Systems followed by Verificiations

11)

A	B	C	D	E	F	G		
16	6	3	11	11	24	13		
+7A	+7B	+3C	+8D	+4E	+3F	+9G	=	484
+10A	+15B	+5C	+13D	+13E	+9F	+9G	=	884
+12A	+18B	+12C	+16D	+19E	+10F	+10G	=	1091
+17A	+20B	+16C	+21D	+20E	+11F	+11G	=	1298
+18A	+21B	+17C	+21D	+20E	+11F	+11G	=	1323
+18A	+22B	+16C	+20D	+19E	+10F	+10G	=	1267
+18A	+21B	+15C	+19D	+18E	+9F	+9G	=	1199

A	B	C	D	E	F	G		
16	6	3	11	11	24	13		
112	42	9	88	44	72	117	=	484
160	90	15	143	143	216	117	=	884
192	108	36	176	209	240	130	=	1091
272	120	48	231	220	264	143	=	1298
288	126	51	231	220	264	143	=	1323
288	132	48	220	209	240	130	=	1267
288	126	45	209	198	216	117	=	1199

12)

A	B	C	D	E	F	G		
1	20	21	21	21	12	14		
+5A	+11B	+6C	+7D	+6E	+6F	+5G	=	766
+12A	+16B	+9C	+9D	+9E	+13F	+6G	=	1139
+15A	+19B	+9C	+16D	+12E	+12F	+5G	=	1386
+22A	+20B	+15C	+23D	+10E	+10F	+3G	=	1592
+32A	+22B	+28C	+24D	+11E	+11F	+4G	=	1983
+34A	+26B	+29C	+25D	+12E	+12F	+5G	=	2154
+35A	+26B	+29C	+25D	+12E	+12F	+5G	=	2155

A	B	C	D	E	F	G		
1	20	21	21	21	12	14		
5	220	126	147	126	72	70	=	766
12	320	189	189	189	156	84	=	1139
15	380	189	336	252	144	70	=	1386
22	400	315	483	210	120	42	=	1592
32	440	588	504	231	132	56	=	1983
34	520	609	525	252	144	70	=	2154
35	520	609	525	252	144	70	=	2155

2-10 Variables Associated Expression Systems — 1000 Associated Systems Volume 1

7-Variable Systems followed by Verificiations

13)

A	B	C	D	E	F	G		
6	5	11	22	7	21	18		
+5A	+4B	+3C	+10D	+11E	+4F	+5G	=	554
+15A	+14B	+7C	+19D	+17E	+10F	+7G	=	1110
+17A	+20B	+9C	+19D	+19E	+8F	+5G	=	1110
+17A	+27B	+14C	+19D	+18E	+7F	+4G	=	1154
+20A	+31B	+18C	+21D	+20E	+9F	+6G	=	1372
+23A	+36B	+20C	+23D	+22E	+11F	+8G	=	1573
+21A	+33B	+17C	+20D	+19E	+8F	+5G	=	1309

A	B	C	D	E	F	G		
6	5	11	22	7	21	18		
30	20	33	220	77	84	90	=	554
90	70	77	418	119	210	126	=	1110
102	100	99	418	133	168	90	=	1110
102	135	154	418	126	147	72	=	1154
120	155	198	462	140	189	108	=	1372
138	180	220	506	154	231	144	=	1573
126	165	187	440	133	168	90	=	1309

14)

A	B	C	D	E	F	G		
-15	-18	-11	-13	-14	-20	-21		
+12A	+4B	+4C	+11D	+6E	+11F	+12G	=	-995
+19A	+10B	+5C	+20D	+8E	+18F	+12G	=	-1504
+19A	+11B	+5C	+24D	+8E	+17F	+11G	=	-1533
+19A	+10B	+5C	+24D	+6E	+15F	+9G	=	-1405
+28A	+21B	+14C	+27D	+9E	+18F	+12G	=	-2041
+26A	+20B	+11C	+24D	+6E	+15F	+9G	=	-1756
+28A	+21B	+12C	+25D	+7E	+16F	+10G	=	-1883

A	B	C	D	E	F	G		
-15	-18	-11	-13	-14	-20	-21		
-180	-72	-44	-143	-84	-220	-252	=	-995
-285	-180	-55	-260	-112	-360	-252	=	-1504
-285	-198	-55	-312	-112	-340	-231	=	-1533
-285	-180	-55	-312	-84	-300	-189	=	-1405
-420	-378	-154	-351	-126	-360	-252	=	-2041
-390	-360	-121	-312	-84	-300	-189	=	-1756
-420	-378	-132	-325	-98	-320	-210	=	-1883

7-Variable Systems followed by Verificiations

15)

A	B	C	D	E	F	G		
15	13	11	22	5	18	1		
+9A	+6B	+12C	+6D	+10E	+4F	+9G	=	608
+17A	+11B	+21C	+7D	+14E	+12F	+9G	=	1078
+22A	+20B	+31C	+13D	+19E	+14F	+11G	=	1575
+21A	+19B	+30C	+15D	+17E	+12F	+9G	=	1532
+24A	+23B	+33C	+12D	+14E	+9F	+6G	=	1524
+30A	+30B	+38C	+17D	+19E	+14F	+11G	=	1990
+29A	+28B	+36C	+15D	+17E	+12F	+9G	=	1835

A	B	C	D	E	F	G		
15	13	11	22	5	18	1		
135	78	132	132	50	72	9	=	608
255	143	231	154	70	216	9	=	1078
330	260	341	286	95	252	11	=	1575
315	247	330	330	85	216	9	=	1532
360	299	363	264	70	162	6	=	1524
450	390	418	374	95	252	11	=	1990
435	364	396	330	85	216	9	=	1835

16)

A	B	C	D	E	F	G		
16	5	7	10	22	1	17		
+11A	+5B	+4C	+10D	+11E	+11F	+11G	=	769
+15A	+7B	+7C	+15D	+19E	+15F	+10G	=	1077
+18A	+14B	+14C	+16D	+24E	+14F	+9G	=	1311
+27A	+20B	+20C	+25D	+26E	+16F	+11G	=	1697
+30A	+24B	+23C	+24D	+25E	+15F	+10G	=	1736
+31A	+25B	+23C	+24D	+25E	+15F	+10G	=	1757
+33A	+26B	+24C	+25D	+26E	+16F	+11G	=	1851

A	B	C	D	E	F	G		
16	5	7	10	22	1	17		
176	25	28	100	242	11	187	=	769
240	35	49	150	418	15	170	=	1077
288	70	98	160	528	14	153	=	1311
432	100	140	250	572	16	187	=	1697
480	120	161	240	550	15	170	=	1736
496	125	161	240	550	15	170	=	1757
528	130	168	250	572	16	187	=	1851

2-10 Variables Associated Expression Systems 1000 Associated Systems Volume 1

7-Variable Systems followed by Verificiations

17)

	A	B	C	D	E	F	G		
	1	13	21	3	8	4	9		
	+4A	+8B	+8C	+8D	+8E	+2F	+4G	=	408
	+14A	+14B	+17C	+18D	+14E	+12F	+8G	=	839
	+21A	+15B	+21C	+17D	+24E	+10F	+6G	=	994
	+26A	+16B	+28C	+22D	+23E	+9F	+5G	=	1153
	+33A	+23B	+35C	+24D	+25E	+11F	+7G	=	1446
	+32A	+23B	+33C	+22D	+23E	+9F	+5G	=	1355
	+32A	+22B	+32C	+21D	+22E	+8F	+4G	=	1297

	A	B	C	D	E	F	G		
	1	13	21	3	8	4	9		
	4	104	168	24	64	8	36	=	408
	14	182	357	54	112	48	72	=	839
	21	195	441	51	192	40	54	=	994
	26	208	588	66	184	36	45	=	1153
	33	299	735	72	200	44	63	=	1446
	32	299	693	66	184	36	45	=	1355
	32	286	672	63	176	32	36	=	1297

18)

	A	B	C	D	E	F	G		
	3	4	18	21	15	2	6		
	+10A	+12B	+8C	+11D	+10E	+5F	+10G	=	673
	+13A	+15B	+7C	+18D	+11E	+8F	+8G	=	832
	+15A	+17B	+10C	+22D	+13E	+7F	+7G	=	1006
	+24A	+27B	+19C	+29D	+14E	+8F	+8G	=	1405
	+30A	+37B	+25C	+30D	+15E	+9F	+9G	=	1615
	+33A	+40B	+27C	+32D	+17E	+11F	+11G	=	1760
	+30A	+36B	+23C	+28D	+13E	+7F	+7G	=	1487

	A	B	C	D	E	F	G		
	3	4	18	21	15	2	6		
	30	48	144	231	150	10	60	=	673
	39	60	126	378	165	16	48	=	832
	45	68	180	462	195	14	42	=	1006
	72	108	342	609	210	16	48	=	1405
	90	148	450	630	225	18	54	=	1615
	99	160	486	672	255	22	66	=	1760
	90	144	414	588	195	14	42	=	1487

7-Variable Systems followed by Verificiations

19)

A	B	C	D	E	F	G		
-14	-8	-3	-3	-1	-15	-7		
+8A	+8B	+7C	+5D	+2E	+9F	+8G	=	-405
+13A	+14B	+13C	+14D	+6E	+16F	+11G	=	-698
+17A	+16B	+16C	+20D	+10E	+15F	+10G	=	-779
+21A	+14B	+21C	+24D	+7E	+12F	+7G	=	-777
+31A	+21B	+27C	+28D	+11E	+16F	+11G	=	-1095
+33A	+26B	+28C	+29D	+12E	+17F	+12G	=	-1192
+32A	+24B	+26C	+27D	+10E	+15F	+10G	=	-1104

A	B	C	D	E	F	G		
-14	-8	-3	-3	-1	-15	-7		
-112	-64	-21	-15	-2	-135	-56	=	-405
-182	-112	-39	-42	-6	-240	-77	=	-698
-238	-128	-48	-60	-10	-225	-70	=	-779
-294	-112	-63	-72	-7	-180	-49	=	-777
-434	-168	-81	-84	-11	-240	-77	=	-1095
-462	-208	-84	-87	-12	-255	-84	=	-1192
-448	-192	-78	-81	-10	-225	-70	=	-1104

20)

A	B	C	D	E	F	G		
3	10	20	3	12	24	23		
+5A	+6B	+7C	+9D	+6E	+2F	+5G	=	477
+7A	+13B	+12C	+10D	+14E	+8F	+5G	=	896
+11A	+20B	+12C	+16D	+18E	+7F	+4G	=	997
+13A	+27B	+21C	+19D	+19E	+8F	+5G	=	1321
+24A	+33B	+34C	+22D	+22E	+11F	+8G	=	1860
+25A	+34B	+34C	+22D	+22E	+11F	+8G	=	1873
+23A	+31B	+31C	+19D	+19E	+8F	+5G	=	1591

A	B	C	D	E	F	G		
3	10	20	3	12	24	23		
15	60	140	27	72	48	115	=	477
21	130	240	30	168	192	115	=	896
33	200	240	48	216	168	92	=	997
39	270	420	57	228	192	115	=	1321
72	330	680	66	264	264	184	=	1860
75	340	680	66	264	264	184	=	1873
69	310	620	57	228	192	115	=	1591

2-10 Variables Associated Expression Systems   1000 Associated Systems Volume 1

7-Variable Systems followed by Verificiations

21)

A	B	C	D	E	F	G		
8	5	4	14	1	22	24		
+6A	+1B	+1C	+2D	+2E	+6F	+6G	=	363
+15A	+13B	+8C	+11D	+12E	+15F	+9G	=	929
+19A	+16B	+11C	+14D	+16E	+15F	+9G	=	1034
+23A	+22B	+18C	+18D	+15E	+14F	+8G	=	1133
+24A	+23B	+19C	+16D	+13E	+12F	+6G	=	1028
+29A	+29B	+23C	+20D	+17E	+16F	+10G	=	1358
+27A	+26B	+20C	+17D	+14E	+13F	+7G	=	1132

A	B	C	D	E	F	G		
8	5	4	14	1	22	24		
48	5	4	28	2	132	144	=	363
120	65	32	154	12	330	216	=	929
152	80	44	196	16	330	216	=	1034
184	110	72	252	15	308	192	=	1133
192	115	76	224	13	264	144	=	1028
232	145	92	280	17	352	240	=	1358
216	130	80	238	14	286	168	=	1132

22)

A	B	C	D	E	F	G		
19	2	17	12	7	18	7		
+3A	+7B	+4C	+7D	+2E	+7F	+6G	=	405
+7A	+19B	+12C	+13D	+14E	+11F	+9G	=	890
+10A	+21B	+18C	+20D	+19E	+12F	+10G	=	1197
+12A	+18B	+16C	+22D	+15E	+8F	+6G	=	1091
+16A	+25B	+20C	+23D	+16E	+9F	+7G	=	1293
+21A	+30B	+24C	+27D	+20E	+13F	+11G	=	1642
+18A	+26B	+20C	+23D	+16E	+9F	+7G	=	1333

A	B	C	D	E	F	G		
19	2	17	12	7	18	7		
57	14	68	84	14	126	42	=	405
133	38	204	156	98	198	63	=	890
190	42	306	240	133	216	70	=	1197
228	36	272	264	105	144	42	=	1091
304	50	340	276	112	162	49	=	1293
399	60	408	324	140	234	77	=	1642
342	52	340	276	112	162	49	=	1333

7-Variable Systems followed by Verificiations

23)

A	B	C	D	E	F	G
-6	-20	-17	-18	-14	-16	-6

+5A	+8B	+9C	+7D	+3E	+9F	+5G	=	-685
+7A	+16B	+18C	+13D	+10E	+11F	+6G	=	-1254
+18A	+26B	+23C	+24D	+21E	+14F	+9G	=	-2023
+22A	+25B	+26C	+28D	+18E	+11F	+6G	=	-2042
+27A	+30B	+31C	+29D	+19E	+12F	+7G	=	-2311
+28A	+31B	+31C	+29D	+19E	+12F	+7G	=	-2337
+27A	+29B	+29C	+27D	+17E	+10F	+5G	=	-2149

A	B	C	D	E	F	G
-6	-20	-17	-18	-14	-16	-6

-30	-160	-153	-126	-42	-144	-30	=	-685
-42	-320	-306	-234	-140	-176	-36	=	-1254
-108	-520	-391	-432	-294	-224	-54	=	-2023
-132	-500	-442	-504	-252	-176	-36	=	-2042
-162	-600	-527	-522	-266	-192	-42	=	-2311
-168	-620	-527	-522	-266	-192	-42	=	-2337
-162	-580	-493	-486	-238	-160	-30	=	-2149

24)

A	B	C	D	E	F	G
9	15	7	17	3	5	11

+9A	+6B	+9C	+7D	+10E	+11F	+9G	=	537
+9A	+9B	+13C	+7D	+11E	+11F	+8G	=	602
+9A	+13B	+16C	+14D	+12E	+10F	+7G	=	789
+14A	+22B	+26C	+19D	+14E	+12F	+9G	=	1162
+14A	+26B	+27C	+18D	+13E	+11F	+8G	=	1193
+19A	+31B	+31C	+22D	+17E	+15F	+12G	=	1485
+17A	+28B	+28C	+19D	+14E	+12F	+9G	=	1293

A	B	C	D	E	F	G
9	15	7	17	3	5	11

81	90	63	119	30	55	99	=	537
81	135	91	119	33	55	88	=	602
81	195	112	238	36	50	77	=	789
126	330	182	323	42	60	99	=	1162
126	390	189	306	39	55	88	=	1193
171	465	217	374	51	75	132	=	1485
153	420	196	323	42	60	99	=	1293

7-Variable Systems followed by Verificiations

25)

	A	B	C	D	E	F	G		
	17	0	12	16	14	1	9		
	+4A	+9B	+10C	+4D	+11E	+7F	+4G	=	449
	+10A	+16B	+17C	+5D	+17E	+11F	+2G	=	721
	+18A	+25B	+19C	+10D	+25E	+11F	+2G	=	1073
	+24A	+34B	+22C	+16D	+25E	+11F	+2G	=	1307
	+30A	+36B	+28C	+16D	+25E	+11F	+2G	=	1481
	+35A	+41B	+32C	+20D	+29E	+15F	+6G	=	1774
	+33A	+38B	+29C	+17D	+26E	+12F	+3G	=	1584

	A	B	C	D	E	F	G		
	17	0	12	16	14	1	9		
	68	-0	120	64	154	7	36	=	449
	170	-0	204	80	238	11	18	=	721
	306	-0	228	160	350	11	18	=	1073
	408	-0	264	256	350	11	18	=	1307
	510	-0	336	256	350	11	18	=	1481
	595	-0	384	320	406	15	54	=	1774
	561	-0	348	272	364	12	27	=	1584

26)

	A	B	C	D	E	F	G		
	12	12	8	22	12	15	10		
	+7A	+11B	+6C	+5D	+6E	+4F	+7G	=	576
	+13A	+18B	+9C	+10D	+9E	+8F	+7G	=	962
	+19A	+29B	+16C	+20D	+15E	+11F	+10G	=	1589
	+24A	+32B	+18C	+25D	+11E	+7F	+6G	=	1663
	+34A	+42B	+28C	+26D	+12E	+8F	+7G	=	2042
	+38A	+47B	+31C	+29D	+15E	+11F	+10G	=	2351
	+34A	+42B	+26C	+24D	+10E	+6F	+5G	=	1908

	A	B	C	D	E	F	G		
	12	12	8	22	12	15	10		
	84	132	48	110	72	60	70	=	576
	156	216	72	220	108	120	70	=	962
	228	348	128	440	180	165	100	=	1589
	288	384	144	550	132	105	60	=	1663
	408	504	224	572	144	120	70	=	2042
	456	564	248	638	180	165	100	=	2351
	408	504	208	528	120	90	50	=	1908

7-Variable Systems followed by Verificiations

27)

A	B	C	D	E	F	G		
12	12	8	1	1	11	1		
+10A	+9B	+6C	+9D	+9E	+4F	+10G	=	348
+13A	+11B	+15C	+14D	+14E	+7F	+10G	=	523
+21A	+17B	+22C	+16D	+22E	+7F	+10G	=	757
+22A	+24B	+25C	+17D	+21E	+6F	+9G	=	865
+25A	+26B	+28C	+17D	+21E	+6F	+9G	=	949
+25A	+27B	+27C	+16D	+20E	+5F	+8G	=	939
+28A	+29B	+29C	+18D	+22E	+7F	+10G	=	1043

A	B	C	D	E	F	G		
12	12	8	1	1	11	1		
120	108	48	9	9	44	10	=	348
156	132	120	14	14	77	10	=	523
252	204	176	16	22	77	10	=	757
264	288	200	17	21	66	9	=	865
300	312	224	17	21	66	9	=	949
300	324	216	16	20	55	8	=	939
336	348	232	18	22	77	10	=	1043

28)

A	B	C	D	E	F	G		
3	7	3	8	5	13	17		
+8A	+2B	+6C	+5D	+9E	+8F	+8G	=	381
+14A	+11B	+11C	+14D	+16E	+14F	+11G	=	713
+17A	+9B	+17C	+13D	+19E	+11F	+8G	=	643
+21A	+12B	+20C	+17D	+20E	+12F	+9G	=	752
+23A	+15B	+22C	+17D	+20E	+12F	+9G	=	785
+24A	+18B	+22C	+17D	+20E	+12F	+9G	=	809
+26A	+19B	+23C	+18D	+21E	+13F	+10G	=	868

A	B	C	D	E	F	G		
3	7	3	8	5	13	17		
24	14	18	40	45	104	136	=	381
42	77	33	112	80	182	187	=	713
51	63	51	104	95	143	136	=	643
63	84	60	136	100	156	153	=	752
69	105	66	136	100	156	153	=	785
72	126	66	136	100	156	153	=	809
78	133	69	144	105	169	170	=	868

7-Variable Systems followed by Verificiations

29)

A	B	C	D	E	F	G		
-11	-14	-1	-11	-20	-1	-9		
+1A	+7B	+6C	+4D	+2E	+8F	+1G	=	-216
+10A	+18B	+16C	+8D	+9E	+17F	+3G	=	-690
+21A	+22B	+28C	+17D	+20E	+20F	+6G	=	-1228
+19A	+23B	+29C	+15D	+15E	+15F	+1G	=	-1049
+30A	+34B	+40C	+18D	+18E	+18F	+4G	=	-1458
+33A	+37B	+42C	+20D	+20E	+20F	+6G	=	-1617
+31A	+34B	+39C	+17D	+17E	+17F	+3G	=	-1427

A	B	C	D	E	F	G		
-11	-14	-1	-11	-20	-1	-9		
-11	-98	-6	-44	-40	-8	-9	=	-216
-110	-252	-16	-88	-180	-17	-27	=	-690
-231	-308	-28	-187	-400	-20	-54	=	-1228
-209	-322	-29	-165	-300	-15	-9	=	-1049
-330	-476	-40	-198	-360	-18	-36	=	-1458
-363	-518	-42	-220	-400	-20	-54	=	-1617
-341	-476	-39	-187	-340	-17	-27	=	-1427

30)

A	B	C	D	E	F	G		
4	18	4	15	18	2	2		
+12A	+7B	+12C	+10D	+7E	+7F	+12G	=	536
+18A	+16B	+14C	+13D	+16E	+13F	+12G	=	949
+19A	+17B	+22C	+19D	+17E	+13F	+12G	=	1111
+25A	+23B	+29C	+25D	+16E	+12F	+11G	=	1339
+27A	+24B	+31C	+25D	+16E	+12F	+11G	=	1373
+26A	+24B	+29C	+23D	+14E	+10F	+9G	=	1287
+30A	+27B	+32C	+26D	+17E	+13F	+12G	=	1480

A	B	C	D	E	F	G		
4	18	4	15	18	2	2		
48	126	48	150	126	14	24	=	536
72	288	56	195	288	26	24	=	949
76	306	88	285	306	26	24	=	1111
100	414	116	375	288	24	22	=	1339
108	432	124	375	288	24	22	=	1373
104	432	116	345	252	20	18	=	1287
120	486	128	390	306	26	24	=	1480

7-Variable Systems followed by Verificiations

31)

A	B	C	D	E	F	G		
14	19	2	0	7	11	11		
+3A	+10B	+11C	+7D	+11E	+10F	+3G	=	474
+6A	+14B	+18C	+10D	+18E	+13F	+4G	=	699
+14A	+16B	+25C	+15D	+29E	+12F	+3G	=	918
+16A	+22B	+33C	+17D	+28E	+11F	+2G	=	1047
+20A	+25B	+37C	+19D	+30E	+13F	+4G	=	1226
+22A	+27B	+38C	+20D	+31E	+14F	+5G	=	1323
+19A	+23B	+34C	+16D	+27E	+10F	+1G	=	1081

A	B	C	D	E	F	G		
14	19	2	0	7	11	11		
42	190	22	-0	77	110	33	=	474
84	266	36	-0	126	143	44	=	699
196	304	50	-0	203	132	33	=	918
224	418	66	-0	196	121	22	=	1047
280	475	74	-0	210	143	44	=	1226
308	513	76	-0	217	154	55	=	1323
266	437	68	-0	189	110	11	=	1081

32)

A	B	C	D	E	F	G		
11	14	14	1	7	8	20		
+4A	+7B	+10C	+4D	+9E	+12F	+5G	=	545
+12A	+14B	+13C	+9D	+10E	+23F	+4G	=	853
+18A	+17B	+22C	+12D	+16E	+24F	+5G	=	1160
+23A	+23B	+28C	+17D	+15E	+23F	+4G	=	1353
+30A	+30B	+35C	+17D	+15E	+23F	+4G	=	1626
+34A	+34B	+38C	+20D	+18E	+26F	+7G	=	1876
+30A	+29B	+33C	+15D	+13E	+21F	+2G	=	1512

A	B	C	D	E	F	G		
11	14	14	1	7	8	20		
44	98	140	4	63	96	100	=	545
132	196	182	9	70	184	80	=	853
198	238	308	12	112	192	100	=	1160
253	322	392	17	105	184	80	=	1353
330	420	490	17	105	184	80	=	1626
374	476	532	20	126	208	140	=	1876
330	406	462	15	91	168	40	=	1512

7-Variable Systems followed by Verificiations

33)

A	B	C	D	E	F	G		
16	10	15	0	3	24	17		
+7A	+3B	+7C	+3D	+4E	+10F	+7G	=	618
+10A	+7B	+15C	+9D	+10E	+13F	+7G	=	916
+15A	+9B	+17C	+9D	+15E	+12F	+6G	=	1020
+24A	+12B	+27C	+18D	+17E	+14F	+8G	=	1432
+23A	+18B	+26C	+15D	+14E	+11F	+5G	=	1329
+29A	+25B	+31C	+20D	+19E	+16F	+10G	=	1790
+25A	+20B	+26C	+15D	+14E	+11F	+5G	=	1381

A	B	C	D	E	F	G		
16	10	15	0	3	24	17		
112	30	105	-0	12	240	119	=	618
160	70	225	-0	30	312	119	=	916
240	90	255	-0	45	288	102	=	1020
384	120	405	-0	51	336	136	=	1432
368	180	390	-0	42	264	85	=	1329
464	250	465	-0	57	384	170	=	1790
400	200	390	-0	42	264	85	=	1381

34)

A	B	C	D	E	F	G		
-16	-13	-15	-5	-6	-2	-7		
+6A	+5B	+4C	+9D	+4E	+11F	+6G	=	-354
+8A	+9B	+4C	+15D	+11E	+13F	+5G	=	-507
+18A	+15B	+10C	+25D	+21E	+17F	+9G	=	-981
+18A	+16B	+9C	+25D	+18E	+14F	+6G	=	-934
+23A	+23B	+14C	+23D	+16E	+12F	+4G	=	-1140
+29A	+30B	+19C	+28D	+21E	+17F	+9G	=	-1502
+27A	+27B	+16C	+25D	+18E	+14F	+6G	=	-1326

A	B	C	D	E	F	G		
-16	-13	-15	-5	-6	-2	-7		
-96	-65	-60	-45	-24	-22	-42	=	-354
-128	-117	-60	-75	-66	-26	-35	=	-507
-288	-195	-150	-125	-126	-34	-63	=	-981
-288	-208	-135	-125	-108	-28	-42	=	-934
-368	-299	-210	-115	-96	-24	-28	=	-1140
-464	-390	-285	-140	-126	-34	-63	=	-1502
-432	-351	-240	-125	-108	-28	-42	=	-1326

2-10 Variables Associated Expression Systems

7-Variable Systems followed by Verificiations

35)

A	B	C	D	E	F	G		
-13	9	2	3	23	16	13		
+5A	+8B	+12C	+8D	+11E	+9F	+5G	=	517
+14A	+13B	+17C	+13D	+13E	+18F	+6G	=	673
+19A	+13B	+14C	+15D	+15E	+14F	+2G	=	538
+28A	+23B	+22C	+24D	+17E	+16F	+4G	=	658
+28A	+27B	+22C	+23D	+16E	+15F	+3G	=	639
+28A	+28B	+21C	+22D	+15E	+14F	+2G	=	591
+30A	+29B	+22C	+23D	+16E	+15F	+3G	=	631

A	B	C	D	E	F	G		
-13	9	2	3	23	16	13		
-65	72	24	24	253	144	65	=	517
-182	117	34	39	299	288	78	=	673
-247	117	28	45	345	224	26	=	538
-364	207	44	72	391	256	52	=	658
-364	243	44	69	368	240	39	=	639
-364	252	42	66	345	224	26	=	591
-390	261	44	69	368	240	39	=	631

36)

A	B	C	D	E	F	G		
12	16	18	13	22	3	18		
+4A	+7B	+9C	+3D	+5E	+5F	+4G	=	558
+10A	+8B	+18C	+5D	+6E	+11F	+4G	=	874
+21A	+18B	+25C	+11D	+14E	+13F	+6G	=	1588
+28A	+21B	+25C	+18D	+12E	+11F	+4G	=	1725
+40A	+25B	+37C	+21D	+15E	+14F	+7G	=	2317
+41A	+27B	+37C	+21D	+15E	+14F	+7G	=	2361
+42A	+27B	+37C	+21D	+15E	+14F	+7G	=	2373

A	B	C	D	E	F	G		
12	16	18	13	22	3	18		
48	112	162	39	110	15	72	=	558
120	128	324	65	132	33	72	=	874
252	288	450	143	308	39	108	=	1588
336	336	450	234	264	33	72	=	1725
480	400	666	273	330	42	126	=	2317
492	432	666	273	330	42	126	=	2361
504	432	666	273	330	42	126	=	2373

2-10 Variables Associated Expression Systems

7-Variable Systems followed by Verificiations

37)

A	B	C	D	E	F	G		
17	1	20	13	20	13	24		
+10A	+3B	+6C	+11D	+9E	+5F	+6G	=	825
+15A	+9B	+8C	+18D	+14E	+10F	+4G	=	1164
+21A	+18B	+14C	+31D	+23E	+15F	+9G	=	1929
+23A	+22B	+16C	+33D	+20E	+12F	+6G	=	1862
+30A	+22B	+23C	+31D	+18E	+10F	+4G	=	1981
+32A	+24B	+24C	+32D	+19E	+11F	+5G	=	2107
+32A	+23B	+23C	+31D	+18E	+10F	+4G	=	2016

A	B	C	D	E	F	G		
17	1	20	13	20	13	24		
170	3	120	143	180	65	144	=	825
255	9	160	234	280	130	96	=	1164
357	18	280	403	460	195	216	=	1929
391	22	320	429	400	156	144	=	1862
510	22	460	403	360	130	96	=	1981
544	24	480	416	380	143	120	=	2107
544	23	460	403	360	130	96	=	2016

38)

A	B	C	D	E	F	G		
12	10	2	12	22	12	1		
+7A	+4B	+5C	+8D	+4E	+3F	+5G	=	359
+12A	+11B	+13C	+8D	+4E	+8F	+4G	=	564
+15A	+13B	+17C	+14D	+7E	+8F	+4G	=	766
+25A	+20B	+25C	+24D	+10E	+11F	+7G	=	1197
+28A	+23B	+28C	+23D	+9E	+10F	+6G	=	1222
+31A	+27B	+30C	+25D	+11E	+12F	+8G	=	1396
+28A	+23B	+26C	+21D	+7E	+8F	+4G	=	1124

A	B	C	D	E	F	G		
12	10	2	12	22	12	1		
84	40	10	96	88	36	5	=	359
144	110	26	96	88	96	4	=	564
180	130	34	168	154	96	4	=	766
300	200	50	288	220	132	7	=	1197
336	230	56	276	198	120	6	=	1222
372	270	60	300	242	144	8	=	1396
336	230	52	252	154	96	4	=	1124

7-Variable Systems followed by Verificiations

39)

A	B	C	D	E	F	G		
19	17	8	9	13	20	17		
+4A	+7B	+7C	+7D	+3E	+4F	+4G	=	501
+14A	+12B	+13C	+10D	+8E	+14F	+6G	=	1150
+13A	+11B	+13C	+9D	+8E	+12F	+4G	=	1031
+19A	+12B	+15C	+15D	+6E	+10F	+2G	=	1132
+27A	+23B	+23C	+18D	+9E	+13F	+5G	=	1712
+27A	+23B	+22C	+17D	+8E	+12F	+4G	=	1645
+29A	+24B	+23C	+18D	+9E	+13F	+5G	=	1767

A	B	C	D	E	F	G		
19	17	8	9	13	20	17		
76	119	56	63	39	80	68	=	501
266	204	104	90	104	280	102	=	1150
247	187	104	81	104	240	68	=	1031
361	204	120	135	78	200	34	=	1132
513	391	184	162	117	260	85	=	1712
513	391	176	153	104	240	68	=	1645
551	408	184	162	117	260	85	=	1767

40)

A	B	C	D	E	F	G		
-7	-17	-2	-19	-10	-4	-14		
+12A	+10B	+6C	+6D	+4E	+11F	+15G	=	-674
+21A	+19B	+12C	+8D	+6E	+20F	+15G	=	-996
+21A	+24B	+11C	+6D	+6E	+17F	+12G	=	-987
+30A	+31B	+21C	+13D	+9E	+20F	+15G	=	-1406
+33A	+40B	+24C	+14D	+10E	+21F	+16G	=	-1633
+32A	+41B	+22C	+12D	+8E	+19F	+14G	=	-1545
+31A	+39B	+20C	+10D	+6E	+17F	+12G	=	-1406

A	B	C	D	E	F	G		
-7	-17	-2	-19	-10	-4	-14		
-84	-170	-12	-114	-40	-44	-210	=	-674
-147	-323	-24	-152	-60	-80	-210	=	-996
-147	-408	-22	-114	-60	-68	-168	=	-987
-210	-527	-42	-247	-90	-80	-210	=	-1406
-231	-680	-48	-266	-100	-84	-224	=	-1633
-224	-697	-44	-228	-80	-76	-196	=	-1545
-217	-663	-40	-190	-60	-68	-168	=	-1406

2-10 Variables Associated Expression Systems — 1000 Associated Systems Volume 1

7-Variable Systems followed by Verificiations

41)

A	B	C	D	E	F	G		
6	0	19	3	5	13	4		
+3A	+9B	+9C	+10D	+6E	+6F	+5G	=	347
+12A	+17B	+16C	+20D	+11E	+15F	+6G	=	710
+20A	+23B	+19C	+29D	+19E	+16F	+7G	=	899
+21A	+23B	+27C	+30D	+18E	+15F	+6G	=	1038
+26A	+23B	+32C	+29D	+17E	+14F	+5G	=	1138
+26A	+23B	+31C	+28D	+16E	+13F	+4G	=	1094
+26A	+22B	+30C	+27D	+15E	+12F	+3G	=	1050

A	B	C	D	E	F	G		
6	0	19	3	5	13	4		
18	-0	171	30	30	78	20	=	347
72	-0	304	60	55	195	24	=	710
120	-0	361	87	95	208	28	=	899
126	-0	513	90	90	195	24	=	1038
156	-0	608	87	85	182	20	=	1138
156	-0	589	84	80	169	16	=	1094
156	-0	570	81	75	156	12	=	1050

42)

A	B	C	D	E	F	G		
13	20	15	7	17	1	1		
+8A	+4B	+6C	+6D	+5E	+8F	+8G	=	417
+15A	+13B	+10C	+13D	+12E	+13F	+9G	=	922
+21A	+14B	+15C	+21D	+18E	+12F	+8G	=	1251
+25A	+17B	+22C	+25D	+16E	+10F	+6G	=	1458
+30A	+25B	+27C	+26D	+17E	+11F	+7G	=	1784
+30A	+27B	+26C	+25D	+16E	+10F	+6G	=	1783
+33A	+29B	+28C	+27D	+18E	+12F	+8G	=	1944

A	B	C	D	E	F	G		
13	20	15	7	17	1	1		
104	80	90	42	85	8	8	=	417
195	260	150	91	204	13	9	=	922
273	280	225	147	306	12	8	=	1251
325	340	330	175	272	10	6	=	1458
390	500	405	182	289	11	7	=	1784
390	540	390	175	272	10	6	=	1783
429	580	420	189	306	12	8	=	1944

7-Variable Systems followed by Verificiations

43)

A	B	C	D	E	F	G
9	20	13	15	22	20	14

+11A	+9B	+12C	+11D	+7E	+4F	+11G	=	988
+10A	+15B	+16C	+9D	+9E	+3F	+8G	=	1103
+19A	+22B	+20C	+17D	+18E	+4F	+9G	=	1728
+30A	+27B	+26C	+28D	+20E	+6F	+11G	=	2282
+38A	+36B	+36C	+28D	+20E	+6F	+11G	=	2664
+36A	+36B	+33C	+25D	+17E	+3F	+8G	=	2394
+39A	+38B	+35C	+27D	+19E	+5F	+10G	=	2629

A	B	C	D	E	F	G
9	20	13	15	22	20	14

99	180	156	165	154	80	154	=	988
90	300	208	135	198	60	112	=	1103
171	440	260	255	396	80	126	=	1728
270	540	338	420	440	120	154	=	2282
342	720	468	420	440	120	154	=	2664
324	720	429	375	374	60	112	=	2394
351	760	455	405	418	100	140	=	2629

44)

A	B	C	D	E	F	G
12	16	13	21	21	8	9

+7A	+8B	+7C	+8D	+8E	+7F	+7G	=	758
+12A	+9B	+14C	+11D	+15E	+12F	+7G	=	1175
+25A	+19B	+20C	+18D	+28E	+16F	+11G	=	2057
+25A	+19B	+16C	+18D	+23E	+11F	+6G	=	1815
+32A	+25B	+23C	+22D	+27E	+15F	+10G	=	2322
+34A	+30B	+24C	+23D	+28E	+16F	+11G	=	2498
+32A	+27B	+21C	+20D	+25E	+13F	+8G	=	2210

A	B	C	D	E	F	G
12	16	13	21	21	8	9

84	128	91	168	168	56	63	=	758
144	144	182	231	315	96	63	=	1175
300	304	260	378	588	128	99	=	2057
300	304	208	378	483	88	54	=	1815
384	400	299	462	567	120	90	=	2322
408	480	312	483	588	128	99	=	2498
384	432	273	420	525	104	72	=	2210

2-10 Variables Associated Expression Systems — 1000 Associated Systems Volume 1

7-Variable Systems followed by Verificiations

45)

A	B	C	D	E	F	G
4	9	7	7	10	18	15

+11A	+5B	+7C	+7D	+10E	+10F	+11G	=	632
+16A	+7B	+17C	+15D	+17E	+19F	+12G	=	1043
+21A	+12B	+15C	+14D	+22E	+15F	+8G	=	1005
+30A	+14B	+17C	+19D	+23E	+16F	+9G	=	1151
+39A	+18B	+26C	+19D	+23E	+16F	+9G	=	1286
+41A	+21B	+27C	+20D	+24E	+17F	+10G	=	1378
+41A	+20B	+26C	+19D	+23E	+16F	+9G	=	1312

A	B	C	D	E	F	G
4	9	7	7	10	18	15

44	45	49	49	100	180	165	=	632
64	63	119	105	170	342	180	=	1043
84	108	105	98	220	270	120	=	1005
120	126	119	133	230	288	135	=	1151
156	162	182	133	230	288	135	=	1286
164	189	189	140	240	306	150	=	1378
164	180	182	133	230	288	135	=	1312

46)

A	B	C	D	E	F	G
-9	-17	-5	-16	-12	0	-20

+9A	+9B	+7C	+12D	+11E	+9F	+9G	=	-773
+11A	+12B	+11C	+19D	+19E	+11F	+9G	=	-1070
+18A	+22B	+17C	+21D	+26E	+12F	+10G	=	-1469
+17A	+24B	+21C	+20D	+22E	+8F	+6G	=	-1370
+27A	+34B	+31C	+23D	+25E	+11F	+9G	=	-1824
+28A	+35B	+31C	+23D	+25E	+11F	+9G	=	-1850
+28A	+34B	+30C	+22D	+24E	+10F	+8G	=	-1780

A	B	C	D	E	F	G
-9	-17	-5	-16	-12	0	-20

-81	-153	-35	-192	-132	-0	-180	=	-773
-99	-204	-55	-304	-228	-0	-180	=	-1070
-162	-374	-85	-336	-312	-0	-200	=	-1469
-153	-408	-105	-320	-264	-0	-120	=	-1370
-243	-578	-155	-368	-300	-0	-180	=	-1824
-252	-595	-155	-368	-300	-0	-180	=	-1850
-252	-578	-150	-352	-288	-0	-160	=	-1780

2-10 Variables Associated Expression Systems

7-Variable Systems followed by Verificiations

47)

A	B	C	D	E	F	G		
15	12	1	15	15	24	5		
+10A	+8B	+8C	+7D	+12E	+6F	+10G	=	733
+12A	+16B	+15C	+14D	+12E	+8F	+9G	=	1014
+17A	+27B	+19C	+17D	+17E	+10F	+11G	=	1403
+20A	+34B	+24C	+20D	+15E	+8F	+9G	=	1494
+23A	+38B	+27C	+18D	+13E	+6F	+7G	=	1472
+28A	+44B	+31C	+22D	+17E	+10F	+11G	=	1859
+27A	+42B	+29C	+20D	+15E	+8F	+9G	=	1700

A	B	C	D	E	F	G		
15	12	1	15	15	24	5		
150	96	8	105	180	144	50	=	733
180	192	15	210	180	192	45	=	1014
255	324	19	255	255	240	55	=	1403
300	408	24	300	225	192	45	=	1494
345	456	27	270	195	144	35	=	1472
420	528	31	330	255	240	55	=	1859
405	504	29	300	225	192	45	=	1700

48)

A	B	C	D	E	F	G		
18	11	15	9	16	17	1		
+6A	+4B	+11C	+6D	+11E	+9F	+4G	=	704
+6A	+8B	+11C	+9D	+13E	+13F	+2G	=	873
+20A	+18B	+23C	+15D	+27E	+18F	+7G	=	1783
+21A	+17B	+28C	+16D	+23E	+14F	+3G	=	1738
+25A	+20B	+32C	+15D	+22E	+13F	+2G	=	1860
+28A	+23B	+34C	+17D	+24E	+15F	+4G	=	2063
+29A	+23B	+34C	+17D	+24E	+15F	+4G	=	2081

A	B	C	D	E	F	G		
18	11	15	9	16	17	1		
108	44	165	54	176	153	4	=	704
108	88	165	81	208	221	2	=	873
360	198	345	135	432	306	7	=	1783
378	187	420	144	368	238	3	=	1738
450	220	480	135	352	221	2	=	1860
504	253	510	153	384	255	4	=	2063
522	253	510	153	384	255	4	=	2081

2-10 Variables Associated Expression Systems — 1000 Associated Systems Volume 1

7-Variable Systems followed by Verificiations

49)

A	B	C	D	E	F	G		
-17	-5	-4	-8	-14	-19	-4		
+5A	+3B	+2C	+8D	+7E	+6F	+3G	=	-396
+15A	+7B	+13C	+20D	+17E	+16F	+6G	=	-1068
+18A	+7B	+18C	+26D	+20E	+13F	+3G	=	-1160
+19A	+8B	+26C	+29D	+19E	+12F	+2G	=	-1201
+28A	+13B	+32C	+32D	+22E	+15F	+5G	=	-1538
+31A	+16B	+34C	+34D	+24E	+17F	+7G	=	-1702
+27A	+11B	+29C	+29D	+19E	+12F	+2G	=	-1364

A	B	C	D	E	F	G		
-17	-5	-4	-8	-14	-19	-4		
-85	-15	-8	-64	-98	-114	-12	=	-396
-255	-35	-52	-160	-238	-304	-24	=	-1068
-306	-35	-72	-208	-280	-247	-12	=	-1160
-323	-40	-104	-232	-266	-228	-8	=	-1201
-476	-65	-128	-256	-308	-285	-20	=	-1538
-527	-80	-136	-272	-336	-323	-28	=	-1702
-459	-55	-116	-232	-266	-228	-8	=	-1364

50)

A	B	C	D	E	F	G		
12	12	4	12	8	22	2		
+3A	+5B	+6C	+5D	+7E	+6F	+3G	=	374
+10A	+11B	+15C	+12D	+9E	+13F	+3G	=	820
+20A	+17B	+19C	+19D	+19E	+16F	+6G	=	1264
+26A	+21B	+24C	+25D	+17E	+14F	+4G	=	1412
+35A	+26B	+33C	+25D	+17E	+14F	+4G	=	1616
+39A	+32B	+36C	+28D	+20E	+17F	+7G	=	1880
+36A	+28B	+32C	+24D	+16E	+13F	+3G	=	1604

A	B	C	D	E	F	G		
12	12	4	12	8	22	2		
36	60	24	60	56	132	6	=	374
120	132	60	144	72	286	6	=	820
240	204	76	228	152	352	12	=	1264
312	252	96	300	136	308	8	=	1412
420	312	132	300	136	308	8	=	1616
468	384	144	336	160	374	14	=	1880
432	336	128	288	128	286	6	=	1604

7-Variable Systems followed by Verificiations

51)

A	B	C	D	E	F	G		
15	5	11	18	17	0	25		
+7A	+7B	+11C	+7D	+12E	+7F	+5G	=	716
+8A	+7B	+10C	+8D	+11E	+8F	+2G	=	646
+17A	+10B	+16C	+15D	+20E	+8F	+2G	=	1141
+22A	+19B	+20C	+20D	+22E	+10F	+4G	=	1479
+26A	+22B	+24C	+19D	+21E	+9F	+3G	=	1538
+30A	+26B	+27C	+22D	+24E	+12F	+6G	=	1831
+27A	+22B	+23C	+18D	+20E	+8F	+2G	=	1482

A	B	C	D	E	F	G		
15	5	11	18	17	0	25		
105	35	121	126	204	-0	125	=	716
120	35	110	144	187	-0	50	=	646
255	50	176	270	340	-0	50	=	1141
330	95	220	360	374	-0	100	=	1479
390	110	264	342	357	-0	75	=	1538
450	130	297	396	408	-0	150	=	1831
405	110	253	324	340	-0	50	=	1482

52)

A	B	C	D	E	F	G		
8	11	18	12	18	6	21		
+4A	+11B	+9C	+7D	+9E	+4F	+4G	=	669
+5A	+16B	+12C	+16D	+15E	+6F	+4G	=	1014
+10A	+16B	+13C	+23D	+17E	+5F	+3G	=	1165
+9A	+23B	+17C	+22D	+15E	+3F	+1G	=	1204
+12A	+31B	+20C	+24D	+17E	+5F	+3G	=	1484
+15A	+34B	+22C	+26D	+19E	+7F	+5G	=	1691
+13A	+31B	+19C	+23D	+16E	+4F	+2G	=	1417

A	B	C	D	E	F	G		
8	11	18	12	18	6	21		
32	121	162	84	162	24	84	=	669
40	176	216	192	270	36	84	=	1014
80	176	234	276	306	30	63	=	1165
72	253	306	264	270	18	21	=	1204
96	341	360	288	306	30	63	=	1484
120	374	396	312	342	42	105	=	1691
104	341	342	276	288	24	42	=	1417

7-Variable Systems followed by Verificiations

53)

	A	B	C	D	E	F	G		
	8	6	2	21	2	9	6		
	+4A	+8B	+6C	+10D	+7E	+8F	+4G	=	412
	+10A	+17B	+11C	+17D	+18E	+14F	+6G	=	759
	+12A	+22B	+14C	+20D	+22E	+15F	+7G	=	897
	+14A	+26B	+17C	+22D	+18E	+11F	+3G	=	917
	+21A	+33B	+22C	+25D	+21E	+14F	+6G	=	1139
	+22A	+34B	+22C	+25D	+21E	+14F	+6G	=	1153
	+19A	+30B	+18C	+21D	+17E	+10F	+2G	=	945

	A	B	C	D	E	F	G		
	8	6	2	21	2	9	6		
	32	48	12	210	14	72	24	=	412
	80	102	22	357	36	126	36	=	759
	96	132	28	420	44	135	42	=	897
	112	156	34	462	36	99	18	=	917
	168	198	44	525	42	126	36	=	1139
	176	204	44	525	42	126	36	=	1153
	152	180	36	441	34	90	12	=	945

54)

	A	B	C	D	E	F	G		
	0	13	3	3	13	16	14		
	+3A	+3B	+8C	+6D	+2E	+9F	+6G	=	335
	+7A	+15B	+15C	+13D	+10E	+14F	+9G	=	759
	+9A	+17B	+21C	+21D	+12E	+13F	+8G	=	823
	+15A	+24B	+21C	+27D	+11E	+12F	+7G	=	889
	+22A	+30B	+28C	+27D	+11E	+12F	+7G	=	988
	+25A	+33B	+30C	+29D	+13E	+14F	+9G	=	1125
	+25A	+32B	+29C	+28D	+12E	+13F	+8G	=	1063

	A	B	C	D	E	F	G		
	0	13	3	3	13	16	14		
	-0	39	24	18	26	144	84	=	335
	-0	195	45	39	130	224	126	=	759
	-0	221	63	63	156	208	112	=	823
	-0	312	63	81	143	192	98	=	889
	-0	390	84	81	143	192	98	=	988
	-0	429	90	87	169	224	126	=	1125
	-0	416	87	84	156	208	112	=	1063

7-Variable Systems followed by Verificiations

55)

	A	B	C	D	E	F	G		
	-1	-18	0	-9	-19	-1	-20		
	+6A	+10B	+6C	+8D	+10E	+10F	+6G	=	-578
	+13A	+17B	+10C	+16D	+20E	+17F	+7G	=	-1000
	+18A	+27B	+12C	+18D	+25E	+18F	+8G	=	-1319
	+21A	+35B	+14C	+24D	+25E	+18F	+8G	=	-1520
	+21A	+39B	+14C	+22D	+23E	+16F	+6G	=	-1494
	+26A	+45B	+18C	+26D	+27E	+20F	+10G	=	-1803
	+24A	+42B	+15C	+23D	+24E	+17F	+7G	=	-1600

	A	B	C	D	E	F	G		
	-1	-18	0	-9	-19	-1	-20		
	-6	-180	-0	-72	-190	-10	-120	=	-578
	-13	-306	-0	-144	-380	-17	-140	=	-1000
	-18	-486	-0	-162	-475	-18	-160	=	-1319
	-21	-630	-0	-216	-475	-18	-160	=	-1520
	-21	-702	-0	-198	-437	-16	-120	=	-1494
	-26	-810	-0	-234	-513	-20	-200	=	-1803
	-24	-756	-0	-207	-456	-17	-140	=	-1600

56)

	A	B	C	D	E	F	G		
	1	20	8	0	9	2	8		
	+3A	+3B	+8C	+5D	+9E	+6F	+4G	=	252
	+3A	+4B	+8C	+10D	+9E	+6F	+2G	=	256
	+13A	+9B	+11C	+16D	+22E	+7F	+3G	=	517
	+18A	+13B	+17C	+21D	+24E	+9F	+5G	=	688
	+21A	+14B	+20C	+20D	+23E	+8F	+4G	=	716
	+24A	+18B	+22C	+22D	+25E	+10F	+6G	=	853
	+21A	+14B	+18C	+18D	+21E	+6F	+2G	=	662

	A	B	C	D	E	F	G		
	1	20	8	0	9	2	8		
	3	60	64	-0	81	12	32	=	252
	3	80	64	-0	81	12	16	=	256
	13	180	88	-0	198	14	24	=	517
	18	260	136	-0	216	18	40	=	688
	21	280	160	-0	207	16	32	=	716
	24	360	176	-0	225	20	48	=	853
	21	280	144	-0	189	12	16	=	662

7-Variable Systems followed by Verificiations

57)

A	B	C	D	E	F	G		
2	17	8	9	15	20	22		
+6A	+9B	+4C	+5D	+1E	+3F	+6G	=	449
+12A	+22B	+11C	+11D	+8E	+9F	+10G	=	1105
+18A	+24B	+19C	+16D	+14E	+8F	+9G	=	1308
+24A	+31B	+21C	+20D	+14E	+8F	+9G	=	1491
+30A	+34B	+27C	+20D	+14E	+8F	+9G	=	1602
+28A	+34B	+24C	+17D	+11E	+5F	+6G	=	1376
+30A	+35B	+25C	+18D	+12E	+6F	+7G	=	1471

A	B	C	D	E	F	G		
2	17	8	9	15	20	22		
12	153	32	45	15	60	132	=	449
24	374	88	99	120	180	220	=	1105
36	408	152	144	210	160	198	=	1308
48	527	168	180	210	160	198	=	1491
60	578	216	180	210	160	198	=	1602
56	578	192	153	165	100	132	=	1376
60	595	200	162	180	120	154	=	1471

58)

A	B	C	D	E	F	G		
7	3	17	10	12	19	19		
+11A	+9B	+8C	+4D	+8E	+5F	+11G	=	680
+12A	+12B	+10C	+6D	+11E	+6F	+11G	=	805
+15A	+18B	+16C	+14D	+15E	+8F	+13G	=	1150
+20A	+20B	+22C	+19D	+13E	+6F	+11G	=	1243
+20A	+21B	+24C	+17D	+11E	+4F	+9G	=	1160
+20A	+22B	+23C	+16D	+10E	+3F	+8G	=	1086
+24A	+25B	+26C	+19D	+13E	+6F	+11G	=	1354

A	B	C	D	E	F	G		
7	3	17	10	12	19	19		
77	27	136	40	96	95	209	=	680
84	36	170	60	132	114	209	=	805
105	54	272	140	180	152	247	=	1150
140	60	374	190	156	114	209	=	1243
140	63	408	170	132	76	171	=	1160
140	66	391	160	120	57	152	=	1086
168	75	442	190	156	114	209	=	1354

2-10 Variables Associated Expression Systems 　　　　1000 Associated Systems Volume 1

7-Variable Systems followed by Verificiations

59)

A	B	C	D	E	F	G		
17	15	1	3	4	9	25		
+9A	+8B	+10C	+11D	+7E	+8F	+9G	=	641
+11A	+16B	+15C	+15D	+10E	+10F	+10G	=	867
+17A	+20B	+21C	+16D	+16E	+7F	+7G	=	960
+23A	+27B	+30C	+22D	+17E	+8F	+8G	=	1232
+24A	+30B	+31C	+22D	+17E	+8F	+8G	=	1295
+25A	+34B	+31C	+22D	+17E	+8F	+8G	=	1372
+26A	+34B	+31C	+22D	+17E	+8F	+8G	=	1389

A	B	C	D	E	F	G		
17	15	1	3	4	9	25		
153	120	10	33	28	72	225	=	641
187	240	15	45	40	90	250	=	867
289	300	21	48	64	63	175	=	960
391	405	30	66	68	72	200	=	1232
408	450	31	66	68	72	200	=	1295
425	510	31	66	68	72	200	=	1372
442	510	31	66	68	72	200	=	1389

60)

A	B	C	D	E	F	G		
-12	-1	-18	-6	-14	-3	-12		
+7A	+5B	+6C	+6D	+2E	+4F	+7G	=	-357
+10A	+9B	+13C	+9D	+9E	+5F	+6G	=	-630
+18A	+12B	+16C	+15D	+15E	+5F	+6G	=	-903
+25A	+22B	+27C	+26D	+18E	+8F	+9G	=	-1348
+34A	+28B	+36C	+26D	+18E	+8F	+9G	=	-1624
+35A	+29B	+36C	+26D	+18E	+8F	+9G	=	-1637
+33A	+26B	+33C	+23D	+15E	+5F	+6G	=	-1451

A	B	C	D	E	F	G		
-12	-1	-18	-6	-14	-3	-12		
-84	-5	-108	-36	-28	-12	-84	=	-357
-120	-9	-234	-54	-126	-15	-72	=	-630
-216	-12	-288	-90	-210	-15	-72	=	-903
-300	-22	-486	-156	-252	-24	-108	=	-1348
-408	-28	-648	-156	-252	-24	-108	=	-1624
-420	-29	-648	-156	-252	-24	-108	=	-1637
-396	-26	-594	-138	-210	-15	-72	=	-1451

2-10 Variables Associated Expression Systems   1000 Associated Systems Volume 1

7-Variable Systems followed by Verificiations

61)

A	B	C	D	E	F	G		
-17	-18	-3	-7	-18	-7	-2		
+10A	+2B	+5C	+3D	+2E	+3F	+7G	=	-313
+15A	+13B	+13C	+11D	+7E	+8F	+9G	=	-805
+21A	+14B	+13C	+13D	+13E	+7F	+8G	=	-1038
+29A	+22B	+19C	+21D	+14E	+8F	+9G	=	-1419
+38A	+24B	+28C	+22D	+15E	+9F	+10G	=	-1669
+36A	+23B	+25C	+19D	+12E	+6F	+7G	=	-1506
+37A	+23B	+25C	+19D	+12E	+6F	+7G	=	-1523

A	B	C	D	E	F	G		
-17	-18	-3	-7	-18	-7	-2		
-170	-36	-15	-21	-36	-21	-14	=	-313
-255	-234	-39	-77	-126	-56	-18	=	-805
-357	-252	-39	-91	-234	-49	-16	=	-1038
-493	-396	-57	-147	-252	-56	-18	=	-1419
-646	-432	-84	-154	-270	-63	-20	=	-1669
-612	-414	-75	-133	-216	-42	-14	=	-1506
-629	-414	-75	-133	-216	-42	-14	=	-1523

62)

A	B	C	D	E	F	G		
13	20	21	21	4	11	13		
+6A	+10B	+5C	+5D	+11E	+12F	+6G	=	742
+9A	+20B	+11C	+13D	+18E	+15F	+7G	=	1349
+11A	+21B	+9C	+15D	+20E	+12F	+4G	=	1331
+15A	+30B	+14C	+19D	+21E	+13F	+5G	=	1780
+24A	+40B	+25C	+20D	+22E	+14F	+6G	=	2377
+23A	+39B	+23C	+18D	+20E	+12F	+4G	=	2204
+25A	+40B	+24C	+19D	+21E	+13F	+5G	=	2320

A	B	C	D	E	F	G		
13	20	21	21	4	11	13		
78	200	105	105	44	132	78	=	742
117	400	231	273	72	165	91	=	1349
143	420	189	315	80	132	52	=	1331
195	600	294	399	84	143	65	=	1780
312	800	525	420	88	154	78	=	2377
299	780	483	378	80	132	52	=	2204
325	800	504	399	84	143	65	=	2320

7-Variable Systems followed by Verificiations

63)

A	B	C	D	E	F	G		
2	13	0	1	19	21	16		
+7A	+11B	+10C	+11D	+9E	+4F	+7G	=	535
+12A	+14B	+18C	+14D	+20E	+9F	+9G	=	933
+11A	+16B	+21C	+19D	+19E	+7F	+7G	=	869
+19A	+22B	+27C	+27D	+19E	+7F	+7G	=	971
+27A	+31B	+35C	+28D	+20E	+8F	+8G	=	1161
+26A	+30B	+33C	+26D	+18E	+6F	+6G	=	1032
+28A	+31B	+34C	+27D	+19E	+7F	+7G	=	1106

A	B	C	D	E	F	G		
2	13	0	1	19	21	16		
14	143	-0	11	171	84	112	=	535
24	182	-0	14	380	189	144	=	933
22	208	-0	19	361	147	112	=	869
38	286	-0	27	361	147	112	=	971
54	403	-0	28	380	168	128	=	1161
52	390	-0	26	342	126	96	=	1032
56	403	-0	27	361	147	112	=	1106

64)

A	B	C	D	E	F	G		
12	9	19	6	14	19	25		
+10A	+10B	+11C	+6D	+11E	+5F	+10G	=	954
+16A	+18B	+15C	+7D	+15E	+8F	+10G	=	1293
+19A	+22B	+19C	+11D	+18E	+7F	+9G	=	1463
+27A	+27B	+21C	+19D	+19E	+8F	+10G	=	1748
+29A	+31B	+23C	+20D	+20E	+9F	+11G	=	1910
+28A	+30B	+21C	+18D	+18E	+7F	+9G	=	1723
+30A	+31B	+22C	+19D	+19E	+8F	+10G	=	1839

A	B	C	D	E	F	G		
12	9	19	6	14	19	25		
120	90	209	36	154	95	250	=	954
192	162	285	42	210	152	250	=	1293
228	198	361	66	252	133	225	=	1463
324	243	399	114	266	152	250	=	1748
348	279	437	120	280	171	275	=	1910
336	270	399	108	252	133	225	=	1723
360	279	418	114	266	152	250	=	1839

7-Variable Systems followed by Verificiations

65)

A	B	C	D	E	F	G		
12	14	6	2	8	14	25		
+7A	+4B	+9C	+4D	+2E	+9F	+7G	=	519
+14A	+12B	+16C	+7D	+9E	+16F	+9G	=	967
+16A	+13B	+23C	+13D	+11E	+14F	+7G	=	997
+20A	+22B	+34C	+17D	+13E	+16F	+9G	=	1339
+27A	+24B	+39C	+18D	+14E	+17F	+10G	=	1530
+27A	+25B	+38C	+17D	+13E	+16F	+9G	=	1489
+27A	+24B	+37C	+16D	+12E	+15F	+8G	=	1420

A	B	C	D	E	F	G		
12	14	6	2	8	14	25		
84	56	54	8	16	126	175	=	519
168	168	96	14	72	224	225	=	967
192	182	138	26	88	196	175	=	997
240	308	204	34	104	224	225	=	1339
324	336	234	36	112	238	250	=	1530
324	350	228	34	104	224	225	=	1489
324	336	222	32	96	210	200	=	1420

66)

A	B	C	D	E	F	G		
15	0	13	16	19	16	17		
+6A	+3B	+6C	+6D	+5E	+10F	+6G	=	621
+5A	+3B	+8C	+7D	+4E	+9F	+4G	=	579
+18A	+15B	+19C	+19D	+15E	+14F	+9G	=	1483
+19A	+16B	+18C	+20D	+11E	+10F	+5G	=	1293
+24A	+21B	+23C	+23D	+14E	+13F	+8G	=	1637
+21A	+20B	+19C	+19D	+10E	+9F	+4G	=	1268
+24A	+22B	+21C	+21D	+12E	+11F	+6G	=	1475

A	B	C	D	E	F	G		
15	0	13	16	19	16	17		
90	-0	78	96	95	160	102	=	621
75	-0	104	112	76	144	68	=	579
270	-0	247	304	285	224	153	=	1483
285	-0	234	320	209	160	85	=	1293
360	-0	299	368	266	208	136	=	1637
315	-0	247	304	190	144	68	=	1268
360	-0	273	336	228	176	102	=	1475

7-Variable Systems followed by Verificiations

67)

A	B	C	D	E	F	G		
6	8	12	7	14	13	0		
+8A	+5B	+10C	+11D	+8E	+3F	+8G	=	436
+18A	+9B	+13C	+22D	+14E	+13F	+10G	=	855
+27A	+18B	+16C	+23D	+23E	+13F	+10G	=	1150
+34A	+24B	+21C	+30D	+22E	+12F	+9G	=	1322
+41A	+29B	+28C	+30D	+22E	+12F	+9G	=	1488
+42A	+34B	+28C	+30D	+22E	+12F	+9G	=	1534
+42A	+33B	+27C	+29D	+21E	+11F	+8G	=	1480

A	B	C	D	E	F	G		
6	8	12	7	14	13	0		
48	40	120	77	112	39	-0	=	436
108	72	156	154	196	169	-0	=	855
162	144	192	161	322	169	-0	=	1150
204	192	252	210	308	156	-0	=	1322
246	232	336	210	308	156	-0	=	1488
252	272	336	210	308	156	-0	=	1534
252	264	324	203	294	143	-0	=	1480

68)

A	B	C	D	E	F	G		
-7	-16	-15	-21	-17	-10	-9		
+6A	+3B	+10C	+2D	+10E	+6F	+6G	=	-566
+6A	+6B	+13C	+10D	+18E	+7F	+5G	=	-964
+16A	+16B	+18C	+13D	+28E	+8F	+6G	=	-1521
+19A	+24B	+18C	+14D	+27E	+7F	+5G	=	-1655
+32A	+35B	+31C	+18D	+31E	+11F	+9G	=	-2345
+30A	+35B	+28C	+15D	+28E	+8F	+6G	=	-2115
+33A	+37B	+30C	+17D	+30E	+10F	+8G	=	-2312

A	B	C	D	E	F	G		
-7	-16	-15	-21	-17	-10	-9		
-42	-48	-150	-42	-170	-60	-54	=	-566
-42	-96	-195	-210	-306	-70	-45	=	-964
-112	-256	-270	-273	-476	-80	-54	=	-1521
-133	-384	-270	-294	-459	-70	-45	=	-1655
-224	-560	-465	-378	-527	-110	-81	=	-2345
-210	-560	-420	-315	-476	-80	-54	=	-2115
-231	-592	-450	-357	-510	-100	-72	=	-2312

7-Variable Systems followed by Verificiations

69)

A	B	C	D	E	F	G
-5	-13	-10	-16	-9	0	-12

+4A	+12B	+12C	+7D	+10E	+4F	+8G	=	-594
+4A	+14B	+16C	+8D	+14E	+4F	+5G	=	-676
+10A	+18B	+21C	+12D	+20E	+4F	+5G	=	-926
+15A	+23B	+24C	+15D	+21E	+5F	+6G	=	-1115
+22A	+26B	+27C	+14D	+20E	+4F	+5G	=	-1182
+28A	+33B	+32C	+19D	+25E	+9F	+10G	=	-1538
+25A	+29B	+28C	+15D	+21E	+5F	+6G	=	-1283

A	B	C	D	E	F	G
-5	-13	-10	-16	-9	0	-12

-20	-156	-120	-112	-90	-0	-96	=	-594
-20	-182	-160	-128	-126	-0	-60	=	-676
-50	-234	-210	-192	-180	-0	-60	=	-926
-75	-299	-240	-240	-189	-0	-72	=	-1115
-110	-338	-270	-224	-180	-0	-60	=	-1182
-140	-429	-320	-304	-225	-0	-120	=	-1538
-125	-377	-280	-240	-189	-0	-72	=	-1283

70)

A	B	C	D	E	F	G
16	5	10	2	16	13	9

+8A	+5B	+4C	+11D	+10E	+7F	+8G	=	538
+14A	+14B	+14C	+21D	+15E	+13F	+9G	=	966
+13A	+21B	+19C	+24D	+15E	+11F	+7G	=	997
+16A	+32B	+24C	+30D	+17E	+13F	+9G	=	1238
+22A	+41B	+30C	+30D	+17E	+13F	+9G	=	1439
+22A	+41B	+29C	+29D	+16E	+12F	+8G	=	1389
+21A	+39B	+27C	+27D	+14E	+10F	+6G	=	1263

A	B	C	D	E	F	G
16	5	10	2	16	13	9

128	25	40	22	160	91	72	=	538
224	70	140	42	240	169	81	=	966
208	105	190	48	240	143	63	=	997
256	160	240	60	272	169	81	=	1238
352	205	300	60	272	169	81	=	1439
352	205	290	58	256	156	72	=	1389
336	195	270	54	224	130	54	=	1263

7-Variable Systems followed by Verificiations

71)

A	B	C	D	E	F	G		
10	2	0	2	16	24	12		
+3A	+8B	+7C	+5D	+11E	+4F	+3G	=	364
+5A	+17B	+11C	+11D	+12E	+6F	+3G	=	478
+8A	+20B	+13C	+14D	+15E	+7F	+4G	=	604
+14A	+24B	+11C	+20D	+12E	+4F	+1G	=	528
+24A	+29B	+21C	+24D	+16E	+8F	+5G	=	854
+24A	+29B	+20C	+23D	+15E	+7F	+4G	=	800
+24A	+28B	+19C	+22D	+14E	+6F	+3G	=	744

A	B	C	D	E	F	G		
10	2	0	2	16	24	12		
30	16	-0	10	176	96	36	=	364
50	34	-0	22	192	144	36	=	478
80	40	-0	28	240	168	48	=	604
140	48	-0	40	192	96	12	=	528
240	58	-0	48	256	192	60	=	854
240	58	-0	46	240	168	48	=	800
240	56	-0	44	224	144	36	=	744

72)

A	B	C	D	E	F	G		
18	10	13	12	21	4	21		
+7A	+8B	+8C	+3D	+3E	+8F	+7G	=	588
+12A	+12B	+9C	+3D	+6E	+13F	+6G	=	793
+19A	+18B	+21C	+9D	+13E	+18F	+11G	=	1479
+20A	+21B	+19C	+10D	+10E	+15F	+8G	=	1375
+26A	+23B	+25C	+9D	+9E	+14F	+7G	=	1523
+28A	+25B	+26C	+10D	+10E	+15F	+8G	=	1650
+28A	+24B	+25C	+9D	+9E	+14F	+7G	=	1569

A	B	C	D	E	F	G		
18	10	13	12	21	4	21		
126	80	104	36	63	32	147	=	588
216	120	117	36	126	52	126	=	793
342	180	273	108	273	72	231	=	1479
360	210	247	120	210	60	168	=	1375
468	230	325	108	189	56	147	=	1523
504	250	338	120	210	60	168	=	1650
504	240	325	108	189	56	147	=	1569

7-Variable Systems followed by Verificiations

73)

A	B	C	D	E	F	G		
6	7	6	11	7	23	13		
+8A	+4B	+6C	+6D	+2E	+9F	+8G	=	503
+18A	+6B	+15C	+13D	+11E	+22F	+9G	=	1083
+20A	+8B	+18C	+21D	+16E	+23F	+10G	=	1286
+19A	+9B	+24C	+24D	+14E	+21F	+8G	=	1270
+26A	+16B	+31C	+24D	+14E	+21F	+8G	=	1403
+29A	+19B	+33C	+26D	+16E	+23F	+10G	=	1562
+31A	+20B	+34C	+27D	+17E	+24F	+11G	=	1641

A	B	C	D	E	F	G		
6	7	6	11	7	23	13		
48	28	36	66	14	207	104	=	503
108	42	90	143	77	506	117	=	1083
120	56	108	231	112	529	130	=	1286
114	63	144	264	98	483	104	=	1270
156	112	186	264	98	483	104	=	1403
174	133	198	286	112	529	130	=	1562
186	140	204	297	119	552	143	=	1641

74)

A	B	C	D	E	F	G		
-2	-16	-11	-21	-3	-9	-17		
+2A	+4B	+8C	+8D	+5E	+8F	+2G	=	-445
+10A	+13B	+17C	+10D	+10E	+16F	+3G	=	-850
+19A	+19B	+21C	+13D	+19E	+16F	+3G	=	-1098
+23A	+29B	+32C	+19D	+21E	+18F	+5G	=	-1571
+32A	+35B	+41C	+19D	+21E	+18F	+5G	=	-1784
+35A	+39B	+43C	+21D	+23E	+20F	+7G	=	-1976
+33A	+36B	+40C	+18D	+20E	+17F	+4G	=	-1741

A	B	C	D	E	F	G		
-2	-16	-11	-21	-3	-9	-17		
-4	-64	-88	-168	-15	-72	-34	=	-445
-20	-208	-187	-210	-30	-144	-51	=	-850
-38	-304	-231	-273	-57	-144	-51	=	-1098
-46	-464	-352	-399	-63	-162	-85	=	-1571
-64	-560	-451	-399	-63	-162	-85	=	-1784
-70	-624	-473	-441	-69	-180	-119	=	-1976
-66	-576	-440	-378	-60	-153	-68	=	-1741

7-Variable Systems followed by Verificiations

75)

A	B	C	D	E	F	G		
16	6	4	12	22	12	1		
+4A	+3B	+9C	+3D	+6E	+3F	+4G	=	326
+13A	+10B	+11C	+4D	+8E	+12F	+4G	=	684
+18A	+17B	+23C	+11D	+14E	+16F	+8G	=	1122
+22A	+18B	+28C	+15D	+12E	+14F	+6G	=	1190
+27A	+24B	+33C	+13D	+10E	+12F	+4G	=	1232
+29A	+26B	+34C	+14D	+11E	+13F	+5G	=	1327
+32A	+28B	+36C	+16D	+13E	+15F	+7G	=	1489

A	B	C	D	E	F	G		
16	6	4	12	22	12	1		
64	18	36	36	132	36	4	=	326
208	60	44	48	176	144	4	=	684
288	102	92	132	308	192	8	=	1122
352	108	112	180	264	168	6	=	1190
432	144	132	156	220	144	4	=	1232
464	156	136	168	242	156	5	=	1327
512	168	144	192	286	180	7	=	1489

76)

A	B	C	D	E	F	G		
11	0	17	6	18	4	11		
+5A	+5B	+4C	+4D	+9E	+9F	+5G	=	400
+10A	+12B	+9C	+13D	+12E	+14F	+5G	=	668
+15A	+16B	+19C	+24D	+21E	+17F	+8G	=	1166
+23A	+23B	+24C	+32D	+20E	+16F	+7G	=	1354
+25A	+26B	+26C	+30D	+18E	+14F	+5G	=	1332
+26A	+28B	+26C	+30D	+18E	+14F	+5G	=	1343
+29A	+30B	+28C	+32D	+20E	+16F	+7G	=	1488

A	B	C	D	E	F	G		
11	0	17	6	18	4	11		
55	-0	68	24	162	36	55	=	400
110	-0	153	78	216	56	55	=	668
165	-0	323	144	378	68	88	=	1166
253	-0	408	192	360	64	77	=	1354
275	-0	442	180	324	56	55	=	1332
286	-0	442	180	324	56	55	=	1343
319	-0	476	192	360	64	77	=	1488

7-Variable Systems followed by Verificiations

77)

A	B	C	D	E	F	G		
12	4	18	21	17	16	20		
+9A	+4B	+6C	+4D	+8E	+1F	+9G	=	648
+14A	+7B	+9C	+12D	+11E	+6F	+10G	=	1093
+21A	+11B	+15C	+17D	+18E	+7F	+11G	=	1561
+29A	+13B	+21C	+25D	+17E	+6F	+10G	=	1888
+40A	+23B	+32C	+28D	+20E	+9F	+13G	=	2480
+41A	+26B	+32C	+28D	+20E	+9F	+13G	=	2504
+38A	+22B	+28C	+24D	+16E	+5F	+9G	=	2084

A	B	C	D	E	F	G		
12	4	18	21	17	16	20		
108	16	108	84	136	16	180	=	648
168	28	162	252	187	96	200	=	1093
252	44	270	357	306	112	220	=	1561
348	52	378	525	289	96	200	=	1888
480	92	576	588	340	144	260	=	2480
492	104	576	588	340	144	260	=	2504
456	88	504	504	272	80	180	=	2084

78)

A	B	C	D	E	F	G		
14	18	4	13	23	24	21		
+5A	+7B	+7C	+9D	+7E	+11F	+5G	=	871
+12A	+8B	+10C	+13D	+14E	+18F	+3G	=	1338
+23A	+11B	+14C	+21D	+25E	+20F	+5G	=	2009
+27A	+16B	+23C	+25D	+25E	+20F	+5G	=	2243
+33A	+24B	+29C	+26D	+26E	+21F	+6G	=	2576
+30A	+21B	+25C	+22D	+22E	+17F	+2G	=	2140
+34A	+24B	+28C	+25D	+25E	+20F	+5G	=	2505

A	B	C	D	E	F	G		
14	18	4	13	23	24	21		
70	126	28	117	161	264	105	=	871
168	144	40	169	322	432	63	=	1338
322	198	56	273	575	480	105	=	2009
378	288	92	325	575	480	105	=	2243
462	432	116	338	598	504	126	=	2576
420	378	100	286	506	408	42	=	2140
476	432	112	325	575	480	105	=	2505

7-Variable Systems followed by Verificiations

79)

A	B	C	D	E	F	G		
-7	-15	-15	-13	-9	-10	-22		
+12A	+6B	+9C	+4D	+6E	+4F	+12G	=	-719
+14A	+10B	+14C	+4D	+5E	+4F	+10G	=	-815
+19A	+20B	+27C	+15D	+11E	+8F	+14G	=	-1520
+16A	+22B	+29C	+14D	+7E	+4F	+10G	=	-1382
+23A	+23B	+36C	+14D	+7E	+4F	+10G	=	-1551
+23A	+27B	+35C	+13D	+6E	+3F	+9G	=	-1542
+25A	+28B	+36C	+14D	+7E	+4F	+10G	=	-1640

A	B	C	D	E	F	G		
-7	-15	-15	-13	-9	-10	-22		
-84	-90	-135	-52	-54	-40	-264	=	-719
-98	-150	-210	-52	-45	-40	-220	=	-815
-133	-300	-405	-195	-99	-80	-308	=	-1520
-112	-330	-435	-182	-63	-40	-220	=	-1382
-161	-345	-540	-182	-63	-40	-220	=	-1551
-161	-405	-525	-169	-54	-30	-198	=	-1542
-175	-420	-540	-182	-63	-40	-220	=	-1640

80)

A	B	C	D	E	F	G		
-8	-6	-19	-20	-16	-22	-20		
+7A	+10B	+4C	+3D	+8E	+8F	+7G	=	-696
+11A	+18B	+8C	+10D	+14E	+12F	+9G	=	-1216
+15A	+27B	+10C	+18D	+18E	+12F	+9G	=	-1564
+17A	+28B	+17C	+23D	+17E	+11F	+8G	=	-1761
+25A	+32B	+22C	+22D	+16E	+10F	+7G	=	-1866
+26A	+35B	+22C	+22D	+16E	+10F	+7G	=	-1892
+28A	+36B	+23C	+23D	+17E	+11F	+8G	=	-2011

A	B	C	D	E	F	G		
-8	-6	-19	-20	-16	-22	-20		
-56	-60	-76	-60	-128	-176	-140	=	-696
-88	-108	-152	-200	-224	-264	-180	=	-1216
-120	-162	-190	-360	-288	-264	-180	=	-1564
-136	-168	-323	-460	-272	-242	-160	=	-1761
-200	-192	-418	-440	-256	-220	-140	=	-1866
-208	-210	-418	-440	-256	-220	-140	=	-1892
-224	-216	-437	-460	-272	-242	-160	=	-2011

2-10 Variables Associated Expression Systems   1000 Associated Systems Volume 1

7-Variable Systems followed by Verificiations

81)

A	B	C	D	E	F	G		
11	6	14	2	19	21	2		
+9A	+4B	+2C	+9D	+7E	+2F	+9G	=	362
+16A	+12B	+7C	+17D	+15E	+9F	+10G	=	874
+24A	+16B	+12C	+26D	+25E	+11F	+12G	=	1310
+30A	+17B	+14C	+32D	+23E	+9F	+10G	=	1338
+30A	+20B	+14C	+31D	+22E	+8F	+9G	=	1312
+33A	+24B	+16C	+33D	+24E	+10F	+11G	=	1485
+33A	+23B	+15C	+32D	+23E	+9F	+10G	=	1421

A	B	C	D	E	F	G		
11	6	14	2	19	21	2		
99	24	28	18	133	42	18	=	362
176	72	98	34	285	189	20	=	874
264	96	168	52	475	231	24	=	1310
330	102	196	64	437	189	20	=	1338
330	120	196	62	418	168	18	=	1312
363	144	224	66	456	210	22	=	1485
363	138	210	64	437	189	20	=	1421

82)

A	B	C	D	E	F	G		
7	7	14	17	1	18	15		
+1A	+5B	+2C	+4D	+3E	+5F	+1G	=	246
+5A	+17B	+13C	+8D	+13E	+10F	+4G	=	725
+9A	+26B	+20C	+12D	+17E	+11F	+5G	=	1019
+11A	+28B	+27C	+14D	+16E	+10F	+4G	=	1145
+17A	+31B	+36C	+11D	+13E	+7F	+1G	=	1181
+22A	+36B	+40C	+15D	+17E	+11F	+5G	=	1511
+20A	+33B	+37C	+12D	+14E	+8F	+2G	=	1281

A	B	C	D	E	F	G		
7	7	14	17	1	18	15		
7	35	28	68	3	90	15	=	246
35	119	182	136	13	180	60	=	725
63	182	280	204	17	198	75	=	1019
77	196	378	238	16	180	60	=	1145
119	217	504	187	13	126	15	=	1181
154	252	560	255	17	198	75	=	1511
140	231	518	204	14	144	30	=	1281

7-Variable Systems followed by Verificiations

83)

A	B	C	D	E	F	G		
18	12	21	19	7	4	17		
+3A	+4B	+5C	+4D	+2E	+5F	+6G	=	419
+5A	+8B	+13C	+13D	+8E	+7F	+6G	=	892
+10A	+14B	+18C	+19D	+13E	+9F	+8G	=	1350
+18A	+22B	+20C	+24D	+12E	+8F	+7G	=	1699
+25A	+28B	+27C	+27D	+15E	+11F	+10G	=	2185
+24A	+27B	+25C	+25D	+13E	+9F	+8G	=	2019
+23A	+25B	+23C	+23D	+11E	+7F	+6G	=	1841

A	B	C	D	E	F	G		
18	12	21	19	7	4	17		
54	48	105	76	14	20	102	=	419
90	96	273	247	56	28	102	=	892
180	168	378	361	91	36	136	=	1350
324	264	420	456	84	32	119	=	1699
450	336	567	513	105	44	170	=	2185
432	324	525	475	91	36	136	=	2019
414	300	483	437	77	28	102	=	1841

84)

A	B	C	D	E	F	G		
0	1	19	14	11	4	11		
+6A	+4B	+5C	+7D	+7E	+5F	+4G	=	338
+17A	+14B	+8C	+13D	+10E	+19F	+6G	=	600
+21A	+22B	+11C	+17D	+14E	+21F	+8G	=	795
+24A	+20B	+15C	+20D	+11E	+18F	+5G	=	833
+30A	+29B	+21C	+23D	+14E	+21F	+8G	=	1076
+30A	+29B	+20C	+22D	+13E	+20F	+7G	=	1017
+30A	+28B	+19C	+21D	+12E	+19F	+6G	=	957

A	B	C	D	E	F	G		
0	1	19	14	11	4	11		
-0	4	95	98	77	20	44	=	338
-0	14	152	182	110	76	66	=	600
-0	22	209	238	154	84	88	=	795
-0	20	285	280	121	72	55	=	833
-0	29	399	322	154	84	88	=	1076
-0	29	380	308	143	80	77	=	1017
-0	28	361	294	132	76	66	=	957

7-Variable Systems followed by Verificiations

85)

	A	B	C	D	E	F	G		
	5	20	17	17	23	12	3		
	+10A	+7B	+9C	+5D	+10E	+9F	+10G	=	796
	+13A	+9B	+14C	+9D	+13E	+12F	+8G	=	1103
	+19A	+11B	+16C	+14D	+19E	+13F	+9G	=	1445
	+21A	+17B	+18C	+16D	+19E	+13F	+9G	=	1643
	+26A	+21B	+23C	+18D	+21E	+15F	+11G	=	1943
	+27A	+22B	+23C	+18D	+21E	+15F	+11G	=	1968
	+27A	+21B	+22C	+17D	+20E	+14F	+10G	=	1876

	A	B	C	D	E	F	G		
	5	20	17	17	23	12	3		
	50	140	153	85	230	108	30	=	796
	65	180	238	153	299	144	24	=	1103
	95	220	272	238	437	156	27	=	1445
	105	340	306	272	437	156	27	=	1643
	130	420	391	306	483	180	33	=	1943
	135	440	391	306	483	180	33	=	1968
	135	420	374	289	460	168	30	=	1876

86)

	A	B	C	D	E	F	G		
	-6	-19	-21	-17	-12	-17	-24		
	+9A	+2B	+9C	+2D	+2E	+6F	+6G	=	-585
	+15A	+12B	+20C	+15D	+14E	+12F	+10G	=	-1605
	+13A	+17B	+20C	+16D	+13E	+9F	+7G	=	-1570
	+18A	+27B	+28C	+21D	+15E	+11F	+9G	=	-2149
	+17A	+31B	+28C	+19D	+13E	+9F	+7G	=	-2079
	+18A	+32B	+28C	+19D	+13E	+9F	+7G	=	-2104
	+19A	+32B	+28C	+19D	+13E	+9F	+7G	=	-2110

	A	B	C	D	E	F	G		
	-6	-19	-21	-17	-12	-17	-24		
	-54	-38	-189	-34	-24	-102	-144	=	-585
	-90	-228	-420	-255	-168	-204	-240	=	-1605
	-78	-323	-420	-272	-156	-153	-168	=	-1570
	-108	-513	-588	-357	-180	-187	-216	=	-2149
	-102	-589	-588	-323	-156	-153	-168	=	-2079
	-108	-608	-588	-323	-156	-153	-168	=	-2104
	-114	-608	-588	-323	-156	-153	-168	=	-2110

2-10 Variables Associated Expression Systems   1000 Associated Systems Volume 1

7-Variable Systems followed by Verificiations

87)

A	B	C	D	E	F	G		
8	15	14	1	9	12	23		
+6A	+8B	+3C	+7D	+1E	+5F	+8G	=	470
+11A	+20B	+16C	+14D	+6E	+10F	+12G	=	1076
+18A	+26B	+18C	+17D	+13E	+10F	+12G	=	1316
+19A	+33B	+24C	+21D	+11E	+8F	+10G	=	1429
+26A	+35B	+33C	+20D	+10E	+7F	+9G	=	1596
+28A	+38B	+34C	+21D	+11E	+8F	+10G	=	1716
+30A	+39B	+35C	+22D	+12E	+9F	+11G	=	1806

A	B	C	D	E	F	G		
8	15	14	1	9	12	23		
48	120	42	7	9	60	184	=	470
88	300	224	14	54	120	276	=	1076
144	390	252	17	117	120	276	=	1316
152	495	336	21	99	96	230	=	1429
208	525	462	20	90	84	207	=	1596
224	570	476	21	99	96	230	=	1716
240	585	490	22	108	108	253	=	1806

88)

A	B	C	D	E	F	G		
0	7	21	22	18	22	3		
+4A	+4B	+10C	+9D	+5E	+3F	+4G	=	604
+9A	+13B	+20C	+18D	+17E	+8F	+7G	=	1410
+11A	+14B	+25C	+18D	+19E	+7F	+6G	=	1533
+12A	+17B	+25C	+21D	+18E	+6F	+5G	=	1577
+18A	+19B	+29C	+19D	+16E	+4F	+3G	=	1545
+21A	+22B	+31C	+21D	+18E	+6F	+5G	=	1738
+22A	+22B	+31C	+21D	+18E	+6F	+5G	=	1738

A	B	C	D	E	F	G		
0	7	21	22	18	22	3		
-0	28	210	198	90	66	12	=	604
-0	91	420	396	306	176	21	=	1410
-0	98	525	396	342	154	18	=	1533
-0	119	525	462	324	132	15	=	1577
-0	133	609	418	288	88	9	=	1545
-0	154	651	462	324	132	15	=	1738
-0	154	651	462	324	132	15	=	1738

7-Variable Systems followed by Verificiations

89)

A	B	C	D	E	F	G		
-2	-17	-14	-20	-2	-13	-18		
+3A	+7B	+2C	+6D	+6E	+6F	+7G	=	-489
+8A	+12B	+11C	+8D	+14E	+13F	+8G	=	-875
+9A	+18B	+11C	+14D	+17E	+12F	+7G	=	-1074
+14A	+25B	+18C	+17D	+18E	+13F	+8G	=	-1394
+17A	+31B	+19C	+16D	+17E	+12F	+7G	=	-1463
+22A	+36B	+23C	+20D	+21E	+16F	+11G	=	-1826
+20A	+33B	+20C	+17D	+18E	+13F	+8G	=	-1570

A	B	C	D	E	F	G		
-2	-17	-14	-20	-2	-13	-18		
-6	-119	-28	-120	-12	-78	-126	=	-489
-16	-204	-154	-160	-28	-169	-144	=	-875
-18	-306	-154	-280	-34	-156	-126	=	-1074
-28	-425	-252	-340	-36	-169	-144	=	-1394
-34	-527	-266	-320	-34	-156	-126	=	-1463
-44	-612	-322	-400	-42	-208	-198	=	-1826
-40	-561	-280	-340	-36	-169	-144	=	-1570

90)

A	B	C	D	E	F	G		
9	4	9	22	17	24	14		
+9A	+10B	+11C	+9D	+11E	+5F	+9G	=	851
+12A	+16B	+16C	+14D	+16E	+10F	+10G	=	1276
+19A	+23B	+20C	+18D	+19E	+11F	+11G	=	1580
+22A	+30B	+23C	+21D	+17E	+9F	+9G	=	1618
+25A	+29B	+26C	+19D	+15E	+7F	+7G	=	1514
+28A	+32B	+28C	+21D	+17E	+9F	+9G	=	1725
+27A	+30B	+26C	+19D	+15E	+7F	+7G	=	1536

A	B	C	D	E	F	G		
9	4	9	22	17	24	14		
81	40	99	198	187	120	126	=	851
108	64	144	308	272	240	140	=	1276
171	92	180	396	323	264	154	=	1580
198	120	207	462	289	216	126	=	1618
225	116	234	418	255	168	98	=	1514
252	128	252	462	289	216	126	=	1725
243	120	234	418	255	168	98	=	1536

7-Variable Systems followed by Verificiations

91)

A	B	C	D	E	F	G	
2	16	12	5	20	8	15	
+8A	+7B	+7C	+6D	+9E	+8F	+6G =	576
+16A	+11B	+11C	+12D	+13E	+20F	+6G =	910
+19A	+19B	+19C	+15D	+17E	+22F	+8G =	1281
+20A	+27B	+27C	+20D	+16E	+21F	+7G =	1489
+23A	+29B	+30C	+19D	+15E	+20F	+6G =	1515
+27A	+37B	+33C	+22D	+18E	+23F	+9G =	1831
+26A	+35B	+31C	+20D	+16E	+21F	+7G =	1677

A	B	C	D	E	F	G	
2	16	12	5	20	8	15	
16	112	84	30	180	64	90 =	576
32	176	132	60	260	160	90 =	910
38	304	228	75	340	176	120 =	1281
40	432	324	100	320	168	105 =	1489
46	464	360	95	300	160	90 =	1515
54	592	396	110	360	184	135 =	1831
52	560	372	100	320	168	105 =	1677

92)

A	B	C	D	E	F	G	
0	16	6	20	12	1	6	
+10A	+6B	+5C	+12D	+8E	+10F	+10G =	532
+15A	+11B	+6C	+14D	+15E	+15F	+10G =	747
+17A	+17B	+10C	+17D	+17E	+15F	+10G =	951
+23A	+21B	+14C	+23D	+16E	+14F	+9G =	1140
+28A	+22B	+19C	+21D	+14E	+12F	+7G =	1108
+34A	+31B	+24C	+26D	+19E	+17F	+12G =	1477
+31A	+27B	+20C	+22D	+15E	+13F	+8G =	1233

A	B	C	D	E	F	G	
0	16	6	20	12	1	6	
-0	96	30	240	96	10	60 =	532
-0	176	36	280	180	15	60 =	747
-0	272	60	340	204	15	60 =	951
-0	336	84	460	192	14	54 =	1140
-0	352	114	420	168	12	42 =	1108
-0	496	144	520	228	17	72 =	1477
-0	432	120	440	180	13	48 =	1233

7-Variable Systems followed by Verificiations

93)

A	B	C	D	E	F	G		
15	20	4	17	9	0	4		
+11A	+3B	+6C	+10D	+6E	+7F	+11G	=	517
+15A	+8B	+12C	+17D	+13E	+11F	+12G	=	887
+17A	+11B	+15C	+19D	+15E	+8F	+9G	=	1029
+22A	+14B	+16C	+24D	+15E	+8F	+9G	=	1253
+28A	+17B	+22C	+25D	+16E	+9F	+10G	=	1457
+28A	+17B	+21C	+24D	+15E	+8F	+9G	=	1423
+30A	+18B	+22C	+25D	+16E	+9F	+10G	=	1507

A	B	C	D	E	F	G		
15	20	4	17	9	0	4		
165	60	24	170	54	-0	44	=	517
225	160	48	289	117	-0	48	=	887
255	220	60	323	135	-0	36	=	1029
330	280	64	408	135	-0	36	=	1253
420	340	88	425	144	-0	40	=	1457
420	340	84	408	135	-0	36	=	1423
450	360	88	425	144	-0	40	=	1507

94)

A	B	C	D	E	F	G		
-13	-5	-11	-13	-23	0	-16		
+6A	+10B	+7C	+4D	+5E	+3F	+6G	=	-468
+10A	+12B	+13C	+5D	+11E	+11F	+6G	=	-747
+21A	+19B	+22C	+10D	+22E	+13F	+8G	=	-1374
+18A	+16B	+20C	+7D	+18E	+9F	+4G	=	-1103
+23A	+25B	+25C	+8D	+19E	+10F	+5G	=	-1320
+27A	+32B	+28C	+11D	+22E	+13F	+8G	=	-1596
+27A	+31B	+27C	+10D	+21E	+12F	+7G	=	-1528

A	B	C	D	E	F	G		
-13	-5	-11	-13	-23	0	-16		
-78	-50	-77	-52	-115	-0	-96	=	-468
-130	-60	-143	-65	-253	-0	-96	=	-747
-273	-95	-242	-130	-506	-0	-128	=	-1374
-234	-80	-220	-91	-414	-0	-64	=	-1103
-299	-125	-275	-104	-437	-0	-80	=	-1320
-351	-160	-308	-143	-506	-0	-128	=	-1596
-351	-155	-297	-130	-483	-0	-112	=	-1528

7-Variable Systems followed by Verificiations

95)

A	B	C	D	E	F	G		
-15	-14	-14	-19	-3	-6	-6		
+4A	+2B	+9C	+7D	+1E	+3F	+4G	=	-392
+9A	+11B	+14C	+16D	+6E	+8F	+5G	=	-885
+22A	+23B	+23C	+22D	+19E	+12F	+9G	=	-1575
+22A	+28B	+22C	+22D	+16E	+9F	+6G	=	-1586
+32A	+39B	+32C	+24D	+18E	+11F	+8G	=	-2098
+31A	+38B	+30C	+22D	+16E	+9F	+6G	=	-1973
+31A	+37B	+29C	+21D	+15E	+8F	+5G	=	-1911

A	B	C	D	E	F	G		
-15	-14	-14	-19	-3	-6	-6		
-60	-28	-126	-133	-3	-18	-24	=	-392
-135	-154	-196	-304	-18	-48	-30	=	-885
-330	-322	-322	-418	-57	-72	-54	=	-1575
-330	-392	-308	-418	-48	-54	-36	=	-1586
-480	-546	-448	-456	-54	-66	-48	=	-2098
-465	-532	-420	-418	-48	-54	-36	=	-1973
-465	-518	-406	-399	-45	-48	-30	=	-1911

96)

A	B	C	D	E	F	G		
3	13	0	11	10	22	13		
+11A	+4B	+5C	+7D	+4E	+9F	+8G	=	504
+16A	+3B	+5C	+6D	+9E	+14F	+6G	=	629
+28A	+11B	+13C	+13D	+21E	+18F	+10G	=	1106
+28A	+12B	+13C	+15D	+17E	+14F	+6G	=	961
+40A	+22B	+25C	+19D	+21E	+18F	+10G	=	1351
+39A	+22B	+23C	+17D	+19E	+16F	+8G	=	1236
+40A	+22B	+23C	+17D	+19E	+16F	+8G	=	1239

A	B	C	D	E	F	G		
3	13	0	11	10	22	13		
33	52	-0	77	40	198	104	=	504
48	39	-0	66	90	308	78	=	629
84	143	-0	143	210	396	130	=	1106
84	156	-0	165	170	308	78	=	961
120	286	-0	209	210	396	130	=	1351
117	286	-0	187	190	352	104	=	1236
120	286	-0	187	190	352	104	=	1239

2-10 Variables Associated Expression Systems 1000 Associated Systems Volume 1

7-Variable Systems followed by Verificiations

97)

A	B	C	D	E	F	G		
1	7	19	9	23	13	12		
+5A	+9B	+7C	+4D	+7E	+10F	+3G	=	564
+15A	+13B	+10C	+13D	+11E	+18F	+5G	=	960
+18A	+19B	+15C	+17D	+12E	+17F	+4G	=	1134
+23A	+23B	+20C	+22D	+11E	+16F	+3G	=	1259
+28A	+32B	+27C	+25D	+14E	+19F	+6G	=	1631
+26A	+31B	+24C	+22D	+11E	+16F	+3G	=	1394
+29A	+33B	+26C	+24D	+13E	+18F	+5G	=	1563

A	B	C	D	E	F	G		
1	7	19	9	23	13	12		
5	63	133	36	161	130	36	=	564
15	91	190	117	253	234	60	=	960
18	133	285	153	276	221	48	=	1134
23	161	380	198	253	208	36	=	1259
28	224	513	225	322	247	72	=	1631
26	217	456	198	253	208	36	=	1394
29	231	494	216	299	234	60	=	1563

98)

A	B	C	D	E	F	G		
17	10	1	0	23	22	16		
+4A	+8B	+8C	+4D	+3E	+7F	+6G	=	475
+11A	+15B	+15C	+13D	+14E	+14F	+10G	=	1142
+14A	+19B	+22C	+15D	+17E	+12F	+8G	=	1233
+14A	+23B	+29C	+15D	+16E	+11F	+7G	=	1219
+18A	+27B	+33C	+18D	+19E	+14F	+10G	=	1514
+16A	+26B	+30C	+15D	+16E	+11F	+7G	=	1284
+16A	+25B	+29C	+14D	+15E	+10F	+6G	=	1212

A	B	C	D	E	F	G		
17	10	1	0	23	22	16		
68	80	8	-0	69	154	96	=	475
187	150	15	-0	322	308	160	=	1142
238	190	22	-0	391	264	128	=	1233
238	230	29	-0	368	242	112	=	1219
306	270	33	-0	437	308	160	=	1514
272	260	30	-0	368	242	112	=	1284
272	250	29	-0	345	220	96	=	1212

2-10 Variables Associated Expression Systems — 1000 Associated Systems Volume 1

7-Variable Systems followed by Verificiations

99)

A	B	C	D	E	F	G		
-2	-1	-10	-8	-13	-20	-16		
+8A	+7B	+6C	+5D	+5E	+11F	+8G	=	-536
+10A	+10B	+6C	+8D	+12E	+16F	+7G	=	-742
+20A	+18B	+18C	+19D	+22E	+19F	+10G	=	-1216
+24A	+25B	+19C	+23D	+21E	+18F	+9G	=	-1224
+32A	+31B	+27C	+24D	+22E	+19F	+10G	=	-1383
+30A	+29B	+24C	+21D	+19E	+16F	+7G	=	-1176
+30A	+28B	+23C	+20D	+18E	+15F	+6G	=	-1108

A	B	C	D	E	F	G		
-2	-1	-10	-8	-13	-20	-16		
-16	-7	-60	-40	-65	-220	-128	=	-536
-20	-10	-60	-64	-156	-320	-112	=	-742
-40	-18	-180	-152	-286	-380	-160	=	-1216
-48	-25	-190	-184	-273	-360	-144	=	-1224
-64	-31	-270	-192	-286	-380	-160	=	-1383
-60	-29	-240	-168	-247	-320	-112	=	-1176
-60	-28	-230	-160	-234	-300	-96	=	-1108

100)

A	B	C	D	E	F	G		
4	15	17	13	12	16	8		
+3A	+1B	+4C	+5D	+1E	+3F	+3G	=	244
+6A	+4B	+11C	+9D	+6E	+9F	+3G	=	628
+16A	+13B	+22C	+17D	+16E	+14F	+8G	=	1334
+17A	+16B	+23C	+18D	+12E	+10F	+4G	=	1269
+20A	+24B	+26C	+19D	+13E	+11F	+5G	=	1501
+22A	+27B	+27C	+20D	+14E	+12F	+6G	=	1620
+21A	+25B	+25C	+18D	+12E	+10F	+4G	=	1454

A	B	C	D	E	F	G		
4	15	17	13	12	16	8		
12	15	68	65	12	48	24	=	244
24	60	187	117	72	144	24	=	628
64	195	374	221	192	224	64	=	1334
68	240	391	234	144	160	32	=	1269
80	360	442	247	156	176	40	=	1501
88	405	459	260	168	192	48	=	1620
84	375	425	234	144	160	32	=	1454

Chapter 7 - 8 Variables Associated Systems

2-10 Variables Associated Expression Systems   1000 Associated Systems Volume 1

1) 8-Variable System followed by Verificiation

A	B	C	D	E	F	G	H		
15	18	20	18	2	5	5	0		
+10A	+10B	+8C	+11D	+10E	+10F	+7G	+10H	=	793
+9A	+9B	+7C	+16D	+13E	+13F	+8G	+7H	=	856
+15A	+15B	+12C	+24D	+18E	+19F	+11G	+10H	=	1353
+23A	+16B	+19C	+33D	+22E	+19F	+11G	+10H	=	1801
+30A	+20B	+20C	+40D	+22E	+19F	+11G	+10H	=	2124
+38A	+28B	+30C	+40D	+22E	+19F	+11G	+10H	=	2588
+36A	+26B	+27C	+37D	+19E	+16F	+8G	+7H	=	2372
+38A	+27B	+28C	+38D	+20E	+17F	+9G	+8H	=	2470

A	B	C	D	E	F	G	H		
15	18	20	18	2	5	5	0		
150	180	160	198	20	50	35	-0	=	793
135	162	140	288	26	65	40	-0	=	856
225	270	240	432	36	95	55	-0	=	1353
345	288	380	594	44	95	55	-0	=	1801
450	360	400	720	44	95	55	-0	=	2124
570	504	600	720	44	95	55	-0	=	2588
540	468	540	666	38	80	40	-0	=	2372
570	486	560	684	40	85	45	-0	=	2470

2) 8-Variable System followed by Verificiation

A	B	C	D	E	F	G	H		
7	18	4	16	21	16	19	8		
+9A	+7B	+4C	+6D	+7E	+10F	+11G	+9H	=	889
+14A	+9B	+5C	+15D	+11E	+14F	+16G	+9H	=	1351
+15A	+11B	+11C	+16D	+15E	+15F	+14G	+7H	=	1480
+25A	+19B	+20C	+26D	+25E	+16F	+15G	+8H	=	2143
+36A	+23B	+30C	+37D	+27E	+18F	+17G	+10H	=	2636
+44A	+30B	+38C	+36D	+26E	+17F	+16G	+9H	=	2770
+44A	+30B	+37C	+35D	+25E	+16F	+15G	+8H	=	2686
+48A	+33B	+40C	+38D	+28E	+19F	+18G	+11H	=	3020

A	B	C	D	E	F	G	H		
7	18	4	16	21	16	19	8		
63	126	16	96	147	160	209	72	=	889
98	162	20	240	231	224	304	72	=	1351
105	198	44	256	315	240	266	56	=	1480
175	342	80	416	525	256	285	64	=	2143
252	414	120	592	567	288	323	80	=	2636
308	540	152	576	546	272	304	72	=	2770
308	540	148	560	525	256	285	64	=	2686
336	594	160	608	588	304	342	88	=	3020

3) 8-Variable System followed by Verificiation

A	B	C	D	E	F	G	H		
-4	-7	-5	-15	-9	-3	-22	0		
+10A	+10B	+5C	+4D	+8E	+11F	+4G	+10H	=	-388
+17A	+14B	+12C	+5D	+7E	+15F	+8G	+8H	=	-585
+24A	+15B	+12C	+8D	+15E	+24F	+7G	+7H	=	-742
+25A	+17B	+16C	+13D	+16E	+24F	+7G	+7H	=	-864
+27A	+26B	+22C	+15D	+16E	+24F	+7G	+7H	=	-995
+39A	+32B	+36C	+19D	+20E	+28F	+11G	+11H	=	-1351
+37A	+30B	+33C	+16D	+17E	+25F	+8G	+8H	=	-1167
+38A	+30B	+33C	+16D	+17E	+25F	+8G	+8H	=	-1171

A	B	C	D	E	F	G	H		
-4	-7	-5	-15	-9	-3	-22	0		
-40	-70	-25	-60	-72	-33	-88	-0	=	-388
-68	-98	-60	-75	-63	-45	-176	-0	=	-585
-96	-105	-60	-120	-135	-72	-154	-0	=	-742
-100	-119	-80	-195	-144	-72	-154	-0	=	-864
-108	-182	-110	-225	-144	-72	-154	-0	=	-995
-156	-224	-180	-285	-180	-84	-242	-0	=	-1351
-148	-210	-165	-240	-153	-75	-176	-0	=	-1167
-152	-210	-165	-240	-153	-75	-176	-0	=	-1171

4) 8-Variable System followed by Verificiation

A	B	C	D	E	F	G	H		
10	6	15	22	1	0	9	4		
+9A	+3B	+9C	+6D	+6E	+9F	+3G	+9H	=	444
+12A	+10B	+12C	+12D	+14E	+15F	+6G	+10H	=	732
+17A	+16B	+17C	+22D	+23E	+20F	+8G	+12H	=	1148
+19A	+23B	+25C	+22D	+28E	+19F	+7G	+11H	=	1322
+21A	+27B	+24C	+24D	+26E	+17F	+5G	+9H	=	1367
+33A	+35B	+36C	+27D	+29E	+20F	+8G	+12H	=	1823
+32A	+37B	+34C	+25D	+27E	+18F	+6G	+10H	=	1723
+31A	+35B	+32C	+23D	+25E	+16F	+4G	+8H	=	1599

A	B	C	D	E	F	G	H		
10	6	15	22	1	0	9	4		
90	18	135	132	6	-0	27	36	=	444
120	60	180	264	14	-0	54	40	=	732
170	96	255	484	23	-0	72	48	=	1148
190	138	375	484	28	-0	63	44	=	1322
210	162	360	528	26	-0	45	36	=	1367
330	210	540	594	29	-0	72	48	=	1823
320	222	510	550	27	-0	54	40	=	1723
310	210	480	506	25	-0	36	32	=	1599

2-10 Variables Associated Expression Systems			1000 Associated Systems Volume 1

5) 8-Variable System followed by Verificiation

A	B	C	D	E	F	G	H		
10	10	1	4	12	14	16	14		
+8A	+4B	+12C	+9D	+11E	+12F	+9G	+8H	=	724
+8A	+7B	+16C	+9D	+12E	+16F	+9G	+5H	=	784
+15A	+11B	+22C	+16D	+21E	+23F	+11G	+7H	=	1194
+14A	+10B	+28C	+20D	+20E	+21F	+9G	+5H	=	1096
+19A	+12B	+30C	+25D	+21E	+22F	+10G	+6H	=	1244
+25A	+17B	+34C	+25D	+21E	+22F	+10G	+6H	=	1358
+28A	+20B	+36C	+27D	+23E	+24F	+12G	+8H	=	1540
+27A	+18B	+34C	+25D	+21E	+22F	+10G	+6H	=	1388

A	B	C	D	E	F	G	H		
10	10	1	4	12	14	16	14		
80	40	12	36	132	168	144	112	=	724
80	70	16	36	144	224	144	70	=	784
150	110	22	64	252	322	176	98	=	1194
140	100	28	80	240	294	144	70	=	1096
190	120	30	100	252	308	160	84	=	1244
250	170	34	100	252	308	160	84	=	1358
280	200	36	108	276	336	192	112	=	1540
270	180	34	100	252	308	160	84	=	1388

6) 8-Variable System followed by Verificiation

A	B	C	D	E	F	G	H		
16	20	13	15	4	8	25	6		
+7A	+8B	+3C	+10D	+6E	+3F	+6G	+7H	=	701
+14A	+10B	+6C	+12D	+7E	+7F	+13G	+7H	=	1133
+25A	+15B	+11C	+19D	+11E	+18F	+16G	+10H	=	1776
+24A	+20B	+17C	+20D	+12E	+15F	+13G	+7H	=	1840
+26A	+26B	+19C	+22D	+10E	+13F	+11G	+5H	=	1962
+34A	+33B	+27C	+23D	+11E	+14F	+12G	+6H	=	2392
+37A	+37B	+29C	+25D	+13E	+16F	+14G	+8H	=	2662
+38A	+37B	+29C	+25D	+13E	+16F	+14G	+8H	=	2678

A	B	C	D	E	F	G	H		
16	20	13	15	4	8	25	6		
112	160	39	150	24	24	150	42	=	701
224	200	78	180	28	56	325	42	=	1133
400	300	143	285	44	144	400	60	=	1776
384	400	221	300	48	120	325	42	=	1840
416	520	247	330	40	104	275	30	=	1962
544	660	351	345	44	112	300	36	=	2392
592	740	377	375	52	128	350	48	=	2662
608	740	377	375	52	128	350	48	=	2678

2-10 Variables Associated Expression Systems

7) 8-Variable System followed by Verificiation

A	B	C	D	E	F	G	H		
-7	-7	-8	-11	-4	-13	-16	-3		
+1A	+5B	+4C	+1D	+6E	+9F	+2G	+1H	=	-261
+13A	+14B	+9C	+11D	+18E	+14F	+14G	+5H	=	-875
+14A	+18B	+10C	+19D	+27E	+15F	+14G	+5H	=	-1055
+17A	+17B	+11C	+21D	+30E	+12F	+11G	+2H	=	-1015
+24A	+22B	+21C	+28D	+31E	+13F	+12G	+3H	=	-1292
+35A	+28B	+30C	+31D	+34E	+16F	+15G	+6H	=	-1624
+32A	+25B	+26C	+27D	+30E	+12F	+11G	+2H	=	-1362
+36A	+28B	+29C	+30D	+33E	+15F	+14G	+5H	=	-1576

A	B	C	D	E	F	G	H		
-7	-7	-8	-11	-4	-13	-16	-3		
-7	-35	-32	-11	-24	-117	-32	-3	=	-261
-91	-98	-72	-121	-72	-182	-224	-15	=	-875
-98	-126	-80	-209	-108	-195	-224	-15	=	-1055
-119	-119	-88	-231	-120	-156	-176	-6	=	-1015
-168	-154	-168	-308	-124	-169	-192	-9	=	-1292
-245	-196	-240	-341	-136	-208	-240	-18	=	-1624
-224	-175	-208	-297	-120	-156	-176	-6	=	-1362
-252	-196	-232	-330	-132	-195	-224	-15	=	-1576

8) 8-Variable System followed by Verificiation

A	B	C	D	E	F	G	H		
7	15	1	13	4	2	9	5		
+4A	+10B	+7C	+11D	+7E	+10F	+4G	+8H	=	452
+10A	+9B	+11C	+17D	+9E	+17F	+10G	+6H	=	627
+20A	+20B	+17C	+26D	+19E	+27F	+13G	+9H	=	1087
+17A	+20B	+21C	+26D	+16E	+23F	+9G	+5H	=	994
+18A	+21B	+22C	+27D	+16E	+23F	+9G	+5H	=	1030
+32A	+27B	+33C	+32D	+21E	+28F	+14G	+10H	=	1394
+31A	+26B	+31C	+30D	+19E	+26F	+12G	+8H	=	1304
+30A	+24B	+29C	+28D	+17E	+24F	+10G	+6H	=	1199

A	B	C	D	E	F	G	H		
7	15	1	13	4	2	9	5		
28	150	7	143	28	20	36	40	=	452
70	135	11	221	36	34	90	30	=	627
140	300	17	338	76	54	117	45	=	1087
119	300	21	338	64	46	81	25	=	994
126	315	22	351	64	46	81	25	=	1030
224	405	33	416	84	56	126	50	=	1394
217	390	31	390	76	52	108	40	=	1304
210	360	29	364	68	48	90	30	=	1199

2-10 Variables Associated Expression Systems   1000 Associated Systems Volume 1

9) 8-Variable System followed by Verificiation

A	B	C	D	E	F	G	H		
17	15	21	15	20	15	12	16		
+4A	+7B	+5C	+7D	+4E	+11F	+4G	+6H	=	772
+12A	+18B	+15C	+10D	+13E	+19F	+14G	+8H	=	1780
+13A	+19B	+20C	+16D	+18E	+22F	+11G	+5H	=	2068
+17A	+26B	+24C	+25D	+22E	+23F	+12G	+6H	=	2583
+22A	+27B	+30C	+28D	+21E	+22F	+11G	+5H	=	2791
+33A	+34B	+41C	+32D	+25E	+26F	+15G	+9H	=	3626
+30A	+31B	+37C	+28D	+21E	+22F	+11G	+5H	=	3134
+30A	+30B	+36C	+27D	+20E	+21F	+10G	+4H	=	3020

A	B	C	D	E	F	G	H		
17	15	21	15	20	15	12	16		
68	105	105	105	80	165	48	96	=	772
204	270	315	150	260	285	168	128	=	1780
221	285	420	240	360	330	132	80	=	2068
289	390	504	375	440	345	144	96	=	2583
374	405	630	420	420	330	132	80	=	2791
561	510	861	480	500	390	180	144	=	3626
510	465	777	420	420	330	132	80	=	3134
510	450	756	405	400	315	120	64	=	3020

10) 8-Variable System followed by Verificiation

A	B	C	D	E	F	G	H		
1	18	0	22	14	15	3	19		
+7A	+5B	+2C	+6D	+3E	+7F	+7G	+7H	=	530
+13A	+14B	+7C	+15D	+9E	+14F	+11G	+7H	=	1097
+17A	+21B	+9C	+17D	+12E	+21F	+12G	+8H	=	1440
+27A	+29B	+14C	+22D	+22E	+22F	+13G	+9H	=	1881
+31A	+30B	+17C	+26D	+21E	+21F	+12G	+8H	=	1940
+40A	+41B	+26C	+29D	+24E	+24F	+15G	+11H	=	2366
+39A	+40B	+24C	+27D	+22E	+22F	+13G	+9H	=	2201
+42A	+42B	+26C	+29D	+24E	+24F	+15G	+11H	=	2386

A	B	C	D	E	F	G	H		
1	18	0	22	14	15	3	19		
7	90	-0	132	42	105	21	133	=	530
13	252	-0	330	126	210	33	133	=	1097
17	378	-0	374	168	315	36	152	=	1440
27	522	-0	484	308	330	39	171	=	1881
31	540	-0	572	294	315	36	152	=	1940
40	738	-0	638	336	360	45	209	=	2366
39	720	-0	594	308	330	39	171	=	2201
42	756	-0	638	336	360	45	209	=	2386

11) 8-Variable System followed by Verificiation

A	B	C	D	E	F	G	H		
-3	-2	-16	-7	-19	-18	-12	-12		
+7A	+8B	+10C	+11D	+9E	+5F	+8G	+7H	=	-715
+13A	+11B	+16C	+13D	+14E	+7F	+14G	+6H	=	-1040
+22A	+16B	+25C	+22D	+22E	+16F	+18G	+10H	=	-1694
+23A	+16B	+28C	+24D	+21E	+13F	+15G	+7H	=	-1614
+27A	+17B	+31C	+30D	+21E	+13F	+15G	+7H	=	-1718
+33A	+26B	+40C	+33D	+24E	+16F	+18G	+10H	=	-2102
+29A	+25B	+35C	+28D	+19E	+11F	+13G	+5H	=	-1668
+33A	+28B	+38C	+31D	+22E	+14F	+16G	+8H	=	-1938

A	B	C	D	E	F	G	H		
-3	-2	-16	-7	-19	-18	-12	-12		
-21	-16	-160	-77	-171	-90	-96	-84	=	-715
-39	-22	-256	-91	-266	-126	-168	-72	=	-1040
-66	-32	-400	-154	-418	-288	-216	-120	=	-1694
-69	-32	-448	-168	-399	-234	-180	-84	=	-1614
-81	-34	-496	-210	-399	-234	-180	-84	=	-1718
-99	-52	-640	-231	-456	-288	-216	-120	=	-2102
-87	-50	-560	-196	-361	-198	-156	-60	=	-1668
-99	-56	-608	-217	-418	-252	-192	-96	=	-1938

12) 8-Variable System followed by Verificiation

A	B	C	D	E	F	G	H		
16	9	18	15	4	12	12	10		
+1A	+3B	+6C	+3D	+8E	+1F	+6G	+2H	=	332
+4A	+5B	+13C	+7D	+10E	+5F	+9G	+3H	=	686
+5A	+7B	+14C	+11D	+19E	+6F	+9G	+3H	=	846
+13A	+13B	+15C	+17D	+27E	+6F	+9G	+3H	=	1168
+18A	+16B	+17C	+22D	+26E	+5F	+8G	+2H	=	1348
+21A	+25B	+23C	+22D	+26E	+5F	+8G	+2H	=	1585
+22A	+26B	+23C	+22D	+26E	+5F	+8G	+2H	=	1610
+23A	+26B	+23C	+22D	+26E	+5F	+8G	+2H	=	1626

A	B	C	D	E	F	G	H		
16	9	18	15	4	12	12	10		
16	27	108	45	32	12	72	20	=	332
64	45	234	105	40	60	108	30	=	686
80	63	252	165	76	72	108	30	=	846
208	117	270	255	108	72	108	30	=	1168
288	144	306	330	104	60	96	20	=	1348
336	225	414	330	104	60	96	20	=	1585
352	234	414	330	104	60	96	20	=	1610
368	234	414	330	104	60	96	20	=	1626

13) 8-Variable System followed by Verificiation

A	B	C	D	E	F	G	H		
3	14	10	10	16	5	12	23		
+8A	+11B	+8C	+9D	+10E	+9F	+12G	+8H	=	881
+11A	+10B	+12C	+11D	+14E	+14F	+11G	+5H	=	944
+17A	+17B	+15C	+18D	+22E	+17F	+11G	+5H	=	1303
+27A	+21B	+24C	+28D	+32E	+19F	+13G	+7H	=	1819
+33A	+27B	+30C	+34D	+30E	+17F	+11G	+5H	=	1929
+47A	+33B	+44C	+39D	+35E	+22F	+16G	+10H	=	2525
+43A	+29B	+39C	+34D	+30E	+17F	+11G	+5H	=	2077
+44A	+29B	+39C	+34D	+30E	+17F	+11G	+5H	=	2080

A	B	C	D	E	F	G	H		
3	14	10	10	16	5	12	23		
24	154	80	90	160	45	144	184	=	881
33	140	120	110	224	70	132	115	=	944
51	238	150	180	352	85	132	115	=	1303
81	294	240	280	512	95	156	161	=	1819
99	378	300	340	480	85	132	115	=	1929
141	462	440	390	560	110	192	230	=	2525
129	406	390	340	480	85	132	115	=	2077
132	406	390	340	480	85	132	115	=	2080

14) 8-Variable System followed by Verificiation

A	B	C	D	E	F	G	H		
7	11	21	19	14	6	2	24		
+5A	+10B	+7C	+4D	+3E	+7F	+4G	+5H	=	580
+17A	+15B	+17C	+9D	+11E	+12F	+16G	+8H	=	1262
+17A	+21B	+25C	+11D	+17E	+12F	+15G	+7H	=	1592
+23A	+23B	+26C	+17D	+23E	+10F	+13G	+5H	=	1811
+26A	+25B	+27C	+20D	+22E	+9F	+12G	+4H	=	1886
+33A	+36B	+36C	+25D	+27E	+14F	+17G	+9H	=	2570
+29A	+32B	+31C	+20D	+22E	+9F	+12G	+4H	=	2068
+31A	+33B	+32C	+21D	+23E	+10F	+13G	+5H	=	2179

A	B	C	D	E	F	G	H		
7	11	21	19	14	6	2	24		
35	110	147	76	42	42	8	120	=	580
119	165	357	171	154	72	32	192	=	1262
119	231	525	209	238	72	30	168	=	1592
161	253	546	323	322	60	26	120	=	1811
182	275	567	380	308	54	24	96	=	1886
231	396	756	475	378	84	34	216	=	2570
203	352	651	380	308	54	24	96	=	2068
217	363	672	399	322	60	26	120	=	2179

2-10 Variables Associated Expression Systems

15) 8-Variable System followed by Verificiation

A	B	C	D	E	F	G	H		
-14	-3	-7	-18	-1	-22	-7	-19		
+3A	+10B	+6C	+2D	+9E	+2F	+10G	+5H	=	-368
+15A	+17B	+10C	+7D	+16E	+7F	+22G	+8H	=	-933
+22A	+21B	+11C	+7D	+18E	+11F	+20G	+6H	=	-1088
+27A	+25B	+17C	+13D	+23E	+9F	+18G	+4H	=	-1229
+31A	+34B	+29C	+18D	+26E	+12F	+21G	+7H	=	-1633
+35A	+39B	+33C	+16D	+24E	+10F	+19G	+5H	=	-1598
+35A	+39B	+32C	+15D	+23E	+9F	+18G	+4H	=	-1524
+40A	+43B	+36C	+19D	+27E	+13F	+22G	+8H	=	-1902

A	B	C	D	E	F	G	H		
-14	-3	-7	-18	-1	-22	-7	-19		
-42	-30	-42	-36	-9	-44	-70	-95	=	-368
-210	-51	-70	-126	-16	-154	-154	-152	=	-933
-308	-63	-77	-126	-18	-242	-140	-114	=	-1088
-378	-75	-119	-234	-23	-198	-126	-76	=	-1229
-434	-102	-203	-324	-26	-264	-147	-133	=	-1633
-490	-117	-231	-288	-24	-220	-133	-95	=	-1598
-490	-117	-224	-270	-23	-198	-126	-76	=	-1524
-560	-129	-252	-342	-27	-286	-154	-152	=	-1902

16) 8-Variable System followed by Verificiation

A	B	C	D	E	F	G	H		
14	6	16	2	19	8	20	23		
+8A	+5B	+9C	+9D	+1E	+6F	+7G	+10H	=	741
+18A	+15B	+20C	+19D	+8E	+14F	+14G	+14H	=	1566
+20A	+20B	+25C	+20D	+13E	+16F	+12G	+12H	=	1731
+27A	+23B	+28C	+25D	+20E	+16F	+12G	+12H	=	2038
+30A	+28B	+36C	+31D	+20E	+16F	+12G	+12H	=	2250
+40A	+35B	+46C	+34D	+23E	+19F	+15G	+15H	=	2808
+36A	+31B	+41C	+29D	+18E	+14F	+10G	+10H	=	2288
+41A	+35B	+45C	+33D	+22E	+18F	+14G	+14H	=	2734

A	B	C	D	E	F	G	H		
14	6	16	2	19	8	20	23		
112	30	144	18	19	48	140	230	=	741
252	90	320	38	152	112	280	322	=	1566
280	120	400	40	247	128	240	276	=	1731
378	138	448	50	380	128	240	276	=	2038
420	168	576	62	380	128	240	276	=	2250
560	210	736	68	437	152	300	345	=	2808
504	186	656	58	342	112	200	230	=	2288
574	210	720	66	418	144	280	322	=	2734

17) 8-Variable System followed by Verificiation

A	B	C	D	E	F	G	H		
7	9	3	12	0	21	16	14		
+3A	+7B	+5C	+6D	+6E	+5F	+4G	+3H	=	382
+11A	+16B	+16C	+15D	+15E	+9F	+12G	+6H	=	914
+15A	+18B	+26C	+21D	+19E	+13F	+13G	+7H	=	1176
+13A	+19B	+28C	+22D	+20E	+10F	+10G	+4H	=	1036
+21A	+23B	+33C	+30D	+19E	+9F	+9G	+3H	=	1188
+27A	+29B	+39C	+34D	+23E	+13F	+13G	+7H	=	1554
+25A	+27B	+36C	+31D	+20E	+10F	+10G	+4H	=	1324
+25A	+26B	+35C	+30D	+19E	+9F	+9G	+3H	=	1249

A	B	C	D	E	F	G	H		
7	9	3	12	0	21	16	14		
21	63	15	72	-0	105	64	42	=	382
77	144	48	180	-0	189	192	84	=	914
105	162	78	252	-0	273	208	98	=	1176
91	171	84	264	-0	210	160	56	=	1036
147	207	99	360	-0	189	144	42	=	1188
189	261	117	408	-0	273	208	98	=	1554
175	243	108	372	-0	210	160	56	=	1324
175	234	105	360	-0	189	144	42	=	1249

18) 8-Variable System followed by Verificiation

A	B	C	D	E	F	G	H		
3	7	12	22	21	5	15	17		
+3A	+3B	+4C	+4D	+9E	+2F	+5G	+3H	=	491
+13A	+10B	+14C	+9D	+21E	+6F	+15G	+6H	=	1273
+21A	+13B	+19C	+9D	+26E	+14F	+14G	+5H	=	1491
+22A	+21B	+19C	+17D	+27E	+13F	+13G	+4H	=	1710
+32A	+29B	+23C	+27D	+29E	+15F	+15G	+6H	=	2180
+36A	+33B	+27C	+24D	+26E	+12F	+12G	+3H	=	2028
+38A	+36B	+28C	+25D	+27E	+13F	+13G	+4H	=	2147
+38A	+35B	+27C	+24D	+26E	+12F	+12G	+3H	=	2048

A	B	C	D	E	F	G	H		
3	7	12	22	21	5	15	17		
9	21	48	88	189	10	75	51	=	491
39	70	168	198	441	30	225	102	=	1273
63	91	228	198	546	70	210	85	=	1491
66	147	228	374	567	65	195	68	=	1710
96	203	276	594	609	75	225	102	=	2180
108	231	324	528	546	60	180	51	=	2028
114	252	336	550	567	65	195	68	=	2147
114	245	324	528	546	60	180	51	=	2048

2-10 Variables Associated Expression Systems 1000 Associated Systems Volume 1

19) 8-Variable System followed by Verificiation

A	B	C	D	E	F	G	H		
5	17	2	3	10	11	10	26		
+6A	+5B	+7C	+7D	+4E	+11F	+5G	+6H	=	517
+14A	+10B	+12C	+12D	+11E	+15F	+13G	+7H	=	887
+18A	+17B	+16C	+20D	+20E	+19F	+15G	+9H	=	1264
+19A	+15B	+18C	+18D	+25E	+16F	+12G	+6H	=	1142
+20A	+20B	+25C	+19D	+24E	+15F	+11G	+5H	=	1192
+22A	+23B	+27C	+18D	+23E	+14F	+10G	+4H	=	1197
+23A	+25B	+27C	+18D	+23E	+14F	+10G	+4H	=	1236
+27A	+28B	+30C	+21D	+26E	+17F	+13G	+7H	=	1493

A	B	C	D	E	F	G	H		
5	17	2	3	10	11	10	26		
30	85	14	21	40	121	50	156	=	517
70	170	24	36	110	165	130	182	=	887
90	289	32	60	200	209	150	234	=	1264
95	255	36	54	250	176	120	156	=	1142
100	340	50	57	240	165	110	130	=	1192
110	391	54	54	230	154	100	104	=	1197
115	425	54	54	230	154	100	104	=	1236
135	476	60	63	260	187	130	182	=	1493

20) 8-Variable System followed by Verificiation

A	B	C	D	E	F	G	H		
1	6	20	21	15	4	17	5		
+3A	+7B	+3C	+8D	+9E	+5F	+9G	+3H	=	596
+6A	+16B	+5C	+13D	+10E	+8F	+12G	+3H	=	876
+18A	+21B	+15C	+17D	+18E	+20F	+15G	+6H	=	1436
+19A	+27B	+14C	+19D	+19E	+17F	+12G	+3H	=	1432
+21A	+35B	+18C	+21D	+18E	+16F	+11G	+2H	=	1563
+33A	+41B	+26C	+25D	+22E	+20F	+15G	+6H	=	2019
+33A	+43B	+25C	+24D	+21E	+19F	+14G	+5H	=	1949
+31A	+40B	+22C	+21D	+18E	+16F	+11G	+2H	=	1683

A	B	C	D	E	F	G	H		
1	6	20	21	15	4	17	5		
3	42	60	168	135	20	153	15	=	596
6	96	100	273	150	32	204	15	=	876
18	126	300	357	270	80	255	30	=	1436
19	162	280	399	285	68	204	15	=	1432
21	210	360	441	270	64	187	10	=	1563
33	246	520	525	330	80	255	30	=	2019
33	258	500	504	315	76	238	25	=	1949
31	240	440	441	270	64	187	10	=	1683

2-10 Variables Associated Expression Systems

21) 8-Variable System followed by Verificiation

A	B	C	D	E	F	G	H		
0	10	3	2	0	17	0	26		
+5A	+4B	+8C	+12D	+5E	+12F	+9G	+7H	=	474
+9A	+9B	+10C	+12D	+5E	+14F	+9G	+5H	=	512
+16A	+13B	+20C	+18D	+16E	+21F	+11G	+7H	=	765
+17A	+16B	+27C	+19D	+17E	+19F	+9G	+5H	=	732
+23A	+16B	+27C	+25D	+16E	+18F	+8G	+4H	=	701
+29A	+24B	+33C	+26D	+17E	+19F	+9G	+5H	=	844
+31A	+26B	+34C	+27D	+18E	+20F	+10G	+6H	=	912
+31A	+25B	+33C	+26D	+17E	+19F	+9G	+5H	=	854

A	B	C	D	E	F	G	H		
0	10	3	2	0	17	0	26		
-0	40	24	24	-0	204	-0	182	=	474
-0	90	30	24	-0	238	-0	130	=	512
-0	130	60	36	-0	357	-0	182	=	765
-0	160	81	38	-0	323	-0	130	=	732
-0	160	81	50	-0	306	-0	104	=	701
-0	240	99	52	-0	323	-0	130	=	844
-0	260	102	54	-0	340	-0	156	=	912
-0	250	99	52	-0	323	-0	130	=	854

22) 8-Variable System followed by Verificiation

A	B	C	D	E	F	G	H		
1	6	12	4	8	5	24	22		
+10A	+10B	+2C	+4D	+6E	+9F	+2G	+10H	=	471
+17A	+18B	+12C	+13D	+10E	+19F	+9G	+12H	=	976
+23A	+25B	+20C	+23D	+16E	+25F	+10G	+13H	=	1284
+26A	+28B	+19C	+27D	+19E	+21F	+6G	+9H	=	1129
+31A	+31B	+26C	+34D	+20E	+22F	+7G	+10H	=	1323
+40A	+38B	+35C	+38D	+24E	+26F	+11G	+14H	=	1734
+37A	+35B	+31C	+34D	+20E	+22F	+7G	+10H	=	1413
+40A	+37B	+33C	+36D	+22E	+24F	+9G	+12H	=	1578

A	B	C	D	E	F	G	H		
1	6	12	4	8	5	24	22		
10	60	24	16	48	45	48	220	=	471
17	108	144	52	80	95	216	264	=	976
23	150	240	92	128	125	240	286	=	1284
26	168	228	108	152	105	144	198	=	1129
31	186	312	136	160	110	168	220	=	1323
40	228	420	152	192	130	264	308	=	1734
37	210	372	136	160	110	168	220	=	1413
40	222	396	144	176	120	216	264	=	1578

2-10 Variables Associated Expression Systems   1000 Associated Systems Volume 1

23) 8-Variable System followed by Verificiation

A	B	C	D	E	F	G	H		
-16	-11	-19	-22	0	-9	-18	-23		
+6A	+10B	+3C	+3D	+6E	+7F	+10G	+6H	=	-710
+10A	+13B	+8C	+9D	+5E	+14F	+14G	+4H	=	-1123
+16A	+16B	+11C	+15D	+14E	+20F	+14G	+4H	=	-1495
+21A	+24B	+16C	+16D	+19E	+20F	+14G	+4H	=	-1780
+30A	+34B	+21C	+21D	+20E	+21F	+15G	+5H	=	-2289
+42A	+44B	+33C	+24D	+23E	+24F	+18G	+8H	=	-3035
+41A	+44B	+31C	+22D	+21E	+22F	+16G	+6H	=	-2837
+40A	+42B	+29C	+20D	+19E	+20F	+14G	+4H	=	-2617

A	B	C	D	E	F	G	H		
-16	-11	-19	-22	0	-9	-18	-23		
-96	-110	-57	-66	-0	-63	-180	-138	=	-710
-160	-143	-152	-198	-0	-126	-252	-92	=	-1123
-256	-176	-209	-330	-0	-180	-252	-92	=	-1495
-336	-264	-304	-352	-0	-180	-252	-92	=	-1780
-480	-374	-399	-462	-0	-189	-270	-115	=	-2289
-672	-484	-627	-528	-0	-216	-324	-184	=	-3035
-656	-484	-589	-484	-0	-198	-288	-138	=	-2837
-640	-462	-551	-440	-0	-180	-252	-92	=	-2617

24) 8-Variable System followed by Verificiation

A	B	C	D	E	F	G	H		
9	20	19	11	8	18	14	4		
+4A	+8B	+9C	+9D	+9E	+7F	+11G	+4H	=	834
+6A	+9B	+15C	+10D	+9E	+7F	+13G	+2H	=	1017
+14A	+19B	+23C	+17D	+16E	+15F	+16G	+5H	=	1772
+15A	+18B	+24C	+21D	+17E	+12F	+13G	+2H	=	1724
+26A	+31B	+32C	+32D	+21E	+16F	+17G	+6H	=	2532
+28A	+32B	+34C	+32D	+21E	+16F	+17G	+6H	=	2608
+26A	+30B	+31C	+29D	+18E	+13F	+14G	+3H	=	2328
+26A	+29B	+30C	+28D	+17E	+12F	+13G	+2H	=	2234

A	B	C	D	E	F	G	H		
9	20	19	11	8	18	14	4		
36	160	171	99	72	126	154	16	=	834
54	180	285	110	72	126	182	8	=	1017
126	380	437	187	128	270	224	20	=	1772
135	360	456	231	136	216	182	8	=	1724
234	620	608	352	168	288	238	24	=	2532
252	640	646	352	168	288	238	24	=	2608
234	600	589	319	144	234	196	12	=	2328
234	580	570	308	136	216	182	8	=	2234

25) 8-Variable System followed by Verificiation

A	B	C	D	E	F	G	H		
11	17	18	17	20	3	0	25		
+10A	+8B	+9C	+9D	+6E	+9F	+6G	+10H	=	958
+18A	+15B	+12C	+14D	+9E	+17F	+14G	+11H	=	1413
+28A	+23B	+14C	+22D	+12E	+24F	+15G	+12H	=	1937
+31A	+21B	+12C	+21D	+15E	+21F	+12G	+9H	=	1859
+34A	+32B	+23C	+26D	+17E	+23F	+14G	+11H	=	2458
+41A	+35B	+30C	+28D	+19E	+25F	+16G	+13H	=	2842
+37A	+32B	+25C	+23D	+14E	+20F	+11G	+8H	=	2332
+42A	+36B	+29C	+27D	+18E	+24F	+15G	+12H	=	2787

A	B	C	D	E	F	G	H		
11	17	18	17	20	3	0	25		
110	136	162	153	120	27	-0	250	=	958
198	255	216	238	180	51	-0	275	=	1413
308	391	252	374	240	72	-0	300	=	1937
341	357	216	357	300	63	-0	225	=	1859
374	544	414	442	340	69	-0	275	=	2458
451	595	540	476	380	75	-0	325	=	2842
407	544	450	391	280	60	-0	200	=	2332
462	612	522	459	360	72	-0	300	=	2787

26) 8-Variable System followed by Verificiation

A	B	C	D	E	F	G	H		
15	20	12	14	7	12	17	18		
+6A	+7B	+5C	+8D	+9E	+12F	+9G	+6H	=	870
+6A	+9B	+10C	+16D	+13E	+13F	+10G	+5H	=	1121
+14A	+15B	+18C	+26D	+20E	+21F	+13G	+8H	=	1847
+17A	+20B	+16C	+25D	+23E	+17F	+9G	+4H	=	1787
+21A	+32B	+23C	+31D	+26E	+20F	+12G	+7H	=	2417
+22A	+36B	+24C	+27D	+22E	+16F	+8G	+3H	=	2252
+23A	+38B	+24C	+27D	+22E	+16F	+8G	+3H	=	2307
+25A	+39B	+25C	+28D	+23E	+17F	+9G	+4H	=	2437

A	B	C	D	E	F	G	H		
15	20	12	14	7	12	17	18		
90	140	60	112	63	144	153	108	=	870
90	180	120	224	91	156	170	90	=	1121
210	300	216	364	140	252	221	144	=	1847
255	400	192	350	161	204	153	72	=	1787
315	640	276	434	182	240	204	126	=	2417
330	720	288	378	154	192	136	54	=	2252
345	760	288	378	154	192	136	54	=	2307
375	780	300	392	161	204	153	72	=	2437

2-10 Variables Associated Expression Systems

27) 8-Variable System followed by Verificiation

A	B	C	D	E	F	G	H		
0	-1	-21	-12	-17	-20	-19	-26		
+3A	+10B	+8C	+9D	+3E	+8F	+5G	+7H	=	-774
+6A	+15B	+17C	+10D	+6E	+12F	+8G	+7H	=	-1168
+13A	+20B	+26C	+20D	+11E	+19F	+12G	+11H	=	-1887
+13A	+19B	+30C	+21D	+11E	+14F	+7G	+6H	=	-1657
+19A	+23B	+39C	+27D	+14E	+17F	+10G	+9H	=	-2168
+17A	+26B	+39C	+24D	+11E	+14F	+7G	+6H	=	-1889
+18A	+28B	+39C	+24D	+11E	+14F	+7G	+6H	=	-1891
+23A	+32B	+43C	+28D	+15E	+18F	+11G	+10H	=	-2355

A	B	C	D	E	F	G	H		
0	-1	-21	-12	-17	-20	-19	-26		
-0	-10	-168	-108	-51	-160	-95	-182	=	-774
-0	-15	-357	-120	-102	-240	-152	-182	=	-1168
-0	-20	-546	-240	-187	-380	-228	-286	=	-1887
-0	-19	-630	-252	-187	-280	-133	-156	=	-1657
-0	-23	-819	-324	-238	-340	-190	-234	=	-2168
-0	-26	-819	-288	-187	-280	-133	-156	=	-1889
-0	-28	-819	-288	-187	-280	-133	-156	=	-1891
-0	-32	-903	-336	-255	-360	-209	-260	=	-2355

28) 8-Variable System followed by Verificiation

A	B	C	D	E	F	G	H		
17	11	12	7	5	2	4	5		
+9A	+3B	+7C	+6D	+4E	+4F	+8G	+9H	=	417
+18A	+15B	+15C	+11D	+15E	+10F	+17G	+12H	=	951
+20A	+17B	+16C	+15D	+20E	+12F	+17G	+12H	=	1076
+19A	+20B	+17C	+17D	+19E	+9F	+14G	+9H	=	1080
+26A	+28B	+20C	+24D	+19E	+9F	+14G	+9H	=	1372
+33A	+41B	+27C	+29D	+24E	+14F	+19G	+14H	=	1833
+32A	+43B	+25C	+27D	+22E	+12F	+17G	+12H	=	1768
+32A	+42B	+24C	+26D	+21E	+11F	+16G	+11H	=	1722

A	B	C	D	E	F	G	H		
17	11	12	7	5	2	4	5		
153	33	84	42	20	8	32	45	=	417
306	165	180	77	75	20	68	60	=	951
340	187	192	105	100	24	68	60	=	1076
323	220	204	119	95	18	56	45	=	1080
442	308	240	168	95	18	56	45	=	1372
561	451	324	203	120	28	76	70	=	1833
544	473	300	189	110	24	68	60	=	1768
544	462	288	182	105	22	64	55	=	1722

2-10 Variables Associated Expression Systems 1000 Associated Systems Volume 1

29) 8-Variable System followed by Verificiation

A	B	C	D	E	F	G	H		
11	2	9	15	21	8	6	8		
+8A	+4B	+1C	+5D	+3E	+3F	+9G	+6H	=	369
+13A	+13B	+8C	+13D	+12E	+13F	+14G	+10H	=	956
+16A	+20B	+10C	+17D	+20E	+16F	+14G	+10H	=	1273
+20A	+27B	+15C	+17D	+24E	+15F	+13G	+9H	=	1438
+22A	+32B	+24C	+19D	+24E	+15F	+13G	+9H	=	1581
+23A	+39B	+25C	+19D	+24E	+15F	+13G	+9H	=	1615
+21A	+37B	+22C	+16D	+21E	+12F	+10G	+6H	=	1388
+25A	+40B	+25C	+19D	+24E	+15F	+13G	+9H	=	1639

A	B	C	D	E	F	G	H		
11	2	9	15	21	8	6	8		
88	8	9	75	63	24	54	48	=	369
143	26	72	195	252	104	84	80	=	956
176	40	90	255	420	128	84	80	=	1273
220	54	135	255	504	120	78	72	=	1438
242	64	216	285	504	120	78	72	=	1581
253	78	225	285	504	120	78	72	=	1615
231	74	198	240	441	96	60	48	=	1388
275	80	225	285	504	120	78	72	=	1639

30) 8-Variable System followed by Verificiation

A	B	C	D	E	F	G	H		
12	17	6	4	22	5	23	7		
+8A	+4B	+10C	+3D	+10E	+4F	+3G	+5H	=	580
+12A	+11B	+9C	+2D	+14E	+3F	+4G	+3H	=	829
+14A	+14B	+15C	+5D	+18E	+5F	+4G	+3H	=	1050
+20A	+18B	+20C	+7D	+24E	+6F	+5G	+4H	=	1395
+28A	+27B	+29C	+15D	+25E	+7F	+6G	+5H	=	1787
+29A	+31B	+34C	+14D	+24E	+6F	+5G	+4H	=	1836
+31A	+34B	+35C	+15D	+25E	+7F	+6G	+5H	=	1978
+34A	+36B	+37C	+17D	+27E	+9F	+8G	+7H	=	2182

A	B	C	D	E	F	G	H		
12	17	6	4	22	5	23	7		
96	68	60	12	220	20	69	35	=	580
144	187	54	8	308	15	92	21	=	829
168	238	90	20	396	25	92	21	=	1050
240	306	120	28	528	30	115	28	=	1395
336	459	174	60	550	35	138	35	=	1787
348	527	204	56	528	30	115	28	=	1836
372	578	210	60	550	35	138	35	=	1978
408	612	222	68	594	45	184	49	=	2182

31) 8-Variable System followed by Verificiation

A	B	C	D	E	F	G	H		
2	9	-3	-14	-5	-13	-21	-8		
+7A	+4B	+3C	+9D	+9E	+8F	+2G	+7H	=	-332
+13A	+11B	+10C	+14D	+16E	+16F	+8G	+11H	=	-645
+18A	+15B	+9C	+13D	+15E	+23F	+5G	+8H	=	-581
+19A	+22B	+15C	+17D	+16E	+22F	+4G	+7H	=	-553
+29A	+34B	+27C	+27D	+20E	+26F	+8G	+11H	=	-789
+30A	+40B	+29C	+27D	+20E	+26F	+8G	+11H	=	-739
+30A	+40B	+28C	+26D	+19E	+25F	+7G	+10H	=	-675
+32A	+41B	+29C	+27D	+20E	+26F	+8G	+11H	=	-726

A	B	C	D	E	F	G	H		
2	9	-3	-14	-5	-13	-21	-8		
14	36	-9	-126	-45	-104	-42	-56	=	-332
26	99	-30	-196	-80	-208	-168	-88	=	-645
36	135	-27	-182	-75	-299	-105	-64	=	-581
38	198	-45	-238	-80	-286	-84	-56	=	-553
58	306	-81	-378	-100	-338	-168	-88	=	-789
60	360	-87	-378	-100	-338	-168	-88	=	-739
60	360	-84	-364	-95	-325	-147	-80	=	-675
64	369	-87	-378	-100	-338	-168	-88	=	-726

32) 8-Variable System followed by Verificiation

A	B	C	D	E	F	G	H		
-14	-3	-11	-6	-2	5	18	2		
+10A	+10B	+7C	+7D	+7E	+10F	+4G	+10H	=	-161
+19A	+16B	+12C	+15D	+10E	+13F	+10G	+10H	=	-291
+23A	+23B	+23C	+26D	+17E	+17F	+12G	+12H	=	-509
+25A	+22B	+22C	+30D	+19E	+13F	+8G	+8H	=	-651
+33A	+28B	+29C	+38D	+20E	+14F	+9G	+9H	=	-883
+36A	+29B	+32C	+38D	+20E	+14F	+9G	+9H	=	-961
+36A	+29B	+31C	+37D	+19E	+13F	+8G	+8H	=	-967
+41A	+33B	+35C	+41D	+23E	+17F	+12G	+12H	=	-1025

A	B	C	D	E	F	G	H		
-14	-3	-11	-6	-2	5	18	2		
-140	-30	-77	-42	-14	50	72	20	=	-161
-266	-48	-132	-90	-20	65	180	20	=	-291
-322	-69	-253	-156	-34	85	216	24	=	-509
-350	-66	-242	-180	-38	65	144	16	=	-651
-462	-84	-319	-228	-40	70	162	18	=	-883
-504	-87	-352	-228	-40	70	162	18	=	-961
-504	-87	-341	-222	-38	65	144	16	=	-967
-574	-99	-385	-246	-46	85	216	24	=	-1025

2-10 Variables Associated Expression Systems

33) 8-Variable System followed by Verificiation

A	B	C	D	E	F	G	H		
12	11	9	0	1	3	5	3		
+9A	+6B	+5C	+4D	+8E	+12F	+8G	+11H	=	336
+7A	+7B	+3C	+9D	+10E	+12F	+10G	+8H	=	308
+14A	+18B	+11C	+15D	+22E	+19F	+13G	+11H	=	642
+20A	+22B	+19C	+18D	+28E	+19F	+13G	+11H	=	836
+26A	+24B	+17C	+24D	+25E	+16F	+10G	+8H	=	876
+38A	+33B	+29C	+28D	+29E	+20F	+14G	+12H	=	1275
+35A	+30B	+25C	+24D	+25E	+16F	+10G	+8H	=	1122
+36A	+30B	+25C	+24D	+25E	+16F	+10G	+8H	=	1134

A	B	C	D	E	F	G	H		
12	11	9	0	1	3	5	3		
108	66	45	-0	8	36	40	33	=	336
84	77	27	-0	10	36	50	24	=	308
168	198	99	-0	22	57	65	33	=	642
240	242	171	-0	28	57	65	33	=	836
312	264	153	-0	25	48	50	24	=	876
456	363	261	-0	29	60	70	36	=	1275
420	330	225	-0	25	48	50	24	=	1122
432	330	225	-0	25	48	50	24	=	1134

34) 8-Variable System followed by Verificiation

A	B	C	D	E	F	G	H		
3	16	10	14	15	12	6	20		
+3A	+8B	+2C	+10D	+2E	+6F	+2G	+3H	=	471
+9A	+14B	+4C	+18D	+7E	+8F	+6G	+3H	=	840
+20A	+21B	+9C	+21D	+15E	+19F	+8G	+5H	=	1381
+23A	+23B	+15C	+19D	+18E	+16F	+5G	+2H	=	1385
+28A	+29B	+22C	+24D	+19E	+17F	+6G	+3H	=	1689
+29A	+36B	+25C	+23D	+18E	+16F	+5G	+2H	=	1767
+32A	+41B	+27C	+25D	+20E	+18F	+7G	+4H	=	2010
+34A	+42B	+28C	+26D	+21E	+19F	+8G	+5H	=	2109

A	B	C	D	E	F	G	H		
3	16	10	14	15	12	6	20		
9	128	20	140	30	72	12	60	=	471
27	224	40	252	105	96	36	60	=	840
60	336	90	294	225	228	48	100	=	1381
69	368	150	266	270	192	30	40	=	1385
84	464	220	336	285	204	36	60	=	1689
87	576	250	322	270	192	30	40	=	1767
96	656	270	350	300	216	42	80	=	2010
102	672	280	364	315	228	48	100	=	2109

2-10 Variables Associated Expression Systems   1000 Associated Systems Volume 1

35) 8-Variable System followed by Verificiation

A	B	C	D	E	F	G	H		
3	18	6	21	0	4	21	15		
+2A	+3B	+5C	+4D	+4E	+3F	+1G	+4H	=	267
+11A	+9B	+12C	+13D	+6E	+10F	+7G	+4H	=	787
+17A	+12B	+15C	+21D	+7E	+16F	+7G	+4H	=	1069
+23A	+13B	+22C	+23D	+10E	+16F	+7G	+4H	=	1189
+33A	+23B	+29C	+33D	+14E	+20F	+11G	+8H	=	1811
+34A	+27B	+30C	+31D	+12E	+18F	+9G	+6H	=	1770
+33A	+26B	+28C	+29D	+10E	+16F	+7G	+4H	=	1615
+36A	+28B	+30C	+31D	+12E	+18F	+9G	+6H	=	1794

A	B	C	D	E	F	G	H		
3	18	6	21	0	4	21	15		
6	54	30	84	-0	12	21	60	=	267
33	162	72	273	-0	40	147	60	=	787
51	216	90	441	-0	64	147	60	=	1069
69	234	132	483	-0	64	147	60	=	1189
99	414	174	693	-0	80	231	120	=	1811
102	486	180	651	-0	72	189	90	=	1770
99	468	168	609	-0	64	147	60	=	1615
108	504	180	651	-0	72	189	90	=	1794

36) 8-Variable System followed by Verificiation

A	B	C	D	E	F	G	H		
1	2	10	9	14	18	3	5		
+11A	+11B	+5C	+6D	+11E	+3F	+7G	+11H	=	421
+22A	+21B	+14C	+11D	+16E	+6F	+18G	+13H	=	754
+24A	+26B	+18C	+13D	+24E	+11F	+17G	+12H	=	1018
+24A	+28B	+24C	+16D	+26E	+10F	+16G	+11H	=	1111
+25A	+32B	+31C	+19D	+26E	+10F	+16G	+11H	=	1217
+27A	+40B	+33C	+19D	+26E	+10F	+16G	+11H	=	1255
+28A	+44B	+33C	+19D	+26E	+10F	+16G	+11H	=	1264
+27A	+42B	+31C	+17D	+24E	+8F	+14G	+9H	=	1141

A	B	C	D	E	F	G	H		
1	2	10	9	14	18	3	5		
11	22	50	54	154	54	21	55	=	421
22	42	140	99	224	108	54	65	=	754
24	52	180	117	336	198	51	60	=	1018
24	56	240	144	364	180	48	55	=	1111
25	64	310	171	364	180	48	55	=	1217
27	80	330	171	364	180	48	55	=	1255
28	88	330	171	364	180	48	55	=	1264
27	84	310	153	336	144	42	45	=	1141

37) 8-Variable System followed by Verificiation

A	B	C	D	E	F	G	H		
18	10	1	9	19	12	8	0		
+1A	+3B	+9C	+5D	+1E	+5F	+5G	+1H	=	221
+8A	+13B	+16C	+16D	+7E	+17F	+14G	+4H	=	883
+8A	+20B	+19C	+18D	+15E	+18F	+13G	+3H	=	1130
+14A	+29B	+27C	+20D	+21E	+19F	+14G	+4H	=	1488
+22A	+38B	+35C	+30D	+21E	+19F	+14G	+4H	=	1820
+32A	+45B	+45C	+31D	+22E	+20F	+15G	+5H	=	2128
+32A	+45B	+44C	+30D	+21E	+19F	+14G	+4H	=	2079
+31A	+43B	+42C	+28D	+19E	+17F	+12G	+2H	=	1943

A	B	C	D	E	F	G	H		
18	10	1	9	19	12	8	0		
18	30	9	45	19	60	40	-0	=	221
144	130	16	144	133	204	112	-0	=	883
144	200	19	162	285	216	104	-0	=	1130
252	290	27	180	399	228	112	-0	=	1488
396	380	35	270	399	228	112	-0	=	1820
576	450	45	279	418	240	120	-0	=	2128
576	450	44	270	399	228	112	-0	=	2079
558	430	42	252	361	204	96	-0	=	1943

38) 8-Variable System followed by Verificiation

A	B	C	D	E	F	G	H		
-12	-20	-15	-12	0	-5	-4	-24		
+6A	+7B	+1C	+9D	+5E	+7F	+2G	+6H	=	-522
+11A	+12B	+2C	+13D	+14E	+10F	+7G	+6H	=	-780
+21A	+22B	+8C	+22D	+23E	+20F	+11G	+10H	=	-1460
+24A	+27B	+12C	+28D	+26E	+19F	+10G	+9H	=	-1695
+30A	+35B	+16C	+30D	+26E	+19F	+10G	+9H	=	-2011
+28A	+37B	+14C	+27D	+23E	+16F	+7G	+6H	=	-1862
+29A	+40B	+14C	+27D	+23E	+16F	+7G	+6H	=	-1934
+33A	+43B	+17C	+30D	+26E	+19F	+10G	+9H	=	-2222

A	B	C	D	E	F	G	H		
-12	-20	-15	-12	0	-5	-4	-24		
-72	-140	-15	-108	-0	-35	-8	-144	=	-522
-132	-240	-30	-156	-0	-50	-28	-144	=	-780
-252	-440	-120	-264	-0	-100	-44	-240	=	-1460
-288	-540	-180	-336	-0	-95	-40	-216	=	-1695
-360	-700	-240	-360	-0	-95	-40	-216	=	-2011
-336	-740	-210	-324	-0	-80	-28	-144	=	-1862
-348	-800	-210	-324	-0	-80	-28	-144	=	-1934
-396	-860	-255	-360	-0	-95	-40	-216	=	-2222

39) 8-Variable System followed by Verificiation

A	B	C	D	E	F	G	H		
5	8	8	18	17	23	19	20		
+10A	+8B	+10C	+8D	+10E	+10F	+9G	+10H	=	1109
+15A	+12B	+16C	+18D	+17E	+13F	+14G	+11H	=	1697
+23A	+14B	+20C	+24D	+18E	+19F	+14G	+11H	=	2048
+25A	+18B	+23C	+27D	+20E	+16F	+11G	+8H	=	2016
+34A	+22B	+30C	+36D	+22E	+18F	+13G	+10H	=	2469
+40A	+31B	+36C	+37D	+23E	+19F	+14G	+11H	=	2716
+38A	+31B	+33C	+34D	+20E	+16F	+11G	+8H	=	2391
+43A	+35B	+37C	+38D	+24E	+20F	+15G	+12H	=	2868

A	B	C	D	E	F	G	H		
5	8	8	18	17	23	19	20		
50	64	80	144	170	230	171	200	=	1109
75	96	128	324	289	299	266	220	=	1697
115	112	160	432	306	437	266	220	=	2048
125	144	184	486	340	368	209	160	=	2016
170	176	240	648	374	414	247	200	=	2469
200	248	288	666	391	437	266	220	=	2716
190	248	264	612	340	368	209	160	=	2391
215	280	296	684	408	460	285	240	=	2868

40) 8-Variable System followed by Verificiation

A	B	C	D	E	F	G	H		
1	16	0	16	10	6	19	2		
+6A	+9B	+3C	+9D	+8E	+4F	+4G	+2H	=	478
+12A	+20B	+8C	+18D	+14E	+11F	+8G	+4H	=	986
+14A	+30B	+10C	+26D	+20E	+13F	+9G	+5H	=	1369
+17A	+32B	+14C	+27D	+23E	+11F	+7G	+3H	=	1396
+25A	+33B	+21C	+35D	+22E	+10F	+6G	+2H	=	1511
+30A	+43B	+24C	+36D	+23E	+11F	+7G	+3H	=	1729
+33A	+49B	+26C	+38D	+25E	+13F	+9G	+5H	=	1934
+32A	+47B	+24C	+36D	+23E	+11F	+7G	+3H	=	1795

A	B	C	D	E	F	G	H		
1	16	0	16	10	6	19	2		
6	144	-0	144	80	24	76	4	=	478
12	320	-0	288	140	66	152	8	=	986
14	480	-0	416	200	78	171	10	=	1369
17	512	-0	432	230	66	133	6	=	1396
25	528	-0	560	220	60	114	4	=	1511
30	688	-0	576	230	66	133	6	=	1729
33	784	-0	608	250	78	171	10	=	1934
32	752	-0	576	230	66	133	6	=	1795

41) 8-Variable System followed by Verificiation

A	B	C	D	E	F	G	H		
0	8	10	6	9	4	17	13		

+10A	+3B	+6C	+5D	+11E	+4F	+4G	+10H	=	427
+19A	+13B	+10C	+12D	+14E	+12F	+13G	+11H	=	814
+28A	+17B	+14C	+20D	+21E	+21F	+13G	+11H	=	1033
+32A	+19B	+14C	+28D	+25E	+20F	+12G	+10H	=	1099
+37A	+24B	+21C	+31D	+24E	+19F	+11G	+9H	=	1184
+49A	+34B	+33C	+34D	+27E	+22F	+14G	+12H	=	1531
+46A	+31B	+29C	+30D	+23E	+18F	+10G	+8H	=	1271
+51A	+35B	+33C	+34D	+27E	+22F	+14G	+12H	=	1539

A	B	C	D	E	F	G	H		
0	8	10	6	9	4	17	13		

-0	24	60	30	99	16	68	130	=	427
-0	104	100	72	126	48	221	143	=	814
-0	136	140	120	189	84	221	143	=	1033
-0	152	140	168	225	80	204	130	=	1099
-0	192	210	186	216	76	187	117	=	1184
-0	272	330	204	243	88	238	156	=	1531
-0	248	290	180	207	72	170	104	=	1271
-0	280	330	204	243	88	238	156	=	1539

42) 8-Variable System followed by Verificiation

A	B	C	D	E	F	G	H		
-13	-7	-12	-4	-22	-22	-8	-21		

+10A	+10B	+10C	+3D	+3E	+10F	+9G	+10H	=	-900
+11A	+16B	+18C	+7D	+11E	+19F	+12G	+10H	=	-1465
+22A	+24B	+22C	+15D	+14E	+30F	+14G	+12H	=	-2110
+23A	+24B	+27C	+15D	+17E	+29F	+13G	+11H	=	-2198
+29A	+28B	+32C	+21D	+16E	+28F	+12G	+10H	=	-2315
+37A	+40B	+40C	+25D	+20E	+32F	+16G	+14H	=	-2907
+36A	+41B	+38C	+23D	+18E	+30F	+14G	+12H	=	-2723
+36A	+40B	+37C	+22D	+17E	+29F	+13G	+11H	=	-2627

A	B	C	D	E	F	G	H		
-13	-7	-12	-4	-22	-22	-8	-21		

-130	-70	-120	-12	-66	-220	-72	-210	=	-900
-143	-112	-216	-28	-242	-418	-96	-210	=	-1465
-286	-168	-264	-60	-308	-660	-112	-252	=	-2110
-299	-168	-324	-60	-374	-638	-104	-231	=	-2198
-377	-196	-384	-84	-352	-616	-96	-210	=	-2315
-481	-280	-480	-100	-440	-704	-128	-294	=	-2907
-468	-287	-456	-92	-396	-660	-112	-252	=	-2723
-468	-280	-444	-88	-374	-638	-104	-231	=	-2627

43) 8-Variable System followed by Verificiation

A	B	C	D	E	F	G	H		
16	7	16	14	23	24	5	16		
+3A	+9B	+2C	+7D	+6E	+4F	+4G	+6H	=	591
+6A	+16B	+10C	+18D	+13E	+14F	+9G	+8H	=	1428
+8A	+20B	+12C	+18D	+17E	+16F	+7G	+6H	=	1618
+16A	+27B	+23C	+27D	+25E	+19F	+10G	+9H	=	2416
+18A	+31B	+29C	+32D	+26E	+20F	+11G	+10H	=	2710
+18A	+30B	+29C	+29D	+23E	+17F	+8G	+7H	=	2457
+19A	+33B	+29C	+29D	+23E	+17F	+8G	+7H	=	2494
+19A	+32B	+28C	+28D	+22E	+16F	+7G	+6H	=	2389

A	B	C	D	E	F	G	H		
16	7	16	14	23	24	5	16		
48	63	32	98	138	96	20	96	=	591
96	112	160	252	299	336	45	128	=	1428
128	140	192	252	391	384	35	96	=	1618
256	189	368	378	575	456	50	144	=	2416
288	217	464	448	598	480	55	160	=	2710
288	210	464	406	529	408	40	112	=	2457
304	231	464	406	529	408	40	112	=	2494
304	224	448	392	506	384	35	96	=	2389

44) 8-Variable System followed by Verificiation

A	B	C	D	E	F	G	H		
17	14	9	20	22	2	13	15		
+10A	+12B	+4C	+5D	+9E	+5F	+8G	+10H	=	936
+10A	+13B	+4C	+12D	+12E	+6F	+8G	+8H	=	1128
+21A	+23B	+10C	+22D	+20E	+17F	+12G	+12H	=	2019
+23A	+23B	+7C	+25D	+24E	+13F	+8G	+8H	=	2054
+28A	+31B	+16C	+30D	+26E	+15F	+10G	+10H	=	2536
+32A	+37B	+20C	+31D	+27E	+16F	+11G	+11H	=	2796
+29A	+38B	+16C	+27D	+23E	+12F	+7G	+7H	=	2435
+32A	+40B	+18C	+29D	+25E	+14F	+9G	+9H	=	2676

A	B	C	D	E	F	G	H		
17	14	9	20	22	2	13	15		
170	168	36	100	198	10	104	150	=	936
170	182	36	240	264	12	104	120	=	1128
357	322	90	440	440	34	156	180	=	2019
391	322	63	500	528	26	104	120	=	2054
476	434	144	600	572	30	130	150	=	2536
544	518	180	620	594	32	143	165	=	2796
493	532	144	540	506	24	91	105	=	2435
544	560	162	580	550	28	117	135	=	2676

45) 8-Variable System followed by Verificiation

A	B	C	D	E	F	G	H		
18	1	13	11	7	0	19	4		
+6A	+8B	+5C	+8D	+2E	+7F	+4G	+6H	=	383
+13A	+15B	+15C	+14D	+12E	+15F	+11G	+8H	=	923
+13A	+16B	+18C	+20D	+15E	+17F	+9G	+6H	=	1004
+19A	+22B	+21C	+28D	+21E	+17F	+9G	+6H	=	1287
+27A	+31B	+25C	+36D	+21E	+17F	+9G	+6H	=	1580
+38A	+38B	+36C	+38D	+23E	+19F	+11G	+8H	=	2010
+38A	+38B	+35C	+37D	+22E	+18F	+10G	+7H	=	1956
+41A	+40B	+37C	+39D	+24E	+20F	+12G	+9H	=	2120

A	B	C	D	E	F	G	H		
18	1	13	11	7	0	19	4		
108	8	65	88	14	-0	76	24	=	383
234	15	195	154	84	-0	209	32	=	923
234	16	234	220	105	-0	171	24	=	1004
342	22	273	308	147	-0	171	24	=	1287
486	31	325	396	147	-0	171	24	=	1580
684	38	468	418	161	-0	209	32	=	2010
684	38	455	407	154	-0	190	28	=	1956
738	40	481	429	168	-0	228	36	=	2120

46) 8-Variable System followed by Verificiation

A	B	C	D	E	F	G	H		
8	2	8	15	14	5	0	16		
+9A	+8B	+9C	+6D	+5E	+3F	+11G	+9H	=	479
+14A	+8B	+8C	+12D	+8E	+7F	+16G	+7H	=	631
+21A	+15B	+16C	+14D	+14E	+14F	+17G	+8H	=	930
+29A	+18B	+26C	+17D	+22E	+15F	+18G	+9H	=	1258
+34A	+24B	+30C	+22D	+20E	+13F	+16G	+7H	=	1347
+42A	+33B	+38C	+22D	+20E	+13F	+16G	+7H	=	1493
+44A	+35B	+39C	+23D	+21E	+14F	+17G	+8H	=	1571
+48A	+38B	+42C	+26D	+24E	+17F	+20G	+11H	=	1783

A	B	C	D	E	F	G	H		
8	2	8	15	14	5	0	16		
72	16	72	90	70	15	-0	144	=	479
112	16	64	180	112	35	-0	112	=	631
168	30	128	210	196	70	-0	128	=	930
232	36	208	255	308	75	-0	144	=	1258
272	48	240	330	280	65	-0	112	=	1347
336	66	304	330	280	65	-0	112	=	1493
352	70	312	345	294	70	-0	128	=	1571
384	76	336	390	336	85	-0	176	=	1783

47) 8-Variable System followed by Verificiation

A	B	C	D	E	F	G	H		
-10	-12	-8	-8	-3	-15	-1	-10		
+8A	+3B	+4C	+8D	+2E	+7F	+9G	+8H	=	-412
+13A	+13B	+11C	+11D	+6E	+18F	+14G	+10H	=	-864
+21A	+17B	+15C	+17D	+7E	+23F	+13G	+9H	=	-1139
+22A	+19B	+19C	+22D	+10E	+23F	+13G	+9H	=	-1254
+24A	+26B	+22C	+25D	+11E	+24F	+14G	+10H	=	-1435
+27A	+30B	+25C	+25D	+11E	+24F	+14G	+10H	=	-1537
+28A	+33B	+25C	+25D	+11E	+24F	+14G	+10H	=	-1583
+28A	+32B	+24C	+24D	+10E	+23F	+13G	+9H	=	-1526

A	B	C	D	E	F	G	H		
-10	-12	-8	-8	-3	-15	-1	-10		
-80	-36	-32	-64	-6	-105	-9	-80	=	-412
-130	-156	-88	-88	-18	-270	-14	-100	=	-864
-210	-204	-120	-136	-21	-345	-13	-90	=	-1139
-220	-228	-152	-176	-30	-345	-13	-90	=	-1254
-240	-312	-176	-200	-33	-360	-14	-100	=	-1435
-270	-360	-200	-200	-33	-360	-14	-100	=	-1537
-280	-396	-200	-200	-33	-360	-14	-100	=	-1583
-280	-384	-192	-192	-30	-345	-13	-90	=	-1526

48) 8-Variable System followed by Verificiation

A	B	C	D	E	F	G	H		
8	1	11	22	19	11	22	15		
+6A	+4B	+6C	+4D	+5E	+5F	+6G	+6H	=	578
+13A	+9B	+8C	+11D	+9E	+5F	+13G	+5H	=	1030
+14A	+12B	+15C	+13D	+11E	+6F	+13G	+5H	=	1211
+20A	+23B	+20C	+17D	+17E	+8F	+15G	+7H	=	1623
+28A	+30B	+29C	+25D	+17E	+8F	+15G	+7H	=	1969
+33A	+34B	+34C	+24D	+16E	+7F	+14G	+6H	=	1979
+36A	+37B	+36C	+26D	+18E	+9F	+16G	+8H	=	2206
+34A	+34B	+33C	+23D	+15E	+6F	+13G	+5H	=	1887

A	B	C	D	E	F	G	H		
8	1	11	22	19	11	22	15		
48	4	66	88	95	55	132	90	=	578
104	9	88	242	171	55	286	75	=	1030
112	12	165	286	209	66	286	75	=	1211
160	23	220	374	323	88	330	105	=	1623
224	30	319	550	323	88	330	105	=	1969
264	34	374	528	304	77	308	90	=	1979
288	37	396	572	342	99	352	120	=	2206
272	34	363	506	285	66	286	75	=	1887

49) 8-Variable System followed by Verificiation

A	B	C	D	E	F	G	H		
14	7	8	2	8	18	12	14		
+7A	+5B	+8C	+7D	+7E	+2F	+8G	+7H	=	497
+9A	+14B	+16C	+16D	+12E	+11F	+12G	+8H	=	934
+21A	+23B	+20C	+26D	+17E	+23F	+15G	+11H	=	1551
+28A	+30B	+23C	+33D	+24E	+22F	+14G	+10H	=	1748
+29A	+32B	+30C	+37D	+22E	+20F	+12G	+8H	=	1736
+38A	+35B	+37C	+38D	+23E	+21F	+13G	+9H	=	1993
+39A	+37B	+37C	+38D	+23E	+21F	+13G	+9H	=	2021
+41A	+38B	+38C	+39D	+24E	+22F	+14G	+10H	=	2118

A	B	C	D	E	F	G	H		
14	7	8	2	8	18	12	14		
98	35	64	14	56	36	96	98	=	497
126	98	128	32	96	198	144	112	=	934
294	161	160	52	136	414	180	154	=	1551
392	210	184	66	192	396	168	140	=	1748
406	224	240	74	176	360	144	112	=	1736
532	245	296	76	184	378	156	126	=	1993
546	259	296	76	184	378	156	126	=	2021
574	266	304	78	192	396	168	140	=	2118

50) 8-Variable System followed by Verificiation

A	B	C	D	E	F	G	H		
11	5	4	12	2	6	6	2		
+9A	+8B	+4C	+9D	+3E	+4F	+9G	+9H	=	365
+14A	+14B	+15C	+16D	+7E	+14F	+14G	+11H	=	680
+19A	+24B	+23C	+19D	+10E	+19F	+16G	+13H	=	905
+17A	+30B	+28C	+21D	+8E	+16F	+13G	+10H	=	911
+23A	+31B	+35C	+27D	+7E	+15F	+12G	+9H	=	1066
+31A	+43B	+43C	+30D	+10E	+18F	+15G	+12H	=	1330
+31A	+43B	+42C	+29D	+9E	+17F	+14G	+11H	=	1298
+33A	+44B	+43C	+30D	+10E	+18F	+15G	+12H	=	1357

A	B	C	D	E	F	G	H		
11	5	4	12	2	6	6	2		
99	40	16	108	6	24	54	18	=	365
154	70	60	192	14	84	84	22	=	680
209	120	92	228	20	114	96	26	=	905
187	150	112	252	16	96	78	20	=	911
253	155	140	324	14	90	72	18	=	1066
341	215	172	360	20	108	90	24	=	1330
341	215	168	348	18	102	84	22	=	1298
363	220	172	360	20	108	90	24	=	1357

51) 8-Variable System followed by Verificiation

A	B	C	D	E	F	G	H		
-11	-19	-9	-2	-20	-11	-4	-7		
+5A	+7B	+7C	+10D	+5E	+6F	+9G	+7H	=	-522
+5A	+7B	+10C	+12D	+8E	+8F	+9G	+6H	=	-628
+13A	+11B	+16C	+21D	+19E	+18F	+11G	+8H	=	-1216
+19A	+10B	+21C	+28D	+25E	+16F	+9G	+6H	=	-1398
+29A	+22B	+34C	+40D	+29E	+20F	+13G	+10H	=	-2045
+29A	+26B	+32C	+36D	+25E	+16F	+9G	+6H	=	-1927
+32A	+30B	+34C	+38D	+27E	+18F	+11G	+8H	=	-2142
+35A	+32B	+36C	+40D	+29E	+20F	+13G	+10H	=	-2319

A	B	C	D	E	F	G	H		
-11	-19	-9	-2	-20	-11	-4	-7		
-55	-133	-63	-20	-100	-66	-36	-49	=	-522
-55	-133	-90	-24	-160	-88	-36	-42	=	-628
-143	-209	-144	-42	-380	-198	-44	-56	=	-1216
-209	-190	-189	-56	-500	-176	-36	-42	=	-1398
-319	-418	-306	-80	-580	-220	-52	-70	=	-2045
-319	-494	-288	-72	-500	-176	-36	-42	=	-1927
-352	-570	-306	-76	-540	-198	-44	-56	=	-2142
-385	-608	-324	-80	-580	-220	-52	-70	=	-2319

52) 8-Variable System followed by Verificiation

A	B	C	D	E	F	G	H		
19	8	18	0	4	18	13	23		
+3A	+9B	+7C	+2D	+3E	+9F	+8G	+3H	=	602
+13A	+14B	+16C	+7D	+7E	+14F	+18G	+6H	=	1299
+12A	+17B	+16C	+12D	+5E	+15F	+15G	+3H	=	1206
+18A	+21B	+21C	+16D	+14E	+18F	+18G	+6H	=	1640
+23A	+24B	+22C	+21D	+13E	+17F	+17G	+5H	=	1719
+26A	+28B	+25C	+21D	+13E	+17F	+17G	+5H	=	1862
+25A	+27B	+23C	+19D	+11E	+15F	+15G	+3H	=	1683
+29A	+30B	+26C	+22D	+14E	+18F	+18G	+6H	=	2011

A	B	C	D	E	F	G	H		
19	8	18	0	4	18	13	23		
57	72	126	-0	12	162	104	69	=	602
247	112	288	-0	28	252	234	138	=	1299
228	136	288	-0	20	270	195	69	=	1206
342	168	378	-0	56	324	234	138	=	1640
437	192	396	-0	52	306	221	115	=	1719
494	224	450	-0	52	306	221	115	=	1862
475	216	414	-0	44	270	195	69	=	1683
551	240	468	-0	56	324	234	138	=	2011

2-10 Variables Associated Expression Systems					1000 Associated Systems Volume 1

53) 8-Variable System followed by Verificiation

A	B	C	D	E	F	G	H		
14	18	6	21	7	4	15	8		
+3A	+9B	+7C	+1D	+8E	+9F	+6G	+3H	=	473
+11A	+18B	+14C	+11D	+12E	+19F	+14G	+5H	=	1203
+12A	+23B	+14C	+14D	+13E	+20F	+13G	+4H	=	1358
+19A	+31B	+24C	+16D	+20E	+21F	+14G	+5H	=	1778
+25A	+39B	+33C	+22D	+22E	+23F	+16G	+7H	=	2254
+23A	+43B	+31C	+18D	+18E	+19F	+12G	+3H	=	2066
+27A	+51B	+34C	+21D	+21E	+22F	+15G	+6H	=	2449
+25A	+48B	+31C	+18D	+18E	+19F	+12G	+3H	=	2184

A	B	C	D	E	F	G	H		
14	18	6	21	7	4	15	8		
42	162	42	21	56	36	90	24	=	473
154	324	84	231	84	76	210	40	=	1203
168	414	84	294	91	80	195	32	=	1358
266	558	144	336	140	84	210	40	=	1778
350	702	198	462	154	92	240	56	=	2254
322	774	186	378	126	76	180	24	=	2066
378	918	204	441	147	88	225	48	=	2449
350	864	186	378	126	76	180	24	=	2184

54) 8-Variable System followed by Verificiation

A	B	C	D	E	F	G	H		
14	0	10	19	8	17	25	17		
+4A	+8B	+7C	+5D	+9E	+2F	+6G	+4H	=	545
+7A	+11B	+10C	+9D	+16E	+9F	+13G	+5H	=	1060
+17A	+17B	+16C	+16D	+24E	+17F	+17G	+9H	=	1761
+16A	+19B	+22C	+20D	+23E	+14F	+14G	+6H	=	1698
+23A	+26B	+24C	+25D	+24E	+15F	+15G	+7H	=	1978
+22A	+26B	+24C	+23D	+22E	+13F	+13G	+5H	=	1792
+23A	+27B	+24C	+23D	+22E	+13F	+13G	+5H	=	1806
+25A	+28B	+25C	+24D	+23E	+14F	+14G	+6H	=	1930

A	B	C	D	E	F	G	H		
14	0	10	19	8	17	25	17		
56	-0	70	95	72	34	150	68	=	545
98	-0	100	171	128	153	325	85	=	1060
238	-0	160	304	192	289	425	153	=	1761
224	-0	220	380	184	238	350	102	=	1698
322	-0	240	475	192	255	375	119	=	1978
308	-0	240	437	176	221	325	85	=	1792
322	-0	240	437	176	221	325	85	=	1806
350	-0	250	456	184	238	350	102	=	1930

55) 8-Variable System followed by Verificiation

A	B	C	D	E	F	G	H		
15	5	9	11	4	4	13	22		
+9A	+7B	+7C	+7D	+5E	+2F	+4G	+9H	=	588
+22A	+16B	+18C	+17D	+11E	+14F	+17G	+13H	=	1366
+21A	+15B	+24C	+20D	+13E	+13F	+15G	+11H	=	1367
+23A	+16B	+33C	+29D	+15E	+13F	+15G	+11H	=	1590
+31A	+19B	+39C	+34D	+14E	+12F	+14G	+10H	=	1791
+44A	+24B	+55C	+38D	+18E	+16F	+18G	+14H	=	2371
+42A	+22B	+52C	+35D	+15E	+13F	+15G	+11H	=	2142
+41A	+20B	+50C	+33D	+13E	+11F	+13G	+9H	=	1991

A	B	C	D	E	F	G	H		
15	5	9	11	4	4	13	22		
135	35	63	77	20	8	52	198	=	588
330	80	162	187	44	56	221	286	=	1366
315	75	216	220	52	52	195	242	=	1367
345	80	297	319	60	52	195	242	=	1590
465	95	351	374	56	48	182	220	=	1791
660	120	495	418	72	64	234	308	=	2371
630	110	468	385	60	52	195	242	=	2142
615	100	450	363	52	44	169	198	=	1991

56) 8-Variable System followed by Verificiation

A	B	C	D	E	F	G	H		
-15	-12	-8	-6	-13	-5	-3	-18		
+6A	+5B	+3C	+2D	+7E	+6F	+5G	+6H	=	-430
+13A	+9B	+7C	+10D	+16E	+9F	+12G	+8H	=	-852
+24A	+14B	+17C	+15D	+21E	+20F	+15G	+11H	=	-1370
+24A	+15B	+20C	+18D	+23E	+18F	+13G	+9H	=	-1398
+28A	+24B	+22C	+22D	+24E	+19F	+14G	+10H	=	-1645
+34A	+30B	+28C	+21D	+23E	+18F	+13G	+9H	=	-1810
+34A	+31B	+27C	+20D	+22E	+17F	+12G	+8H	=	-1769
+35A	+31B	+27C	+20D	+22E	+17F	+12G	+8H	=	-1784

A	B	C	D	E	F	G	H		
-15	-12	-8	-6	-13	-5	-3	-18		
-90	-60	-24	-12	-91	-30	-15	-108	=	-430
-195	-108	-56	-60	-208	-45	-36	-144	=	-852
-360	-168	-136	-90	-273	-100	-45	-198	=	-1370
-360	-180	-160	-108	-299	-90	-39	-162	=	-1398
-420	-288	-176	-132	-312	-95	-42	-180	=	-1645
-510	-360	-224	-126	-299	-90	-39	-162	=	-1810
-510	-372	-216	-120	-286	-85	-36	-144	=	-1769
-525	-372	-216	-120	-286	-85	-36	-144	=	-1784

57) 8-Variable System followed by Verificiation

A	B	C	D	E	F	G	H		
1	1	8	15	14	9	18	5		
+4A	+3B	+5C	+4D	+4E	+3F	+5G	+4H	=	300
+10A	+7B	+16C	+9D	+12E	+6F	+11G	+6H	=	730
+18A	+11B	+26C	+15D	+23E	+14F	+14G	+9H	=	1207
+21A	+14B	+24C	+17D	+26E	+10F	+10G	+5H	=	1141
+25A	+20B	+29C	+21D	+26E	+10F	+10G	+5H	=	1251
+35A	+30B	+39C	+23D	+28E	+12F	+12G	+7H	=	1473
+34A	+30B	+37C	+21D	+26E	+10F	+10G	+5H	=	1334
+35A	+30B	+37C	+21D	+26E	+10F	+10G	+5H	=	1335

A	B	C	D	E	F	G	H		
1	1	8	15	14	9	18	5		
4	3	40	60	56	27	90	20	=	300
10	7	128	135	168	54	198	30	=	730
18	11	208	225	322	126	252	45	=	1207
21	14	192	255	364	90	180	25	=	1141
25	20	232	315	364	90	180	25	=	1251
35	30	312	345	392	108	216	35	=	1473
34	30	296	315	364	90	180	25	=	1334
35	30	296	315	364	90	180	25	=	1335

58) 8-Variable System followed by Verificiation

A	B	C	D	E	F	G	H		
-1	-16	-2	-22	-1	-6	-7	-9		
+4A	+4B	+4C	+4D	+9E	+6F	+8G	+6H	=	-319
+9A	+14B	+15C	+14D	+14E	+12F	+13G	+8H	=	-820
+13A	+16B	+23C	+17D	+23E	+16F	+14G	+9H	=	-987
+11A	+16B	+26C	+16D	+21E	+12F	+10G	+5H	=	-879
+20A	+22B	+33C	+27D	+24E	+15F	+13G	+8H	=	-1309
+23A	+22B	+36C	+26D	+23E	+14F	+12G	+7H	=	-1273
+24A	+24B	+36C	+26D	+23E	+14F	+12G	+7H	=	-1306
+23A	+22B	+34C	+24D	+21E	+12F	+10G	+5H	=	-1179

A	B	C	D	E	F	G	H		
-1	-16	-2	-22	-1	-6	-7	-9		
-4	-64	-8	-88	-9	-36	-56	-54	=	-319
-9	-224	-30	-308	-14	-72	-91	-72	=	-820
-13	-256	-46	-374	-23	-96	-98	-81	=	-987
-11	-256	-52	-352	-21	-72	-70	-45	=	-879
-20	-352	-66	-594	-24	-90	-91	-72	=	-1309
-23	-352	-72	-572	-23	-84	-84	-63	=	-1273
-24	-384	-72	-572	-23	-84	-84	-63	=	-1306
-23	-352	-68	-528	-21	-72	-70	-45	=	-1179

59) 8-Variable System followed by Verificiation

A	B	C	D	E	F	G	H		
17	12	18	4	19	11	3	15		
+8A	+2B	+3C	+5D	+8E	+9F	+4G	+8H	=	617
+16A	+12B	+12C	+11D	+16E	+13F	+12G	+11H	=	1324
+14A	+11B	+11C	+11D	+16E	+13F	+9G	+8H	=	1206
+15A	+19B	+12C	+17D	+17E	+13F	+9G	+8H	=	1380
+25A	+30B	+23C	+27D	+21E	+17F	+13G	+12H	=	2112
+28A	+33B	+26C	+24D	+18E	+14F	+10G	+9H	=	2097
+30A	+35B	+27C	+25D	+19E	+15F	+11G	+10H	=	2225
+29A	+33B	+25C	+23D	+17E	+13F	+9G	+8H	=	2044

A	B	C	D	E	F	G	H		
17	12	18	4	19	11	3	15		
136	24	54	20	152	99	12	120	=	617
272	144	216	44	304	143	36	165	=	1324
238	132	198	44	304	143	27	120	=	1206
255	228	216	68	323	143	27	120	=	1380
425	360	414	108	399	187	39	180	=	2112
476	396	468	96	342	154	30	135	=	2097
510	420	486	100	361	165	33	150	=	2225
493	396	450	92	323	143	27	120	=	2044

60) 8-Variable System followed by Verificiation

A	B	C	D	E	F	G	H		
10	15	16	9	18	23	18	6		
+4A	+9B	+5C	+7D	+11E	+8F	+11G	+4H	=	922
+11A	+17B	+13C	+10D	+16E	+14F	+18G	+5H	=	1627
+20A	+23B	+16C	+17D	+17E	+23F	+18G	+5H	=	2143
+25A	+23B	+17C	+23D	+22E	+22F	+17G	+4H	=	2306
+29A	+32B	+23C	+27D	+24E	+24F	+19G	+6H	=	2743
+35A	+38B	+29C	+26D	+23E	+23F	+18G	+5H	=	2915
+33A	+37B	+26C	+23D	+20E	+20F	+15G	+2H	=	2610
+37A	+40B	+29C	+26D	+23E	+23F	+18G	+5H	=	2965

A	B	C	D	E	F	G	H		
10	15	16	9	18	23	18	6		
40	135	80	63	198	184	198	24	=	922
110	255	208	90	288	322	324	30	=	1627
200	345	256	153	306	529	324	30	=	2143
250	345	272	207	396	506	306	24	=	2306
290	480	368	243	432	552	342	36	=	2743
350	570	464	234	414	529	324	30	=	2915
330	555	416	207	360	460	270	12	=	2610
370	600	464	234	414	529	324	30	=	2965

61) 8-Variable System followed by Verificiation

A	B	C	D	E	F	G	H		
4	2	15	0	11	3	3	6		
+10A	+8B	+4C	+3D	+7E	+4F	+3G	+10H	=	274
+17A	+17B	+13C	+6D	+11E	+13F	+10G	+10H	=	547
+27A	+24B	+19C	+13D	+16E	+23F	+11G	+11H	=	785
+32A	+31B	+27C	+19D	+21E	+24F	+12G	+12H	=	1006
+34A	+33B	+34C	+21D	+22E	+25F	+13G	+13H	=	1146
+40A	+36B	+40C	+18D	+19E	+22F	+10G	+10H	=	1197
+40A	+37B	+39C	+17D	+18E	+21F	+9G	+9H	=	1161
+44A	+40B	+42C	+20D	+21E	+24F	+12G	+12H	=	1297

A	B	C	D	E	F	G	H		
4	2	15	0	11	3	3	6		
40	16	60	-0	77	12	9	60	=	274
68	34	195	-0	121	39	30	60	=	547
108	48	285	-0	176	69	33	66	=	785
128	62	405	-0	231	72	36	72	=	1006
136	66	510	-0	242	75	39	78	=	1146
160	72	600	-0	209	66	30	60	=	1197
160	74	585	-0	198	63	27	54	=	1161
176	80	630	-0	231	72	36	72	=	1297

62) 8-Variable System followed by Verificiation

A	B	C	D	E	F	G	H		
0	15	5	15	5	1	20	3		
+8A	+8B	+5C	+9D	+9E	+4F	+10G	+8H	=	553
+16A	+18B	+16C	+19D	+17E	+14F	+18G	+11H	=	1127
+24A	+20B	+22C	+21D	+23E	+22F	+18G	+11H	=	1255
+32A	+22B	+22C	+21D	+34E	+21F	+17G	+10H	=	1316
+37A	+31B	+26C	+26D	+34E	+21F	+17G	+10H	=	1546
+37A	+31B	+30C	+25D	+33E	+20F	+16G	+9H	=	1522
+36A	+30B	+28C	+23D	+31E	+18F	+14G	+7H	=	1409
+37A	+30B	+28C	+23D	+31E	+18F	+14G	+7H	=	1409

A	B	C	D	E	F	G	H		
0	15	5	15	5	1	20	3		
-0	120	25	135	45	4	200	24	=	553
-0	270	80	285	85	14	360	33	=	1127
-0	300	110	315	115	22	360	33	=	1255
-0	330	110	315	170	21	340	30	=	1316
-0	465	130	390	170	21	340	30	=	1546
-0	465	150	375	165	20	320	27	=	1522
-0	450	140	345	155	18	280	21	=	1409
-0	450	140	345	155	18	280	21	=	1409

63) 8-Variable System followed by Verificiation

A	B	C	D	E	F	G	H		
-13	-15	-8	-9	-13	-8	-17	-12		
+5A	+11B	+6C	+7D	+5E	+4F	+9G	+5H	=	-651
+7A	+18B	+10C	+9D	+13E	+12F	+11G	+5H	=	-1034
+12A	+25B	+14C	+15D	+21E	+17F	+11G	+5H	=	-1434
+13A	+26B	+20C	+21D	+22E	+15F	+9G	+3H	=	-1503
+25A	+37B	+28C	+33D	+26E	+19F	+13G	+7H	=	-2196
+31A	+36B	+30C	+31D	+24E	+17F	+11G	+5H	=	-2157
+30A	+35B	+28C	+29D	+22E	+15F	+9G	+3H	=	-1995
+33A	+37B	+30C	+31D	+24E	+17F	+11G	+5H	=	-2198

A	B	C	D	E	F	G	H		
-13	-15	-8	-9	-13	-8	-17	-12		
-65	-165	-48	-63	-65	-32	-153	-60	=	-651
-91	-270	-80	-81	-169	-96	-187	-60	=	-1034
-156	-375	-112	-135	-273	-136	-187	-60	=	-1434
-169	-390	-160	-189	-286	-120	-153	-36	=	-1503
-325	-555	-224	-297	-338	-152	-221	-84	=	-2196
-403	-540	-240	-279	-312	-136	-187	-60	=	-2157
-390	-525	-224	-261	-286	-120	-153	-36	=	-1995
-429	-555	-240	-279	-312	-136	-187	-60	=	-2198

64) 8-Variable System followed by Verificiation

A	B	C	D	E	F	G	H		
13	0	2	6	11	15	16	3		
+10A	+10B	+7C	+11D	+11E	+7F	+4G	+10H	=	530
+17A	+15B	+11C	+11D	+18E	+13F	+11G	+8H	=	902
+25A	+16B	+14C	+19D	+24E	+19F	+11G	+8H	=	1216
+28A	+20B	+23C	+29D	+27E	+21F	+13G	+10H	=	1434
+36A	+20B	+31C	+37D	+26E	+20F	+12G	+9H	=	1557
+41A	+22B	+36C	+36D	+25E	+19F	+11G	+8H	=	1581
+43A	+25B	+37C	+37D	+26E	+20F	+12G	+9H	=	1660
+47A	+28B	+40C	+40D	+29E	+23F	+15G	+12H	=	1871

A	B	C	D	E	F	G	H		
13	0	2	6	11	15	16	3		
130	-0	14	66	121	105	64	30	=	530
221	-0	22	66	198	195	176	24	=	902
325	-0	28	114	264	285	176	24	=	1216
364	-0	46	174	297	315	208	30	=	1434
468	-0	62	222	286	300	192	27	=	1557
533	-0	72	216	275	285	176	24	=	1581
559	-0	74	222	286	300	192	27	=	1660
611	-0	80	240	319	345	240	36	=	1871

65) 8-Variable System followed by Verificiation

A	B	C	D	E	F	G	H		
10	12	8	17	7	15	20	22		
+5A	+6B	+1C	+8D	+2E	+6F	+5G	+5H	=	580
+10A	+11B	+10C	+20D	+9E	+14F	+12G	+8H	=	1341
+12A	+14B	+8C	+21D	+7E	+16F	+9G	+5H	=	1288
+14A	+18B	+17C	+28D	+11E	+16F	+9G	+5H	=	1575
+19A	+23B	+20C	+33D	+12E	+17F	+10G	+6H	=	1858
+28A	+29B	+29C	+33D	+12E	+17F	+10G	+6H	=	2092
+30A	+31B	+30C	+34D	+13E	+18F	+11G	+7H	=	2225
+29A	+29B	+28C	+32D	+11E	+16F	+9G	+5H	=	2013

A	B	C	D	E	F	G	H		
10	12	8	17	7	15	20	22		
50	72	8	136	14	90	100	110	=	580
100	132	80	340	63	210	240	176	=	1341
120	168	64	357	49	240	180	110	=	1288
140	216	136	476	77	240	180	110	=	1575
190	276	160	561	84	255	200	132	=	1858
280	348	232	561	84	255	200	132	=	2092
300	372	240	578	91	270	220	154	=	2225
290	348	224	544	77	240	180	110	=	2013

66) 8-Variable System followed by Verificiation

A	B	C	D	E	F	G	H		
2	7	3	18	6	16	20	26		
+11A	+6B	+9C	+3D	+8E	+6F	+6G	+11H	=	695
+18A	+13B	+12C	+8D	+15E	+12F	+13G	+10H	=	1109
+25A	+19B	+16C	+11D	+22E	+19F	+15G	+12H	=	1477
+26A	+26B	+21C	+13D	+24E	+19F	+15G	+12H	=	1591
+28A	+25B	+24C	+17D	+22E	+17F	+13G	+10H	=	1533
+33A	+38B	+29C	+21D	+26E	+21F	+17G	+14H	=	1993
+30A	+37B	+25C	+17D	+22E	+17F	+13G	+10H	=	1624
+34A	+40B	+28C	+20D	+25E	+20F	+16G	+13H	=	1920

A	B	C	D	E	F	G	H		
2	7	3	18	6	16	20	26		
22	42	27	54	48	96	120	286	=	695
36	91	36	144	90	192	260	260	=	1109
50	133	48	198	132	304	300	312	=	1477
52	182	63	234	144	304	300	312	=	1591
56	175	72	306	132	272	260	260	=	1533
66	266	87	378	156	336	340	364	=	1993
60	259	75	306	132	272	260	260	=	1624
68	280	84	360	150	320	320	338	=	1920

67) 8-Variable System followed by Verificiation

A	B	C	D	E	F	G	H		
-17	-7	-19	-20	-15	0	0	-26		
+2A	+2B	+3C	+2D	+8E	+4F	+2G	+2H	=	-317
+13A	+9B	+11C	+11D	+17E	+11F	+13G	+4H	=	-1072
+24A	+17B	+15C	+16D	+22E	+20F	+16G	+7H	=	-1644
+21A	+17B	+16C	+20D	+20E	+16F	+12G	+3H	=	-1558
+22A	+25B	+16C	+23D	+19E	+15F	+11G	+2H	=	-1650
+34A	+30B	+28C	+26D	+22E	+18F	+14G	+5H	=	-2300
+32A	+30B	+25C	+23D	+19E	+15F	+11G	+2H	=	-2026
+35A	+32B	+27C	+25D	+21E	+17F	+13G	+4H	=	-2251

A	B	C	D	E	F	G	H		
-17	-7	-19	-20	-15	0	0	-26		
-34	-14	-57	-40	-120	-0	-0	-52	=	-317
-221	-63	-209	-220	-255	-0	-0	-104	=	-1072
-408	-119	-285	-320	-330	-0	-0	-182	=	-1644
-357	-119	-304	-400	-300	-0	-0	-78	=	-1558
-374	-175	-304	-460	-285	-0	-0	-52	=	-1650
-578	-210	-532	-520	-330	-0	-0	-130	=	-2300
-544	-210	-475	-460	-285	-0	-0	-52	=	-2026
-595	-224	-513	-500	-315	-0	-0	-104	=	-2251

68) 8-Variable System followed by Verificiation

A	B	C	D	E	F	G	H		
9	6	12	4	14	12	8	17		
+11A	+8B	+9C	+8D	+4E	+8F	+6G	+11H	=	674
+12A	+8B	+10C	+8D	+7E	+13F	+7G	+9H	=	771
+20A	+16B	+20C	+18D	+12E	+21F	+8G	+10H	=	1242
+25A	+22B	+29C	+25D	+20E	+23F	+10G	+12H	=	1645
+31A	+29B	+34C	+27D	+18E	+21F	+8G	+10H	=	1707
+39A	+36B	+44C	+27D	+18E	+21F	+8G	+10H	=	1941
+40A	+39B	+44C	+27D	+18E	+21F	+8G	+10H	=	1968
+43A	+41B	+46C	+29D	+20E	+23F	+10G	+12H	=	2141

A	B	C	D	E	F	G	H		
9	6	12	4	14	12	8	17		
99	48	108	32	56	96	48	187	=	674
108	48	120	32	98	156	56	153	=	771
180	96	240	72	168	252	64	170	=	1242
225	132	348	100	280	276	80	204	=	1645
279	174	408	108	252	252	64	170	=	1707
351	216	528	108	252	252	64	170	=	1941
360	234	528	108	252	252	64	170	=	1968
387	246	552	116	280	276	80	204	=	2141

2-10 Variables Associated Expression Systems 1000 Associated Systems Volume 1

69) 8-Variable System followed by Verificiation

A	B	C	D	E	F	G	H		
11	17	14	6	18	12	3	7		
+8A	+4B	+1C	+3D	+2E	+7F	+3G	+8H	=	373
+16A	+10B	+5C	+7D	+10E	+10F	+9G	+8H	=	841
+26A	+16B	+15C	+18D	+17E	+20F	+14G	+13H	=	1555
+22A	+17B	+19C	+19D	+13E	+15F	+9G	+8H	=	1408
+24A	+24B	+25C	+22D	+14E	+16F	+10G	+9H	=	1691
+29A	+30B	+30C	+26D	+18E	+20F	+14G	+13H	=	2102
+28A	+29B	+28C	+24D	+16E	+18F	+12G	+11H	=	1954
+26A	+26B	+25C	+21D	+13E	+15F	+9G	+8H	=	1701

A	B	C	D	E	F	G	H		
11	17	14	6	18	12	3	7		
88	68	14	18	36	84	9	56	=	373
176	170	70	42	180	120	27	56	=	841
286	272	210	108	306	240	42	91	=	1555
242	289	266	114	234	180	27	56	=	1408
264	408	350	132	252	192	30	63	=	1691
319	510	420	156	324	240	42	91	=	2102
308	493	392	144	288	216	36	77	=	1954
286	442	350	126	234	180	27	56	=	1701

70) 8-Variable System followed by Verificiation

A	B	C	D	E	F	G	H		
9	3	8	8	17	17	21	20		
+1A	+8B	+8C	+8D	+7E	+4F	+5G	+1H	=	473
+12A	+16B	+16C	+16D	+17E	+12F	+12G	+4H	=	1237
+15A	+22B	+19C	+26D	+24E	+15F	+14G	+6H	=	1638
+15A	+28B	+20C	+33D	+24E	+13F	+12G	+4H	=	1604
+20A	+30B	+27C	+38D	+24E	+13F	+12G	+4H	=	1751
+27A	+33B	+34C	+39D	+25E	+14F	+13G	+5H	=	1962
+27A	+33B	+33C	+38D	+24E	+13F	+12G	+4H	=	1871
+29A	+34B	+34C	+39D	+25E	+14F	+13G	+5H	=	1983

A	B	C	D	E	F	G	H		
9	3	8	8	17	17	21	20		
9	24	64	64	119	68	105	20	=	473
108	48	128	128	289	204	252	80	=	1237
135	66	152	208	408	255	294	120	=	1638
135	84	160	264	408	221	252	80	=	1604
180	90	216	304	408	221	252	80	=	1751
243	99	272	312	425	238	273	100	=	1962
243	99	264	304	408	221	252	80	=	1871
261	102	272	312	425	238	273	100	=	1983

2-10 Variables Associated Expression Systems　　　　　1000 Associated Systems Volume 1

71) 8-Variable System followed by Verificiation

A	B	C	D	E	F	G	H		
-19	-10	-5	-10	-2	-17	-10	-23		
+4A	+7B	+1C	+6D	+2E	+5F	+8G	+2H	=	-426
+10A	+17B	+8C	+12D	+8E	+11F	+14G	+3H	=	-932
+16A	+18B	+14C	+15D	+9E	+15F	+14G	+3H	=	-1186
+22A	+28B	+20C	+20D	+15E	+16F	+15G	+4H	=	-1542
+30A	+29B	+22C	+28D	+14E	+15F	+14G	+3H	=	-1742
+35A	+35B	+27C	+32D	+18E	+19F	+18G	+7H	=	-2170
+33A	+33B	+24C	+29D	+15E	+16F	+15G	+4H	=	-1911
+32A	+31B	+22C	+27D	+13E	+14F	+13G	+2H	=	-1738

A	B	C	D	E	F	G	H		
-19	-10	-5	-10	-2	-17	-10	-23		
-76	-70	-5	-60	-4	-85	-80	-46	=	-426
-190	-170	-40	-120	-16	-187	-140	-69	=	-932
-304	-180	-70	-150	-18	-255	-140	-69	=	-1186
-418	-280	-100	-200	-30	-272	-150	-92	=	-1542
-570	-290	-110	-280	-28	-255	-140	-69	=	-1742
-665	-350	-135	-320	-36	-323	-180	-161	=	-2170
-627	-330	-120	-290	-30	-272	-150	-92	=	-1911
-608	-310	-110	-270	-26	-238	-130	-46	=	-1738

72) 8-Variable System followed by Verificiation

A	B	C	D	E	F	G	H		
13	5	3	22	11	3	13	25		
+8A	+6B	+5C	+6D	+11E	+4F	+9G	+8H	=	731
+11A	+7B	+6C	+7D	+14E	+9F	+12G	+6H	=	837
+18A	+13B	+17C	+18D	+20E	+18F	+15G	+9H	=	1440
+24A	+18B	+21C	+18D	+26E	+16F	+13G	+7H	=	1539
+29A	+26B	+26C	+23D	+25E	+15F	+12G	+6H	=	1717
+36A	+33B	+33C	+27D	+29E	+19F	+16G	+10H	=	2160
+35A	+33B	+31C	+25D	+27E	+17F	+14G	+8H	=	1993
+37A	+34B	+32C	+26D	+28E	+18F	+15G	+9H	=	2101

A	B	C	D	E	F	G	H		
13	5	3	22	11	3	13	25		
104	30	15	132	121	12	117	200	=	731
143	35	18	154	154	27	156	150	=	837
234	65	51	396	220	54	195	225	=	1440
312	90	63	396	286	48	169	175	=	1539
377	130	78	506	275	45	156	150	=	1717
468	165	99	594	319	57	208	250	=	2160
455	165	93	550	297	51	182	200	=	1993
481	170	96	572	308	54	195	225	=	2101

73) 8-Variable System followed by Verificiation

A	B	C	D	E	F	G	H		
-2	-11	-2	-22	-7	-13	-14	-23		
+12A	+7B	+6C	+9D	+9E	+9F	+6G	+12H	=	-851
+13A	+6B	+5C	+10D	+10E	+12F	+5G	+9H	=	-825
+22A	+17B	+16C	+18D	+17E	+21F	+9G	+13H	=	-1476
+26A	+20B	+15C	+22D	+21E	+19F	+7G	+11H	=	-1531
+29A	+27B	+24C	+25D	+22E	+20F	+8G	+12H	=	-1755
+31A	+34B	+26C	+23D	+20E	+18F	+6G	+10H	=	-1682
+31A	+34B	+25C	+22D	+19E	+17F	+5G	+9H	=	-1601
+36A	+38B	+29C	+26D	+23E	+21F	+9G	+13H	=	-1979

A	B	C	D	E	F	G	H		
-2	-11	-2	-22	-7	-13	-14	-23		
-24	-77	-12	-198	-63	-117	-84	-276	=	-851
-26	-66	-10	-220	-70	-156	-70	-207	=	-825
-44	-187	-32	-396	-119	-273	-126	-299	=	-1476
-52	-220	-30	-484	-147	-247	-98	-253	=	-1531
-58	-297	-48	-550	-154	-260	-112	-276	=	-1755
-62	-374	-52	-506	-140	-234	-84	-230	=	-1682
-62	-374	-50	-484	-133	-221	-70	-207	=	-1601
-72	-418	-58	-572	-161	-273	-126	-299	=	-1979

74) 8-Variable System followed by Verificiation

A	B	C	D	E	F	G	H		
8	8	17	2	22	20	7	5		
+10A	+6B	+9C	+7D	+8E	+7F	+3G	+6H	=	662
+14A	+13B	+14C	+9D	+8E	+11F	+5G	+4H	=	923
+22A	+23B	+23C	+21D	+12E	+19F	+8G	+7H	=	1528
+28A	+30B	+25C	+28D	+18E	+19F	+8G	+7H	=	1812
+30A	+33B	+29C	+30D	+17E	+18F	+7G	+6H	=	1870
+37A	+38B	+36C	+32D	+19E	+20F	+9G	+8H	=	2197
+37A	+38B	+35C	+31D	+18E	+19F	+8G	+7H	=	2124
+36A	+36B	+33C	+29D	+16E	+17F	+6G	+5H	=	1954

A	B	C	D	E	F	G	H		
8	8	17	2	22	20	7	5		
80	48	153	14	176	140	21	30	=	662
112	104	238	18	176	220	35	20	=	923
176	184	391	42	264	380	56	35	=	1528
224	240	425	56	396	380	56	35	=	1812
240	264	493	60	374	360	49	30	=	1870
296	304	612	64	418	400	63	40	=	2197
296	304	595	62	396	380	56	35	=	2124
288	288	561	58	352	340	42	25	=	1954

75) 8-Variable System followed by Verificiation

A	B	C	D	E	F	G	H		
13	4	0	12	7	24	1	20		
+7A	+7B	+5C	+7D	+6E	+8F	+5G	+7H	=	582
+13A	+15B	+7C	+15D	+13E	+12F	+11G	+6H	=	919
+20A	+18B	+9C	+20D	+14E	+19F	+11G	+6H	=	1257
+21A	+21B	+11C	+28D	+15E	+19F	+11G	+6H	=	1385
+25A	+23B	+16C	+32D	+14E	+18F	+10G	+5H	=	1441
+30A	+35B	+21C	+35D	+17E	+21F	+13G	+8H	=	1746
+30A	+39B	+20C	+34D	+16E	+20F	+12G	+7H	=	1698
+32A	+40B	+21C	+35D	+17E	+21F	+13G	+8H	=	1792

A	B	C	D	E	F	G	H		
13	4	0	12	7	24	1	20		
91	28	-0	84	42	192	5	140	=	582
169	60	-0	180	91	288	11	120	=	919
260	72	-0	240	98	456	11	120	=	1257
273	84	-0	336	105	456	11	120	=	1385
325	92	-0	384	98	432	10	100	=	1441
390	140	-0	420	119	504	13	160	=	1746
390	156	-0	408	112	480	12	140	=	1698
416	160	-0	420	119	504	13	160	=	1792

76) 8-Variable System followed by Verificiation

A	B	C	D	E	F	G	H		
4	0	3	13	17	24	14	23		
+9A	+4B	+8C	+6D	+5E	+10F	+9G	+9H	=	796
+12A	+6B	+15C	+15D	+9E	+19F	+12G	+9H	=	1272
+15A	+10B	+18C	+19D	+11E	+22F	+9G	+6H	=	1340
+20A	+14B	+29C	+28D	+16E	+25F	+12G	+9H	=	1778
+26A	+19B	+38C	+34D	+16E	+25F	+12G	+9H	=	1907
+33A	+26B	+48C	+35D	+17E	+26F	+13G	+10H	=	2056
+33A	+27B	+47C	+34D	+16E	+25F	+12G	+9H	=	1962
+31A	+24B	+44C	+31D	+13E	+22F	+9G	+6H	=	1672

A	B	C	D	E	F	G	H		
4	0	3	13	17	24	14	23		
36	-0	24	78	85	240	126	207	=	796
48	-0	45	195	153	456	168	207	=	1272
60	-0	54	247	187	528	126	138	=	1340
80	-0	87	364	272	600	168	207	=	1778
104	-0	114	442	272	600	168	207	=	1907
132	-0	144	455	289	624	182	230	=	2056
132	-0	141	442	272	600	168	207	=	1962
124	-0	132	403	221	528	126	138	=	1672

2-10 Variables Associated Expression Systems — 1000 Associated Systems Volume 1

77) 8-Variable System followed by Verificiation

A	B	C	D	E	F	G	H		
-17	0	-5	-6	-7	-17	0	-6		
+10A	+6B	+3C	+7D	+2E	+5F	+8G	+10H	=	-386
+18A	+16B	+9C	+15D	+9E	+17F	+16G	+13H	=	-871
+22A	+24B	+9C	+15D	+17E	+21F	+15G	+12H	=	-1057
+27A	+32B	+12C	+20D	+22E	+21F	+15G	+12H	=	-1222
+29A	+35B	+18C	+23D	+23E	+22F	+16G	+13H	=	-1334
+30A	+37B	+19C	+19D	+19E	+18F	+12G	+9H	=	-1212
+32A	+40B	+20C	+20D	+20E	+19F	+13G	+10H	=	-1287
+35A	+42B	+22C	+22D	+22E	+21F	+15G	+12H	=	-1420

A	B	C	D	E	F	G	H		
-17	0	-5	-6	-7	-17	0	-6		
-170	-0	-15	-42	-14	-85	-0	-60	=	-386
-306	-0	-45	-90	-63	-289	-0	-78	=	-871
-374	-0	-45	-90	-119	-357	-0	-72	=	-1057
-459	-0	-60	-120	-154	-357	-0	-72	=	-1222
-493	-0	-90	-138	-161	-374	-0	-78	=	-1334
-510	-0	-95	-114	-133	-306	-0	-54	=	-1212
-544	-0	-100	-120	-140	-323	-0	-60	=	-1287
-595	-0	-110	-132	-154	-357	-0	-72	=	-1420

78) 8-Variable System followed by Verificiation

A	B	C	D	E	F	G	H		
0	3	3	4	17	9	19	26		
+4A	+5B	+7C	+7D	+3E	+9F	+7G	+4H	=	433
+12A	+17B	+16C	+15D	+7E	+16F	+15G	+7H	=	889
+20A	+24B	+22C	+23D	+8E	+24F	+15G	+7H	=	1049
+19A	+23B	+27C	+24D	+9E	+21F	+12G	+4H	=	920
+24A	+26B	+38C	+29D	+11E	+23F	+14G	+6H	=	1124
+32A	+27B	+46C	+29D	+11E	+23F	+14G	+6H	=	1151
+31A	+27B	+44C	+27D	+9E	+21F	+12G	+4H	=	995
+35A	+30B	+47C	+30D	+12E	+24F	+15G	+7H	=	1238

A	B	C	D	E	F	G	H		
0	3	3	4	17	9	19	26		
-0	15	21	28	51	81	133	104	=	433
-0	51	48	60	119	144	285	182	=	889
-0	72	66	92	136	216	285	182	=	1049
-0	69	81	96	153	189	228	104	=	920
-0	78	114	116	187	207	266	156	=	1124
-0	81	138	116	187	207	266	156	=	1151
-0	81	132	108	153	189	228	104	=	995
-0	90	141	120	204	216	285	182	=	1238

2-10 Variables Associated Expression Systems　　　　　　　　1000 Associated Systems Volume 1

79) 8-Variable System followed by Verificiation

A	B	C	D	E	F	G	H		
19	11	3	4	18	12	22	5		
+6A	+4B	+12C	+9D	+12E	+9F	+11G	+6H	=	826
+9A	+9B	+14C	+17D	+17E	+12F	+14G	+7H	=	1173
+11A	+11B	+20C	+25D	+22E	+14F	+14G	+7H	=	1397
+14A	+18B	+22C	+33D	+27E	+13F	+13G	+6H	=	1620
+20A	+21B	+24C	+39D	+26E	+12F	+12G	+5H	=	1740
+23A	+25B	+27C	+37D	+24E	+10F	+10G	+3H	=	1728
+26A	+28B	+29C	+39D	+26E	+12F	+12G	+5H	=	1946
+25A	+26B	+27C	+37D	+24E	+10F	+10G	+3H	=	1777

A	B	C	D	E	F	G	H		
19	11	3	4	18	12	22	5		
114	44	36	36	216	108	242	30	=	826
171	99	42	68	306	144	308	35	=	1173
209	121	60	100	396	168	308	35	=	1397
266	198	66	132	486	156	286	30	=	1620
380	231	72	156	468	144	264	25	=	1740
437	275	81	148	432	120	220	15	=	1728
494	308	87	156	468	144	264	25	=	1946
475	286	81	148	432	120	220	15	=	1777

80) 8-Variable System followed by Verificiation

A	B	C	D	E	F	G	H		
-11	-17	-14	-22	-2	-5	-2	-18		
+10A	+7B	+8C	+10D	+10E	+10F	+5G	+10H	=	-821
+13A	+16B	+17C	+20D	+14E	+20F	+8G	+11H	=	-1435
+20A	+23B	+23C	+20D	+13E	+27F	+6G	+9H	=	-1708
+22A	+32B	+28C	+24D	+15E	+28F	+7G	+10H	=	-2070
+32A	+39B	+37C	+32D	+17E	+30F	+9G	+12H	=	-2655
+41A	+47B	+46C	+32D	+17E	+30F	+9G	+12H	=	-3016
+42A	+52B	+46C	+32D	+17E	+30F	+9G	+12H	=	-3112
+42A	+51B	+45C	+31D	+16E	+29F	+8G	+11H	=	-3032

A	B	C	D	E	F	G	H		
-11	-17	-14	-22	-2	-5	-2	-18		
-110	-119	-112	-220	-20	-50	-10	-180	=	-821
-143	-272	-238	-440	-28	-100	-16	-198	=	-1435
-220	-391	-322	-440	-26	-135	-12	-162	=	-1708
-242	-544	-392	-528	-30	-140	-14	-180	=	-2070
-352	-663	-518	-704	-34	-150	-18	-216	=	-2655
-451	-799	-644	-704	-34	-150	-18	-216	=	-3016
-462	-884	-644	-704	-34	-150	-18	-216	=	-3112
-462	-867	-630	-682	-32	-145	-16	-198	=	-3032

2-10 Variables Associated Expression Systems   1000 Associated Systems Volume 1

81) 8-Variable System followed by Verificiation

A	B	C	D	E	F	G	H		
6	16	13	3	10	17	19	6		
+3A	+5B	+7C	+10D	+5E	+8F	+10G	+3H	=	613
+4A	+10B	+13C	+14D	+10E	+10F	+11G	+3H	=	892
+7A	+14B	+23C	+23D	+14E	+13F	+13G	+5H	=	1272
+9A	+17B	+23C	+28D	+16E	+10F	+10G	+2H	=	1241
+17A	+20B	+26C	+34D	+16E	+10F	+10G	+2H	=	1394
+25A	+25B	+34C	+38D	+20E	+14F	+14G	+6H	=	1846
+25A	+26B	+33C	+37D	+19E	+13F	+13G	+5H	=	1794
+25A	+25B	+32C	+36D	+18E	+12F	+12G	+4H	=	1710

A	B	C	D	E	F	G	H		
6	16	13	3	10	17	19	6		
18	80	91	30	50	136	190	18	=	613
24	160	169	42	100	170	209	18	=	892
42	224	299	69	140	221	247	30	=	1272
54	272	299	84	160	170	190	12	=	1241
102	320	338	102	160	170	190	12	=	1394
150	400	442	114	200	238	266	36	=	1846
150	416	429	111	190	221	247	30	=	1794
150	400	416	108	180	204	228	24	=	1710

82) 8-Variable System followed by Verificiation

A	B	C	D	E	F	G	H		
7	6	8	5	6	11	17	24		
+7A	+8B	+9C	+3D	+3E	+3F	+3G	+7H	=	454
+14A	+14B	+17C	+5D	+10E	+8F	+14G	+8H	=	921
+22A	+21B	+24C	+12D	+17E	+16F	+15G	+9H	=	1281
+29A	+26B	+34C	+15D	+24E	+17F	+16G	+10H	=	1549
+31A	+28B	+41C	+20D	+23E	+16F	+15G	+9H	=	1598
+36A	+34B	+43C	+19D	+22E	+15F	+14G	+8H	=	1622
+38A	+36B	+44C	+20D	+23E	+16F	+15G	+9H	=	1719
+39A	+36B	+44C	+20D	+23E	+16F	+15G	+9H	=	1726

A	B	C	D	E	F	G	H		
7	6	8	5	6	11	17	24		
49	48	72	15	18	33	51	168	=	454
98	84	136	25	60	88	238	192	=	921
154	126	192	60	102	176	255	216	=	1281
203	156	272	75	144	187	272	240	=	1549
217	168	328	100	138	176	255	216	=	1598
252	204	344	95	132	165	238	192	=	1622
266	216	352	100	138	176	255	216	=	1719
273	216	352	100	138	176	255	216	=	1726

83) 8-Variable System followed by Verificiation

A	B	C	D	E	F	G	H		
15	16	7	6	21	18	12	19		
+4A	+6B	+4C	+9D	+8E	+10F	+7G	+6H	=	784
+5A	+4B	+8C	+10D	+14E	+8F	+6G	+3H	=	822
+12A	+15B	+15C	+20D	+21E	+15F	+9G	+6H	=	1578
+13A	+14B	+17C	+21D	+22E	+12F	+6G	+3H	=	1471
+22A	+18B	+27C	+30D	+24E	+14F	+8G	+5H	=	1934
+32A	+22B	+37C	+33D	+27E	+17F	+11G	+8H	=	2446
+30A	+21B	+34C	+30D	+24E	+14F	+8G	+5H	=	2151
+30A	+20B	+33C	+29D	+23E	+13F	+7G	+4H	=	2052

A	B	C	D	E	F	G	H		
15	16	7	6	21	18	12	19		
60	96	28	54	168	180	84	114	=	784
75	64	56	60	294	144	72	57	=	822
180	240	105	120	441	270	108	114	=	1578
195	224	119	126	462	216	72	57	=	1471
330	288	189	180	504	252	96	95	=	1934
480	352	259	198	567	306	132	152	=	2446
450	336	238	180	504	252	96	95	=	2151
450	320	231	174	483	234	84	76	=	2052

84) 8-Variable System followed by Verificiation

A	B	C	D	E	F	G	H		
9	20	10	20	7	7	23	1		
+8A	+9B	+9C	+5D	+11E	+9F	+9G	+8H	=	797
+15A	+12B	+10C	+14D	+12E	+18F	+16G	+8H	=	1341
+18A	+19B	+19C	+24D	+19E	+21F	+17G	+9H	=	1892
+22A	+25B	+20C	+29D	+23E	+18F	+14G	+6H	=	2093
+29A	+29B	+25C	+36D	+25E	+20F	+16G	+8H	=	2502
+31A	+35B	+27C	+36D	+25E	+20F	+16G	+8H	=	2660
+31A	+35B	+26C	+35D	+24E	+19F	+15G	+7H	=	2592
+32A	+35B	+26C	+35D	+24E	+19F	+15G	+7H	=	2601

A	B	C	D	E	F	G	H		
9	20	10	20	7	7	23	1		
72	180	90	100	77	63	207	8	=	797
135	240	100	280	84	126	368	8	=	1341
162	380	190	480	133	147	391	9	=	1892
198	500	200	580	161	126	322	6	=	2093
261	580	250	720	175	140	368	8	=	2502
279	700	270	720	175	140	368	8	=	2660
279	700	260	700	168	133	345	7	=	2592
288	700	260	700	168	133	345	7	=	2601

85) 8-Variable System followed by Verificiation

A	B	C	D	E	F	G	H		
6	0	19	14	14	6	12	15		
+11A	+6B	+7C	+4D	+10E	+11F	+3G	+11H	=	662
+14A	+9B	+11C	+14D	+12E	+21F	+6G	+12H	=	1035
+17A	+15B	+16C	+15D	+14E	+24F	+3G	+9H	=	1127
+22A	+25B	+24C	+24D	+19E	+26F	+5G	+11H	=	1571
+27A	+35B	+30C	+29D	+20E	+27F	+6G	+12H	=	1832
+30A	+40B	+33C	+31D	+22E	+29F	+8G	+14H	=	2029
+28A	+38B	+30C	+28D	+19E	+26F	+5G	+11H	=	1777
+29A	+38B	+30C	+28D	+19E	+26F	+5G	+11H	=	1783

A	B	C	D	E	F	G	H		
6	0	19	14	14	6	12	15		
66	-0	133	56	140	66	36	165	=	662
84	-0	209	196	168	126	72	180	=	1035
102	-0	304	210	196	144	36	135	=	1127
132	-0	456	336	266	156	60	165	=	1571
162	-0	570	406	280	162	72	180	=	1832
180	-0	627	434	308	174	96	210	=	2029
168	-0	570	392	266	156	60	165	=	1777
174	-0	570	392	266	156	60	165	=	1783

86) 8-Variable System followed by Verificiation

A	B	C	D	E	F	G	H		
15	20	13	15	14	21	6	19		
+5A	+9B	+1C	+6D	+6E	+9F	+9G	+5H	=	780
+9A	+14B	+9C	+9D	+15E	+16F	+13G	+7H	=	1424
+13A	+17B	+20C	+15D	+23E	+22F	+15G	+9H	=	2065
+14A	+24B	+23C	+15D	+24E	+20F	+13G	+7H	=	2181
+22A	+35B	+27C	+23D	+26E	+22F	+15G	+9H	=	2813
+29A	+38B	+34C	+23D	+26E	+22F	+15G	+9H	=	3069
+29A	+38B	+33C	+22D	+25E	+21F	+14G	+8H	=	2981
+27A	+35B	+30C	+19D	+22E	+18F	+11G	+5H	=	2627

A	B	C	D	E	F	G	H		
15	20	13	15	14	21	6	19		
75	180	13	90	84	189	54	95	=	780
135	280	117	135	210	336	78	133	=	1424
195	340	260	225	322	462	90	171	=	2065
210	480	299	225	336	420	78	133	=	2181
330	700	351	345	364	462	90	171	=	2813
435	760	442	345	364	462	90	171	=	3069
435	760	429	330	350	441	84	152	=	2981
405	700	390	285	308	378	66	95	=	2627

87) 8-Variable System followed by Verificiation

A	B	C	D	E	F	G	H		
4	2	4	18	21	7	19	4		
+7A	+6B	+9C	+5D	+8E	+9F	+6G	+7H	=	539
+13A	+8B	+7C	+10D	+9E	+13F	+12G	+4H	=	800
+21A	+17B	+17C	+16D	+16E	+21F	+13G	+5H	=	1224
+26A	+23B	+24C	+19D	+21E	+22F	+14G	+6H	=	1473
+26A	+26B	+25C	+20D	+20E	+21F	+13G	+5H	=	1450
+36A	+33B	+35C	+21D	+21E	+22F	+14G	+6H	=	1613
+35A	+34B	+33C	+19D	+19E	+20F	+12G	+4H	=	1465
+39A	+37B	+36C	+22D	+22E	+23F	+15G	+7H	=	1706

A	B	C	D	E	F	G	H		
4	2	4	18	21	7	19	4		
28	12	36	90	168	63	114	28	=	539
52	16	28	180	189	91	228	16	=	800
84	34	68	288	336	147	247	20	=	1224
104	46	96	342	441	154	266	24	=	1473
104	52	100	360	420	147	247	20	=	1450
144	66	140	378	441	154	266	24	=	1613
140	68	132	342	399	140	228	16	=	1465
156	74	144	396	462	161	285	28	=	1706

88) 8-Variable System followed by Verificiation

A	B	C	D	E	F	G	H		
17	3	9	21	7	14	16	21		
+5A	+4B	+3C	+11D	+3E	+7F	+7G	+5H	=	691
+8A	+15B	+12C	+14D	+10E	+15F	+10G	+7H	=	1170
+17A	+20B	+17C	+18D	+11E	+24F	+10G	+7H	=	1600
+16A	+24B	+22C	+19D	+11E	+22F	+8G	+5H	=	1559
+21A	+29B	+31C	+24D	+11E	+22F	+8G	+5H	=	1845
+25A	+38B	+36C	+27D	+14E	+25F	+11G	+8H	=	2222
+22A	+36B	+32C	+23D	+10E	+21F	+7G	+4H	=	1813
+22A	+35B	+31C	+22D	+9E	+20F	+6G	+3H	=	1722

A	B	C	D	E	F	G	H		
17	3	9	21	7	14	16	21		
85	12	27	231	21	98	112	105	=	691
136	45	108	294	70	210	160	147	=	1170
289	60	153	378	77	336	160	147	=	1600
272	72	198	399	77	308	128	105	=	1559
357	87	279	504	77	308	128	105	=	1845
425	114	324	567	98	350	176	168	=	2222
374	108	288	483	70	294	112	84	=	1813
374	105	279	462	63	280	96	63	=	1722

2-10 Variables Associated Expression Systems   1000 Associated Systems Volume 1

89) 8-Variable System followed by Verificiation

A	B	C	D	E	F	G	H		
9	6	16	2	1	15	12	1		
+2A	+7B	+2C	+1D	+3E	+9F	+5G	+2H	=	294
+9A	+15B	+10C	+9D	+14E	+17F	+12G	+4H	=	766
+15A	+22B	+13C	+17D	+22E	+23F	+11G	+3H	=	1011
+21A	+25B	+15C	+17D	+28E	+22F	+10G	+2H	=	1093
+28A	+30B	+19C	+24D	+28E	+22F	+10G	+2H	=	1264
+38A	+37B	+29C	+26D	+30E	+24F	+12G	+4H	=	1618
+37A	+36B	+27C	+24D	+28E	+22F	+10G	+2H	=	1509
+39A	+37B	+28C	+25D	+29E	+23F	+11G	+3H	=	1580

A	B	C	D	E	F	G	H		
9	6	16	2	1	15	12	1		
18	42	32	2	3	135	60	2	=	294
81	90	160	18	14	255	144	4	=	766
135	132	208	34	22	345	132	3	=	1011
189	150	240	34	28	330	120	2	=	1093
252	180	304	48	28	330	120	2	=	1264
342	222	464	52	30	360	144	4	=	1618
333	216	432	48	28	330	120	2	=	1509
351	222	448	50	29	345	132	3	=	1580

90) 8-Variable System followed by Verificiation

A	B	C	D	E	F	G	H		
15	9	16	11	23	23	25	23		
+10A	+8B	+10C	+10D	+3E	+10F	+3G	+10H	=	1096
+13A	+12B	+15C	+13D	+8E	+11F	+6G	+9H	=	1480
+22A	+23B	+19C	+24D	+17E	+20F	+8G	+11H	=	2409
+29A	+26B	+24C	+27D	+24E	+20F	+8G	+11H	=	2815
+31A	+34B	+31C	+29D	+23E	+19F	+7G	+10H	=	2957
+37A	+40B	+37C	+31D	+25E	+21F	+9G	+12H	=	3407
+35A	+39B	+34C	+28D	+22E	+18F	+6G	+9H	=	3005
+37A	+40B	+35C	+29D	+23E	+19F	+7G	+10H	=	3165

A	B	C	D	E	F	G	H		
15	9	16	11	23	23	25	23		
150	72	160	110	69	230	75	230	=	1096
195	108	240	143	184	253	150	207	=	1480
330	207	304	264	391	460	200	253	=	2409
435	234	384	297	552	460	200	253	=	2815
465	306	496	319	529	437	175	230	=	2957
555	360	592	341	575	483	225	276	=	3407
525	351	544	308	506	414	150	207	=	3005
555	360	560	319	529	437	175	230	=	3165

91) 8-Variable System followed by Verificiation

A	B	C	D	E	F	G	H		
0	1	8	20	2	11	23	17		
+8A	+1B	+9C	+5D	+9E	+7F	+8G	+8H	=	588
+12A	+6B	+14C	+15D	+14E	+14F	+12G	+10H	=	1046
+14A	+12B	+16C	+19D	+16E	+16F	+11G	+9H	=	1134
+17A	+22B	+25C	+22D	+19E	+18F	+13G	+11H	=	1384
+16A	+23B	+28C	+21D	+16E	+15F	+10G	+8H	=	1230
+23A	+32B	+35C	+25D	+20E	+19F	+14G	+12H	=	1587
+21A	+31B	+32C	+22D	+17E	+16F	+11G	+9H	=	1343
+23A	+32B	+33C	+23D	+18E	+17F	+12G	+10H	=	1425

A	B	C	D	E	F	G	H		
0	1	8	20	2	11	23	17		
-0	1	72	100	18	77	184	136	=	588
-0	6	112	300	28	154	276	170	=	1046
-0	12	128	380	32	176	253	153	=	1134
-0	22	200	440	38	198	299	187	=	1384
-0	23	224	420	32	165	230	136	=	1230
-0	32	280	500	40	209	322	204	=	1587
-0	31	256	440	34	176	253	153	=	1343
-0	32	264	460	36	187	276	170	=	1425

92) 8-Variable System followed by Verificiation

A	B	C	D	E	F	G	H		
10	16	13	17	23	11	24	22		
+10A	+7B	+12C	+4D	+5E	+6F	+8G	+10H	=	1029
+18A	+12B	+22C	+12D	+10E	+8F	+16G	+11H	=	1806
+21A	+17B	+20C	+17D	+16E	+11F	+13G	+8H	=	2008
+21A	+19B	+21C	+18D	+17E	+10F	+12G	+7H	=	2036
+26A	+29B	+28C	+21D	+18E	+11F	+13G	+8H	=	2468
+31A	+33B	+33C	+22D	+19E	+12F	+14G	+9H	=	2744
+30A	+33B	+31C	+20D	+17E	+10F	+12G	+7H	=	2514
+32A	+34B	+32C	+21D	+18E	+11F	+13G	+8H	=	2660

A	B	C	D	E	F	G	H		
10	16	13	17	23	11	24	22		
100	112	156	68	115	66	192	220	=	1029
180	192	286	204	230	88	384	242	=	1806
210	272	260	289	368	121	312	176	=	2008
210	304	273	306	391	110	288	154	=	2036
260	464	364	357	414	121	312	176	=	2468
310	528	429	374	437	132	336	198	=	2744
300	528	403	340	391	110	288	154	=	2514
320	544	416	357	414	121	312	176	=	2660

93) 8-Variable System followed by Verificiation

A	B	C	D	E	F	G	H		
8	10	21	11	6	24	20	16		
+3A	+9B	+5C	+8D	+5E	+5F	+4G	+3H	=	585
+9A	+14B	+13C	+12D	+14E	+9F	+10G	+5H	=	1197
+13A	+23B	+23C	+22D	+17E	+13F	+12G	+7H	=	1825
+13A	+30B	+28C	+26D	+17E	+12F	+11G	+6H	=	1984
+22A	+31B	+31C	+35D	+17E	+12F	+11G	+6H	=	2228
+26A	+37B	+35C	+33D	+15E	+10F	+9G	+4H	=	2250
+26A	+40B	+34C	+32D	+14E	+9F	+8G	+3H	=	2182
+27A	+40B	+34C	+32D	+14E	+9F	+8G	+3H	=	2190

A	B	C	D	E	F	G	H		
8	10	21	11	6	24	20	16		
24	90	105	88	30	120	80	48	=	585
72	140	273	132	84	216	200	80	=	1197
104	230	483	242	102	312	240	112	=	1825
104	300	588	286	102	288	220	96	=	1984
176	310	651	385	102	288	220	96	=	2228
208	370	735	363	90	240	180	64	=	2250
208	400	714	352	84	216	160	48	=	2182
216	400	714	352	84	216	160	48	=	2190

94) 8-Variable System followed by Verificiation

A	B	C	D	E	F	G	H		
12	10	0	3	1	19	10	0		
+5A	+6B	+3C	+1D	+5E	+3F	+9G	+5H	=	275
+16A	+17B	+15C	+12D	+15E	+16F	+20G	+9H	=	917
+22A	+20B	+22C	+14D	+17E	+22F	+21G	+10H	=	1151
+25A	+19B	+28C	+14D	+20E	+20F	+19G	+8H	=	1122
+31A	+27B	+32C	+17D	+20E	+20F	+19G	+8H	=	1283
+35A	+37B	+36C	+19D	+22E	+22F	+21G	+10H	=	1497
+32A	+37B	+32C	+15D	+18E	+18F	+17G	+6H	=	1329
+32A	+36B	+31C	+14D	+17E	+17F	+16G	+5H	=	1286

A	B	C	D	E	F	G	H		
12	10	0	3	1	19	10	0		
60	60	-0	3	5	57	90	-0	=	275
192	170	-0	36	15	304	200	-0	=	917
264	200	-0	42	17	418	210	-0	=	1151
300	190	-0	42	20	380	190	-0	=	1122
372	270	-0	51	20	380	190	-0	=	1283
420	370	-0	57	22	418	210	-0	=	1497
384	370	-0	45	18	342	170	-0	=	1329
384	360	-0	42	17	323	160	-0	=	1286

95) 8-Variable System followed by Verificiation

A	B	C	D	E	F	G	H		
15	16	18	18	0	13	4	9		
+7A	+8B	+4C	+4D	+8E	+9F	+8G	+5H	=	571
+14A	+14B	+8C	+7D	+10E	+14F	+15G	+5H	=	991
+25A	+23B	+17C	+14D	+14E	+25F	+17G	+7H	=	1757
+27A	+29B	+19C	+20D	+16E	+22F	+14G	+4H	=	1949
+28A	+33B	+25C	+23D	+15E	+21F	+13G	+3H	=	2164
+40A	+37B	+37C	+26D	+18E	+24F	+16G	+6H	=	2756
+38A	+36B	+34C	+23D	+15E	+21F	+13G	+3H	=	2524
+42A	+39B	+37C	+26D	+18E	+24F	+16G	+6H	=	2818

A	B	C	D	E	F	G	H		
15	16	18	18	0	13	4	9		
105	128	72	72	-0	117	32	45	=	571
210	224	144	126	-0	182	60	45	=	991
375	368	306	252	-0	325	68	63	=	1757
405	464	342	360	-0	286	56	36	=	1949
420	528	450	414	-0	273	52	27	=	2164
600	592	666	468	-0	312	64	54	=	2756
570	576	612	414	-0	273	52	27	=	2524
630	624	666	468	-0	312	64	54	=	2818

96) 8-Variable System followed by Verificiation

A	B	C	D	E	F	G	H		
9	0	1	1	22	12	12	20		
+4A	+2B	+9C	+7D	+5E	+8F	+5G	+4H	=	398
+16A	+12B	+20C	+16D	+17E	+18F	+17G	+7H	=	1114
+19A	+15B	+20C	+18D	+23E	+21F	+15G	+5H	=	1247
+20A	+22B	+20C	+22D	+26E	+20F	+14G	+4H	=	1282
+30A	+30B	+27C	+30D	+30E	+24F	+18G	+8H	=	1651
+33A	+36B	+30C	+27D	+27E	+21F	+15G	+5H	=	1480
+34A	+37B	+30C	+27D	+27E	+21F	+15G	+5H	=	1489
+38A	+40B	+33C	+30D	+30E	+24F	+18G	+8H	=	1729

A	B	C	D	E	F	G	H		
9	0	1	1	22	12	12	20		
36	-0	9	7	110	96	60	80	=	398
144	-0	20	16	374	216	204	140	=	1114
171	-0	20	18	506	252	180	100	=	1247
180	-0	20	22	572	240	168	80	=	1282
270	-0	27	30	660	288	216	160	=	1651
297	-0	30	27	594	252	180	100	=	1480
306	-0	30	27	594	252	180	100	=	1489
342	-0	33	30	660	288	216	160	=	1729

2-10 Variables Associated Expression Systems — 1000 Associated Systems Volume 1

97) 8-Variable System followed by Verificiation

A	B	C	D	E	F	G	H		
16	9	11	9	23	15	11	23		
+4A	+10B	+5C	+5D	+5E	+6F	+10G	+4H	=	661
+13A	+16B	+12C	+6D	+7E	+9F	+16G	+4H	=	1102
+14A	+21B	+21C	+12D	+14E	+14F	+16G	+4H	=	1552
+20A	+21B	+24C	+10D	+20E	+11F	+13G	+1H	=	1654
+29A	+24B	+33C	+19D	+22E	+13F	+15G	+3H	=	2149
+33A	+26B	+37C	+17D	+20E	+11F	+13G	+1H	=	2113
+36A	+30B	+39C	+19D	+22E	+13F	+15G	+3H	=	2381
+37A	+30B	+39C	+19D	+22E	+13F	+15G	+3H	=	2397

A	B	C	D	E	F	G	H		
16	9	11	9	23	15	11	23		
64	90	55	45	115	90	110	92	=	661
208	144	132	54	161	135	176	92	=	1102
224	189	231	108	322	210	176	92	=	1552
320	189	264	90	460	165	143	23	=	1654
464	216	363	171	506	195	165	69	=	2149
528	234	407	153	460	165	143	23	=	2113
576	270	429	171	506	195	165	69	=	2381
592	270	429	171	506	195	165	69	=	2397

98) 8-Variable System followed by Verificiation

A	B	C	D	E	F	G	H		
-16	-16	-10	-7	-15	-9	-10	-26		
+2A	+2B	+7C	+7D	+9E	+1F	+9G	+6H	=	-573
+6A	+9B	+15C	+14D	+12E	+5F	+11G	+6H	=	-979
+17A	+18B	+22C	+18D	+15E	+13F	+13G	+8H	=	-1586
+18A	+21B	+28C	+22D	+16E	+11F	+11G	+6H	=	-1663
+21A	+24B	+37C	+27D	+17E	+12F	+12G	+7H	=	-1944
+27A	+33B	+40C	+27D	+17E	+12F	+12G	+7H	=	-2214
+28A	+34B	+40C	+27D	+17E	+12F	+12G	+7H	=	-2246
+29A	+34B	+40C	+27D	+17E	+12F	+12G	+7H	=	-2262

A	B	C	D	E	F	G	H		
-16	-16	-10	-7	-15	-9	-10	-26		
-32	-32	-70	-49	-135	-9	-90	-156	=	-573
-96	-144	-150	-98	-180	-45	-110	-156	=	-979
-272	-288	-220	-126	-225	-117	-130	-208	=	-1586
-288	-336	-280	-154	-240	-99	-110	-156	=	-1663
-336	-384	-370	-189	-255	-108	-120	-182	=	-1944
-432	-528	-400	-189	-255	-108	-120	-182	=	-2214
-448	-544	-400	-189	-255	-108	-120	-182	=	-2246
-464	-544	-400	-189	-255	-108	-120	-182	=	-2262

99) 8-Variable System followed by Verificiation

A	B	C	D	E	F	G	H		
19	12	14	3	20	8	12	10		
+2A	+8B	+9C	+1D	+9E	+7F	+7G	+4H	=	623
+8A	+14B	+12C	+8D	+17E	+13F	+9G	+4H	=	1104
+10A	+16B	+15C	+16D	+22E	+18F	+10G	+5H	=	1394
+11A	+21B	+17C	+24D	+23E	+17F	+9G	+4H	=	1515
+18A	+24B	+24C	+31D	+23E	+17F	+9G	+4H	=	1803
+19A	+28B	+25C	+31D	+23E	+17F	+9G	+4H	=	1884
+22A	+31B	+27C	+33D	+25E	+19F	+11G	+6H	=	2111
+23A	+31B	+27C	+33D	+25E	+19F	+11G	+6H	=	2130

A	B	C	D	E	F	G	H		
19	12	14	3	20	8	12	10		
38	96	126	3	180	56	84	40	=	623
152	168	168	24	340	104	108	40	=	1104
190	192	210	48	440	144	120	50	=	1394
209	252	238	72	460	136	108	40	=	1515
342	288	336	93	460	136	108	40	=	1803
361	336	350	93	460	136	108	40	=	1884
418	372	378	99	500	152	132	60	=	2111
437	372	378	99	500	152	132	60	=	2130

100) 8-Variable System followed by Verificiation

A	B	C	D	E	F	G	H		
15	9	16	13	11	23	20	1		
+3A	+3B	+3C	+3D	+3E	+3F	+3G	+3H	=	324
+4A	+4B	+4C	+4D	+4E	+4F	+5G	+3H	=	451
+7A	+7B	+7C	+7D	+7E	+8F	+7G	+5H	=	777
+6A	+6B	+6C	+6D	+6E	+6F	+5G	+3H	=	625
+8A	+8B	+8C	+8D	+7E	+7F	+6G	+4H	=	786
+6A	+6B	+7C	+5D	+4E	+4F	+3G	+1H	=	518
+8A	+10B	+8C	+6D	+5E	+5F	+4G	+2H	=	668
+10A	+11B	+9C	+7D	+6E	+6F	+5G	+3H	=	791

A	B	C	D	E	F	G	H		
15	9	16	13	11	23	20	1		
45	27	48	39	33	69	60	3	=	324
60	36	64	52	44	92	100	3	=	451
105	63	112	91	77	184	140	5	=	777
90	54	96	78	66	138	100	3	=	625
120	72	128	104	77	161	120	4	=	786
90	54	112	65	44	92	60	1	=	518
120	90	128	78	55	115	80	2	=	668
150	99	144	91	66	138	100	3	=	791

Chapter 8 - 9 Variables Associated Systems

2-10 Variables Associated Expression Systems

9-Variable Systems followed by Verificiations

1)

A	B	C	D	E	F	G	H	I		
0	7	4	3	5	13	17	16	19		
+8A	+10B	+11C	+7D	+12E	+8F	+9G	+10H	+8I	=	764
+8A	+15B	+13C	+11D	+13E	+9F	+7G	+13H	+5I	=	794
+14A	+26B	+23C	+20D	+18E	+21F	+13G	+17H	+9I	=	1361
+18A	+29B	+23C	+26D	+19E	+25F	+12G	+16H	+8I	=	1405
+24A	+35B	+30C	+33D	+25E	+26F	+13G	+17H	+9I	=	1591
+26A	+38B	+36C	+35D	+22E	+23F	+10G	+14H	+6I	=	1432
+32A	+46B	+42C	+34D	+21E	+22F	+9G	+13H	+5I	=	1439
+33A	+50B	+42C	+34D	+21E	+22F	+9G	+13H	+5I	=	1467
+39A	+55B	+47C	+39D	+26E	+27F	+14G	+18H	+10I	=	1887

A	B	C	D	E	F	G	H	I		
0	7	4	3	5	13	17	16	19		
-0	70	44	21	60	104	153	160	152	=	764
-0	105	52	33	65	117	119	208	95	=	794
-0	182	92	60	90	273	221	272	171	=	1361
-0	203	92	78	95	325	204	256	152	=	1405
-0	245	120	99	125	338	221	272	171	=	1591
-0	266	144	105	110	299	170	224	114	=	1432
-0	322	168	102	105	286	153	208	95	=	1439
-0	350	168	102	105	286	153	208	95	=	1467
-0	385	188	117	130	351	238	288	190	=	1887

2)

A	B	C	D	E	F	G	H	I		
2	17	14	6	18	11	23	13	6		
+8A	+9B	+6C	+2D	+7E	+6F	+3G	+3H	+8I	=	613
+13A	+13B	+8C	+5D	+10E	+11F	+13G	+8H	+9I	=	1147
+14A	+14B	+16C	+14D	+18E	+13F	+14G	+8H	+9I	=	1521
+15A	+15B	+25C	+15D	+24E	+15F	+14G	+8H	+9I	=	1802
+25A	+20B	+36C	+22D	+34E	+17F	+16G	+10H	+11I	=	2389
+26A	+24B	+44C	+23D	+33E	+16F	+15G	+9H	+10I	=	2506
+29A	+30B	+47C	+23D	+33E	+16F	+15G	+9H	+10I	=	2656
+27A	+28B	+44C	+20D	+30E	+13F	+12G	+6H	+7I	=	2345
+29A	+29B	+45C	+21D	+31E	+14F	+13G	+7H	+8I	=	2457

9-Variable Systems followed by Verificiations

A	B	C	D	E	F	G	H	I		
2	17	14	6	18	11	23	13	6		
16	153	84	12	126	66	69	39	48	=	613
26	221	112	30	180	121	299	104	54	=	1147
28	238	224	84	324	143	322	104	54	=	1521
30	255	350	90	432	165	322	104	54	=	1802
50	340	504	132	612	187	368	130	66	=	2389
52	408	616	138	594	176	345	117	60	=	2506
58	510	658	138	594	176	345	117	60	=	2656
54	476	616	120	540	143	276	78	42	=	2345
58	493	630	126	558	154	299	91	48	=	2457

3)

A	B	C	D	E	F	G	H	I		
-16	0	-5	-16	-13	-19	-17	-7	-23		
+9A	+10B	+3C	+2D	+10E	+6F	+5G	+7H	+9I	=	-776
+20A	+17B	+14C	+8D	+20E	+17F	+9G	+18H	+12I	=	-1656
+24A	+21B	+11C	+6D	+21E	+22F	+9G	+14H	+8I	=	-1661
+30A	+33B	+19C	+10D	+25E	+31F	+12G	+17H	+11I	=	-2225
+31A	+37B	+23C	+16D	+28E	+30F	+11G	+16H	+10I	=	-2330
+38A	+45B	+32C	+23D	+28E	+30F	+11G	+16H	+10I	=	-2599
+42A	+49B	+36C	+22D	+27E	+29F	+10G	+15H	+9I	=	-2588
+43A	+51B	+36C	+22D	+27E	+29F	+10G	+15H	+9I	=	-2604
+47A	+54B	+39C	+25D	+30E	+32F	+13G	+18H	+12I	=	-2968

A	B	C	D	E	F	G	H	I		
-16	0	-5	-16	-13	-19	-17	-7	-23		
-144	-0	-15	-32	-130	-114	-85	-49	-207	=	-776
-320	-0	-70	-128	-260	-323	-153	-126	-276	=	-1656
-384	-0	-55	-96	-273	-418	-153	-98	-184	=	-1661
-480	-0	-95	-160	-325	-589	-204	-119	-253	=	-2225
-496	-0	-115	-256	-364	-570	-187	-112	-230	=	-2330
-608	-0	-160	-368	-364	-570	-187	-112	-230	=	-2599
-672	-0	-180	-352	-351	-551	-170	-105	-207	=	-2588
-688	-0	-180	-352	-351	-551	-170	-105	-207	=	-2604
-752	-0	-195	-400	-390	-608	-221	-126	-276	=	-2968

9-Variable Systems followed by Verificiations

4)

A	B	C	D	E	F	G	H	I		
17	14	17	3	17	1	9	14	25		
+7A	+5B	+6C	+8D	+6E	+9F	+6G	+7H	+7I	=	753
+11A	+11B	+8C	+14D	+11E	+12F	+9G	+9H	+7I	=	1100
+14A	+19B	+11C	+21D	+18E	+19F	+12G	+11H	+9I	=	1566
+19A	+25B	+18C	+21D	+18E	+21F	+11G	+10H	+8I	=	1808
+26A	+26B	+27C	+23D	+25E	+21F	+11G	+10H	+8I	=	2219
+34A	+31B	+37C	+31D	+29E	+25F	+15G	+14H	+12I	=	2883
+33A	+36B	+36C	+27D	+25E	+21F	+11G	+10H	+8I	=	2643
+35A	+38B	+37C	+28D	+26E	+22F	+12G	+11H	+9I	=	2791
+34A	+36B	+35C	+26D	+24E	+20F	+10G	+9H	+7I	=	2574

A	B	C	D	E	F	G	H	I		
17	14	17	3	17	1	9	14	25		
119	70	102	24	102	9	54	98	175	=	753
187	154	136	42	187	12	81	126	175	=	1100
238	266	187	63	306	19	108	154	225	=	1566
323	350	306	63	306	21	99	140	200	=	1808
442	364	459	69	425	21	99	140	200	=	2219
578	434	629	93	493	25	135	196	300	=	2883
561	504	612	81	425	21	99	140	200	=	2643
595	532	629	84	442	22	108	154	225	=	2791
578	504	595	78	408	20	90	126	175	=	2574

5)

A	B	C	D	E	F	G	H	I		
14	6	5	15	10	0	7	14	8		
+2A	+6B	+5C	+7D	+8E	+2F	+2G	+3H	+3I	=	354
+12A	+16B	+12C	+10D	+10E	+12F	+10G	+13H	+4I	=	858
+20A	+21B	+19C	+13D	+17E	+16F	+18G	+13H	+4I	=	1206
+23A	+21B	+27C	+16D	+24E	+17F	+17G	+12H	+3I	=	1374
+27A	+22B	+34C	+23D	+28E	+16F	+16G	+11H	+2I	=	1587
+30A	+30B	+44C	+28D	+30E	+18F	+18G	+13H	+4I	=	1880
+31A	+38B	+48C	+28D	+30E	+18F	+18G	+13H	+4I	=	1962
+34A	+43B	+50C	+30D	+32E	+20F	+20G	+15H	+6I	=	2152
+31A	+39B	+46C	+26D	+28E	+16F	+16G	+11H	+2I	=	1850

2-10 Variables Associated Expression Systems	1000 Associated Systems Volume 1

9-Variable Systems followed by Verificiations

A	B	C	D	E	F	G	H	I		
14	6	5	15	10	0	7	14	8		
28	36	25	105	80	-0	14	42	24	=	354
168	96	60	150	100	-0	70	182	32	=	858
280	126	95	195	170	-0	126	182	32	=	1206
322	126	135	240	240	-0	119	168	24	=	1374
378	132	170	345	280	-0	112	154	16	=	1587
420	180	220	420	300	-0	126	182	32	=	1880
434	228	240	420	300	-0	126	182	32	=	1962
476	258	250	450	320	-0	140	210	48	=	2152
434	234	230	390	280	-0	112	154	16	=	1850

6)

A	B	C	D	E	F	G	H	I		
14	3	12	3	2	9	2	9	25		
+6A	+9B	+10C	+12D	+5E	+5F	+9G	+4H	+6I	=	526
+10A	+14B	+9C	+16D	+11E	+5F	+14G	+8H	+3I	=	580
+14A	+21B	+19C	+22D	+22E	+16F	+18G	+10H	+5I	=	992
+18A	+25B	+25C	+27D	+32E	+20F	+19G	+11H	+6I	=	1239
+22A	+33B	+29C	+35D	+36E	+20F	+19G	+11H	+6I	=	1399
+22A	+31B	+35C	+35D	+33E	+17F	+16G	+8H	+3I	=	1324
+26A	+33B	+39C	+36D	+34E	+18F	+17G	+9H	+4I	=	1484
+29A	+36B	+41C	+38D	+36E	+20F	+19G	+11H	+6I	=	1659
+32A	+38B	+43C	+40D	+38E	+22F	+21G	+13H	+8I	=	1831

A	B	C	D	E	F	G	H	I		
14	3	12	3	2	9	2	9	25		
84	27	120	36	10	45	18	36	150	=	526
140	42	108	48	22	45	28	72	75	=	580
196	63	228	66	44	144	36	90	125	=	992
252	75	300	81	64	180	38	99	150	=	1239
308	99	348	105	72	180	38	99	150	=	1399
308	93	420	105	66	153	32	72	75	=	1324
364	99	468	108	68	162	34	81	100	=	1484
406	108	492	114	72	180	38	99	150	=	1659
448	114	516	120	76	198	42	117	200	=	1831

9-Variable Systems followed by Verificiations

7)

A	B	C	D	E	F	G	H	I		
4	15	17	11	18	3	4	4	21		
+8A	+4B	+5C	+7D	+9E	+4F	+5G	+8H	+8I	=	648
+12A	+5B	+6C	+13D	+11E	+3F	+8G	+10H	+6I	=	773
+17A	+12B	+10C	+15D	+14E	+6F	+13G	+11H	+7I	=	1096
+22A	+19B	+19C	+18D	+19E	+11F	+14G	+12H	+8I	=	1541
+30A	+26B	+23C	+27D	+27E	+11F	+14G	+12H	+8I	=	1989
+40A	+35B	+32C	+34D	+28E	+12F	+15G	+13H	+9I	=	2444
+47A	+41B	+39C	+34D	+28E	+12F	+15G	+13H	+9I	=	2681
+49A	+43B	+40C	+35D	+29E	+13F	+16G	+14H	+10I	=	2797
+47A	+40B	+37C	+32D	+26E	+10F	+13G	+11H	+7I	=	2510

A	B	C	D	E	F	G	H	I		
4	15	17	11	18	3	4	4	21		
32	60	85	77	162	12	20	32	168	=	648
48	75	102	143	198	9	32	40	126	=	773
68	180	170	165	252	18	52	44	147	=	1096
88	285	323	198	342	33	56	48	168	=	1541
120	390	391	297	486	33	56	48	168	=	1989
160	525	544	374	504	36	60	52	189	=	2444
188	615	663	374	504	36	60	52	189	=	2681
196	645	680	385	522	39	64	56	210	=	2797
188	600	629	352	468	30	52	44	147	=	2510

8)

A	B	C	D	E	F	G	H	I		
-15	-13	0	-11	-3	-17	-8	-4	-1		
+3A	+9B	+8C	+11D	+7E	+6F	+3G	+6H	+4I	=	-458
+11A	+12B	+15C	+21D	+17E	+11F	+10G	+14H	+6I	=	-932
+14A	+17B	+17C	+22D	+20E	+14F	+16G	+14H	+6I	=	-1161
+17A	+23B	+20C	+26D	+22E	+17F	+14G	+12H	+4I	=	-1359
+21A	+29B	+29C	+33D	+26E	+19F	+16G	+14H	+6I	=	-1646
+22A	+33B	+27C	+34D	+23E	+16F	+13G	+11H	+3I	=	-1625
+31A	+37B	+36C	+35D	+24E	+17F	+14G	+12H	+4I	=	-1856
+34A	+41B	+38C	+37D	+26E	+19F	+16G	+14H	+6I	=	-2041
+32A	+38B	+35C	+34D	+23E	+16F	+13G	+11H	+3I	=	-1840

2-10 Variables Associated Expression Systems — 1000 Associated Systems Volume 1

9-Variable Systems followed by Verificiations

A	B	C	D	E	F	G	H	I		
-15	-13	0	-11	-3	-17	-8	-4	-1		
-45	-117	-0	-121	-21	-102	-24	-24	-4	=	-458
-165	-156	-0	-231	-51	-187	-80	-56	-6	=	-932
-210	-221	-0	-242	-60	-238	-128	-56	-6	=	-1161
-255	-299	-0	-286	-66	-289	-112	-48	-4	=	-1359
-315	-377	-0	-363	-78	-323	-128	-56	-6	=	-1646
-330	-429	-0	-374	-69	-272	-104	-44	-3	=	-1625
-465	-481	-0	-385	-72	-289	-112	-48	-4	=	-1856
-510	-533	-0	-407	-78	-323	-128	-56	-6	=	-2041
-480	-494	-0	-374	-69	-272	-104	-44	-3	=	-1840

9)

A	B	C	D	E	F	G	H	I		
16	16	16	3	18	16	2	17	0		
+6A	+8B	+9C	+5D	+9E	+9F	+7G	+10H	+6I	=	873
+11A	+19B	+20C	+16D	+13E	+16F	+15G	+15H	+8I	=	1623
+14A	+25B	+26C	+18D	+19E	+19F	+18G	+16H	+9I	=	2048
+16A	+25B	+27C	+21D	+21E	+21F	+17G	+15H	+8I	=	2154
+23A	+30B	+28C	+20D	+28E	+19F	+15G	+13H	+6I	=	2415
+30A	+43B	+35C	+27D	+32E	+23F	+19G	+17H	+10I	=	3080
+27A	+39B	+32C	+22D	+27E	+18F	+14G	+12H	+5I	=	2640
+32A	+45B	+36C	+26D	+31E	+22F	+18G	+16H	+9I	=	3104
+33A	+45B	+36C	+26D	+31E	+22F	+18G	+16H	+9I	=	3120

A	B	C	D	E	F	G	H	I		
16	16	16	3	18	16	2	17	0		
96	128	144	15	162	144	14	170	-0	=	873
176	304	320	48	234	256	30	255	-0	=	1623
224	400	416	54	342	304	36	272	-0	=	2048
256	400	432	63	378	336	34	255	-0	=	2154
368	480	448	60	504	304	30	221	-0	=	2415
480	688	560	81	576	368	38	289	-0	=	3080
432	624	512	66	486	288	28	204	-0	=	2640
512	720	576	78	558	352	36	272	-0	=	3104
528	720	576	78	558	352	36	272	-0	=	3120

2-10 Variables Associated Expression Systems

9-Variable Systems followed by Verificiations

10)

A	B	C	D	E	F	G	H	I		
8	4	5	5	6	19	4	22	17		
+9A	+2B	+2C	+4D	+7E	+8F	+4G	+6H	+6I	=	554
+17A	+8B	+9C	+15D	+18E	+17F	+13G	+14H	+9I	=	1232
+18A	+9B	+17C	+18D	+25E	+21F	+16G	+13H	+8I	=	1390
+21A	+15B	+27C	+28D	+31E	+28F	+17G	+14H	+9I	=	1750
+24A	+19B	+30C	+33D	+32E	+25F	+14G	+11H	+6I	=	1650
+33A	+25B	+39C	+42D	+35E	+28F	+17G	+14H	+9I	=	2040
+38A	+28B	+44C	+41D	+34E	+27F	+16G	+13H	+8I	=	2044
+38A	+28B	+43C	+40D	+33E	+26F	+15G	+12H	+7I	=	1966
+41A	+30B	+45C	+42D	+35E	+28F	+17G	+14H	+9I	=	2154

A	B	C	D	E	F	G	H	I		
8	4	5	5	6	19	4	22	17		
72	8	10	20	42	152	16	132	102	=	554
136	32	45	75	108	323	52	308	153	=	1232
144	36	85	90	150	399	64	286	136	=	1390
168	60	135	140	186	532	68	308	153	=	1750
192	76	150	165	192	475	56	242	102	=	1650
264	100	195	210	210	532	68	308	153	=	2040
304	112	220	205	204	513	64	286	136	=	2044
304	112	215	200	198	494	60	264	119	=	1966
328	120	225	210	210	532	68	308	153	=	2154

11)

A	B	C	D	E	F	G	H	I		
4	10	20	13	10	9	22	2	9		
+8A	+4B	+11C	+4D	+6E	+6F	+9G	+4H	+8I	=	736
+13A	+9B	+16C	+13D	+9E	+8F	+12G	+9H	+9I	=	1156
+13A	+7B	+16C	+19D	+7E	+14F	+12G	+6H	+6I	=	1215
+19A	+18B	+23C	+24D	+12E	+18F	+14G	+8H	+8I	=	1706
+21A	+19B	+25C	+29D	+14E	+16F	+12G	+6H	+6I	=	1765
+24A	+23B	+28C	+30D	+13E	+15F	+11G	+5H	+5I	=	1838
+35A	+28B	+39C	+32D	+15E	+17F	+13G	+7H	+7I	=	2282
+34A	+30B	+37C	+30D	+13E	+15F	+11G	+5H	+5I	=	2128
+35A	+30B	+37C	+30D	+13E	+15F	+11G	+5H	+5I	=	2132

2-10 Variables Associated Expression Systems

9-Variable Systems followed by Verificiations

A	B	C	D	E	F	G	H	I		
4	10	20	13	10	9	22	2	9		
32	40	220	52	60	54	198	8	72	=	736
52	90	320	169	90	72	264	18	81	=	1156
52	70	320	247	70	126	264	12	54	=	1215
76	180	460	312	120	162	308	16	72	=	1706
84	190	500	377	140	144	264	12	54	=	1765
96	230	560	390	130	135	242	10	45	=	1838
140	280	780	416	150	153	286	14	63	=	2282
136	300	740	390	130	135	242	10	45	=	2128
140	300	740	390	130	135	242	10	45	=	2132

12)

A	B	C	D	E	F	G	H	I		
11	1	18	3	5	14	4	26	4		
+4A	+9B	+6C	+4D	+4E	+8F	+5G	+9H	+6I	=	583
+12A	+17B	+14C	+13D	+9E	+16F	+15G	+14H	+8I	=	1165
+12A	+18B	+13C	+14D	+12E	+13F	+17G	+10H	+4I	=	1012
+23A	+30B	+23C	+24D	+24E	+24F	+20G	+13H	+7I	=	1671
+26A	+37B	+30C	+24D	+25E	+23F	+19G	+12H	+6I	=	1794
+32A	+42B	+40C	+30D	+28E	+26F	+22G	+15H	+9I	=	2222
+31A	+46B	+37C	+25D	+23E	+21F	+17G	+10H	+4I	=	1881
+33A	+49B	+38C	+26D	+24E	+22F	+18G	+11H	+5I	=	1980
+36A	+51B	+40C	+28D	+26E	+24F	+20G	+13H	+7I	=	2163

A	B	C	D	E	F	G	H	I		
11	1	18	3	5	14	4	26	4		
44	9	108	12	20	112	20	234	24	=	583
132	17	252	39	45	224	60	364	32	=	1165
132	18	234	42	60	182	68	260	16	=	1012
253	30	414	72	120	336	80	338	28	=	1671
286	37	540	72	125	322	76	312	24	=	1794
352	42	720	90	140	364	88	390	36	=	2222
341	46	666	75	115	294	68	260	16	=	1881
363	49	684	78	120	308	72	286	20	=	1980
396	51	720	84	130	336	80	338	28	=	2163

2-10 Variables Associated Expression Systems — 1000 Associated Systems Volume 1

9-Variable Systems followed by Verificiations

13)

A	B	C	D	E	F	G	H	I		
10	7	11	17	11	16	19	23	4		
+10A	+6B	+9C	+8D	+3E	+8F	+6G	+3H	+12I	=	769
+16A	+6B	+16C	+15D	+8E	+12F	+11G	+9H	+10I	=	1369
+22A	+13B	+22C	+24D	+16E	+19F	+19G	+13H	+14I	=	2157
+22A	+20B	+29C	+27D	+21E	+19F	+18G	+12H	+13I	=	2343
+25A	+26B	+28C	+30D	+24E	+17F	+16G	+10H	+11I	=	2364
+27A	+33B	+30C	+35D	+25E	+18F	+17G	+11H	+12I	=	2613
+32A	+40B	+35C	+36D	+26E	+19F	+18G	+12H	+13I	=	2857
+33A	+43B	+35C	+36D	+26E	+19F	+18G	+12H	+13I	=	2888
+33A	+42B	+34C	+35D	+25E	+18F	+17G	+11H	+12I	=	2780

A	B	C	D	E	F	G	H	I		
10	7	11	17	11	16	19	23	4		
100	42	99	136	33	128	114	69	48	=	769
160	42	176	255	88	192	209	207	40	=	1369
220	91	242	408	176	304	361	299	56	=	2157
220	140	319	459	231	304	342	276	52	=	2343
250	182	308	510	264	272	304	230	44	=	2364
270	231	330	595	275	288	323	253	48	=	2613
320	280	385	612	286	304	342	276	52	=	2857
330	301	385	612	286	304	342	276	52	=	2888
330	294	374	595	275	288	323	253	48	=	2780

14)

A	B	C	D	E	F	G	H	I		
0	4	5	10	23	1	13	8	0		
+2A	+6B	+3C	+2D	+5E	+5F	+3G	+6H	+2I	=	266
+12A	+13B	+11C	+7D	+9E	+11F	+11G	+16H	+5I	=	666
+13A	+18B	+13C	+13D	+14E	+16F	+12G	+16H	+5I	=	889
+16A	+22B	+21C	+17D	+21E	+19F	+11G	+15H	+4I	=	1128
+18A	+28B	+23C	+22D	+23E	+20F	+12G	+16H	+5I	=	1280
+21A	+34B	+31C	+25D	+25E	+22F	+14G	+18H	+7I	=	1464
+18A	+31B	+28C	+21D	+21E	+18F	+10G	+14H	+3I	=	1217
+18A	+32B	+27C	+20D	+20E	+17F	+9G	+13H	+2I	=	1161
+19A	+32B	+27C	+20D	+20E	+17F	+9G	+13H	+2I	=	1161

9-Variable Systems followed by Verificiations

A	B	C	D	E	F	G	H	I		
0	4	5	10	23	1	13	8	0		
0	24	15	20	115	5	39	48	-0	=	266
-0	52	55	70	207	11	143	128	-0	=	666
-0	72	65	130	322	16	156	128	-0	=	889
-0	88	105	170	483	19	143	120	-0	=	1128
-0	112	115	220	529	20	156	128	-0	=	1280
-0	136	155	250	575	22	182	144	-0	=	1464
-0	124	140	210	483	18	130	112	-0	=	1217
-0	128	135	200	460	17	117	104	-0	=	1161
-0	128	135	200	460	17	117	104	-0	=	1161

15)

A	B	C	D	E	F	G	H	I		
8	4	3	17	8	3	25	24	9		
+4A	+4B	+2C	+9D	+7E	+8F	+7G	+3H	+7I	=	597
+12A	+9B	+5C	+16D	+17E	+18F	+16G	+11H	+9I	=	1354
+11A	+9B	+11C	+17D	+22E	+21F	+15G	+8H	+6I	=	1306
+15A	+14B	+23C	+27D	+28E	+25F	+18G	+11H	+9I	=	1798
+22A	+18B	+28C	+33D	+35E	+24F	+17G	+10H	+8I	=	1982
+27A	+28B	+36C	+36D	+36E	+25F	+18G	+11H	+9I	=	2206
+26A	+30B	+35C	+33D	+33E	+22F	+15G	+8H	+6I	=	1945
+29A	+33B	+37C	+35D	+35E	+24F	+17G	+10H	+8I	=	2159
+31A	+34B	+38C	+36D	+36E	+25F	+18G	+11H	+9I	=	2268

A	B	C	D	E	F	G	H	I		
8	4	3	17	8	3	25	24	9		
32	16	6	153	56	24	175	72	63	=	597
96	36	15	272	136	54	400	264	81	=	1354
88	36	33	289	176	63	375	192	54	=	1306
120	56	69	459	224	75	450	264	81	=	1798
176	72	84	561	280	72	425	240	72	=	1982
216	112	108	612	288	75	450	264	81	=	2206
208	120	105	561	264	66	375	192	54	=	1945
232	132	111	595	280	72	425	240	72	=	2159
248	136	114	612	288	75	450	264	81	=	2268

2-10 Variables Associated Expression Systems — 1000 Associated Systems Volume 1

9-Variable Systems followed by Verificiations

16)

A	B	C	D	E	F	G	H	I		
-6	-4	-6	-20	-4	-12	-8	-3	-27		
+7A	+6B	+2C	+4D	+6E	+2F	+8G	+6H	+7I	=	-477
+18A	+14B	+9C	+12D	+15E	+13F	+20G	+17H	+10I	=	-1155
+23A	+17B	+13C	+17D	+24E	+20F	+25G	+18H	+11I	=	-1511
+23A	+16B	+12C	+20D	+27E	+20F	+23G	+16H	+9I	=	-1497
+31A	+21B	+16C	+20D	+32E	+19F	+22G	+15H	+8I	=	-1559
+40A	+30B	+20C	+29D	+35E	+22F	+25G	+18H	+11I	=	-2015
+44A	+27B	+24C	+24D	+30E	+17F	+20G	+13H	+6I	=	-1681
+46A	+30B	+25C	+25D	+31E	+18F	+21G	+14H	+7I	=	-1785
+46A	+29B	+24C	+24D	+30E	+17F	+20G	+13H	+6I	=	-1701

A	B	C	D	E	F	G	H	I		
-6	-4	-6	-20	-4	-12	-8	-3	-27		
-42	-24	-12	-80	-24	-24	-64	-18	-189	=	-477
-108	-56	-54	-240	-60	-156	-160	-51	-270	=	-1155
-138	-68	-78	-340	-96	-240	-200	-54	-297	=	-1511
-138	-64	-72	-400	-108	-240	-184	-48	-243	=	-1497
-186	-84	-96	-400	-128	-228	-176	-45	-216	=	-1559
-240	-120	-120	-580	-140	-264	-200	-54	-297	=	-2015
-264	-108	-144	-480	-120	-204	-160	-39	-162	=	-1681
-276	-120	-150	-500	-124	-216	-168	-42	-189	=	-1785
-276	-116	-144	-480	-120	-204	-160	-39	-162	=	-1701

17)

A	B	C	D	E	F	G	H	I		
0	9	0	17	9	3	9	18	16		
+10A	+9B	+2C	+9D	+8E	+6F	+3G	+7H	+10I	=	637
+15A	+17B	+13C	+21D	+17E	+16F	+7G	+12H	+13I	=	1198
+21A	+22B	+17C	+23D	+20E	+21F	+17G	+12H	+13I	=	1409
+18A	+24B	+21C	+21D	+20E	+19F	+13G	+8H	+9I	=	1215
+26A	+29B	+22C	+24D	+28E	+19F	+13G	+8H	+9I	=	1383
+38A	+38B	+31C	+36D	+31E	+22F	+16G	+11H	+12I	=	1833
+41A	+46B	+34C	+35D	+30E	+21F	+15G	+10H	+11I	=	1833
+44A	+50B	+36C	+37D	+32E	+23F	+17G	+12H	+13I	=	2013
+45A	+50B	+36C	+37D	+32E	+23F	+17G	+12H	+13I	=	2013

2-10 Variables Associated Expression Systems   1000 Associated Systems Volume 1

9-Variable Systems followed by Verificiations

A	B	C	D	E	F	G	H	I		
0	9	0	17	9	3	9	18	16		
-0	81	-0	153	72	18	27	126	160	=	637
-0	153	-0	357	153	48	63	216	208	=	1198
-0	198	-0	391	180	63	153	216	208	=	1409
-0	216	-0	357	180	57	117	144	144	=	1215
-0	261	-0	408	252	57	117	144	144	=	1383
-0	342	-0	612	279	66	144	198	192	=	1833
-0	414	-0	595	270	63	135	180	176	=	1833
-0	450	-0	629	288	69	153	216	208	=	2013
-0	450	-0	629	288	69	153	216	208	=	2013

18)

A	B	C	D	E	F	G	H	I		
-11	-12	-20	-7	-2	-3	-13	-1	-9		
+6A	+10B	+2C	+7D	+3E	+8F	+7G	+2H	+6I	=	-452
+12A	+16B	+7C	+10D	+9E	+12F	+15G	+8H	+6I	=	-845
+22A	+22B	+17C	+18D	+19E	+19F	+25G	+9H	+7I	=	-1464
+29A	+24B	+23C	+25D	+26E	+26F	+24G	+8H	+6I	=	-1746
+31A	+26B	+25C	+31D	+28E	+25F	+23G	+7H	+5I	=	-1852
+37A	+33B	+29C	+37D	+29E	+26F	+24G	+8H	+6I	=	-2152
+39A	+40B	+31C	+38D	+30E	+27F	+25G	+9H	+7I	=	-2333
+38A	+40B	+29C	+36D	+28E	+25F	+23G	+7H	+5I	=	-2212
+39A	+40B	+29C	+36D	+28E	+25F	+23G	+7H	+5I	=	-2223

A	B	C	D	E	F	G	H	I		
-11	-12	-20	-7	-2	-3	-13	-1	-9		
-66	-120	-40	-49	-6	-24	-91	-2	-54	=	-452
-132	-192	-140	-70	-18	-36	-195	-8	-54	=	-845
-242	-264	-340	-126	-38	-57	-325	-9	-63	=	-1464
-319	-288	-460	-175	-52	-78	-312	-8	-54	=	-1746
-341	-312	-500	-217	-56	-75	-299	-7	-45	=	-1852
-407	-396	-580	-259	-58	-78	-312	-8	-54	=	-2152
-429	-480	-620	-266	-60	-81	-325	-9	-63	=	-2333
-418	-480	-580	-252	-56	-75	-299	-7	-45	=	-2212
-429	-480	-580	-252	-56	-75	-299	-7	-45	=	-2223

2-10 Variables Associated Expression Systems 1000 Associated Systems Volume 1

9-Variable Systems followed by Verificiations

19)

A	B	C	D	E	F	G	H	I		
8	7	10	14	6	4	14	2	0		
+6A	+5B	+8C	+11D	+12E	+11F	+5G	+10H	+6I	=	523
+11A	+4B	+6C	+10D	+13E	+17F	+5G	+15H	+3I	=	562
+18A	+16B	+12C	+24D	+25E	+29F	+12G	+20H	+8I	=	1186
+24A	+15B	+13C	+28D	+25E	+35F	+9G	+17H	+5I	=	1269
+26A	+24B	+18C	+34D	+27E	+36F	+10G	+18H	+6I	=	1514
+32A	+23B	+22C	+40D	+24E	+33F	+7G	+15H	+3I	=	1601
+39A	+28B	+29C	+42D	+26E	+35F	+9G	+17H	+5I	=	1842
+38A	+27B	+27C	+40D	+24E	+33F	+7G	+15H	+3I	=	1727
+39A	+27B	+27C	+40D	+24E	+33F	+7G	+15H	+3I	=	1735

A	B	C	D	E	F	G	H	I		
8	7	10	14	6	4	14	2	0		
48	35	80	154	72	44	70	20	-0	=	523
88	28	60	140	78	68	70	30	-0	=	562
144	112	120	336	150	116	168	40	-0	=	1186
192	105	130	392	150	140	126	34	-0	=	1269
208	168	180	476	162	144	140	36	-0	=	1514
256	161	220	560	144	132	98	30	-0	=	1601
312	196	290	588	156	140	126	34	-0	=	1842
304	189	270	560	144	132	98	30	-0	=	1727
312	189	270	560	144	132	98	30	-0	=	1735

20)

A	B	C	D	E	F	G	H	I		
10	17	21	21	19	13	4	15	10		
+10A	+9B	+5C	+8D	+10E	+11F	+7G	+11H	+10I	=	1152
+10A	+13B	+8C	+10D	+12E	+11F	+12G	+13H	+8I	=	1393
+21A	+18B	+15C	+18D	+19E	+19F	+23G	+15H	+10I	=	2234
+21A	+20B	+23C	+24D	+22E	+20F	+22G	+14H	+9I	=	2603
+26A	+23B	+32C	+27D	+27E	+20F	+22G	+14H	+9I	=	3051
+31A	+32B	+44C	+32D	+31E	+24F	+26G	+18H	+13I	=	3855
+33A	+32B	+46C	+27D	+26E	+19F	+21G	+13H	+8I	=	3507
+37A	+37B	+49C	+30D	+29E	+22F	+24G	+16H	+11I	=	3941
+38A	+37B	+49C	+30D	+29E	+22F	+24G	+16H	+11I	=	3951

2-10 Variables Associated Expression Systems 1000 Associated Systems Volume 1

9-Variable Systems followed by Verificiations

A	B	C	D	E	F	G	H	I		
10	17	21	21	19	13	4	15	10		
100	153	105	168	190	143	28	165	100	=	1152
100	221	168	210	228	143	48	195	80	=	1393
210	306	315	378	361	247	92	225	100	=	2234
210	340	483	504	418	260	88	210	90	=	2603
260	391	672	567	513	260	88	210	90	=	3051
310	544	924	672	589	312	104	270	130	=	3855
330	544	966	567	494	247	84	195	80	=	3507
370	629	1029	630	551	286	96	240	110	=	3941
380	629	1029	630	551	286	96	240	110	=	3951

21)

A	B	C	D	E	F	G	H	I		
-3	0	-12	-20	-12	-16	-10	-2	-1		
+11A	+7B	+9C	+8D	+11E	+4F	+12G	+7H	+11I	=	-642
+18A	+9B	+9C	+14D	+17E	+5F	+19G	+12H	+10I	=	-950
+22A	+17B	+17C	+23D	+20E	+13F	+23G	+14H	+12I	=	-1448
+24A	+16B	+15C	+22D	+20E	+15F	+20G	+11H	+9I	=	-1403
+28A	+23B	+17C	+28D	+22E	+15F	+20G	+11H	+9I	=	-1583
+33A	+29B	+25C	+33D	+24E	+17F	+22G	+13H	+11I	=	-1876
+38A	+28B	+30C	+31D	+22E	+15F	+20G	+11H	+9I	=	-1829
+40A	+31B	+31C	+32D	+23E	+16F	+21G	+12H	+10I	=	-1908
+39A	+29B	+29C	+30D	+21E	+14F	+19G	+10H	+8I	=	-1759

A	B	C	D	E	F	G	H	I		
-3	0	-12	-20	-12	-16	-10	-2	-1		
-33	-0	-108	-160	-132	-64	-120	-14	-11	=	-642
-54	-0	-108	-280	-204	-80	-190	-24	-10	=	-950
-66	-0	-204	-460	-240	-208	-230	-28	-12	=	-1448
-72	-0	-180	-440	-240	-240	-200	-22	-9	=	-1403
-84	-0	-204	-560	-264	-240	-200	-22	-9	=	-1583
-99	-0	-300	-660	-288	-272	-220	-26	-11	=	-1876
-114	-0	-360	-620	-264	-240	-200	-22	-9	=	-1829
-120	-0	-372	-640	-276	-256	-210	-24	-10	=	-1908
-117	-0	-348	-600	-252	-224	-190	-20	-8	=	-1759

2-10 Variables Associated Expression Systems   1000 Associated Systems Volume 1

9-Variable Systems followed by Verificiations

22)

A	B	C	D	E	F	G	H	I		
10	4	7	8	2	14	7	7	3		
+7A	+6B	+5C	+5D	+6E	+2F	+8G	+3H	+7I	=	307
+17A	+14B	+14C	+8D	+8E	+6F	+12G	+16H	+8I	=	708
+23A	+23B	+18C	+12D	+17E	+16F	+18G	+18H	+10I	=	1084
+27A	+31B	+27C	+18D	+21E	+20F	+18G	+18H	+10I	=	1331
+29A	+29B	+28C	+21D	+23E	+17F	+15G	+15H	+7I	=	1285
+35A	+41B	+35C	+27D	+28E	+22F	+20G	+20H	+12I	=	1655
+40A	+45B	+40C	+23D	+24E	+18F	+16G	+16H	+8I	=	1592
+43A	+51B	+42C	+25D	+26E	+20F	+18G	+18H	+10I	=	1742
+41A	+48B	+39C	+22D	+23E	+17F	+15G	+15H	+7I	=	1566

A	B	C	D	E	F	G	H	I		
10	4	7	8	2	14	7	7	3		
70	24	35	40	12	28	56	21	21	=	307
170	56	98	64	16	84	84	112	24	=	708
230	92	126	96	34	224	126	126	30	=	1084
270	124	189	144	42	280	126	126	30	=	1331
290	116	196	168	46	238	105	105	21	=	1285
350	164	245	216	56	308	140	140	36	=	1655
400	180	280	184	48	252	112	112	24	=	1592
430	204	294	200	52	280	126	126	30	=	1742
410	192	273	176	46	238	105	105	21	=	1566

23)

A	B	C	D	E	F	G	H	I		
-5	-20	-17	-12	-8	-16	-10	-8	-19		
+4A	+11B	+10C	+9D	+9E	+4F	+11G	+6H	+4I	=	-888
+7A	+16B	+11C	+16D	+15E	+3F	+11G	+9H	+2I	=	-1122
+12A	+25B	+16C	+26D	+24E	+7F	+16G	+11H	+4I	=	-1772
+17A	+34B	+26C	+35D	+27E	+12F	+17G	+12H	+5I	=	-2396
+23A	+34B	+30C	+37D	+33E	+11F	+16G	+11H	+4I	=	-2513
+29A	+42B	+38C	+43D	+35E	+13F	+18G	+13H	+6I	=	-3033
+29A	+47B	+38C	+40D	+32E	+10F	+15G	+10H	+3I	=	-2914
+29A	+47B	+37C	+39D	+31E	+9F	+14G	+9H	+2I	=	-2824
+34A	+51B	+41C	+43D	+35E	+13F	+18G	+13H	+6I	=	-3289

9-Variable Systems followed by Verificiations

A	B	C	D	E	F	G	H	I		
-5	-20	-17	-12	-8	-16	-10	-8	-19		
-20	-220	-170	-108	-72	-64	-110	-48	-76	=	-888
-35	-320	-187	-192	-120	-48	-110	-72	-38	=	-1122
-60	-500	-272	-312	-192	-112	-160	-88	-76	=	-1772
-85	-680	-442	-420	-216	-192	-170	-96	-95	=	-2396
-115	-680	-510	-444	-264	-176	-160	-88	-76	=	-2513
-145	-840	-646	-516	-280	-208	-180	-104	-114	=	-3033
-145	-940	-646	-480	-256	-160	-150	-80	-57	=	-2914
-145	-940	-629	-468	-248	-144	-140	-72	-38	=	-2824
-170	-1020	-697	-516	-280	-208	-180	-104	-114	=	-3289

24)

A	B	C	D	E	F	G	H	I		
15	5	12	5	15	22	15	8	5		
+9A	+7B	+7C	+10D	+9E	+8F	+3G	+6H	+7I	=	743
+12A	+10B	+13C	+14D	+11E	+11F	+5G	+12H	+7I	=	1069
+22A	+16B	+19C	+23D	+17E	+21F	+12G	+13H	+8I	=	1794
+26A	+21B	+21C	+28D	+23E	+25F	+12G	+13H	+8I	=	2106
+33A	+29B	+29C	+31D	+30E	+25F	+12G	+13H	+8I	=	2467
+34A	+36B	+34C	+35D	+28E	+23F	+10G	+11H	+6I	=	2467
+45A	+41B	+42C	+37D	+30E	+25F	+12G	+13H	+8I	=	2893
+47A	+43B	+43C	+38D	+31E	+26F	+13G	+14H	+9I	=	3015
+49A	+44B	+44C	+39D	+32E	+27F	+14G	+15H	+10I	=	3132

A	B	C	D	E	F	G	H	I		
15	5	12	5	15	22	15	8	5		
135	35	84	50	135	176	45	48	35	=	743
180	50	156	70	165	242	75	96	35	=	1069
330	80	228	115	255	462	180	104	40	=	1794
390	105	252	140	345	550	180	104	40	=	2106
495	145	348	155	450	550	180	104	40	=	2467
510	180	408	175	420	506	150	88	30	=	2467
675	205	504	185	450	550	180	104	40	=	2893
705	215	516	190	465	572	195	112	45	=	3015
735	220	528	195	480	594	210	120	50	=	3132

9-Variable Systems followed by Verificiations

25)

A	B	C	D	E	F	G	H	I		
4	14	3	4	4	16	3	0	17		
+3A	+5B	+9C	+10D	+3E	+4F	+2G	+7H	+3I	=	282
+7A	+11B	+14C	+10D	+7E	+7F	+5G	+11H	+2I	=	453
+11A	+16B	+18C	+17D	+11E	+18F	+9G	+13H	+4I	=	817
+13A	+18B	+22C	+25D	+19E	+20F	+8G	+12H	+3I	=	941
+18A	+26B	+28C	+33D	+24E	+20F	+8G	+12H	+3I	=	1143
+27A	+36B	+37C	+42D	+27E	+23F	+11G	+15H	+6I	=	1502
+29A	+36B	+39C	+39D	+24E	+20F	+8G	+12H	+3I	=	1384
+33A	+41B	+42C	+42D	+27E	+23F	+11G	+15H	+6I	=	1611
+33A	+40B	+41C	+41D	+26E	+22F	+10G	+14H	+5I	=	1550

A	B	C	D	E	F	G	H	I		
4	14	3	4	4	16	3	0	17		
12	70	27	40	12	64	6	-0	51	=	282
28	154	42	40	28	112	15	-0	34	=	453
44	224	54	68	44	288	27	-0	68	=	817
52	252	66	100	76	320	24	-0	51	=	941
72	364	84	132	96	320	24	-0	51	=	1143
108	504	111	168	108	368	33	-0	102	=	1502
116	504	117	156	96	320	24	-0	51	=	1384
132	574	126	168	108	368	33	-0	102	=	1611
132	560	123	164	104	352	30	-0	85	=	1550

26)

A	B	C	D	E	F	G	H	I		
9	6	10	1	23	10	15	5	12		
+4A	+11B	+9C	+6D	+7E	+3F	+3G	+10H	+4I	=	532
+10A	+15B	+20C	+12D	+10E	+6F	+10G	+16H	+6I	=	984
+9A	+15B	+19C	+10D	+11E	+9F	+11G	+13H	+3I	=	980
+18A	+25B	+30C	+20D	+20E	+18F	+13G	+15H	+5I	=	1602
+24A	+30B	+31C	+27D	+22E	+18F	+13G	+15H	+5I	=	1749
+29A	+34B	+32C	+30D	+21E	+17F	+12G	+14H	+4I	=	1766
+31A	+41B	+34C	+28D	+19E	+15F	+10G	+12H	+2I	=	1714
+34A	+46B	+36C	+30D	+21E	+17F	+12G	+14H	+4I	=	1923
+33A	+44B	+34C	+28D	+19E	+15F	+10G	+12H	+2I	=	1750

2-10 Variables Associated Expression Systems					1000 Associated Systems Volume 1

9-Variable Systems followed by Verificiations

A	B	C	D	E	F	G	H	I		
9	6	10	1	23	10	15	5	12		
36	66	90	6	161	30	45	50	48	=	532
90	90	200	12	230	60	150	80	72	=	984
81	90	190	10	253	90	165	65	36	=	980
162	150	300	20	460	180	195	75	60	=	1602
216	180	310	27	506	180	195	75	60	=	1749
261	204	320	30	483	170	180	70	48	=	1766
279	246	340	28	437	150	150	60	24	=	1714
306	276	360	30	483	170	180	70	48	=	1923
297	264	340	28	437	150	150	60	24	=	1750

27)

A	B	C	D	E	F	G	H	I		
3	12	18	20	5	13	9	9	14		
+9A	+5B	+11C	+7D	+9E	+4F	+9G	+6H	+9I	=	783
+16A	+6B	+13C	+13D	+16E	+5F	+9G	+16H	+7I	=	1082
+26A	+13B	+18C	+20D	+19E	+8F	+19G	+18H	+9I	=	1616
+30A	+16B	+22C	+19D	+21E	+12F	+16G	+15H	+6I	=	1682
+39A	+21B	+33C	+27D	+30E	+16F	+20G	+19H	+10I	=	2352
+48A	+28B	+39C	+36D	+31E	+17F	+21G	+20H	+11I	=	2801
+52A	+31B	+43C	+31D	+26E	+12F	+16G	+15H	+6I	=	2571
+57A	+36B	+47C	+35D	+30E	+16F	+20G	+19H	+10I	=	2998
+56A	+34B	+45C	+33D	+28E	+14F	+18G	+17H	+8I	=	2795

A	B	C	D	E	F	G	H	I		
3	12	18	20	5	13	9	9	14		
27	60	198	140	45	52	81	54	126	=	783
48	72	234	260	80	65	81	144	98	=	1082
78	156	324	400	95	104	171	162	126	=	1616
90	192	396	380	105	156	144	135	84	=	1682
117	252	594	540	150	208	180	171	140	=	2352
144	336	702	720	155	221	189	180	154	=	2801
156	372	774	620	130	156	144	135	84	=	2571
171	432	846	700	150	208	180	171	140	=	2998
168	408	810	660	140	182	162	153	112	=	2795

2-10 Variables Associated Expression Systems   1000 Associated Systems Volume 1

9-Variable Systems followed by Verificiations

28)

A	B	C	D	E	F	G	H	I		
13	11	9	10	10	23	1	4	23		
+5A	+10B	+5C	+8D	+9E	+8F	+10G	+10H	+5I	=	739
+6A	+18B	+5C	+16D	+16E	+16F	+14G	+11H	+4I	=	1159
+12A	+24B	+13C	+23D	+18E	+23F	+20G	+12H	+5I	=	1659
+14A	+29B	+22C	+26D	+19E	+27F	+20G	+12H	+5I	=	1953
+14A	+32B	+30C	+31D	+19E	+26F	+19G	+11H	+4I	=	2057
+18A	+40B	+38C	+35D	+22E	+29F	+22G	+14H	+7I	=	2492
+24A	+45B	+44C	+34D	+21E	+28F	+21G	+13H	+6I	=	2608
+26A	+47B	+45C	+35D	+22E	+29F	+22G	+14H	+7I	=	2736
+25A	+45B	+43C	+33D	+20E	+27F	+20G	+12H	+5I	=	2541

A	B	C	D	E	F	G	H	I		
13	11	9	10	10	23	1	4	23		
65	110	45	80	90	184	10	40	115	=	739
78	198	45	160	160	368	14	44	92	=	1159
156	264	117	230	180	529	20	48	115	=	1659
182	319	198	260	190	621	20	48	115	=	1953
182	352	270	310	190	598	19	44	92	=	2057
234	440	342	350	220	667	22	56	161	=	2492
312	495	396	340	210	644	21	52	138	=	2608
338	517	405	350	220	667	22	56	161	=	2736
325	495	387	330	200	621	20	48	115	=	2541

29)

A	B	C	D	E	F	G	H	I		
-14	-10	-19	-8	-17	-9	-24	-21	-23		
+11A	+3B	+7C	+10D	+4E	+3F	+10G	+9H	+11I	=	-1174
+14A	+10B	+16C	+18D	+14E	+8F	+14G	+12H	+12I	=	-1918
+20A	+14B	+23C	+22D	+20E	+11F	+22G	+12H	+12I	=	-2528
+25A	+16B	+28C	+24D	+18E	+16F	+19G	+9H	+9I	=	-2536
+33A	+20B	+33C	+34D	+26E	+17F	+20G	+10H	+10I	=	-3076
+40A	+25B	+35C	+41D	+26E	+17F	+20G	+10H	+10I	=	-3318
+49A	+33B	+41C	+41D	+26E	+17F	+20G	+10H	+10I	=	-3638
+50A	+35B	+41C	+41D	+26E	+17F	+20G	+10H	+10I	=	-3672
+50A	+34B	+40C	+40D	+25E	+16F	+19G	+9H	+9I	=	-3541

2-10 Variables Associated Expression Systems   1000 Associated Systems Volume 1

9-Variable Systems followed by Verificiations

	A	B	C	D	E	F	G	H	I		
	-14	-10	-19	-8	-17	-9	-24	-21	-23		
	-154	-30	-133	-80	-68	-27	-240	-189	-253	=	-1174
	-196	-100	-304	-144	-238	-72	-336	-252	-276	=	-1918
	-280	-140	-437	-176	-340	-99	-528	-252	-276	=	-2528
	-350	-160	-532	-192	-306	-144	-456	-189	-207	=	-2536
	-462	-200	-627	-272	-442	-153	-480	-210	-230	=	-3076
	-560	-250	-665	-328	-442	-153	-480	-210	-230	=	-3318
	-686	-330	-779	-328	-442	-153	-480	-210	-230	=	-3638
	-700	-350	-779	-328	-442	-153	-480	-210	-230	=	-3672
	-700	-340	-760	-320	-425	-144	-456	-189	-207	=	-3541

30)

	A	B	C	D	E	F	G	H	I		
	3	0	5	8	13	23	7	10	19		
	+9A	+9B	+9C	+11D	+10E	+12F	+10G	+12H	+9I	=	927
	+14A	+15B	+13C	+16D	+13E	+12F	+14G	+17H	+6I	=	1062
	+25A	+19B	+23C	+25D	+19E	+21F	+25G	+19H	+8I	=	1637
	+35A	+22B	+27C	+34D	+28E	+31F	+26G	+20H	+9I	=	2142
	+37A	+25B	+32C	+36D	+30E	+29F	+24G	+18H	+7I	=	2097
	+44A	+28B	+36C	+43D	+29E	+28F	+23G	+17H	+6I	=	2122
	+46A	+35B	+38C	+43D	+29E	+28F	+23G	+17H	+6I	=	2138
	+50A	+40B	+41C	+46D	+32E	+31F	+26G	+20H	+9I	=	2405
	+52A	+41B	+42C	+47D	+33E	+32F	+27G	+21H	+10I	=	2496

	A	B	C	D	E	F	G	H	I		
	3	0	5	8	13	23	7	10	19		
	27	-0	45	88	130	276	70	120	171	=	927
	42	-0	65	128	169	276	98	170	114	=	1062
	75	-0	115	200	247	483	175	190	152	=	1637
	105	-0	135	272	364	713	182	200	171	=	2142
	111	-0	160	288	390	667	168	180	133	=	2097
	132	-0	180	344	377	644	161	170	114	=	2122
	138	-0	190	344	377	644	161	170	114	=	2138
	150	-0	205	368	416	713	182	200	171	=	2405
	156	-0	210	376	429	736	189	210	190	=	2496

9-Variable Systems followed by Verificiations

31)

A	B	C	D	E	F	G	H	I		
2	0	5	4	11	17	20	14	17		
+4A	+11B	+10C	+4D	+5E	+8F	+6G	+5H	+8I	=	591
+9A	+21B	+19C	+14D	+9E	+12F	+10G	+10H	+9I	=	965
+12A	+24B	+24C	+23D	+15E	+15F	+15G	+11H	+10I	=	1280
+9A	+28B	+22C	+22D	+17E	+16F	+10G	+6H	+5I	=	1044
+14A	+31B	+28C	+27D	+22E	+18F	+12G	+8H	+7I	=	1295
+21A	+36B	+35C	+34D	+23E	+19F	+13G	+9H	+8I	=	1451
+22A	+40B	+38C	+33D	+22E	+18F	+12G	+8H	+7I	=	1385
+25A	+46B	+40C	+35D	+24E	+20F	+14G	+10H	+9I	=	1567
+27A	+47B	+41C	+36D	+25E	+21F	+15G	+11H	+10I	=	1659

A	B	C	D	E	F	G	H	I		
2	0	5	4	11	17	20	14	17		
8	-0	50	16	55	136	120	70	136	=	591
18	-0	95	56	99	204	200	140	153	=	965
24	-0	120	92	165	255	300	154	170	=	1280
18	-0	110	88	187	272	200	84	85	=	1044
28	-0	140	108	242	306	240	112	119	=	1295
42	-0	175	136	253	323	260	126	136	=	1451
44	-0	190	132	242	306	240	112	119	=	1385
50	-0	200	140	264	340	280	140	153	=	1567
54	-0	205	144	275	357	300	154	170	=	1659

32)

A	B	C	D	E	F	G	H	I		
19	4	4	11	8	11	3	7	4		
+9A	+9B	+11C	+9D	+9E	+10F	+3G	+9H	+9I	=	640
+17A	+15B	+19C	+16D	+13E	+18F	+8G	+17H	+8I	=	1112
+24A	+22B	+29C	+22D	+23E	+22F	+15G	+19H	+10I	=	1546
+27A	+24B	+33C	+24D	+25E	+25F	+12G	+16H	+7I	=	1656
+32A	+32B	+40C	+35D	+30E	+28F	+15G	+19H	+10I	=	2047
+35A	+33B	+47C	+36D	+29E	+27F	+14G	+18H	+9I	=	2114
+41A	+38B	+53C	+34D	+27E	+25F	+12G	+16H	+7I	=	2184
+45A	+42B	+56C	+37D	+30E	+28F	+15G	+19H	+10I	=	2420
+48A	+44B	+58C	+39D	+32E	+30F	+17G	+21H	+12I	=	2581

2-10 Variables Associated Expression Systems — 1000 Associated Systems Volume 1

9-Variable Systems followed by Verificiations

A	B	C	D	E	F	G	H	I		
19	4	4	11	8	11	3	7	4		
171	36	44	99	72	110	9	63	36	=	640
323	60	76	176	104	198	24	119	32	=	1112
456	88	116	242	184	242	45	133	40	=	1546
513	96	132	264	200	275	36	112	28	=	1656
608	128	160	385	240	308	45	133	40	=	2047
665	132	188	396	232	297	42	126	36	=	2114
779	152	212	374	216	275	36	112	28	=	2184
855	168	224	407	240	308	45	133	40	=	2420
912	176	232	429	256	330	51	147	48	=	2581

33)

A	B	C	D	E	F	G	H	I		
-19	-14	-3	-21	-19	-14	-9	-10	-12		
+9A	+7B	+9C	+6D	+5E	+6F	+10G	+11H	+13I	=	-957
+13A	+15B	+14C	+8D	+9E	+10F	+18G	+15H	+12I	=	-1434
+17A	+16B	+18C	+11D	+15E	+15F	+22G	+14H	+11I	=	-1797
+24A	+20B	+24C	+15D	+16E	+22F	+22G	+14H	+11I	=	-2205
+32A	+20B	+30C	+16D	+24E	+21F	+21G	+13H	+10I	=	-2503
+39A	+26B	+40C	+23D	+29E	+26F	+26G	+18H	+15I	=	-3217
+40A	+28B	+41C	+21D	+27E	+24F	+24G	+16H	+13I	=	-3097
+42A	+33B	+42C	+22D	+28E	+25F	+25G	+17H	+14I	=	-3293
+40A	+30B	+39C	+19D	+25E	+22F	+22G	+14H	+11I	=	-2949

A	B	C	D	E	F	G	H	I		
-19	-14	-3	-21	-19	-14	-9	-10	-12		
-171	-98	-27	-126	-95	-84	-90	-110	-156	=	-957
-247	-210	-42	-168	-171	-140	-162	-150	-144	=	-1434
-323	-224	-54	-231	-285	-210	-198	-140	-132	=	-1797
-456	-280	-72	-315	-304	-308	-198	-140	-132	=	-2205
-608	-280	-90	-336	-456	-294	-189	-130	-120	=	-2503
-741	-364	-120	-483	-551	-364	-234	-180	-180	=	-3217
-760	-392	-123	-441	-513	-336	-216	-160	-156	=	-3097
-798	-462	-126	-462	-532	-350	-225	-170	-168	=	-3293
-760	-420	-117	-399	-475	-308	-198	-140	-132	=	-2949

2-10 Variables Associated Expression Systems   1000 Associated Systems Volume 1

9-Variable Systems followed by Verificiations

34)

	A	B	C	D	E	F	G	H	I		
	1	18	6	0	9	23	10	15	8		
	+5A	+3B	+8C	+8D	+3E	+4F	+5G	+6H	+3I	=	390
	+6A	+4B	+17C	+13D	+6E	+11F	+9G	+7H	+3I	=	706
	+10A	+15B	+22C	+21D	+10E	+18F	+15G	+9H	+5I	=	1241
	+13A	+22B	+30C	+24D	+17E	+21F	+15G	+9H	+5I	=	1550
	+17A	+31B	+35C	+32D	+19E	+21F	+15G	+9H	+5I	=	1764
	+18A	+35B	+41C	+33D	+17E	+19F	+13G	+7H	+3I	=	1743
	+27A	+36B	+50C	+33D	+17E	+19F	+13G	+7H	+3I	=	1824
	+29A	+38B	+51C	+34D	+18E	+20F	+14G	+8H	+4I	=	1933
	+32A	+40B	+53C	+36D	+20E	+22F	+16G	+10H	+6I	=	2114

	A	B	C	D	E	F	G	H	I		
	1	18	6	0	9	23	10	15	8		
	5	54	48	-0	27	92	50	90	24	=	390
	6	72	102	-0	54	253	90	105	24	=	706
	10	270	132	-0	90	414	150	135	40	=	1241
	13	396	180	-0	153	483	150	135	40	=	1550
	17	558	210	-0	171	483	150	135	40	=	1764
	18	630	246	-0	153	437	130	105	24	=	1743
	27	648	300	-0	153	437	130	105	24	=	1824
	29	684	306	-0	162	460	140	120	32	=	1933
	32	720	318	-0	180	506	160	150	48	=	2114

35)

	A	B	C	D	E	F	G	H	I		
	5	17	0	11	11	15	3	22	12		
	+5A	+6B	+7C	+3D	+10E	+3F	+3G	+7H	+5I	=	538
	+6A	+11B	+12C	+6D	+16E	+6F	+5G	+8H	+5I	=	800
	+13A	+16B	+18C	+9D	+24E	+11F	+12G	+9H	+6I	=	1171
	+18A	+21B	+20C	+15D	+29E	+16F	+10G	+7H	+4I	=	1403
	+20A	+25B	+26C	+17D	+31E	+15F	+9G	+6H	+3I	=	1473
	+31A	+39B	+33C	+25D	+36E	+20F	+14G	+11H	+8I	=	2169
	+37A	+46B	+39C	+23D	+34E	+18F	+12G	+9H	+6I	=	2170
	+37A	+47B	+38C	+22D	+33E	+17F	+11G	+8H	+5I	=	2113
	+38A	+47B	+38C	+22D	+33E	+17F	+11G	+8H	+5I	=	2118

9-Variable Systems followed by Verificiations

A	B	C	D	E	F	G	H	I		
5	17	0	11	11	15	3	22	12		
25	102	-0	33	110	45	9	154	60	=	538
30	187	-0	66	176	90	15	176	60	=	800
65	272	-0	99	264	165	36	198	72	=	1171
90	357	-0	165	319	240	30	154	48	=	1403
100	425	-0	187	341	225	27	132	36	=	1473
155	663	-0	275	396	300	42	242	96	=	2169
185	782	-0	253	374	270	36	198	72	=	2170
185	799	-0	242	363	255	33	176	60	=	2113
190	799	-0	242	363	255	33	176	60	=	2118

36)

A	B	C	D	E	F	G	H	I		
2	13	17	9	8	11	25	6	26		
+9A	+10B	+5C	+4D	+5E	+5F	+5G	+10H	+9I	=	783
+17A	+13B	+7C	+7D	+15E	+12F	+10G	+18H	+10I	=	1255
+19A	+22B	+14C	+11D	+17E	+21F	+12G	+19H	+11I	=	1728
+18A	+24B	+19C	+18D	+23E	+20F	+10G	+17H	+9I	=	1823
+28A	+34B	+29C	+23D	+33E	+21F	+11G	+18H	+10I	=	2336
+37A	+42B	+36C	+28D	+34E	+22F	+12G	+19H	+11I	=	2698
+39A	+42B	+38C	+27D	+33E	+21F	+11G	+18H	+10I	=	2651
+41A	+46B	+39C	+28D	+34E	+22F	+12G	+19H	+11I	=	2809
+41A	+45B	+38C	+27D	+33E	+21F	+11G	+18H	+10I	=	2694

A	B	C	D	E	F	G	H	I		
2	13	17	9	8	11	25	6	26		
18	130	85	36	40	55	125	60	234	=	783
34	169	119	63	120	132	250	108	260	=	1255
38	286	238	99	136	231	300	114	286	=	1728
36	312	323	162	184	220	250	102	234	=	1823
56	442	493	207	264	231	275	108	260	=	2336
74	546	612	252	272	242	300	114	286	=	2698
78	546	646	243	264	231	275	108	260	=	2651
82	598	663	252	272	242	300	114	286	=	2809
82	585	646	243	264	231	275	108	260	=	2694

2-10 Variables Associated Expression Systems   1000 Associated Systems Volume 1

9-Variable Systems followed by Verificiations

37)

A	B	C	D	E	F	G	H	I		
11	6	0	8	10	12	25	15	2		
+7A	+4B	+10C	+7D	+6E	+8F	+7G	+8H	+7I	=	622
+9A	+9B	+20C	+9D	+15E	+14F	+11G	+10H	+8I	=	984
+13A	+9B	+20C	+12D	+15E	+18F	+15G	+8H	+6I	=	1166
+21A	+17B	+25C	+15D	+19E	+26F	+15G	+8H	+6I	=	1462
+26A	+23B	+34C	+19D	+24E	+26F	+15G	+8H	+6I	=	1635
+29A	+25B	+42C	+22D	+24E	+26F	+15G	+8H	+6I	=	1704
+34A	+29B	+47C	+21D	+23E	+25F	+14G	+7H	+5I	=	1711
+38A	+34B	+50C	+24D	+26E	+28F	+17G	+10H	+8I	=	2001
+37A	+32B	+48C	+22D	+24E	+26F	+15G	+8H	+6I	=	1834

A	B	C	D	E	F	G	H	I		
11	6	0	8	10	12	25	15	2		
77	24	-0	56	60	96	175	120	14	=	622
99	54	-0	72	150	168	275	150	16	=	984
143	54	-0	96	150	216	375	120	12	=	1166
231	102	-0	120	190	312	375	120	12	=	1462
286	138	-0	152	240	312	375	120	12	=	1635
319	150	-0	176	240	312	375	120	12	=	1704
374	174	-0	168	230	300	350	105	10	=	1711
418	204	-0	192	260	336	425	150	16	=	2001
407	192	-0	176	240	312	375	120	12	=	1834

38)

A	B	C	D	E	F	G	H	I		
9	8	7	2	14	2	19	16	20		
+11A	+6B	+6C	+3D	+7E	+3F	+9G	+8H	+11I	=	818
+15A	+11B	+10C	+5D	+7E	+8F	+13G	+12H	+10I	=	1056
+25A	+15B	+17C	+14D	+12E	+14F	+23G	+14H	+12I	=	1589
+29A	+22B	+26C	+17D	+17E	+18F	+23G	+14H	+12I	=	1828
+31A	+25B	+29C	+20D	+19E	+15F	+20G	+11H	+9I	=	1754
+38A	+32B	+33C	+25D	+22E	+18F	+23G	+14H	+12I	=	2124
+39A	+35B	+34C	+23D	+20E	+16F	+21G	+12H	+10I	=	2018
+40A	+38B	+34C	+23D	+20E	+16F	+21G	+12H	+10I	=	2051
+42A	+39B	+35C	+24D	+21E	+17F	+22G	+13H	+11I	=	2157

9-Variable Systems followed by Verificiations

A	B	C	D	E	F	G	H	I		
9	8	7	2	14	2	19	16	20		
99	48	42	6	98	6	171	128	220	=	818
135	88	70	10	98	16	247	192	200	=	1056
225	120	119	28	168	28	437	224	240	=	1589
261	176	182	34	238	36	437	224	240	=	1828
279	200	203	40	266	30	380	176	180	=	1754
342	256	231	50	308	36	437	224	240	=	2124
351	280	238	46	280	32	399	192	200	=	2018
360	304	238	46	280	32	399	192	200	=	2051
378	312	245	48	294	34	418	208	220	=	2157

39)

A	B	C	D	E	F	G	H	I		
2	1	3	10	7	3	12	4	0		
+8A	+6B	+10C	+6D	+3E	+9F	+10G	+11H	+6I	=	324
+16A	+13B	+18C	+8D	+5E	+9F	+17G	+16H	+5I	=	509
+20A	+23B	+28C	+17D	+10E	+17F	+21G	+18H	+7I	=	762
+18A	+26B	+33C	+20D	+16E	+15F	+18G	+15H	+4I	=	794
+20A	+32B	+40C	+29D	+20E	+16F	+19G	+16H	+5I	=	962
+26A	+44B	+48C	+35D	+23E	+19F	+22G	+19H	+8I	=	1148
+30A	+43B	+52C	+31D	+19E	+15F	+18G	+15H	+4I	=	1023
+34A	+47B	+55C	+34D	+22E	+18F	+21G	+18H	+7I	=	1152
+35A	+47B	+55C	+34D	+22E	+18F	+21G	+18H	+7I	=	1154

A	B	C	D	E	F	G	H	I		
2	1	3	10	7	3	12	4	0		
16	6	30	60	21	27	120	44	-0	=	324
32	13	54	80	35	27	204	64	-0	=	509
40	23	84	170	70	51	252	72	-0	=	762
36	26	99	200	112	45	216	60	-0	=	794
40	32	120	290	140	48	228	64	-0	=	962
52	44	144	350	161	57	264	76	-0	=	1148
60	43	156	310	133	45	216	60	-0	=	1023
68	47	165	340	154	54	252	72	-0	=	1152
70	47	165	340	154	54	252	72	-0	=	1154

2-10 Variables Associated Expression Systems

1000 Associated Systems Volume 1

9-Variable Systems followed by Verificiations

40)

A	B	C	D	E	F	G	H	I		
9	2	21	18	21	20	17	2	23		
+5A	+9B	+12C	+12D	+10E	+4F	+7G	+8H	+9I	=	1163
+11A	+16B	+19C	+15D	+14E	+6F	+13G	+14H	+7I	=	1624
+19A	+24B	+26C	+25D	+19E	+14F	+21G	+17H	+10I	=	2515
+23A	+26B	+27C	+28D	+25E	+20F	+19G	+15H	+8I	=	2792
+25A	+33B	+27C	+35D	+27E	+19F	+18G	+14H	+7I	=	2930
+35A	+40B	+40C	+45D	+31E	+23F	+22G	+18H	+11I	=	3819
+37A	+47B	+40C	+43D	+29E	+21F	+20G	+16H	+9I	=	3649
+37A	+47B	+39C	+42D	+28E	+20F	+19G	+15H	+8I	=	3527
+41A	+50B	+42C	+45D	+31E	+23F	+22G	+18H	+11I	=	3935

A	B	C	D	E	F	G	H	I		
9	2	21	18	21	20	17	2	23		
45	18	252	216	210	80	119	16	207	=	1163
99	32	399	270	294	120	221	28	161	=	1624
171	48	546	450	399	280	357	34	230	=	2515
207	52	567	504	525	400	323	30	184	=	2792
225	66	567	630	567	380	306	28	161	=	2930
315	80	840	810	651	460	374	36	253	=	3819
333	94	840	774	609	420	340	32	207	=	3649
333	94	819	756	588	400	323	30	184	=	3527
369	100	882	810	651	460	374	36	253	=	3935

41)

A	B	C	D	E	F	G	H	I		
9	2	19	22	1	4	1	3	5		
+7A	+7B	+3C	+9D	+8E	+3F	+7G	+9H	+5I	=	411
+15A	+7B	+8C	+11D	+9E	+8F	+14G	+17H	+4I	=	669
+24A	+13B	+15C	+18D	+16E	+15F	+23G	+20H	+7I	=	1117
+29A	+15B	+16C	+23D	+17E	+22F	+20G	+17H	+4I	=	1297
+32A	+18B	+25C	+31D	+20E	+22F	+20G	+17H	+4I	=	1680
+41A	+27B	+32C	+40D	+24E	+26F	+24G	+21H	+8I	=	2166
+45A	+30B	+36C	+39D	+23E	+25F	+23G	+20H	+7I	=	2248
+44A	+29B	+34C	+37D	+21E	+23F	+21G	+18H	+5I	=	2127
+45A	+29B	+34C	+37D	+21E	+23F	+21G	+18H	+5I	=	2136

2-10 Variables Associated Expression Systems   1000 Associated Systems Volume 1

9-Variable Systems followed by Verificiations

A	B	C	D	E	F	G	H	I		
9	2	19	22	1	4	1	3	5		
63	14	57	198	8	12	7	27	25	=	411
135	14	152	242	9	32	14	51	20	=	669
216	26	285	396	16	60	23	60	35	=	1117
261	30	304	506	17	88	20	51	20	=	1297
288	36	475	682	20	88	20	51	20	=	1680
369	54	608	880	24	104	24	63	40	=	2166
405	60	684	858	23	100	23	60	35	=	2248
396	58	646	814	21	92	21	54	25	=	2127
405	58	646	814	21	92	21	54	25	=	2136

42)

A	B	C	D	E	F	G	H	I		
12	13	19	21	7	20	7	4	9		
+2A	+4B	+6C	+8D	+9E	+2F	+10G	+8H	+4I	=	599
+9A	+8B	+15C	+14D	+14E	+8F	+19G	+13H	+7I	=	1297
+10A	+14B	+17C	+16D	+22E	+11F	+20G	+12H	+6I	=	1577
+15A	+17B	+22C	+14D	+27E	+14F	+17G	+9H	+3I	=	1764
+24A	+25B	+33C	+23D	+36E	+16F	+19G	+11H	+5I	=	2517
+29A	+33B	+39C	+28D	+36E	+16F	+19G	+11H	+5I	=	2900
+31A	+36B	+42C	+29D	+37E	+17F	+20G	+12H	+6I	=	3088
+31A	+36B	+41C	+28D	+36E	+16F	+19G	+11H	+5I	=	3001
+32A	+36B	+41C	+28D	+36E	+16F	+19G	+11H	+5I	=	3013

A	B	C	D	E	F	G	H	I		
12	13	19	21	7	20	7	4	9		
24	52	114	168	63	40	70	32	36	=	599
108	104	285	294	98	160	133	52	63	=	1297
120	182	323	336	154	220	140	48	54	=	1577
180	221	418	294	189	280	119	36	27	=	1764
288	325	627	483	252	320	133	44	45	=	2517
348	429	741	588	252	320	133	44	45	=	2900
372	468	798	609	259	340	140	48	54	=	3088
372	468	779	588	252	320	133	44	45	=	3001
384	468	779	588	252	320	133	44	45	=	3013

9-Variable Systems followed by Verificiations

43)

	A	B	C	D	E	F	G	H	I		
	-8	-10	0	-4	0	-8	-23	-20	-7		
	+9A	+2B	+8C	+7D	+8E	+3F	+1G	+3H	+9I	=	-290
	+16A	+12B	+13C	+17D	+18E	+13F	+5G	+12H	+10I	=	-845
	+26A	+19B	+24C	+28D	+29E	+20F	+15G	+15H	+13I	=	-1406
	+29A	+23B	+29C	+25D	+34E	+23F	+11G	+11H	+9I	=	-1282
	+41A	+29B	+41C	+35D	+46E	+26F	+14G	+14H	+12I	=	-1652
	+44A	+37B	+43C	+38D	+45E	+25F	+13G	+13H	+11I	=	-1710
	+50A	+47B	+49C	+39D	+46E	+26F	+14G	+14H	+12I	=	-1920
	+48A	+45B	+46C	+36D	+43E	+23F	+11G	+11H	+9I	=	-1698
	+54A	+50B	+51C	+41D	+48E	+28F	+16G	+16H	+14I	=	-2106

	A	B	C	D	E	F	G	H	I		
	-8	-10	0	-4	0	-8	-23	-20	-7		
	-72	-20	-0	-28	-0	-24	-23	-60	-63	=	-290
	-128	-120	-0	-68	-0	-104	-115	-240	-70	=	-845
	-208	-190	-0	-112	-0	-160	-345	-300	-91	=	-1406
	-232	-230	-0	-100	-0	-184	-253	-220	-63	=	-1282
	-328	-290	-0	-140	-0	-208	-322	-280	-84	=	-1652
	-352	-370	-0	-152	-0	-200	-299	-260	-77	=	-1710
	-400	-470	-0	-156	-0	-208	-322	-280	-84	=	-1920
	-384	-450	-0	-144	-0	-184	-253	-220	-63	=	-1698
	-432	-500	-0	-164	-0	-224	-368	-320	-98	=	-2106

44)

	A	B	C	D	E	F	G	H	I		
	13	0	16	22	20	13	23	23	12		
	+4A	+9B	+10C	+6D	+3E	+11F	+5G	+9H	+6I	=	941
	+10A	+14B	+17C	+13D	+6E	+14F	+10G	+11H	+4I	=	1521
	+21A	+19B	+28C	+21D	+19E	+19F	+21G	+15H	+8I	=	2734
	+25A	+22B	+29C	+25D	+19E	+23F	+19G	+13H	+6I	=	2826
	+32A	+23B	+30C	+32D	+26E	+22F	+18G	+12H	+5I	=	3156
	+42A	+29B	+39C	+40D	+28E	+24F	+20G	+14H	+7I	=	3788
	+43A	+31B	+40C	+39D	+27E	+23F	+19G	+13H	+6I	=	3704
	+42A	+30B	+38C	+37D	+25E	+21F	+17G	+11H	+4I	=	3433
	+44A	+31B	+39C	+38D	+26E	+22F	+18G	+12H	+5I	=	3588

2-10 Variables Associated Expression Systems   1000 Associated Systems Volume 1

9-Variable Systems followed by Verificiations

A	B	C	D	E	F	G	H	I		
13	0	16	22	20	13	23	23	12		
52	-0	160	132	60	143	115	207	72	=	941
130	-0	272	286	120	182	230	253	48	=	1521
273	-0	448	462	380	247	483	345	96	=	2734
325	-0	464	550	380	299	437	299	72	=	2826
416	-0	480	704	520	286	414	276	60	=	3156
546	-0	624	880	560	312	460	322	84	=	3788
559	-0	640	858	540	299	437	299	72	=	3704
546	-0	608	814	500	273	391	253	48	=	3433
572	-0	624	836	520	286	414	276	60	=	3588

45)

A	B	C	D	E	F	G	H	I		
4	14	6	18	16	14	1	5	12		
+10A	+8B	+11C	+11D	+3E	+11F	+8G	+7H	+10I	=	781
+13A	+17B	+15C	+16D	+12E	+15F	+14G	+11H	+12I	=	1283
+21A	+25B	+20C	+22D	+18E	+19F	+22G	+10H	+11I	=	1708
+27A	+23B	+19C	+23D	+22E	+25F	+19G	+7H	+8I	=	1810
+32A	+31B	+21C	+24D	+27E	+25F	+19G	+7H	+8I	=	2052
+37A	+38B	+27C	+29D	+29E	+27F	+21G	+9H	+10I	=	2392
+45A	+38B	+32C	+28D	+28E	+26F	+20G	+8H	+9I	=	2388
+47A	+40B	+33C	+29D	+29E	+27F	+21G	+9H	+10I	=	2496
+46A	+38B	+31C	+27D	+27E	+25F	+19G	+7H	+8I	=	2320

A	B	C	D	E	F	G	H	I		
4	14	6	18	16	14	1	5	12		
40	112	66	198	48	154	8	35	120	=	781
52	238	90	288	192	210	14	55	144	=	1283
84	350	120	396	288	266	22	50	132	=	1708
108	322	114	414	352	350	19	35	96	=	1810
128	434	126	432	432	350	19	35	96	=	2052
148	532	162	522	464	378	21	45	120	=	2392
180	532	192	504	448	364	20	40	108	=	2388
188	560	198	522	464	378	21	45	120	=	2496
184	532	186	486	432	350	19	35	96	=	2320

9-Variable Systems followed by Verificiations

46)

A	B	C	D	E	F	G	H	I		
8	4	21	12	5	5	18	4	25		
+11A	+11B	+12C	+10D	+11E	+4F	+8G	+10H	+7I	=	938
+15A	+19B	+18C	+16D	+15E	+4F	+14G	+14H	+6I	=	1319
+21A	+30B	+28C	+21D	+20E	+10F	+20G	+17H	+9I	=	1931
+24A	+35B	+32C	+27D	+25E	+13F	+18G	+15H	+7I	=	2077
+30A	+36B	+39C	+33D	+27E	+11F	+16G	+13H	+5I	=	2254
+33A	+38B	+48C	+36D	+28E	+12F	+17G	+14H	+6I	=	2568
+34A	+39B	+49C	+34D	+26E	+10F	+15G	+12H	+4I	=	2463
+36A	+42B	+50C	+35D	+27E	+11F	+16G	+13H	+5I	=	2581
+41A	+46B	+54C	+39D	+31E	+15F	+20G	+17H	+9I	=	2997

A	B	C	D	E	F	G	H	I		
8	4	21	12	5	5	18	4	25		
88	44	252	120	55	20	144	40	175	=	938
120	76	378	192	75	20	252	56	150	=	1319
168	120	588	252	100	50	360	68	225	=	1931
192	140	672	324	125	65	324	60	175	=	2077
240	144	819	396	135	55	288	52	125	=	2254
264	152	1008	432	140	60	306	56	150	=	2568
272	156	1029	408	130	50	270	48	100	=	2463
288	168	1050	420	135	55	288	52	125	=	2581
328	184	1134	468	155	75	360	68	225	=	2997

47)

A	B	C	D	E	F	G	H	I		
-16	-18	-16	-13	-13	-12	-7	-1	-15		
+8A	+4B	+11C	+7D	+8E	+6F	+12G	+11H	+8I	=	-858
+16A	+10B	+16C	+17D	+16E	+8F	+19G	+19H	+9I	=	-1504
+22A	+14B	+20C	+19D	+18E	+12F	+25G	+20H	+10I	=	-1894
+21A	+14B	+26C	+19D	+17E	+11F	+22G	+17H	+7I	=	-1880
+28A	+18B	+32C	+27D	+26E	+10F	+21G	+16H	+6I	=	-2346
+31A	+24B	+38C	+30D	+26E	+10F	+21G	+16H	+6I	=	-2637
+39A	+32B	+46C	+29D	+25E	+9F	+20G	+15H	+5I	=	-2976
+44A	+37B	+50C	+33D	+29E	+13F	+24G	+19H	+9I	=	-3454
+44A	+36B	+49C	+32D	+28E	+12F	+23G	+18H	+8I	=	-3359

9-Variable Systems followed by Verificiations

A	B	C	D	E	F	G	H	I		
-16	-18	-16	-13	-13	-12	-7	-1	-15		
-128	-72	-176	-91	-104	-72	-84	-11	-120	=	-858
-256	-180	-256	-221	-208	-96	-133	-19	-135	=	-1504
-352	-252	-320	-247	-234	-144	-175	-20	-150	=	-1894
-336	-252	-416	-247	-221	-132	-154	-17	-105	=	-1880
-448	-324	-512	-351	-338	-120	-147	-16	-90	=	-2346
-496	-432	-608	-390	-338	-120	-147	-16	-90	=	-2637
-624	-576	-736	-377	-325	-108	-140	-15	-75	=	-2976
-704	-666	-800	-429	-377	-156	-168	-19	-135	=	-3454
-704	-648	-784	-416	-364	-144	-161	-18	-120	=	-3359

48)

A	B	C	D	E	F	G	H	I		
1	1	4	21	15	23	8	19	24		
+8A	+4B	+6C	+7D	+4E	+4F	+8G	+5H	+8I	=	686
+15A	+7B	+10C	+12D	+9E	+9F	+18G	+12H	+9I	=	1244
+20A	+12B	+15C	+19D	+12E	+13F	+23G	+12H	+9I	=	1598
+23A	+19B	+21C	+26D	+20E	+16F	+23G	+12H	+9I	=	1968
+22A	+24B	+20C	+33D	+19E	+14F	+21G	+10H	+7I	=	1952
+25A	+33B	+29C	+38D	+21E	+16F	+23G	+12H	+9I	=	2283
+33A	+42B	+37C	+38D	+21E	+16F	+23G	+12H	+9I	=	2332
+32A	+43B	+35C	+36D	+19E	+14F	+21G	+10H	+7I	=	2104
+35A	+45B	+37C	+38D	+21E	+16F	+23G	+12H	+9I	=	2337

A	B	C	D	E	F	G	H	I		
1	1	4	21	15	23	8	19	24		
8	4	24	147	60	92	64	95	192	=	686
15	7	40	252	135	207	144	228	216	=	1244
20	12	60	399	180	299	184	228	216	=	1598
23	19	84	546	300	368	184	228	216	=	1968
22	24	80	693	285	322	168	190	168	=	1952
25	33	116	798	315	368	184	228	216	=	2283
33	42	148	798	315	368	184	228	216	=	2332
32	43	140	756	285	322	168	190	168	=	2104
35	45	148	798	315	368	184	228	216	=	2337

2-10 Variables Associated Expression Systems

9-Variable Systems followed by Verificiations

49)

A	B	C	D	E	F	G	H	I		
1	12	5	14	19	19	13	22	25		
+4A	+6B	+9C	+8D	+6E	+5F	+5G	+9H	+5I	=	830
+10A	+7B	+12C	+8D	+9E	+11F	+6G	+18H	+2I	=	1170
+22A	+16B	+23C	+20D	+15E	+22F	+18G	+23H	+7I	=	2227
+18A	+12B	+24C	+23D	+13E	+18F	+13G	+18H	+2I	=	1808
+22A	+16B	+34C	+29D	+17E	+20F	+15G	+20H	+4I	=	2228
+24A	+23B	+43C	+31D	+17E	+20F	+15G	+20H	+4I	=	2387
+33A	+27B	+52C	+32D	+18E	+21F	+16G	+21H	+5I	=	2601
+32A	+27B	+50C	+30D	+16E	+19F	+14G	+19H	+3I	=	2366
+37A	+31B	+54C	+34D	+20E	+23F	+18G	+23H	+7I	=	2887

A	B	C	D	E	F	G	H	I		
1	12	5	14	19	19	13	22	25		
4	72	45	112	114	95	65	198	125	=	830
10	84	60	112	171	209	78	396	50	=	1170
22	192	115	280	285	418	234	506	175	=	2227
18	144	120	322	247	342	169	396	50	=	1808
22	192	170	406	323	380	195	440	100	=	2228
24	276	215	434	323	380	195	440	100	=	2387
33	324	260	448	342	399	208	462	125	=	2601
32	324	250	420	304	361	182	418	75	=	2366
37	372	270	476	380	437	234	506	175	=	2887

50)

A	B	C	D	E	F	G	H	I		
-17	-6	-13	-16	-4	-23	-7	-16	-20		
+7A	+6B	+2C	+10D	+6E	+5F	+9G	+4H	+7I	=	-747
+12A	+11B	+4C	+12D	+11E	+9F	+18G	+9H	+7I	=	-1175
+22A	+16B	+7C	+16D	+13E	+14F	+28G	+10H	+8I	=	-1707
+24A	+24B	+17C	+18D	+17E	+16F	+29G	+11H	+9I	=	-2056
+29A	+26B	+23C	+20D	+24E	+17F	+30G	+12H	+10I	=	-2357
+28A	+28B	+25C	+19D	+20E	+13F	+26G	+8H	+6I	=	-2082
+33A	+38B	+34C	+22D	+23E	+16F	+29G	+11H	+9I	=	-2602
+33A	+39B	+33C	+21D	+22E	+15F	+28G	+10H	+8I	=	-2509
+32A	+37B	+31C	+19D	+20E	+13F	+26G	+8H	+6I	=	-2282

2-10 Variables Associated Expression Systems — 1000 Associated Systems Volume 1

9-Variable Systems followed by Verificiations

A	B	C	D	E	F	G	H	I		
-17	-6	-13	-16	-4	-23	-7	-16	-20		
-119	-36	-26	-160	-24	-115	-63	-64	-140	=	-747
-204	-66	-52	-192	-44	-207	-126	-144	-140	=	-1175
-374	-96	-91	-256	-52	-322	-196	-160	-160	=	-1707
-408	-144	-221	-288	-68	-368	-203	-176	-180	=	-2056
-493	-156	-299	-320	-96	-391	-210	-192	-200	=	-2357
-476	-168	-325	-304	-80	-299	-182	-128	-120	=	-2082
-561	-228	-442	-352	-92	-368	-203	-176	-180	=	-2602
-561	-234	-429	-336	-88	-345	-196	-160	-160	=	-2509
-544	-222	-403	-304	-80	-299	-182	-128	-120	=	-2282

51)

A	B	C	D	E	F	G	H	I		
14	18	8	2	20	19	12	11	3		
+6A	+2B	+4C	+5D	+9E	+4F	+1G	+8H	+6I	=	536
+10A	+11B	+12C	+12D	+13E	+16F	+5G	+12H	+9I	=	1241
+9A	+9B	+16C	+15D	+14E	+15F	+4G	+9H	+6I	=	1176
+13A	+15B	+18C	+23D	+19E	+19F	+4G	+9H	+6I	=	1548
+18A	+26B	+28C	+35D	+26E	+23F	+8G	+13H	+10I	=	2240
+27A	+33B	+33C	+44D	+27E	+24F	+9G	+14H	+11I	=	2615
+29A	+31B	+35C	+41D	+24E	+21F	+6G	+11H	+8I	=	2422
+28A	+31B	+33C	+39D	+22E	+19F	+4G	+9H	+6I	=	2258
+30A	+32B	+34C	+40D	+23E	+20F	+5G	+10H	+7I	=	2379

A	B	C	D	E	F	G	H	I		
14	18	8	2	20	19	12	11	3		
84	36	32	10	180	76	12	88	18	=	536
140	198	96	24	260	304	60	132	27	=	1241
126	162	128	30	280	285	48	99	18	=	1176
182	270	144	46	380	361	48	99	18	=	1548
252	468	224	70	520	437	96	143	30	=	2240
378	594	264	88	540	456	108	154	33	=	2615
406	558	280	82	480	399	72	121	24	=	2422
392	558	264	78	440	361	48	99	18	=	2258
420	576	272	80	460	380	60	110	21	=	2379

9-Variable Systems followed by Verificiations

52)

A	B	C	D	E	F	G	H	I		
18	1	1	7	1	9	15	21	27		
+11A	+4B	+8C	+8D	+4E	+11F	+6G	+8H	+11I	=	924
+15A	+10B	+15C	+16D	+8E	+16F	+9G	+12H	+13I	=	1297
+19A	+15B	+21C	+22D	+15E	+21F	+13G	+13H	+14I	=	1582
+19A	+19B	+28C	+22D	+14E	+21F	+11G	+11H	+12I	=	1466
+22A	+19B	+31C	+30D	+17E	+20F	+10G	+10H	+11I	=	1510
+27A	+26B	+33C	+35D	+16E	+19F	+9G	+9H	+10I	=	1571
+32A	+30B	+36C	+36D	+17E	+20F	+10G	+10H	+11I	=	1748
+34A	+33B	+37C	+37D	+18E	+21F	+11G	+11H	+12I	=	1868
+32A	+30B	+34C	+34D	+15E	+18F	+8G	+8H	+9I	=	1586

A	B	C	D	E	F	G	H	I		
18	1	1	7	1	9	15	21	27		
198	4	8	56	4	99	90	168	297	=	924
270	10	15	112	8	144	135	252	351	=	1297
342	15	21	154	15	189	195	273	378	=	1582
342	19	28	154	14	189	165	231	324	=	1466
396	19	31	210	17	180	150	210	297	=	1510
486	26	33	245	16	171	135	189	270	=	1571
576	30	36	252	17	180	150	210	297	=	1748
612	33	37	259	18	189	165	231	324	=	1868
576	30	34	238	15	162	120	168	243	=	1586

53)

A	B	C	D	E	F	G	H	I		
1	3	21	15	1	21	10	6	16		
+5A	+10B	+8C	+9D	+7E	+4F	+6G	+10H	+5I	=	629
+11A	+14B	+8C	+16D	+10E	+6F	+10G	+12H	+3I	=	817
+20A	+24B	+17C	+25D	+16E	+14F	+19G	+16H	+7I	=	1532
+22A	+26B	+25C	+30D	+17E	+16F	+18G	+15H	+6I	=	1794
+25A	+28B	+30C	+32D	+23E	+16F	+18G	+15H	+6I	=	1944
+29A	+35B	+38C	+36D	+23E	+16F	+18G	+15H	+6I	=	2197
+31A	+38B	+40C	+34D	+21E	+14F	+16G	+13H	+4I	=	2112
+35A	+44B	+43C	+37D	+24E	+17F	+19G	+16H	+7I	=	2404
+37A	+45B	+44C	+38D	+25E	+18F	+20G	+17H	+8I	=	2499

2-10 Variables Associated Expression Systems   1000 Associated Systems Volume 1

9-Variable Systems followed by Verificiations

	A	B	C	D	E	F	G	H	I		
	1	3	21	15	1	21	10	6	16		
	5	30	168	135	7	84	60	60	80	=	629
	11	42	168	240	10	126	100	72	48	=	817
	20	72	357	375	16	294	190	96	112	=	1532
	22	78	525	450	17	336	180	90	96	=	1794
	25	84	630	480	23	336	180	90	96	=	1944
	29	105	798	540	23	336	180	90	96	=	2197
	31	114	840	510	21	294	160	78	64	=	2112
	35	132	903	555	24	357	190	96	112	=	2404
	37	135	924	570	25	378	200	102	128	=	2499

54)

	A	B	C	D	E	F	G	H	I		
	16	16	7	17	22	24	5	19	24		
	+5A	+7B	+5C	+3D	+7E	+8F	+2G	+3H	+5I	=	811
	+11A	+12B	+7C	+7D	+10E	+12F	+9G	+9H	+6I	=	1404
	+16A	+16B	+12C	+8D	+16E	+17F	+14G	+8H	+5I	=	1834
	+25A	+24B	+16C	+19D	+26E	+26F	+16G	+10H	+7I	=	2853
	+31A	+26B	+23C	+25D	+32E	+27F	+17G	+11H	+8I	=	3336
	+33A	+29B	+28C	+27D	+30E	+25F	+15G	+9H	+6I	=	3297
	+38A	+31B	+33C	+26D	+29E	+24F	+14G	+8H	+5I	=	3333
	+42A	+36B	+36C	+29D	+32E	+27F	+17G	+11H	+8I	=	3831
	+39A	+32B	+32C	+25D	+28E	+23F	+13G	+7H	+4I	=	3247

	A	B	C	D	E	F	G	H	I		
	16	16	7	17	22	24	5	19	24		
	80	112	35	51	154	192	10	57	120	=	811
	176	192	49	119	220	288	45	171	144	=	1404
	256	256	84	136	352	408	70	152	120	=	1834
	400	384	112	323	572	624	80	190	168	=	2853
	496	416	161	425	704	648	85	209	192	=	3336
	528	464	196	459	660	600	75	171	144	=	3297
	608	496	231	442	638	576	70	152	120	=	3333
	672	576	252	493	704	648	85	209	192	=	3831
	624	512	224	425	616	552	65	133	96	=	3247

2-10 Variables Associated Expression Systems

9-Variable Systems followed by Verificiations

55)

A	B	C	D	E	F	G	H	I		
15	16	13	20	5	1	8	19	7		
+6A	+7B	+6C	+7D	+4E	+12F	+8G	+9H	+6I	=	729
+9A	+13B	+12C	+7D	+6E	+13F	+9G	+12H	+3I	=	1003
+19A	+20B	+14C	+15D	+9E	+23F	+19G	+13H	+4I	=	1582
+23A	+26B	+15C	+17D	+13E	+27F	+18G	+12H	+3I	=	1781
+35A	+35B	+28C	+29D	+25E	+31F	+22G	+16H	+7I	=	2714
+39A	+32B	+33C	+33D	+21E	+27F	+18G	+12H	+3I	=	2711
+46A	+40B	+40C	+34D	+22E	+28F	+19G	+13H	+4I	=	3095
+46A	+40B	+39C	+33D	+21E	+27F	+18G	+12H	+3I	=	3022
+50A	+43B	+42C	+36D	+24E	+30F	+21G	+15H	+6I	=	3349

A	B	C	D	E	F	G	H	I		
15	16	13	20	5	1	8	19	7		
90	112	78	140	20	12	64	171	42	=	729
135	208	156	140	30	13	72	228	21	=	1003
285	320	182	300	45	23	152	247	28	=	1582
345	416	195	340	65	27	144	228	21	=	1781
525	560	364	580	125	31	176	304	49	=	2714
585	512	429	660	105	27	144	228	21	=	2711
690	640	520	680	110	28	152	247	28	=	3095
690	640	507	660	105	27	144	228	21	=	3022
750	688	546	720	120	30	168	285	42	=	3349

56)

A	B	C	D	E	F	G	H	I		
19	8	15	1	18	10	23	14	21		
+12A	+10B	+12C	+12D	+12E	+10F	+5G	+11H	+12I	=	1337
+19A	+18B	+20C	+12D	+19E	+15F	+6G	+16H	+11I	=	1902
+26A	+22B	+27C	+21D	+29E	+25F	+13G	+17H	+12I	=	2657
+30A	+25B	+33C	+19D	+35E	+29F	+10G	+14H	+9I	=	2819
+32A	+27B	+41C	+28D	+37E	+29F	+10G	+14H	+9I	=	3038
+41A	+36B	+50C	+37D	+41E	+33F	+14G	+18H	+13I	=	3769
+41A	+40B	+52C	+33D	+37E	+29F	+10G	+14H	+9I	=	3483
+45A	+45B	+55C	+36D	+40E	+32F	+13G	+17H	+12I	=	3905
+44A	+43B	+53C	+34D	+38E	+30F	+11G	+15H	+10I	=	3666

2-10 Variables Associated Expression Systems   1000 Associated Systems Volume 1

9-Variable Systems followed by Verificiations

A	B	C	D	E	F	G	H	I		
19	8	15	1	18	10	23	14	21		
228	80	180	12	216	100	115	154	252	=	1337
361	144	300	12	342	150	138	224	231	=	1902
494	176	405	21	522	250	299	238	252	=	2657
570	200	495	19	630	290	230	196	189	=	2819
608	216	615	28	666	290	230	196	189	=	3038
779	288	750	37	738	330	322	252	273	=	3769
779	320	780	33	666	290	230	196	189	=	3483
855	360	825	36	720	320	299	238	252	=	3905
836	344	795	34	684	300	253	210	210	=	3666

57)

A	B	C	D	E	F	G	H	I		
6	3	5	18	11	0	23	5	19		
+6A	+10B	+11C	+6D	+9E	+3F	+7G	+4H	+6I	=	623
+15A	+19B	+22C	+15D	+18E	+10F	+17G	+13H	+8I	=	1333
+23A	+22B	+26C	+22D	+25E	+15F	+25G	+14H	+9I	=	1821
+25A	+19B	+23C	+26D	+27E	+17F	+20G	+9H	+4I	=	1668
+31A	+25B	+30C	+28D	+33E	+17F	+20G	+9H	+4I	=	1859
+39A	+37B	+34C	+36D	+36E	+20F	+23G	+12H	+7I	=	2281
+40A	+37B	+35C	+34D	+34E	+18F	+21G	+10H	+5I	=	2140
+42A	+42B	+36C	+35D	+35E	+19F	+22G	+11H	+6I	=	2248
+43A	+42B	+36C	+35D	+35E	+19F	+22G	+11H	+6I	=	2254

A	B	C	D	E	F	G	H	I		
6	3	5	18	11	0	23	5	19		
36	30	55	108	99	-0	161	20	114	=	623
90	57	110	270	198	-0	391	65	152	=	1333
138	66	130	396	275	-0	575	70	171	=	1821
150	57	115	468	297	-0	460	45	76	=	1668
186	75	150	504	363	-0	460	45	76	=	1859
234	111	170	648	396	-0	529	60	133	=	2281
240	111	175	612	374	-0	483	50	95	=	2140
252	126	180	630	385	-0	506	55	114	=	2248
258	126	180	630	385	-0	506	55	114	=	2254

2-10 Variables Associated Expression Systems

9-Variable Systems followed by Verificiations

58)

A	B	C	D	E	F	G	H	I		
-10	-3	-19	-18	-16	-5	-3	-19	-2		
+8A	+4B	+7C	+7D	+8E	+2F	+5G	+9H	+8I	=	-691
+16A	+13B	+15C	+10D	+16E	+8F	+10G	+17H	+9I	=	-1331
+25A	+18B	+22C	+19D	+26E	+18F	+19G	+20H	+12I	=	-2031
+21A	+15B	+19C	+20D	+29E	+14F	+14G	+15H	+7I	=	-1851
+28A	+20B	+24C	+27D	+36E	+17F	+17G	+18H	+10I	=	-2356
+27A	+22B	+28C	+26D	+33E	+14F	+14G	+15H	+7I	=	-2275
+34A	+31B	+35C	+29D	+36E	+17F	+17G	+18H	+10I	=	-2694
+35A	+32B	+35C	+29D	+36E	+17F	+17G	+18H	+10I	=	-2707
+33A	+29B	+32C	+26D	+33E	+14F	+14G	+15H	+7I	=	-2432

A	B	C	D	E	F	G	H	I		
-10	-3	-19	-18	-16	-5	-3	-19	-2		
-80	-12	-133	-126	-128	-10	-15	-171	-16	=	-691
-160	-39	-285	-180	-256	-40	-30	-323	-18	=	-1331
-250	-54	-418	-342	-416	-90	-57	-380	-24	=	-2031
-210	-45	-361	-360	-464	-70	-42	-285	-14	=	-1851
-280	-60	-456	-486	-576	-85	-51	-342	-20	=	-2356
-270	-66	-532	-468	-528	-70	-42	-285	-14	=	-2275
-340	-93	-665	-522	-576	-85	-51	-342	-20	=	-2694
-350	-96	-665	-522	-576	-85	-51	-342	-20	=	-2707
-330	-87	-608	-468	-528	-70	-42	-285	-14	=	-2432

59)

A	B	C	D	E	F	G	H	I		
15	15	3	7	5	11	7	0	0		
+8A	+4B	+1C	+9D	+2E	+9F	+1G	+2H	+8I	=	362
+18A	+9B	+7C	+11D	+11E	+18F	+8G	+12H	+9I	=	812
+26A	+20B	+16C	+17D	+22E	+26F	+16G	+14H	+11I	=	1365
+28A	+22B	+17C	+19D	+21E	+28F	+13G	+11H	+8I	=	1438
+30A	+24B	+19C	+21D	+24E	+29F	+14G	+12H	+9I	=	1551
+40A	+30B	+22C	+31D	+25E	+30F	+15G	+13H	+10I	=	1893
+47A	+38B	+25C	+30D	+24E	+29F	+14G	+12H	+9I	=	2097
+50A	+41B	+27C	+32D	+26E	+31F	+16G	+14H	+11I	=	2253
+50A	+40B	+26C	+31D	+25E	+30F	+15G	+13H	+10I	=	2205

2-10 Variables Associated Expression Systems — 1000 Associated Systems Volume 1

9-Variable Systems followed by Verificiations

A	B	C	D	E	F	G	H	I		
15	15	3	7	5	11	7	0	0		
120	60	3	63	10	99	7	-0	-0	=	362
270	135	21	77	55	198	56	-0	-0	=	812
390	300	48	119	110	286	112	-0	-0	=	1365
420	330	51	133	105	308	91	-0	-0	=	1438
450	360	57	147	120	319	98	-0	-0	=	1551
600	450	66	217	125	330	105	-0	-0	=	1893
705	570	75	210	120	319	98	-0	-0	=	2097
750	615	81	224	130	341	112	-0	-0	=	2253
750	600	78	217	125	330	105	-0	-0	=	2205

60)

A	B	C	D	E	F	G	H	I		
11	2	14	2	13	21	17	22	10		
+5A	+9B	+8C	+7D	+7E	+6F	+10G	+12H	+5I	=	900
+11A	+13B	+11C	+15D	+13E	+9F	+15G	+18H	+5I	=	1390
+15A	+17B	+20C	+20D	+19E	+17F	+19G	+19H	+6I	=	1924
+16A	+21B	+24C	+18D	+23E	+18F	+15G	+15H	+2I	=	1872
+22A	+25B	+30C	+24D	+29E	+18F	+15G	+15H	+2I	=	2120
+33A	+31B	+36C	+35D	+31E	+20F	+17G	+17H	+4I	=	2525
+37A	+37B	+38C	+35D	+31E	+20F	+17G	+17H	+4I	=	2609
+40A	+44B	+40C	+37D	+33E	+22F	+19G	+19H	+6I	=	2854
+40A	+43B	+39C	+36D	+32E	+21F	+18G	+18H	+5I	=	2753

A	B	C	D	E	F	G	H	I		
11	2	14	2	13	21	17	22	10		
55	18	112	14	91	126	170	264	50	=	900
121	26	154	30	169	189	255	396	50	=	1390
165	34	280	40	247	357	323	418	60	=	1924
176	42	336	36	299	378	255	330	20	=	1872
242	50	420	48	377	378	255	330	20	=	2120
363	62	504	70	403	420	289	374	40	=	2525
407	74	532	70	403	420	289	374	40	=	2609
440	88	560	74	429	462	323	418	60	=	2854
440	86	546	72	416	441	306	396	50	=	2753

2-10 Variables Associated Expression Systems   1000 Associated Systems Volume 1

9-Variable Systems followed by Verificiations

61)

A	B	C	D	E	F	G	H	I		
-3	-11	-19	-4	0	-11	-5	-2	-2		
+9A	+6B	+6C	+1D	+2E	+1F	+3G	+2H	+9I	=	-259
+19A	+17B	+14C	+8D	+11E	+12F	+8G	+12H	+11I	=	-760
+30A	+25B	+21C	+12D	+22E	+15F	+19G	+14H	+13I	=	-1126
+33A	+31B	+26C	+16D	+25E	+16F	+18G	+13H	+12I	=	-1314
+37A	+35B	+25C	+22D	+29E	+14F	+16G	+11H	+10I	=	-1335
+47A	+44B	+37C	+32D	+33E	+18F	+20G	+15H	+14I	=	-1812
+49A	+47B	+39C	+30D	+31E	+16F	+18G	+13H	+12I	=	-1841
+47A	+46B	+36C	+27D	+28E	+13F	+15G	+10H	+9I	=	-1695
+48A	+46B	+36C	+27D	+28E	+13F	+15G	+10H	+9I	=	-1698

A	B	C	D	E	F	G	H	I		
-3	-11	-19	-4	0	-11	-5	-2	-2		
-27	-66	-114	-4	-0	-11	-15	-4	-18	=	-259
-57	-187	-266	-32	-0	-132	-40	-24	-22	=	-760
-90	-275	-399	-48	-0	-165	-95	-28	-26	=	-1126
-99	-341	-494	-64	-0	-176	-90	-26	-24	=	-1314
-111	-385	-475	-88	-0	-154	-80	-22	-20	=	-1335
-141	-484	-703	-128	-0	-198	-100	-30	-28	=	-1812
-147	-517	-741	-120	-0	-176	-90	-26	-24	=	-1841
-141	-506	-684	-108	-0	-143	-75	-20	-18	=	-1695
-144	-506	-684	-108	-0	-143	-75	-20	-18	=	-1698

62)

A	B	C	D	E	F	G	H	I		
16	2	9	9	1	4	7	24	0		
+4A	+4B	+6C	+4D	+11E	+6F	+11G	+3H	+4I	=	346
+11A	+9B	+16C	+15D	+15E	+14F	+22G	+10H	+6I	=	938
+13A	+13B	+19C	+20D	+19E	+20F	+27G	+9H	+5I	=	1089
+14A	+14B	+19C	+25D	+22E	+21F	+25G	+7H	+3I	=	1097
+21A	+22B	+27C	+28D	+29E	+20F	+24G	+6H	+2I	=	1296
+31A	+33B	+33C	+38D	+32E	+23F	+27G	+9H	+5I	=	1730
+34A	+37B	+36C	+35D	+29E	+20F	+24G	+6H	+2I	=	1678
+38A	+41B	+39C	+38D	+32E	+23F	+27G	+9H	+5I	=	1912
+38A	+40B	+38C	+37D	+31E	+22F	+26G	+8H	+4I	=	1856

2-10 Variables Associated Expression Systems — 1000 Associated Systems Volume 1

9-Variable Systems followed by Verificiations

A	B	C	D	E	F	G	H	I		
16	2	9	9	1	4	7	24	0		
64	8	54	36	11	24	77	72	-0	=	346
176	18	144	135	15	56	154	240	-0	=	938
208	26	171	180	19	80	189	216	-0	=	1089
224	28	171	225	22	84	175	168	-0	=	1097
336	44	243	252	29	80	168	144	-0	=	1296
496	66	297	342	32	92	189	216	-0	=	1730
544	74	324	315	29	80	168	144	-0	=	1678
608	82	351	342	32	92	189	216	-0	=	1912
608	80	342	333	31	88	182	192	-0	=	1856

63)

A	B	C	D	E	F	G	H	I		
19	19	9	13	7	16	0	4	15		
+10A	+2B	+2C	+8D	+6E	+4F	+4G	+2H	+7I	=	569
+16A	+13B	+9C	+12D	+14E	+10F	+13G	+6H	+9I	=	1205
+23A	+16B	+8C	+14D	+20E	+14F	+20G	+4H	+7I	=	1480
+28A	+17B	+17C	+15D	+29E	+19F	+20G	+4H	+7I	=	1831
+40A	+25B	+29C	+24D	+44E	+22F	+23G	+7H	+10I	=	2646
+45A	+23B	+27C	+29D	+40E	+18F	+19G	+3H	+6I	=	2582
+47A	+27B	+30C	+30D	+41E	+19F	+20G	+4H	+7I	=	2778
+51A	+32B	+33C	+33D	+44E	+22F	+23G	+7H	+10I	=	3141
+52A	+32B	+33C	+33D	+44E	+22F	+23G	+7H	+10I	=	3160

A	B	C	D	E	F	G	H	I		
19	19	9	13	7	16	0	4	15		
190	38	18	104	42	64	-0	8	105	=	569
304	247	81	156	98	160	-0	24	135	=	1205
437	304	72	182	140	224	-0	16	105	=	1480
532	323	153	195	203	304	-0	16	105	=	1831
760	475	261	312	308	352	-0	28	150	=	2646
855	437	243	377	280	288	-0	12	90	=	2582
893	513	270	390	287	304	-0	16	105	=	2778
969	608	297	429	308	352	-0	28	150	=	3141
988	608	297	429	308	352	-0	28	150	=	3160

9-Variable Systems followed by Verificiations

64)

A	B	C	D	E	F	G	H	I		
12	6	12	0	18	0	8	5	10		
+6A	+4B	+9C	+8D	+8E	+3F	+3G	+4H	+4I	=	432
+14A	+12B	+15C	+11D	+11E	+6F	+9G	+12H	+4I	=	790
+16A	+21B	+24C	+18D	+15E	+11F	+11G	+12H	+4I	=	1064
+21A	+28B	+26C	+20D	+25E	+16F	+12G	+13H	+5I	=	1393
+29A	+35B	+31C	+21D	+33E	+15F	+11G	+12H	+4I	=	1712
+41A	+43B	+40C	+33D	+36E	+18F	+14G	+15H	+7I	=	2135
+43A	+42B	+42C	+30D	+33E	+15F	+11G	+12H	+4I	=	2054
+45A	+44B	+43C	+31D	+34E	+16F	+12G	+13H	+5I	=	2143
+49A	+47B	+46C	+34D	+37E	+19F	+15G	+16H	+8I	=	2368

A	B	C	D	E	F	G	H	I		
12	6	12	0	18	0	8	5	10		
72	24	108	-0	144	-0	24	20	40	=	432
168	72	180	-0	198	-0	72	60	40	=	790
192	126	288	-0	270	-0	88	60	40	=	1064
252	168	312	-0	450	-0	96	65	50	=	1393
348	210	372	-0	594	-0	88	60	40	=	1712
492	258	480	-0	648	-0	112	75	70	=	2135
516	252	504	-0	594	-0	88	60	40	=	2054
540	264	516	-0	612	-0	96	65	50	=	2143
588	282	552	-0	666	-0	120	80	80	=	2368

65)

A	B	C	D	E	F	G	H	I		
12	8	4	15	17	0	25	0	22		
+9A	+6B	+6C	+8D	+7E	+2F	+6G	+6H	+11I	=	811
+16A	+14B	+9C	+17D	+12E	+9F	+7G	+13H	+11I	=	1216
+17A	+15B	+18C	+22D	+19E	+15F	+9G	+13H	+11I	=	1516
+20A	+24B	+26C	+29D	+22E	+22F	+10G	+14H	+12I	=	1859
+27A	+28B	+31C	+37D	+29E	+21F	+9G	+13H	+11I	=	2187
+33A	+40B	+40C	+43D	+33E	+25F	+13G	+17H	+15I	=	2737
+39A	+45B	+46C	+41D	+31E	+23F	+11G	+15H	+13I	=	2715
+41A	+47B	+47C	+42D	+32E	+24F	+12G	+16H	+14I	=	2838
+43A	+48B	+48C	+43D	+33E	+25F	+13G	+17H	+15I	=	2953

2-10 Variables Associated Expression Systems — 1000 Associated Systems Volume 1

9-Variable Systems followed by Verificiations

A	B	C	D	E	F	G	H	I		
12	8	4	15	17	0	25	0	22		
108	48	24	120	119	-0	150	-0	242	=	811
192	112	36	255	204	-0	175	-0	242	=	1216
204	120	72	330	323	-0	225	-0	242	=	1516
240	192	104	435	374	-0	250	-0	264	=	1859
324	224	124	555	493	-0	225	-0	242	=	2187
396	320	160	645	561	-0	325	-0	330	=	2737
468	360	184	615	527	-0	275	-0	286	=	2715
492	376	188	630	544	-0	300	-0	308	=	2838
516	384	192	645	561	-0	325	-0	330	=	2953

66)

A	B	C	D	E	F	G	H	I		
15	1	7	17	17	21	11	15	21		
+11A	+4B	+6C	+3D	+10E	+4F	+11G	+7H	+14I	=	1036
+20A	+6B	+11C	+5D	+15E	+6F	+19G	+16H	+14I	=	1592
+20A	+8B	+18C	+12D	+18E	+11F	+19G	+14H	+12I	=	1846
+28A	+13B	+25C	+19D	+27E	+19F	+21G	+16H	+14I	=	2554
+30A	+13B	+24C	+22D	+29E	+17F	+19G	+14H	+12I	=	2526
+41A	+20B	+32C	+33D	+31E	+19F	+21G	+16H	+14I	=	3111
+42A	+24B	+33C	+32D	+30E	+18F	+20G	+15H	+13I	=	3035
+44A	+27B	+34C	+33D	+31E	+19F	+21G	+16H	+14I	=	3177
+46A	+28B	+35C	+34D	+32E	+20F	+22G	+17H	+15I	=	3317

A	B	C	D	E	F	G	H	I		
15	1	7	17	17	21	11	15	21		
165	4	42	51	170	84	121	105	294	=	1036
300	6	77	85	255	126	209	240	294	=	1592
300	8	126	204	306	231	209	210	252	=	1846
420	13	175	323	459	399	231	240	294	=	2554
450	13	168	374	493	357	209	210	252	=	2526
615	20	224	561	527	399	231	240	294	=	3111
630	24	231	544	510	378	220	225	273	=	3035
660	27	238	561	527	399	231	240	294	=	3177
690	28	245	578	544	420	242	255	315	=	3317

2-10 Variables Associated Expression Systems   1000 Associated Systems Volume 1

9-Variable Systems followed by Verificiations

67)

A	B	C	D	E	F	G	H	I		
0	12	14	0	7	22	18	10	8		
+11A	+8B	+3C	+4D	+9E	+7F	+7G	+9H	+11I	=	659
+17A	+14B	+7C	+9D	+12E	+17F	+10G	+15H	+12I	=	1150
+23A	+20B	+10C	+15D	+19E	+20F	+16G	+14H	+11I	=	1469
+25A	+25B	+18C	+23D	+26E	+22F	+16G	+14H	+11I	=	1734
+26A	+32B	+25C	+32D	+27E	+22F	+16G	+14H	+11I	=	1923
+29A	+36B	+24C	+35D	+25E	+20F	+14G	+12H	+9I	=	1827
+38A	+47B	+33C	+37D	+27E	+22F	+16G	+14H	+11I	=	2215
+41A	+51B	+35C	+39D	+29E	+24F	+18G	+16H	+13I	=	2421
+42A	+51B	+35C	+39D	+29E	+24F	+18G	+16H	+13I	=	2421

A	B	C	D	E	F	G	H	I		
0	12	14	0	7	22	18	10	8		
-0	96	42	-0	63	154	126	90	88	=	659
-0	168	98	-0	84	374	180	150	96	=	1150
-0	240	140	-0	133	440	288	140	88	=	1469
-0	300	252	-0	182	484	288	140	88	=	1734
-0	384	350	-0	189	484	288	140	88	=	1923
-0	432	336	-0	175	440	252	120	72	=	1827
-0	564	462	-0	189	484	288	140	88	=	2215
-0	612	490	-0	203	528	324	160	104	=	2421
-0	612	490	-0	203	528	324	160	104	=	2421

68)

A	B	C	D	E	F	G	H	I		
-4	-14	0	-3	-4	-4	-10	-12	-4		
+3A	+10B	+10C	+7D	+4E	+6F	+9G	+5H	+4I	=	-379
+10A	+16B	+16C	+10D	+5E	+6F	+8G	+12H	+2I	=	-570
+18A	+21B	+23C	+17D	+15E	+12F	+16G	+14H	+4I	=	-869
+27A	+24B	+25C	+24D	+17E	+19F	+17G	+15H	+5I	=	-1030
+25A	+30B	+26C	+29D	+15E	+16F	+14G	+12H	+2I	=	-1023
+31A	+38B	+29C	+35D	+16E	+17F	+15G	+13H	+3I	=	-1211
+32A	+41B	+32C	+34D	+15E	+16F	+14G	+12H	+2I	=	-1220
+36A	+45B	+35C	+37D	+18E	+19F	+17G	+15H	+5I	=	-1403
+38A	+46B	+36C	+38D	+19E	+20F	+18G	+16H	+6I	=	-1462

2-10 Variables Associated Expression Systems   1000 Associated Systems Volume 1

9-Variable Systems followed by Verificiations

A	B	C	D	E	F	G	H	I		
-4	-14	0	-3	-4	-4	-10	-12	-4		
-12	-140	-0	-21	-16	-24	-90	-60	-16	=	-379
-40	-224	-0	-30	-20	-24	-80	-144	-8	=	-570
-72	-294	-0	-51	-60	-48	-160	-168	-16	=	-869
-108	-336	-0	-72	-68	-76	-170	-180	-20	=	-1030
-100	-420	-0	-87	-60	-64	-140	-144	-8	=	-1023
-124	-532	-0	-105	-64	-68	-150	-156	-12	=	-1211
-128	-574	-0	-102	-60	-64	-140	-144	-8	=	-1220
-144	-630	-0	-111	-72	-76	-170	-180	-20	=	-1403
-152	-644	-0	-114	-76	-80	-180	-192	-24	=	-1462

69)

A	B	C	D	E	F	G	H	I		
15	2	6	7	17	24	8	7	11		
+9A	+11B	+4C	+9D	+9E	+11F	+8G	+4H	+9I	=	852
+7A	+10B	+10C	+14D	+8E	+12F	+14G	+2H	+6I	=	899
+14A	+22B	+20C	+27D	+14E	+21F	+21G	+7H	+11I	=	1643
+18A	+26B	+27C	+28D	+14E	+22F	+19G	+5H	+9I	=	1732
+26A	+28B	+33C	+31D	+22E	+21F	+18G	+4H	+8I	=	1999
+33A	+31B	+35C	+38D	+20E	+19F	+16G	+2H	+6I	=	2037
+44A	+37B	+46C	+40D	+22E	+21F	+18G	+4H	+8I	=	2428
+44A	+37B	+45C	+39D	+21E	+20F	+17G	+3H	+7I	=	2348
+49A	+41B	+49C	+43D	+25E	+24F	+21G	+7H	+11I	=	2751

A	B	C	D	E	F	G	H	I		
15	2	6	7	17	24	8	7	11		
135	22	24	63	153	264	64	28	99	=	852
105	20	60	98	136	288	112	14	66	=	899
210	44	120	189	238	504	168	49	121	=	1643
270	52	162	196	238	528	152	35	99	=	1732
390	56	198	217	374	504	144	28	88	=	1999
495	62	210	266	340	456	128	14	66	=	2037
660	74	276	280	374	504	144	28	88	=	2428
660	74	270	273	357	480	136	21	77	=	2348
735	82	294	301	425	576	168	49	121	=	2751

9-Variable Systems followed by Verificiations

70)

	A	B	C	D	E	F	G	H	I		
	11	11	5	11	11	12	20	10	12		
	+11A	+8B	+11C	+8D	+10E	+7F	+4G	+7H	+11I	=	828
	+21A	+18B	+21C	+17D	+13E	+15F	+14G	+13H	+13I	=	1610
	+26A	+21B	+27C	+24D	+23E	+17F	+17G	+14H	+14I	=	2021
	+30A	+27B	+28C	+27D	+29E	+21F	+15G	+12H	+12I	=	2199
	+35A	+35B	+38C	+33D	+34E	+22F	+16G	+13H	+13I	=	2567
	+40A	+41B	+39C	+38D	+33E	+21F	+15G	+12H	+12I	=	2683
	+43A	+48B	+42C	+37D	+32E	+20F	+14G	+11H	+11I	=	2732
	+46A	+51B	+44C	+39D	+34E	+22F	+16G	+13H	+13I	=	2960
	+48A	+52B	+45C	+40D	+35E	+23F	+17G	+14H	+14I	=	3074

	A	B	C	D	E	F	G	H	I		
	11	11	5	11	11	12	20	10	12		
	121	88	55	88	110	84	80	70	132	=	828
	231	198	105	187	143	180	280	130	156	=	1610
	286	231	135	264	253	204	340	140	168	=	2021
	330	297	140	297	319	252	300	120	144	=	2199
	385	385	190	363	374	264	320	130	156	=	2567
	440	451	195	418	363	252	300	120	144	=	2683
	473	528	210	407	352	240	280	110	132	=	2732
	506	561	220	429	374	264	320	130	156	=	2960
	528	572	225	440	385	276	340	140	168	=	3074

71)

	A	B	C	D	E	F	G	H	I		
	13	12	12	8	20	17	3	23	16		
	+4A	+9B	+6C	+3D	+5E	+1F	+3G	+6H	+4I	=	584
	+8A	+20B	+10C	+6D	+10E	+10F	+8G	+12H	+6I	=	1278
	+12A	+24B	+11C	+14D	+11E	+12F	+12G	+11H	+5I	=	1481
	+19A	+32B	+14C	+22D	+21E	+19F	+13G	+12H	+6I	=	2129
	+23A	+39B	+16C	+27D	+25E	+19F	+13G	+12H	+6I	=	2409
	+27A	+43B	+26C	+31D	+26E	+20F	+14G	+13H	+7I	=	2740
	+35A	+46B	+34C	+31D	+26E	+20F	+14G	+13H	+7I	=	2976
	+35A	+46B	+33C	+30D	+25E	+19F	+13G	+12H	+6I	=	2877
	+36A	+46B	+33C	+30D	+25E	+19F	+13G	+12H	+6I	=	2890

2-10 Variables Associated Expression Systems — 1000 Associated Systems Volume 1

9-Variable Systems followed by Verificiations

A	B	C	D	E	F	G	H	I		
13	12	12	8	20	17	3	23	16		
52	108	72	24	100	17	9	138	64	=	584
104	240	120	48	200	170	24	276	96	=	1278
156	288	132	112	220	204	36	253	80	=	1481
247	384	168	176	420	323	39	276	96	=	2129
299	468	192	216	500	323	39	276	96	=	2409
351	516	312	248	520	340	42	299	112	=	2740
455	552	408	248	520	340	42	299	112	=	2976
455	552	396	240	500	323	39	276	96	=	2877
468	552	396	240	500	323	39	276	96	=	2890

72)

A	B	C	D	E	F	G	H	I		
16	16	11	20	16	20	4	18	26		
+6A	+5B	+11C	+11D	+10E	+10F	+8G	+8H	+6I	=	1209
+15A	+8B	+14C	+13D	+13E	+18F	+18G	+19H	+7I	=	1946
+24A	+16B	+19C	+23D	+18E	+24F	+23G	+20H	+8I	=	2737
+23A	+21B	+18C	+23D	+21E	+27F	+20G	+17H	+5I	=	2754
+32A	+26B	+25C	+25D	+30E	+27F	+20G	+17H	+5I	=	3239
+35A	+26B	+33C	+26D	+29E	+26F	+19G	+16H	+4I	=	3311
+38A	+36B	+36C	+28D	+31E	+28F	+21G	+18H	+6I	=	3760
+37A	+35B	+34C	+26D	+29E	+26F	+19G	+16H	+4I	=	3498
+38A	+35B	+34C	+26D	+29E	+26F	+19G	+16H	+4I	=	3514

A	B	C	D	E	F	G	H	I		
16	16	11	20	16	20	4	18	26		
96	80	121	220	160	200	32	144	156	=	1209
240	128	154	260	208	360	72	342	182	=	1946
384	256	209	460	288	480	92	360	208	=	2737
368	336	198	460	336	540	80	306	130	=	2754
512	416	275	500	480	540	80	306	130	=	3239
560	416	363	520	464	520	76	288	104	=	3311
608	576	396	560	496	560	84	324	156	=	3760
592	560	374	520	464	520	76	288	104	=	3498
608	560	374	520	464	520	76	288	104	=	3514

2-10 Variables Associated Expression Systems — 1000 Associated Systems Volume 1

9-Variable Systems followed by Verificiations

73)

A	B	C	D	E	F	G	H	I		
12	10	19	16	22	22	1	6	4		
+10A	+5B	+7C	+10D	+10E	+4F	+10G	+4H	+10I	=	845
+17A	+5B	+13C	+14D	+18E	+10F	+17G	+11H	+9I	=	1460
+20A	+16B	+24C	+17D	+23E	+20F	+23G	+13H	+11I	=	2219
+25A	+16B	+25C	+17D	+23E	+25F	+19G	+9H	+7I	=	2364
+30A	+21B	+31C	+23D	+30E	+28F	+22G	+12H	+10I	=	2937
+31A	+26B	+37C	+24D	+27E	+25F	+19G	+9H	+7I	=	2964
+42A	+37B	+46C	+27D	+30E	+28F	+22G	+12H	+10I	=	3590
+40A	+35B	+43C	+24D	+27E	+25F	+19G	+9H	+7I	=	3276
+43A	+37B	+45C	+26D	+29E	+27F	+21G	+11H	+9I	=	3512

A	B	C	D	E	F	G	H	I		
12	10	19	16	22	22	1	6	4		
120	50	133	160	220	88	10	24	40	=	845
204	50	247	224	396	220	17	66	36	=	1460
240	160	456	272	506	440	23	78	44	=	2219
300	160	475	272	506	550	19	54	28	=	2364
360	210	589	368	660	616	22	72	40	=	2937
372	260	703	384	594	550	19	54	28	=	2964
504	370	874	432	660	616	22	72	40	=	3590
480	350	817	384	594	550	19	54	28	=	3276
516	370	855	416	638	594	21	66	36	=	3512

74)

A	B	C	D	E	F	G	H	I		
7	1	5	13	8	19	23	23	21		
+8A	+9B	+9C	+10D	+8E	+4F	+5G	+2H	+8I	=	709
+8A	+11B	+16C	+16D	+10E	+10F	+11G	+2H	+7I	=	1071
+19A	+16B	+24C	+19D	+20E	+20F	+22G	+4H	+9I	=	1843
+24A	+23B	+32C	+27D	+22E	+23F	+23G	+5H	+10I	=	2169
+29A	+25B	+41C	+36D	+27E	+23F	+23G	+5H	+10I	=	2408
+40A	+28B	+52C	+47D	+29E	+25F	+25G	+7H	+12I	=	2874
+37A	+26B	+49C	+43D	+25E	+21F	+21G	+3H	+8I	=	2408
+39A	+28B	+50C	+44D	+26E	+22F	+22G	+4H	+9I	=	2536
+40A	+28B	+50C	+44D	+26E	+22F	+22G	+4H	+9I	=	2543

2-10 Variables Associated Expression Systems   1000 Associated Systems Volume 1

9-Variable Systems followed by Verificiations

A	B	C	D	E	F	G	H	I		
7	1	5	13	8	19	23	23	21		
56	9	45	130	64	76	115	46	168	=	709
56	11	80	208	80	190	253	46	147	=	1071
133	16	120	247	160	380	506	92	189	=	1843
168	23	160	351	176	437	529	115	210	=	2169
203	25	205	468	216	437	529	115	210	=	2408
280	28	260	611	232	475	575	161	252	=	2874
259	26	245	559	200	399	483	69	168	=	2408
273	28	250	572	208	418	506	92	189	=	2536
280	28	250	572	208	418	506	92	189	=	2543

75)

A	B	C	D	E	F	G	H	I		
9	19	3	9	9	2	22	21	6		
+6A	+11B	+8C	+5D	+11E	+9F	+7G	+4H	+4I	=	711
+10A	+13B	+13C	+7D	+18E	+16F	+8G	+8H	+3I	=	995
+18A	+17B	+13C	+15D	+22E	+24F	+19G	+7H	+2I	=	1482
+26A	+22B	+18C	+23D	+34E	+32F	+22G	+10H	+5I	=	2007
+33A	+26B	+19C	+28D	+41E	+31F	+21G	+9H	+4I	=	2206
+41A	+27B	+23C	+38D	+41E	+31F	+21G	+9H	+4I	=	2399
+42A	+34B	+27C	+36D	+39E	+29F	+19G	+7H	+2I	=	2415
+44A	+37B	+28C	+37D	+40E	+30F	+20G	+8H	+3I	=	2562
+44A	+36B	+27C	+36D	+39E	+29F	+19G	+7H	+2I	=	2471

A	B	C	D	E	F	G	H	I		
9	19	3	9	9	2	22	21	6		
54	209	24	45	99	18	154	84	24	=	711
90	247	39	63	162	32	176	168	18	=	995
162	323	39	135	198	48	418	147	12	=	1482
234	418	54	207	306	64	484	210	30	=	2007
297	494	57	252	369	62	462	189	24	=	2206
369	513	69	342	369	62	462	189	24	=	2399
378	646	81	324	351	58	418	147	12	=	2415
396	703	84	333	360	60	440	168	18	=	2562
396	684	81	324	351	58	418	147	12	=	2471

2-10 Variables Associated Expression Systems

9-Variable Systems followed by Verificiations

76)

	A	B	C	D	E	F	G	H	I		
	-5	-14	-4	-12	-3	-10	-9	-2	-17		
	+5A	+5B	+2C	+3D	+7E	+4F	+2G	+9H	+5I	=	-321
	+13A	+12B	+4C	+7D	+10E	+8F	+8G	+17H	+6I	=	-651
	+20A	+21B	+14C	+13D	+14E	+18F	+15G	+18H	+7I	=	-1118
	+23A	+21B	+20C	+13D	+14E	+19F	+12G	+15H	+4I	=	-1083
	+31A	+26B	+25C	+24D	+22E	+23F	+16G	+19H	+8I	=	-1521
	+32A	+29B	+24C	+25D	+19E	+20F	+13G	+16H	+5I	=	-1453
	+40A	+34B	+32C	+26D	+20E	+21F	+14G	+17H	+6I	=	-1648
	+41A	+38B	+32C	+26D	+20E	+21F	+14G	+17H	+6I	=	-1709
	+44A	+40B	+34C	+28D	+22E	+23F	+16G	+19H	+8I	=	-1866

	A	B	C	D	E	F	G	H	I		
	-5	-14	-4	-12	-3	-10	-9	-2	-17		
	-25	-70	-8	-36	-21	-40	-18	-18	-85	=	-321
	-65	-168	-16	-84	-30	-80	-72	-34	-102	=	-651
	-100	-294	-56	-156	-42	-180	-135	-36	-119	=	-1118
	-115	-294	-80	-156	-42	-190	-108	-30	-68	=	-1083
	-155	-364	-100	-288	-66	-230	-144	-38	-136	=	-1521
	-160	-406	-96	-300	-57	-200	-117	-32	-85	=	-1453
	-200	-476	-128	-312	-60	-210	-126	-34	-102	=	-1648
	-205	-532	-128	-312	-60	-210	-126	-34	-102	=	-1709
	-220	-560	-136	-336	-66	-230	-144	-38	-136	=	-1866

77)

	A	B	C	D	E	F	G	H	I		
	17	18	12	14	2	18	24	12	6		
	+5A	+3B	+7C	+5D	+3E	+2F	+9G	+8H	+5I	=	677
	+16A	+14B	+13C	+9D	+6E	+11F	+12G	+19H	+7I	=	1574
	+19A	+19B	+18C	+13D	+7E	+18F	+15G	+17H	+5I	=	1995
	+23A	+28B	+25C	+19D	+16E	+24F	+15G	+17H	+5I	=	2519
	+28A	+37B	+34C	+28D	+21E	+24F	+15G	+17H	+5I	=	3010
	+39A	+44B	+39C	+39D	+24E	+27F	+18G	+20H	+8I	=	3723
	+42A	+42B	+42C	+36D	+21E	+24F	+15G	+17H	+5I	=	3546
	+44A	+46B	+43C	+37D	+22E	+25F	+16G	+18H	+6I	=	3740
	+47A	+48B	+45C	+39D	+24E	+27F	+18G	+20H	+8I	=	4003

2-10 Variables Associated Expression Systems   1000 Associated Systems Volume 1

9-Variable Systems followed by Verificiations

A	B	C	D	E	F	G	H	I		
17	18	12	14	2	18	24	12	6		
85	54	84	70	6	36	216	96	30	=	677
272	252	156	126	12	198	288	228	42	=	1574
323	342	216	182	14	324	360	204	30	=	1995
391	504	300	266	32	432	360	204	30	=	2519
476	666	408	392	42	432	360	204	30	=	3010
663	792	468	546	48	486	432	240	48	=	3723
714	756	504	504	42	432	360	204	30	=	3546
748	828	516	518	44	450	384	216	36	=	3740
799	864	540	546	48	486	432	240	48	=	4003

78)

A	B	C	D	E	F	G	H	I		
4	9	18	13	7	8	16	23	22		
+7A	+10B	+7C	+6D	+4E	+10F	+9G	+7H	+7I	=	889
+17A	+18B	+17C	+8D	+14E	+14F	+17G	+17H	+8I	=	1689
+18A	+16B	+15C	+9D	+15E	+20F	+16G	+14H	+5I	=	1556
+29A	+25B	+19C	+16D	+27E	+29F	+19G	+17H	+8I	=	2183
+32A	+26B	+20C	+19D	+32E	+28F	+18G	+16H	+7I	=	2227
+37A	+31B	+31C	+24D	+35E	+31F	+21G	+19H	+10I	=	2783
+36A	+32B	+32C	+19D	+30E	+26F	+16G	+14H	+5I	=	2361
+41A	+37B	+36C	+23D	+34E	+30F	+20G	+18H	+9I	=	2854
+42A	+37B	+36C	+23D	+34E	+30F	+20G	+18H	+9I	=	2858

A	B	C	D	E	F	G	H	I		
4	9	18	13	7	8	16	23	22		
28	90	126	78	28	80	144	161	154	=	889
68	162	306	104	98	112	272	391	176	=	1689
72	144	270	117	105	160	256	322	110	=	1556
116	225	342	208	189	232	304	391	176	=	2183
128	234	360	247	224	224	288	368	154	=	2227
148	279	558	312	245	248	336	437	220	=	2783
144	288	576	247	210	208	256	322	110	=	2361
164	333	648	299	238	240	320	414	198	=	2854
168	333	648	299	238	240	320	414	198	=	2858

2-10 Variables Associated Expression Systems — 1000 Associated Systems Volume 1

9-Variable Systems followed by Verificiations

79)

A	B	C	D	E	F	G	H	I		
-6	-4	-14	-18	-20	-9	-25	-26	-22		
+10A	+4B	+7C	+8D	+7E	+11F	+6G	+5H	+10I	=	-1057
+17A	+11B	+14C	+16D	+15E	+14F	+15G	+12H	+12I	=	-2007
+26A	+15B	+20C	+21D	+20E	+21F	+24G	+12H	+12I	=	-2639
+32A	+13B	+23C	+20D	+24E	+30F	+21G	+9H	+9I	=	-2633
+38A	+16B	+25C	+24D	+30E	+31F	+22G	+10H	+10I	=	-2983
+38A	+21B	+32C	+24D	+28E	+29F	+20G	+8H	+8I	=	-2897
+40A	+27B	+34C	+24D	+28E	+29F	+20G	+8H	+8I	=	-2961
+43A	+30B	+36C	+26D	+30E	+31F	+22G	+10H	+10I	=	-3259
+46A	+32B	+38C	+28D	+32E	+33F	+24G	+12H	+12I	=	-3553

A	B	C	D	E	F	G	H	I		
-6	-4	-14	-18	-20	-9	-25	-26	-22		
-60	-16	-98	-144	-140	-99	-150	-130	-220	=	-1057
-102	-44	-196	-288	-300	-126	-375	-312	-264	=	-2007
-156	-60	-280	-378	-400	-189	-600	-312	-264	=	-2639
-192	-52	-322	-360	-480	-270	-525	-234	-198	=	-2633
-228	-64	-350	-432	-600	-279	-550	-260	-220	=	-2983
-228	-84	-448	-432	-560	-261	-500	-208	-176	=	-2897
-240	-108	-476	-432	-560	-261	-500	-208	-176	=	-2961
-258	-120	-504	-468	-600	-279	-550	-260	-220	=	-3259
-276	-128	-532	-504	-640	-297	-600	-312	-264	=	-3553

80)

A	B	C	D	E	F	G	H	I		
15	11	3	11	12	1	7	20	3		
+3A	+8B	+6C	+3D	+5E	+1F	+1G	+5H	+3I	=	361
+9A	+10B	+15C	+4D	+7E	+6F	+4G	+11H	+3I	=	681
+19A	+15B	+22C	+6D	+9E	+10F	+11G	+12H	+4I	=	1029
+24A	+19B	+30C	+8D	+13E	+15F	+11G	+12H	+4I	=	1247
+28A	+25B	+32C	+9D	+17E	+14F	+10G	+11H	+3I	=	1407
+35A	+29B	+36C	+16D	+17E	+14F	+10G	+11H	+3I	=	1645
+41A	+33B	+42C	+17D	+18E	+15F	+11G	+12H	+4I	=	1851
+43A	+36B	+43C	+18D	+19E	+16F	+12G	+13H	+5I	=	1971
+44A	+36B	+43C	+18D	+19E	+16F	+12G	+13H	+5I	=	1986

2-10 Variables Associated Expression Systems	1000 Associated Systems Volume 1

9-Variable Systems followed by Verificiations

A	B	C	D	E	F	G	H	I		
15	11	3	11	12	1	7	20	3		
45	88	18	33	60	1	7	100	9	=	361
135	110	45	44	84	6	28	220	9	=	681
285	165	66	66	108	10	77	240	12	=	1029
360	209	90	88	156	15	77	240	12	=	1247
420	275	96	99	204	14	70	220	9	=	1407
525	319	108	176	204	14	70	220	9	=	1645
615	363	126	187	216	15	77	240	12	=	1851
645	396	129	198	228	16	84	260	15	=	1971
660	396	129	198	228	16	84	260	15	=	1986

81)

A	B	C	D	E	F	G	H	I		
10	15	20	6	22	13	17	15	8		
+11A	+11B	+11C	+4D	+6E	+9F	+7G	+9H	+11I	=	1110
+17A	+18B	+20C	+12D	+15E	+20F	+18G	+13H	+13I	=	2107
+24A	+26B	+28C	+18D	+18E	+26F	+25G	+13H	+13I	=	2756
+22A	+27B	+31C	+20D	+18E	+24F	+22G	+10H	+10I	=	2677
+27A	+28B	+35C	+23D	+23E	+23F	+21G	+9H	+9I	=	2897
+32A	+33B	+45C	+28D	+24E	+24F	+22G	+10H	+10I	=	3327
+33A	+35B	+49C	+28D	+24E	+24F	+22G	+10H	+10I	=	3447
+33A	+35B	+48C	+27D	+23E	+23F	+21G	+9H	+9I	=	3346
+34A	+35B	+48C	+27D	+23E	+23F	+21G	+9H	+9I	=	3356

A	B	C	D	E	F	G	H	I		
10	15	20	6	22	13	17	15	8		
110	165	220	24	132	117	119	135	88	=	1110
170	270	400	72	330	260	306	195	104	=	2107
240	390	560	108	396	338	425	195	104	=	2756
220	405	620	120	396	312	374	150	80	=	2677
270	420	700	138	506	299	357	135	72	=	2897
320	495	900	168	528	312	374	150	80	=	3327
330	525	980	168	528	312	374	150	80	=	3447
330	525	960	162	506	299	357	135	72	=	3346
340	525	960	162	506	299	357	135	72	=	3356

2-10 Variables Associated Expression Systems

9-Variable Systems followed by Verificiations

82)

A	B	C	D	E	F	G	H	I		
5	18	16	21	4	7	20	16	24		
+5A	+6B	+7C	+8D	+9E	+6F	+10G	+10H	+5I	=	971
+9A	+7B	+6C	+11D	+15E	+6F	+14G	+14H	+3I	=	1176
+19A	+16B	+10C	+18D	+26E	+13F	+22G	+16H	+5I	=	1932
+27A	+20B	+14C	+22D	+28E	+21F	+21G	+15H	+4I	=	2196
+35A	+26B	+17C	+30D	+36E	+20F	+20G	+14H	+3I	=	2525
+35A	+26B	+21C	+30D	+35E	+19F	+19G	+13H	+2I	=	2518
+42A	+33B	+28C	+33D	+38E	+22F	+22G	+16H	+5I	=	3067
+40A	+33B	+25C	+30D	+35E	+19F	+19G	+13H	+2I	=	2733
+45A	+37B	+29C	+34D	+39E	+23F	+23G	+17H	+6I	=	3262

A	B	C	D	E	F	G	H	I		
5	18	16	21	4	7	20	16	24		
25	108	112	168	36	42	200	160	120	=	971
45	126	96	231	60	42	280	224	72	=	1176
95	288	160	378	104	91	440	256	120	=	1932
135	360	224	462	112	147	420	240	96	=	2196
175	468	272	630	144	140	400	224	72	=	2525
175	468	336	630	140	133	380	208	48	=	2518
210	594	448	693	152	154	440	256	120	=	3067
200	594	400	630	140	133	380	208	48	=	2733
225	666	464	714	156	161	460	272	144	=	3262

83)

A	B	C	D	E	F	G	H	I		
-19	-2	-12	-5	-7	-9	-1	-8	-9		
+5A	+3B	+3C	+7D	+6E	+2F	+4G	+2H	+5I	=	-297
+14A	+11B	+6C	+13D	+12E	+8F	+5G	+11H	+5I	=	-719
+22A	+17B	+13C	+22D	+23E	+16F	+11G	+13H	+7I	=	-1201
+25A	+24B	+18C	+29D	+29E	+23F	+10G	+12H	+6I	=	-1454
+28A	+28B	+20C	+31D	+32E	+23F	+10G	+12H	+6I	=	-1574
+35A	+37B	+30C	+40D	+33E	+24F	+11G	+13H	+7I	=	-1924
+36A	+45B	+31C	+39D	+32E	+23F	+10G	+12H	+6I	=	-1932
+39A	+48B	+33C	+41D	+34E	+25F	+12G	+14H	+8I	=	-2097
+38A	+46B	+31C	+39D	+32E	+23F	+10G	+12H	+6I	=	-1972

9-Variable Systems followed by Verificiations

A	B	C	D	E	F	G	H	I		
-19	-2	-12	-5	-7	-9	-1	-8	-9		
-95	-6	-36	-35	-42	-18	-4	-16	-45	=	-297
-266	-22	-72	-65	-84	-72	-5	-88	-45	=	-719
-418	-34	-156	-110	-161	-144	-11	-104	-63	=	-1201
-475	-48	-216	-145	-203	-207	-10	-96	-54	=	-1454
-532	-56	-240	-155	-224	-207	-10	-96	-54	=	-1574
-665	-74	-360	-200	-231	-216	-11	-104	-63	=	-1924
-684	-90	-372	-195	-224	-207	-10	-96	-54	=	-1932
-741	-96	-396	-205	-238	-225	-12	-112	-72	=	-2097
-722	-92	-372	-195	-224	-207	-10	-96	-54	=	-1972

84)

A	B	C	D	E	F	G	H	I		
7	8	3	7	10	14	16	26	15		
+9A	+4B	+5C	+7D	+3E	+3F	+6G	+11H	+9I	=	748
+14A	+10B	+6C	+9D	+11E	+9F	+13G	+16H	+8I	=	1239
+17A	+19B	+15C	+12D	+13E	+18F	+16G	+16H	+8I	=	1574
+20A	+27B	+23C	+15D	+22E	+22F	+18G	+18H	+10I	=	1964
+22A	+32B	+29C	+17D	+24E	+19F	+15G	+15H	+7I	=	1857
+28A	+37B	+34C	+25D	+28E	+23F	+19G	+19H	+11I	=	2334
+29A	+42B	+37C	+22D	+25E	+20F	+16G	+16H	+8I	=	2126
+29A	+43B	+36C	+21D	+24E	+19F	+15G	+15H	+7I	=	2043
+31A	+44B	+37C	+22D	+25E	+20F	+16G	+16H	+8I	=	2156

A	B	C	D	E	F	G	H	I		
7	8	3	7	10	14	16	26	15		
63	32	15	49	30	42	96	286	135	=	748
98	80	18	63	110	126	208	416	120	=	1239
119	152	45	84	130	252	256	416	120	=	1574
140	216	69	105	220	308	288	468	150	=	1964
154	256	87	119	240	266	240	390	105	=	1857
196	296	102	175	280	322	304	494	165	=	2334
203	336	111	154	250	280	256	416	120	=	2126
203	344	108	147	240	266	240	390	105	=	2043
217	352	111	154	250	280	256	416	120	=	2156

9-Variable Systems followed by Verificiations

85)

A	B	C	D	E	F	G	H	I		
19	14	5	0	15	14	4	5	8		
+10A	+4B	+9C	+5D	+9E	+7F	+8G	+5H	+10I	=	661
+13A	+7B	+14C	+11D	+20E	+10F	+13G	+8H	+12I	=	1043
+19A	+16B	+19C	+19D	+23E	+15F	+19G	+8H	+12I	=	1447
+26A	+15B	+18C	+20D	+24E	+22F	+17G	+6H	+10I	=	1640
+32A	+18B	+29C	+31D	+30E	+24F	+19G	+8H	+12I	=	2003
+41A	+23B	+35C	+40D	+32E	+26F	+21G	+10H	+14I	=	2366
+39A	+27B	+33C	+35D	+27E	+21F	+16G	+5H	+9I	=	2144
+42A	+31B	+35C	+37D	+29E	+23F	+18G	+7H	+11I	=	2359
+43A	+31B	+35C	+37D	+29E	+23F	+18G	+7H	+11I	=	2378

A	B	C	D	E	F	G	H	I		
19	14	5	0	15	14	4	5	8		
190	56	45	-0	135	98	32	25	80	=	661
247	98	70	-0	300	140	52	40	96	=	1043
361	224	95	-0	345	210	76	40	96	=	1447
494	210	90	-0	360	308	68	30	80	=	1640
608	252	145	-0	450	336	76	40	96	=	2003
779	322	175	-0	480	364	84	50	112	=	2366
741	378	165	-0	405	294	64	25	72	=	2144
798	434	175	-0	435	322	72	35	88	=	2359
817	434	175	-0	435	322	72	35	88	=	2378

86)

A	B	C	D	E	F	G	H	I		
-12	-8	-17	-1	-13	-10	-17	-21	-19		
+4A	+9B	+5C	+9D	+6E	+6F	+10G	+8H	+4I	=	-766
+8A	+15B	+9C	+12D	+14E	+17F	+15G	+12H	+6I	=	-1354
+12A	+16B	+11C	+12D	+18E	+22F	+19G	+9H	+3I	=	-1494
+23A	+25B	+18C	+16D	+30E	+35F	+22G	+12H	+6I	=	-2278
+29A	+30B	+17C	+17D	+34E	+33F	+20G	+10H	+4I	=	-2292
+33A	+32B	+22C	+21D	+33E	+32F	+19G	+9H	+3I	=	-2365
+36A	+35B	+25C	+22D	+34E	+33F	+20G	+10H	+4I	=	-2557
+37A	+37B	+25C	+22D	+34E	+33F	+20G	+10H	+4I	=	-2585
+37A	+36B	+24C	+21D	+33E	+32F	+19G	+9H	+3I	=	-2479

9-Variable Systems followed by Verificiations

A	B	C	D	E	F	G	H	I		
-12	-8	-17	-1	-13	-10	-17	-21	-19		
-48	-72	-85	-9	-78	-60	-170	-168	-76	=	-766
-96	-120	-153	-12	-182	-170	-255	-252	-114	=	-1354
-144	-128	-187	-12	-234	-220	-323	-189	-57	=	-1494
-276	-200	-306	-16	-390	-350	-374	-252	-114	=	-2278
-348	-240	-289	-17	-442	-330	-340	-210	-76	=	-2292
-396	-256	-374	-21	-429	-320	-323	-189	-57	=	-2365
-432	-280	-425	-22	-442	-330	-340	-210	-76	=	-2557
-444	-296	-425	-22	-442	-330	-340	-210	-76	=	-2585
-444	-288	-408	-21	-429	-320	-323	-189	-57	=	-2479

87)

A	B	C	D	E	F	G	H	I		
10	11	5	5	4	20	2	25	4		
+5A	+4B	+7C	+1D	+6E	+2F	+7G	+5H	+5I	=	357
+8A	+8B	+13C	+3D	+13E	+7F	+12G	+8H	+6I	=	688
+11A	+14B	+18C	+6D	+20E	+11F	+15G	+7H	+5I	=	909
+17A	+18B	+23C	+8D	+23E	+17F	+15G	+7H	+5I	=	1180
+28A	+22B	+31C	+16D	+34E	+19F	+17G	+9H	+7I	=	1560
+32A	+28B	+41C	+20D	+36E	+21F	+19G	+11H	+9I	=	1846
+35A	+33B	+42C	+17D	+33E	+18F	+16G	+8H	+6I	=	1756
+36A	+35B	+42C	+17D	+33E	+18F	+16G	+8H	+6I	=	1788
+41A	+39B	+46C	+21D	+37E	+22F	+20G	+12H	+10I	=	2142

A	B	C	D	E	F	G	H	I		
10	11	5	5	4	20	2	25	4		
50	44	35	5	24	40	14	125	20	=	357
80	88	65	15	52	140	24	200	24	=	688
110	154	90	30	80	220	30	175	20	=	909
170	198	115	40	92	340	30	175	20	=	1180
280	242	155	80	136	380	34	225	28	=	1560
320	308	205	100	144	420	38	275	36	=	1846
350	363	210	85	132	360	32	200	24	=	1756
360	385	210	85	132	360	32	200	24	=	1788
410	429	230	105	148	440	40	300	40	=	2142

2-10 Variables Associated Expression Systems	1000 Associated Systems Volume 1

9-Variable Systems followed by Verificiations

88)

	A	B	C	D	E	F	G	H	I		
	3	8	7	17	6	3	24	20	21		
	+5A	+7B	+8C	+3D	+8E	+5F	+7G	+2H	+5I	=	554
	+8A	+17B	+15C	+12D	+16E	+8F	+9G	+7H	+6I	=	1071
	+17A	+22B	+22C	+18D	+24E	+17F	+21G	+7H	+6I	=	1652
	+25A	+27B	+27C	+25D	+26E	+25F	+22G	+8H	+7I	=	1971
	+25A	+27B	+27C	+30D	+26E	+22F	+19G	+5H	+4I	=	1852
	+31A	+34B	+36C	+36D	+30E	+26F	+23G	+9H	+8I	=	2387
	+33A	+34B	+38C	+35D	+29E	+25F	+22G	+8H	+7I	=	2316
	+31A	+32B	+35C	+32D	+26E	+22F	+19G	+5H	+4I	=	2000
	+32A	+32B	+35C	+32D	+26E	+22F	+19G	+5H	+4I	=	2003

	A	B	C	D	E	F	G	H	I		
	3	8	7	17	6	3	24	20	21		
	15	56	56	51	48	15	168	40	105	=	554
	24	136	105	204	96	24	216	140	126	=	1071
	51	176	154	306	144	51	504	140	126	=	1652
	75	216	189	425	156	75	528	160	147	=	1971
	75	216	189	510	156	66	456	100	84	=	1852
	93	272	252	612	180	78	552	180	168	=	2387
	99	272	266	595	174	75	528	160	147	=	2316
	93	256	245	544	156	66	456	100	84	=	2000
	96	256	245	544	156	66	456	100	84	=	2003

89)

	A	B	C	D	E	F	G	H	I		
	11	17	15	19	3	0	14	7	6		
	+8A	+4B	+6C	+6D	+8E	+4F	+1G	+5H	+4I	=	457
	+15A	+11B	+16C	+11D	+19E	+16F	+11G	+12H	+8I	=	1144
	+16A	+14B	+17C	+16D	+23E	+16F	+12G	+9H	+5I	=	1303
	+24A	+20B	+22C	+24D	+28E	+28F	+12G	+9H	+5I	=	1735
	+27A	+23B	+25C	+32D	+31E	+30F	+14G	+11H	+7I	=	2079
	+31A	+28B	+34C	+38D	+31E	+30F	+14G	+11H	+7I	=	2457
	+33A	+32B	+36C	+37D	+30E	+29F	+13G	+10H	+6I	=	2528
	+35A	+34B	+37C	+38D	+31E	+30F	+14G	+11H	+7I	=	2648
	+34A	+32B	+35C	+36D	+29E	+28F	+12G	+9H	+5I	=	2475

2-10 Variables Associated Expression Systems   1000 Associated Systems Volume 1

9-Variable Systems followed by Verificiations

A	B	C	D	E	F	G	H	I		
11	17	15	19	3	0	14	7	6		
88	68	90	114	24	-0	14	35	24	=	457
165	187	240	209	57	-0	154	84	48	=	1144
176	238	255	304	69	-0	168	63	30	=	1303
264	340	330	456	84	-0	168	63	30	=	1735
297	391	375	608	93	-0	196	77	42	=	2079
341	476	510	722	93	-0	196	77	42	=	2457
363	544	540	703	90	-0	182	70	36	=	2528
385	578	555	722	93	-0	196	77	42	=	2648
374	544	525	684	87	-0	168	63	30	=	2475

90)

A	B	C	D	E	F	G	H	I		
11	19	10	5	11	15	13	12	27		
+8A	+9B	+11C	+10D	+8E	+10F	+11G	+9H	+8I	=	1124
+9A	+11B	+20C	+19D	+9E	+11F	+16G	+13H	+8I	=	1447
+14A	+16B	+22C	+21D	+8E	+17F	+19G	+10H	+5I	=	1628
+21A	+26B	+25C	+27D	+18E	+28F	+20G	+11H	+6I	=	2282
+24A	+29B	+25C	+32D	+23E	+27F	+19G	+10H	+5I	=	2385
+34A	+31B	+30C	+42D	+24E	+28F	+20G	+11H	+6I	=	2711
+42A	+33B	+38C	+43D	+25E	+29F	+21G	+12H	+7I	=	3000
+45A	+37B	+40C	+45D	+27E	+31F	+23G	+14H	+9I	=	3295
+45A	+36B	+39C	+44D	+26E	+30F	+22G	+13H	+8I	=	3183

A	B	C	D	E	F	G	H	I		
11	19	10	5	11	15	13	12	27		
88	171	110	50	88	150	143	108	216	=	1124
99	209	200	95	99	165	208	156	216	=	1447
154	304	220	105	88	255	247	120	135	=	1628
231	494	250	135	198	420	260	132	162	=	2282
264	551	250	160	253	405	247	120	135	=	2385
374	589	300	210	264	420	260	132	162	=	2711
462	627	380	215	275	435	273	144	189	=	3000
495	703	400	225	297	465	299	168	243	=	3295
495	684	390	220	286	450	286	156	216	=	3183

2-10 Variables Associated Expression Systems　　　　　　　　　1000 Associated Systems Volume 1

9-Variable Systems followed by Verificiations

91)

A	B	C	D	E	F	G	H	I		
9	9	5	9	15	0	25	4	26		
+8A	+7B	+8C	+10D	+2E	+2F	+9G	+9H	+8I	=	764
+14A	+15B	+8C	+17D	+7E	+2F	+12G	+15H	+7I	=	1101
+24A	+26B	+20C	+26D	+14E	+10F	+22G	+19H	+11I	=	1906
+23A	+26B	+26C	+25D	+18E	+9F	+20G	+17H	+9I	=	1868
+31A	+37B	+34C	+36D	+26E	+11F	+22G	+19H	+11I	=	2408
+37A	+44B	+36C	+40D	+24E	+9F	+20G	+17H	+9I	=	2431
+40A	+51B	+42C	+40D	+24E	+9F	+20G	+17H	+9I	=	2551
+40A	+52B	+41C	+39D	+23E	+8F	+19G	+16H	+8I	=	2476
+44A	+55B	+44C	+42D	+26E	+11F	+22G	+19H	+11I	=	2791

A	B	C	D	E	F	G	H	I		
9	9	5	9	15	0	25	4	26		
72	63	40	90	30	-0	225	36	208	=	764
126	135	40	153	105	-0	300	60	182	=	1101
216	234	100	234	210	-0	550	76	286	=	1906
207	234	130	225	270	-0	500	68	234	=	1868
279	333	170	324	390	-0	550	76	286	=	2408
333	396	180	360	360	-0	500	68	234	=	2431
360	459	210	360	360	-0	500	68	234	=	2551
360	468	205	351	345	-0	475	64	208	=	2476
396	495	220	378	390	-0	550	76	286	=	2791

92)

A	B	C	D	E	F	G	H	I		
12	14	12	19	14	5	12	4	11		
+6A	+10B	+6C	+3D	+9E	+6F	+7G	+8H	+6I	=	679
+9A	+13B	+7C	+4D	+9E	+11F	+9G	+11H	+5I	=	838
+15A	+18B	+18C	+9D	+17E	+21F	+15G	+13H	+7I	=	1471
+22A	+18B	+21C	+10D	+17E	+30F	+14G	+12H	+6I	=	1628
+31A	+25B	+26C	+15D	+22E	+31F	+15G	+13H	+7I	=	2091
+37A	+28B	+29C	+21D	+19E	+28F	+12G	+10H	+4I	=	2217
+42A	+31B	+34C	+22D	+20E	+29F	+13G	+11H	+5I	=	2444
+44A	+33B	+35C	+23D	+21E	+30F	+14G	+12H	+6I	=	2573
+43A	+31B	+33C	+21D	+19E	+28F	+12G	+10H	+4I	=	2379

2-10 Variables Associated Expression Systems — 1000 Associated Systems Volume 1

9-Variable Systems followed by Verificiations

A	B	C	D	E	F	G	H	I		
12	14	12	19	14	5	12	4	11		
72	140	72	57	126	30	84	32	66	=	679
108	182	84	76	126	55	108	44	55	=	838
180	252	216	171	238	105	180	52	77	=	1471
264	252	252	190	238	150	168	48	66	=	1628
372	350	312	285	308	155	180	52	77	=	2091
444	392	348	399	266	140	144	40	44	=	2217
504	434	408	418	280	145	156	44	55	=	2444
528	462	420	437	294	150	168	48	66	=	2573
516	434	396	399	266	140	144	40	44	=	2379

93)

A	B	C	D	E	F	G	H	I		
9	9	17	10	9	5	25	19	6		
+7A	+9B	+7C	+3D	+4E	+6F	+1G	+6H	+7I	=	540
+13A	+16B	+16C	+13D	+9E	+9F	+5G	+12H	+8I	=	1190
+22A	+29B	+26C	+25D	+20E	+15F	+14G	+16H	+12I	=	2132
+28A	+35B	+29C	+26D	+25E	+21F	+12G	+14H	+10I	=	2276
+31A	+33B	+31C	+24D	+28E	+18F	+9G	+11H	+7I	=	2161
+40A	+42B	+35C	+35D	+29E	+19F	+10G	+12H	+8I	=	2565
+40A	+46B	+35C	+34D	+28E	+18F	+9G	+11H	+7I	=	2527
+41A	+47B	+35C	+34D	+28E	+18F	+9G	+11H	+7I	=	2545
+42A	+47B	+35C	+34D	+28E	+18F	+9G	+11H	+7I	=	2554

A	B	C	D	E	F	G	H	I		
9	9	17	10	9	5	25	19	6		
63	81	119	30	36	30	25	114	42	=	540
117	144	272	130	81	45	125	228	48	=	1190
198	261	442	250	180	75	350	304	72	=	2132
252	315	493	260	225	105	300	266	60	=	2276
279	297	527	240	252	90	225	209	42	=	2161
360	378	595	350	261	95	250	228	48	=	2565
360	414	595	340	252	90	225	209	42	=	2527
369	423	595	340	252	90	225	209	42	=	2545
378	423	595	340	252	90	225	209	42	=	2554

2-10 Variables Associated Expression Systems   1000 Associated Systems Volume 1

9-Variable Systems followed by Verificiations

94)

A	B	C	D	E	F	G	H	I	
6	2	1	15	15	22	22	11	19	
+8A	+4B	+12C	+10D	+5E	+9F	+10G	+7H	+8I	= 940
+13A	+6B	+17C	+11D	+5E	+14F	+17G	+12H	+6I	= 1275
+17A	+10B	+21C	+18D	+11E	+24F	+21G	+15H	+9I	= 1904
+19A	+7B	+20C	+21D	+15E	+26F	+17G	+11H	+5I	= 1850
+28A	+13B	+31C	+27D	+24E	+28F	+19G	+13H	+7I	= 2300
+32A	+18B	+38C	+29D	+24E	+28F	+19G	+13H	+7I	= 2371
+35A	+24B	+43C	+28D	+23E	+27F	+18G	+12H	+6I	= 2302
+38A	+27B	+45C	+30D	+25E	+29F	+20G	+14H	+8I	= 2536
+41A	+29B	+47C	+32D	+27E	+31F	+22G	+16H	+10I	= 2768

A	B	C	D	E	F	G	H	I	
6	2	1	15	15	22	22	11	19	
48	8	12	150	75	198	220	77	152	= 940
78	12	17	165	75	308	374	132	114	= 1275
102	20	21	270	165	528	462	165	171	= 1904
114	14	20	315	225	572	374	121	95	= 1850
168	26	31	405	360	616	418	143	133	= 2300
192	36	38	435	360	616	418	143	133	= 2371
210	48	43	420	345	594	396	132	114	= 2302
228	54	45	450	375	638	440	154	152	= 2536
246	58	47	480	405	682	484	176	190	= 2768

95)

A	B	C	D	E	F	G	H	I	
-16	-10	-9	-9	-13	-14	-20	-10	-19	
+3A	+1B	+9C	+4D	+8E	+7F	+1G	+6H	+3I	= -514
+10A	+6B	+12C	+9D	+17E	+11F	+5G	+13H	+5I	= -1109
+16A	+15B	+18C	+20D	+23E	+15F	+13G	+15H	+7I	= -1800
+16A	+20B	+19C	+27D	+29E	+15F	+12G	+14H	+6I	= -1951
+25A	+23B	+26C	+29D	+36E	+16F	+13G	+15H	+7I	= -2360
+28A	+30B	+31C	+32D	+35E	+15F	+12G	+14H	+6I	= -2474
+30A	+31B	+36C	+31D	+34E	+14F	+11G	+13H	+5I	= -2476
+31A	+32B	+36C	+31D	+34E	+14F	+11G	+13H	+5I	= -2502
+35A	+35B	+39C	+34D	+37E	+17F	+14G	+16H	+8I	= -2878

9-Variable Systems followed by Verificiations

A	B	C	D	E	F	G	H	I		
-16	-10	-9	-9	-13	-14	-20	-10	-19		
-48	-10	-81	-36	-104	-98	-20	-60	-57	=	-514
-160	-60	-108	-81	-221	-154	-100	-130	-95	=	-1109
-256	-150	-162	-180	-299	-210	-260	-150	-133	=	-1800
-256	-200	-171	-243	-377	-210	-240	-140	-114	=	-1951
-400	-230	-234	-261	-468	-224	-260	-150	-133	=	-2360
-448	-300	-279	-288	-455	-210	-240	-140	-114	=	-2474
-480	-310	-324	-279	-442	-196	-220	-130	-95	=	-2476
-496	-320	-324	-279	-442	-196	-220	-130	-95	=	-2502
-560	-350	-351	-306	-481	-238	-280	-160	-152	=	-2878

96)

A	B	C	D	E	F	G	H	I		
4	14	16	22	19	12	23	9	0		
+2A	+5B	+10C	+7D	+2E	+8F	+6G	+7H	+2I	=	727
+9A	+13B	+20C	+12D	+7E	+10F	+14G	+14H	+3I	=	1503
+13A	+15B	+27C	+14D	+13E	+19F	+22G	+14H	+3I	=	2109
+18A	+22B	+28C	+17D	+17E	+21F	+21G	+13H	+2I	=	2377
+24A	+25B	+36C	+20D	+23E	+22F	+22G	+14H	+3I	=	2795
+29A	+31B	+42C	+25D	+25E	+24F	+24G	+16H	+5I	=	3231
+29A	+31B	+42C	+23D	+23E	+22F	+22G	+14H	+3I	=	3061
+28A	+31B	+40C	+21D	+21E	+20F	+20G	+12H	+1I	=	2855
+31A	+33B	+42C	+23D	+23E	+22F	+22G	+14H	+3I	=	3097

A	B	C	D	E	F	G	H	I		
4	14	16	22	19	12	23	9	0		
8	70	160	154	38	96	138	63	-0	=	727
36	182	320	264	133	120	322	126	-0	=	1503
52	210	432	308	247	228	506	126	-0	=	2109
72	308	448	374	323	252	483	117	-0	=	2377
96	350	576	440	437	264	506	126	-0	=	2795
116	434	672	550	475	288	552	144	-0	=	3231
116	434	672	506	437	264	506	126	-0	=	3061
112	434	640	462	399	240	460	108	-0	=	2855
124	462	672	506	437	264	506	126	-0	=	3097

9-Variable Systems followed by Verificiations

97)

A	B	C	D	E	F	G	H	I		
-17	-9	-4	-15	-6	-24	-6	-17	-20		
+7A	+8B	+4C	+3D	+2E	+5F	+10G	+5H	+5I	=	-629
+10A	+11B	+6C	+7D	+8E	+5F	+13G	+6H	+4I	=	-826
+14A	+17B	+10C	+15D	+13E	+14F	+17G	+7H	+5I	=	-1391
+16A	+23B	+13C	+19D	+20E	+16F	+17G	+7H	+5I	=	-1641
+17A	+31B	+18C	+23D	+21E	+15F	+16G	+6H	+4I	=	-1749
+23A	+32B	+23C	+29D	+21E	+15F	+16G	+6H	+4I	=	-1970
+34A	+41B	+34C	+31D	+23E	+17F	+18G	+8H	+6I	=	-2458
+36A	+43B	+35C	+32D	+24E	+18F	+19G	+9H	+7I	=	-2602
+34A	+40B	+32C	+29D	+21E	+15F	+16G	+6H	+4I	=	-2265

A	B	C	D	E	F	G	H	I		
-17	-9	-4	-15	-6	-24	-6	-17	-20		
-119	-72	-16	-45	-12	-120	-60	-85	-100	=	-629
-170	-99	-24	-105	-48	-120	-78	-102	-80	=	-826
-238	-153	-40	-225	-78	-336	-102	-119	-100	=	-1391
-272	-207	-52	-285	-120	-384	-102	-119	-100	=	-1641
-289	-279	-72	-345	-126	-360	-96	-102	-80	=	-1749
-391	-288	-92	-435	-126	-360	-96	-102	-80	=	-1970
-578	-369	-136	-465	-138	-408	-108	-136	-120	=	-2458
-612	-387	-140	-480	-144	-432	-114	-153	-140	=	-2602
-578	-360	-128	-435	-126	-360	-96	-102	-80	=	-2265

98)

A	B	C	D	E	F	G	H	I		
16	10	19	0	19	0	19	1	19		
+6A	+8B	+9C	+1D	+8E	+3F	+1G	+5H	+4I	=	599
+16A	+11B	+14C	+3D	+17E	+13F	+8G	+15H	+5I	=	1217
+24A	+14B	+18C	+14D	+25E	+24F	+16G	+17H	+7I	=	1795
+30A	+19B	+25C	+18D	+30E	+30F	+16G	+17H	+7I	=	2169
+35A	+25B	+27C	+22D	+35E	+31F	+17G	+18H	+8I	=	2481
+32A	+22B	+30C	+20D	+31E	+27F	+13G	+14H	+4I	=	2228
+36A	+30B	+34C	+22D	+33E	+29F	+15G	+16H	+6I	=	2564
+36A	+33B	+33C	+21D	+32E	+28F	+14G	+15H	+5I	=	2517
+40A	+36B	+36C	+24D	+35E	+31F	+17G	+18H	+8I	=	2842

2-10 Variables Associated Expression Systems — 1000 Associated Systems Volume 1

9-Variable Systems followed by Verificiations

A	B	C	D	E	F	G	H	I		
16	10	19	0	19	0	19	1	19		
96	80	171	-0	152	-0	19	5	76	=	599
256	110	266	-0	323	-0	152	15	95	=	1217
384	140	342	-0	475	-0	304	17	133	=	1795
480	190	475	-0	570	-0	304	17	133	=	2169
560	250	513	-0	665	-0	323	18	152	=	2481
512	220	570	-0	589	-0	247	14	76	=	2228
576	300	646	-0	627	-0	285	16	114	=	2564
576	330	627	-0	608	-0	266	15	95	=	2517
640	360	684	-0	665	-0	323	18	152	=	2842

99)

A	B	C	D	E	F	G	H	I		
2	1	7	8	19	5	21	7	19		
+6A	+8B	+4C	+10D	+8E	+9F	+3G	+6H	+6I	=	544
+8A	+14B	+12C	+15D	+15E	+11F	+8G	+8H	+7I	=	931
+10A	+21B	+19C	+19D	+22E	+15F	+10G	+8H	+7I	=	1218
+16A	+27B	+25C	+18D	+25E	+19F	+8G	+6H	+5I	=	1253
+20A	+37B	+28C	+23D	+31E	+21F	+10G	+8H	+7I	=	1550
+23A	+42B	+37C	+28D	+32E	+22F	+11G	+9H	+8I	=	1735
+29A	+40B	+46C	+25D	+29E	+19F	+8G	+6H	+5I	=	1571
+30A	+41B	+46C	+25D	+29E	+19F	+8G	+6H	+5I	=	1574
+33A	+43B	+48C	+27D	+31E	+21F	+10G	+8H	+7I	=	1754

A	B	C	D	E	F	G	H	I		
2	1	7	8	19	5	21	7	19		
12	8	28	80	152	45	63	42	114	=	544
16	14	84	120	285	55	168	56	133	=	931
20	21	133	152	418	75	210	56	133	=	1218
32	27	175	144	475	95	168	42	95	=	1253
40	37	196	184	589	105	210	56	133	=	1550
46	42	259	224	608	110	231	63	152	=	1735
58	40	322	200	551	95	168	42	95	=	1571
60	41	322	200	551	95	168	42	95	=	1574
66	43	336	216	589	105	210	56	133	=	1754

9-Variable Systems followed by Verificiations

100)

	A	B	C	D	E	F	G	H	I		
	-11	-1	-14	-14	-5	-7	-11	-9	-26		
	+11A	+8B	+9C	+4D	+7E	+4F	+10G	+5H	+7I	=	-711
	+17A	+10B	+13C	+3D	+8E	+5F	+11G	+11H	+4I	=	-820
	+28A	+19B	+22C	+11D	+18E	+16F	+20G	+16H	+9I	=	-1589
	+30A	+21B	+29C	+10D	+21E	+18F	+18G	+14H	+7I	=	-1634
	+37A	+25B	+32C	+15D	+28E	+18F	+18G	+14H	+7I	=	-1862
	+40A	+33B	+41C	+18D	+30E	+20F	+20G	+16H	+9I	=	-2187
	+39A	+32B	+40C	+15D	+27E	+17F	+17G	+13H	+6I	=	-1945
	+41A	+34B	+41C	+16D	+28E	+18F	+18G	+14H	+7I	=	-2055
	+44A	+36B	+43C	+18D	+30E	+20F	+20G	+16H	+9I	=	-2262

	A	B	C	D	E	F	G	H	I		
	-11	-1	-14	-14	-5	-7	-11	-9	-26		
	-121	-8	-126	-56	-35	-28	-110	-45	-182	=	-711
	-187	-10	-182	-42	-40	-35	-121	-99	-104	=	-820
	-308	-19	-308	-154	-90	-112	-220	-144	-234	=	-1589
	-330	-21	-406	-140	-105	-126	-198	-126	-182	=	-1634
	-407	-25	-448	-210	-140	-126	-198	-126	-182	=	-1862
	-440	-33	-574	-252	-150	-140	-220	-144	-234	=	-2187
	-429	-32	-560	-210	-135	-119	-187	-117	-156	=	-1945
	-451	-34	-574	-224	-140	-126	-198	-126	-182	=	-2055
	-484	-36	-602	-252	-150	-140	-220	-144	-234	=	-2262

Chapter 9 - 10 Variables Associated Systems

2-10 Variables Associated Expression Systems

10-Variable Systems followed by Verificiations

1)

A	B	C	D	E	F	G	H	I	J		
0	3	1	8	10	3	19	7	11	20		
+8A	+4B	+7C	+7D	+5E	+5F	+11G	+8H	+11I	+5J	=	626
+10A	+7B	+15C	+14D	+9E	+11F	+18G	+13H	+13I	+4J	=	927
+15A	+14B	+23C	+15D	+11E	+17F	+27G	+18H	+13I	+4J	=	1208
+20A	+23B	+28C	+23D	+14E	+25F	+35G	+20H	+15I	+6J	=	1586
+27A	+27B	+38C	+33D	+24E	+32F	+36G	+21H	+16I	+7J	=	1866
+34A	+32B	+46C	+34D	+31E	+32F	+36G	+21H	+16I	+7J	=	1967
+40A	+36B	+48C	+36D	+29E	+30F	+34G	+19H	+14I	+5J	=	1857
+45A	+37B	+53C	+36D	+29E	+30F	+34G	+19H	+14I	+5J	=	1865
+48A	+42B	+55C	+38D	+31E	+32F	+36G	+21H	+16I	+7J	=	2038
+48A	+41B	+54C	+37D	+30E	+31F	+35G	+20H	+15I	+6J	=	1956

A	B	C	D	E	F	G	H	I	J		
0	3	1	8	10	3	19	7	11	20		
-0	12	7	56	50	15	209	56	121	100	=	626
-0	21	15	112	90	33	342	91	143	80	=	927
-0	42	23	120	110	51	513	126	143	80	=	1208
-0	69	28	184	140	75	665	140	165	120	=	1586
-0	81	38	264	240	96	684	147	176	140	=	1866
-0	96	46	272	310	96	684	147	176	140	=	1967
-0	108	48	288	290	90	646	133	154	100	=	1857
-0	111	53	288	290	90	646	133	154	100	=	1865
-0	126	55	304	310	96	684	147	176	140	=	2038
-0	123	54	296	300	93	665	140	165	120	=	1956

2)

A	B	C	D	E	F	G	H	I	J		
1	6	16	5	13	8	14	8	26	20		
+11A	+8B	+3C	+9D	+6E	+10F	+6G	+5H	+7I	+11J	=	836
+12A	+8B	+8C	+15D	+10E	+9F	+11G	+12H	+8I	+9J	=	1103
+20A	+16B	+19C	+29D	+21E	+21F	+18G	+20H	+13I	+14J	=	2036
+25A	+16B	+25C	+34D	+26E	+27F	+21G	+17H	+10I	+11J	=	2155
+33A	+24B	+33C	+41D	+26E	+38F	+20G	+16H	+9I	+10J	=	2394
+37A	+31B	+43C	+45D	+30E	+39F	+21G	+17H	+10I	+11J	=	2748
+43A	+35B	+45C	+49D	+28E	+37F	+19G	+15H	+8I	+9J	=	2652
+53A	+43B	+55C	+50D	+29E	+38F	+20G	+16H	+9I	+10J	=	2964
+55A	+46B	+56C	+51D	+30E	+39F	+21G	+17H	+10I	+11J	=	3094
+57A	+47B	+57C	+52D	+31E	+40F	+22G	+18H	+11I	+12J	=	3212

10-Variable Systems followed by Verificiations

A	B	C	D	E	F	G	H	I	J		
1	6	16	5	13	8	14	8	26	20		
11	48	48	45	78	80	84	40	182	220	=	836
12	48	128	75	130	72	154	96	208	180	=	1103
20	96	304	145	273	168	252	160	338	280	=	2036
25	96	400	170	338	216	294	136	260	220	=	2155
33	144	528	205	338	304	280	128	234	200	=	2394
37	186	688	225	390	312	294	136	260	220	=	2748
43	210	720	245	364	296	266	120	208	180	=	2652
53	258	880	250	377	304	280	128	234	200	=	2964
55	276	896	255	390	312	294	136	260	220	=	3094
57	282	912	260	403	320	308	144	286	240	=	3212

3)

A	B	C	D	E	F	G	H	I	J		
0	17	16	21	23	1	22	1	10	10		
+2A	+5B	+4C	+10D	+3E	+6F	+8G	+8H	+8I	+2J	=	718
+5A	+15B	+12C	+13D	+10E	+9F	+18G	+16H	+11I	+4J	=	1521
+16A	+22B	+22C	+16D	+14E	+19F	+25G	+30H	+13I	+6J	=	2173
+20A	+25B	+25C	+20D	+16E	+20F	+29G	+25H	+8I	+1J	=	2386
+27A	+36B	+35C	+32D	+21E	+30F	+33G	+29H	+12I	+5J	=	3282
+29A	+38B	+34C	+30D	+23E	+26F	+29G	+25H	+8I	+1J	=	3128
+34A	+46B	+42C	+35D	+24E	+27F	+30G	+26H	+9I	+2J	=	3564
+36A	+51B	+45C	+36D	+25E	+28F	+31G	+27H	+10I	+3J	=	3785
+40A	+56B	+48C	+39D	+28E	+31F	+34G	+30H	+13I	+6J	=	4182
+37A	+52B	+44C	+35D	+24E	+27F	+30G	+26H	+9I	+2J	=	3698

A	B	C	D	E	F	G	H	I	J		
0	17	16	21	23	1	22	1	10	10		
-0	85	64	210	69	6	176	8	80	20	=	718
-0	255	192	273	230	9	396	16	110	40	=	1521
-0	374	352	336	322	19	550	30	130	60	=	2173
-0	425	400	420	368	20	638	25	80	10	=	2386
-0	612	560	672	483	30	726	29	120	50	=	3282
-0	646	544	630	529	26	638	25	80	10	=	3128
-0	782	672	735	552	27	660	26	90	20	=	3564
-0	867	720	756	575	28	682	27	100	30	=	3785
-0	952	768	819	644	31	748	30	130	60	=	4182
-0	884	704	735	552	27	660	26	90	20	=	3698

2-10 Variables Associated Expression Systems   1000 Associated Systems Volume 1

10-Variable Systems followed by Verificiations

4)

	A	B	C	D	E	F	G	H	I	J		
	-19	-20	-20	-12	-11	-21	-23	-15	-14	-9		
	+6A	+8B	+10C	+7D	+7E	+5F	+8G	+9H	+3I	+6J	=	-1155
	+14A	+20B	+16C	+12D	+11E	+12F	+14G	+16H	+11I	+9J	=	-2300
	+24A	+29B	+25C	+22D	+17E	+18F	+19G	+26H	+12I	+10J	=	-3450
	+28A	+31B	+31C	+26D	+23E	+16F	+23G	+23H	+9I	+7J	=	-3736
	+34A	+33B	+38C	+28D	+29E	+22F	+22G	+22H	+8I	+6J	=	-4185
	+41A	+43B	+46C	+41D	+39E	+26F	+26G	+26H	+12I	+10J	=	-5272
	+38A	+47B	+50C	+40D	+34E	+21F	+21G	+21H	+7I	+5J	=	-4898
	+46A	+52B	+58C	+43D	+37E	+24F	+24G	+24H	+10I	+8J	=	-5625
	+44A	+52B	+55C	+40D	+34E	+21F	+21G	+21H	+7I	+5J	=	-5212
	+45A	+52B	+55C	+40D	+34E	+21F	+21G	+21H	+7I	+5J	=	-5231

	A	B	C	D	E	F	G	H	I	J		
	-19	-20	-20	-12	-11	-21	-23	-15	-14	-9		
	-114	-160	-200	-84	-77	-105	-184	-135	-42	-54	=	-1155
	-266	-400	-320	-144	-121	-252	-322	-240	-154	-81	=	-2300
	-456	-580	-500	-264	-187	-378	-437	-390	-168	-90	=	-3450
	-532	-620	-620	-312	-253	-336	-529	-345	-126	-63	=	-3736
	-646	-660	-760	-336	-319	-462	-506	-330	-112	-54	=	-4185
	-779	-860	-920	-492	-429	-546	-598	-390	-168	-90	=	-5272
	-722	-940	-1000	-480	-374	-441	-483	-315	-98	-45	=	-4898
	-874	-1040	-1160	-516	-407	-504	-552	-360	-140	-72	=	-5625
	-836	-1040	-1100	-480	-374	-441	-483	-315	-98	-45	=	-5212
	-855	-1040	-1100	-480	-374	-441	-483	-315	-98	-45	=	-5231

5)

	A	B	C	D	E	F	G	H	I	J		
	13	9	19	0	7	20	19	14	11	5		
	+7A	+3B	+7C	+8D	+5E	+5F	+6G	+4H	+7I	+7J	=	668
	+13A	+9B	+10C	+11D	+11E	+13F	+16G	+12H	+13I	+9J	=	1437
	+16A	+10B	+13C	+16D	+9E	+13F	+20G	+12H	+10I	+6J	=	1556
	+21A	+13B	+22C	+18D	+17E	+22F	+25G	+13H	+11I	+7J	=	2180
	+30A	+17B	+27C	+30D	+25E	+28F	+28G	+16H	+14I	+10J	=	2751
	+34A	+16B	+28C	+33D	+31E	+24F	+24G	+12H	+10I	+6J	=	2579
	+40A	+23B	+35C	+39D	+32E	+25F	+25G	+13H	+11I	+7J	=	2929
	+49A	+29B	+44C	+39D	+32E	+25F	+25G	+13H	+11I	+7J	=	3271
	+52A	+33B	+46C	+41D	+34E	+27F	+27G	+15H	+13I	+9J	=	3536
	+51A	+31B	+44C	+39D	+32E	+25F	+25G	+13H	+11I	+7J	=	3315

2-10 Variables Associated Expression Systems　　　　　　　1000 Associated Systems Volume 1

10-Variable Systems followed by Verificiations

	A	B	C	D	E	F	G	H	I	J		
	13	9	19	0	7	20	19	14	11	5		
	91	27	133	-0	35	100	114	56	77	35	=	668
	169	81	190	-0	77	260	304	168	143	45	=	1437
	208	90	247	-0	63	260	380	168	110	30	=	1556
	273	117	418	-0	119	440	475	182	121	35	=	2180
	390	153	513	-0	175	560	532	224	154	50	=	2751
	442	144	532	-0	217	480	456	168	110	30	=	2579
	520	207	665	-0	224	500	475	182	121	35	=	2929
	637	261	836	-0	224	500	475	182	121	35	=	3271
	676	297	874	-0	238	540	513	210	143	45	=	3536
	663	279	836	-0	224	500	475	182	121	35	=	3315

6)

	A	B	C	D	E	F	G	H	I	J		
	16	17	12	1	11	0	23	17	19	4		
	+4A	+3B	+9C	+8D	+2E	+5F	+6G	+8H	+10I	+7J	=	745
	+13A	+6B	+13C	+16D	+10E	+8F	+14G	+18H	+19I	+9J	=	1617
	+21A	+10B	+21C	+21D	+12E	+15F	+21G	+26H	+18I	+8J	=	2210
	+26A	+17B	+22C	+29D	+12E	+17F	+23G	+25H	+17I	+7J	=	2435
	+32A	+24B	+32C	+35D	+19E	+23F	+26G	+28H	+20I	+10J	=	3042
	+37A	+28B	+35C	+40D	+21E	+22F	+25G	+27H	+19I	+9J	=	3190
	+42A	+31B	+34C	+45D	+18E	+19F	+22G	+24H	+16I	+6J	=	3092
	+48A	+36B	+40C	+49D	+22E	+23F	+26G	+28H	+20I	+10J	=	3645
	+46A	+34B	+37C	+46D	+19E	+20F	+23G	+25H	+17I	+7J	=	3318
	+49A	+36B	+39C	+48D	+21E	+22F	+25G	+27H	+19I	+9J	=	3574

	A	B	C	D	E	F	G	H	I	J		
	16	17	12	1	11	0	23	17	19	4		
	64	51	108	8	22	-0	138	136	190	28	=	745
	208	102	156	16	110	-0	322	306	361	36	=	1617
	336	170	252	21	132	-0	483	442	342	32	=	2210
	416	289	264	29	132	-0	529	425	323	28	=	2435
	512	408	384	35	209	-0	598	476	380	40	=	3042
	592	476	420	40	231	-0	575	459	361	36	=	3190
	672	527	408	45	198	-0	506	408	304	24	=	3092
	768	612	480	49	242	-0	598	476	380	40	=	3645
	736	578	444	46	209	-0	529	425	323	28	=	3318
	784	612	468	48	231	-0	575	459	361	36	=	3574

2-10 Variables Associated Expression Systems   1000 Associated Systems Volume 1

10-Variable Systems followed by Verificiations

7)

	A	B	C	D	E	F	G	H	I	J		
	-1	0	-5	-7	-11	-5	-17	-20	-27	0		
	+9A	+11B	+10C	+6D	+8E	+4F	+6G	+9H	+11I	+9J	=	-788
	+11A	+19B	+11C	+12D	+14E	+13F	+14G	+16H	+15I	+9J	=	-1332
	+18A	+25B	+16C	+14D	+19E	+21F	+21G	+23H	+16I	+10J	=	-1759
	+21A	+26B	+17C	+20D	+22E	+29F	+24G	+22H	+15I	+9J	=	-1886
	+23A	+36B	+23C	+25D	+32E	+33F	+25G	+23H	+16I	+10J	=	-2147
	+26A	+39B	+25C	+28D	+39E	+32F	+24G	+22H	+15I	+9J	=	-2189
	+30A	+42B	+33C	+32D	+40E	+33F	+25G	+23H	+16I	+10J	=	-2341
	+37A	+47B	+42C	+31D	+39E	+32F	+24G	+22H	+15I	+9J	=	-2306
	+40A	+50B	+44C	+33D	+41E	+34F	+26G	+24H	+17I	+11J	=	-2493
	+40A	+49B	+43C	+32D	+40E	+33F	+25G	+23H	+16I	+10J	=	-2401

	A	B	C	D	E	F	G	H	I	J		
	-1	0	-5	-7	-11	-5	-17	-20	-27	0		
	-9	-0	-50	-42	-88	-20	-102	-180	-297	-0	=	-788
	-11	-0	-55	-84	-154	-65	-238	-320	-405	-0	=	-1332
	-18	-0	-80	-98	-209	-105	-357	-460	-432	-0	=	-1759
	-21	-0	-85	-140	-242	-145	-408	-440	-405	-0	=	-1886
	-23	-0	-115	-175	-352	-165	-425	-460	-432	-0	=	-2147
	-26	-0	-125	-196	-429	-160	-408	-440	-405	-0	=	-2189
	-30	-0	-165	-224	-440	-165	-425	-460	-432	-0	=	-2341
	-37	-0	-210	-217	-429	-160	-408	-440	-405	-0	=	-2306
	-40	-0	-220	-231	-451	-170	-442	-480	-459	-0	=	-2493
	-40	-0	-215	-224	-440	-165	-425	-460	-432	-0	=	-2401

8)

	A	B	C	D	E	F	G	H	I	J		
	6	17	10	14	6	2	22	16	13	0		
	+5A	+7B	+9C	+10D	+4E	+6F	+10G	+7H	+8I	+5J	=	851
	+3A	+7B	+14C	+16D	+6E	+11F	+11G	+12H	+6I	+2J	=	1071
	+9A	+16B	+21C	+23D	+16E	+15F	+18G	+18H	+8I	+4J	=	1772
	+13A	+21B	+27C	+31D	+17E	+21F	+22G	+17H	+7I	+3J	=	2130
	+17A	+29B	+33C	+41D	+24E	+25F	+23G	+18H	+8I	+4J	=	2591
	+24A	+30B	+34C	+46D	+31E	+24F	+22G	+17H	+7I	+3J	=	2719
	+31A	+39B	+42C	+53D	+31E	+24F	+22G	+17H	+7I	+3J	=	3092
	+38A	+48B	+49C	+56D	+34E	+27F	+25G	+20H	+10I	+6J	=	3576
	+35A	+48B	+45C	+52D	+30E	+23F	+21G	+16H	+6I	+2J	=	3226
	+36A	+48B	+45C	+52D	+30E	+23F	+21G	+16H	+6I	+2J	=	3232

2-10 Variables Associated Expression Systems — 1000 Associated Systems Volume 1

10-Variable Systems followed by Verificiations

	A	B	C	D	E	F	G	H	I	J		
	6	17	10	14	6	2	22	16	13	0		
	30	119	90	140	24	12	220	112	104	-0	=	851
	18	119	140	224	36	22	242	192	78	-0	=	1071
	54	272	210	322	96	30	396	288	104	-0	=	1772
	78	357	270	434	102	42	484	272	91	-0	=	2130
	102	493	330	574	144	50	506	288	104	-0	=	2591
	144	510	340	644	186	48	484	272	91	-0	=	2719
	186	663	420	742	186	48	484	272	91	-0	=	3092
	228	816	490	784	204	54	550	320	130	-0	=	3576
	210	816	450	728	180	46	462	256	78	-0	=	3226
	216	816	450	728	180	46	462	256	78	-0	=	3232

9)

	A	B	C	D	E	F	G	H	I	J		
	16	9	19	6	9	12	18	20	19	16		
	+4A	+10B	+11C	+8D	+3E	+4F	+7G	+6H	+4I	+6J	=	904
	+5A	+14B	+18C	+8D	+5E	+4F	+12G	+9H	+5I	+4J	=	1244
	+14A	+20B	+22C	+11D	+13E	+13F	+19G	+18H	+7I	+6J	=	2092
	+15A	+21B	+23C	+16D	+16E	+13F	+20G	+16H	+5I	+4J	=	2101
	+24A	+23B	+27C	+25D	+24E	+22F	+21G	+17H	+6I	+5J	=	2646
	+36A	+33B	+37C	+38D	+36E	+26F	+25G	+21H	+10I	+9J	=	3644
	+38A	+33B	+40C	+42D	+34E	+24F	+23G	+19H	+8I	+7J	=	3569
	+47A	+42B	+49C	+43D	+35E	+25F	+24G	+20H	+9I	+8J	=	4065
	+48A	+43B	+49C	+43D	+35E	+25F	+24G	+20H	+9I	+8J	=	4090
	+48A	+42B	+48C	+42D	+34E	+24F	+23G	+19H	+8I	+7J	=	3962

	A	B	C	D	E	F	G	H	I	J		
	16	9	19	6	9	12	18	20	19	16		
	64	90	209	48	27	48	126	120	76	96	=	904
	80	126	342	48	45	48	216	180	95	64	=	1244
	224	180	418	66	117	156	342	360	133	96	=	2092
	240	189	437	96	144	156	360	320	95	64	=	2101
	384	207	513	150	216	264	378	340	114	80	=	2646
	576	297	703	228	324	312	450	420	190	144	=	3644
	608	297	760	252	306	288	414	380	152	112	=	3569
	752	378	931	258	315	300	432	400	171	128	=	4065
	768	387	931	258	315	300	432	400	171	128	=	4090
	768	378	912	252	306	288	414	380	152	112	=	3962

10-Variable Systems followed by Verificiations

10)

A	B	C	D	E	F	G	H	I	J
19	9	14	22	17	12	15	16	13	4

+8A	+7B	+7C	+7D	+6E	+3F	+4G	+10H	+3I	+8J	=	896
+18A	+9B	+11C	+16D	+13E	+13F	+6G	+19H	+10I	+9J	=	1866
+22A	+15B	+17C	+23D	+23E	+23F	+14G	+23H	+11I	+10J	=	2725
+24A	+21B	+17C	+23D	+27E	+28F	+16G	+20H	+8I	+7J	=	2876
+30A	+23B	+19C	+30D	+29E	+32F	+16G	+20H	+8I	+7J	=	3272
+35A	+27B	+22C	+31D	+32E	+31F	+15G	+19H	+7I	+6J	=	3458
+43A	+35B	+31C	+39D	+34E	+33F	+17G	+21H	+9I	+8J	=	4138
+48A	+37B	+36C	+37D	+32E	+31F	+15G	+19H	+7I	+6J	=	4123
+51A	+40B	+38C	+39D	+34E	+33F	+17G	+21H	+9I	+8J	=	4433
+53A	+41B	+39C	+40D	+35E	+34F	+18G	+22H	+10I	+9J	=	4593

A	B	C	D	E	F	G	H	I	J
19	9	14	22	17	12	15	16	13	4

152	63	98	154	102	36	60	160	39	32	=	896
342	81	154	352	221	156	90	304	130	36	=	1866
418	135	238	506	391	276	210	368	143	40	=	2725
456	189	238	506	459	336	240	320	104	28	=	2876
570	207	266	660	493	384	240	320	104	28	=	3272
665	243	308	682	544	372	225	304	91	24	=	3458
817	315	434	858	578	396	255	336	117	32	=	4138
912	333	504	814	544	372	225	304	91	24	=	4123
969	360	532	858	578	396	255	336	117	32	=	4433
1007	369	546	880	595	408	270	352	130	36	=	4593

11)

A	B	C	D	E	F	G	H	I	J
3	16	16	6	10	17	2	26	1	28

+3A	+4B	+1C	+2D	+8E	+8F	+4G	+9H	+9I	+3J	=	652
+11A	+11B	+10C	+12D	+19E	+15F	+16G	+17H	+17I	+7J	=	1573
+15A	+10B	+16C	+14D	+26E	+15F	+15G	+23H	+15I	+5J	=	1843
+18A	+11B	+20C	+19D	+26E	+23F	+18G	+22H	+14I	+4J	=	2049
+22A	+19B	+22C	+28D	+30E	+27F	+19G	+23H	+15I	+5J	=	2440
+27A	+21B	+30C	+38D	+35E	+28F	+20G	+24H	+16I	+6J	=	2799
+26A	+21B	+29C	+39D	+33E	+26F	+18G	+22H	+14I	+4J	=	2618
+34A	+32B	+34C	+41D	+35E	+28F	+20G	+24H	+16I	+6J	=	3078
+35A	+35B	+34C	+41D	+35E	+28F	+20G	+24H	+16I	+6J	=	3129
+34A	+33B	+32C	+39D	+33E	+26F	+18G	+22H	+14I	+4J	=	2882

10-Variable Systems followed by Verificiations

A	B	C	D	E	F	G	H	I	J		
3	16	16	6	10	17	2	26	1	28		
9	64	16	12	80	136	8	234	9	84	=	652
33	176	160	72	190	255	32	442	17	196	=	1573
45	160	256	84	260	255	30	598	15	140	=	1843
54	176	320	114	260	391	36	572	14	112	=	2049
66	304	352	168	300	459	38	598	15	140	=	2440
81	336	480	228	350	476	40	624	16	168	=	2799
78	336	464	234	330	442	36	572	14	112	=	2618
102	512	544	246	350	476	40	624	16	168	=	3078
105	560	544	246	350	476	40	624	16	168	=	3129
102	528	512	234	330	442	36	572	14	112	=	2882

12)

A	B	C	D	E	F	G	H	I	J		
8	12	16	8	22	14	12	13	20	24		
+5A	+8B	+9C	+10D	+6E	+6F	+10G	+10H	+5I	+5J	=	1046
+4A	+12B	+8C	+10D	+11E	+6F	+9G	+12H	+4I	+2J	=	1102
+9A	+15B	+10C	+15D	+21E	+10F	+15G	+17H	+5I	+3J	=	1707
+16A	+23B	+18C	+25D	+28E	+18F	+22G	+19H	+7I	+5J	=	2531
+17A	+22B	+17C	+29D	+30E	+19F	+19G	+16H	+4I	+2J	=	2394
+30A	+27B	+27C	+38D	+43E	+23F	+23G	+20H	+8I	+6J	=	3408
+35A	+28B	+31C	+43D	+39E	+19F	+19G	+16H	+4I	+2J	=	3144
+44A	+34B	+40C	+47D	+43E	+23F	+23G	+20H	+8I	+6J	=	3884
+46A	+37B	+41C	+48D	+44E	+24F	+24G	+21H	+9I	+7J	=	4065
+42A	+32B	+36C	+43D	+39E	+19F	+19G	+16H	+4I	+2J	=	3328

A	B	C	D	E	F	G	H	I	J		
8	12	16	8	22	14	12	13	20	24		
40	96	144	80	132	84	120	130	100	120	=	1046
32	144	128	80	242	84	108	156	80	48	=	1102
72	180	160	120	462	140	180	221	100	72	=	1707
128	276	288	200	616	252	264	247	140	120	=	2531
136	264	272	232	660	266	228	208	80	48	=	2394
240	324	432	304	946	322	276	260	160	144	=	3408
280	336	496	344	858	266	228	208	80	48	=	3144
352	408	640	376	946	322	276	260	160	144	=	3884
368	444	656	384	968	336	288	273	180	168	=	4065
336	384	576	344	858	266	228	208	80	48	=	3328

2-10 Variables Associated Expression Systems

10-Variable Systems followed by Verificiations

13)

A	B	C	D	E	F	G	H	I	J		
3	1	6	15	9	16	21	7	25	1		
+9A	+6B	+8C	+1D	+3E	+8F	+9G	+4H	+8I	+9J	=	677
+18A	+9B	+14C	+7D	+13E	+10F	+11G	+14H	+15I	+10J	=	1243
+27A	+13B	+20C	+18D	+21E	+20F	+22G	+23H	+18I	+13J	=	2079
+26A	+10B	+20C	+16D	+21E	+25F	+24G	+19H	+14I	+9J	=	2033
+28A	+12B	+29C	+19D	+23E	+27F	+24G	+19H	+14I	+9J	=	2190
+30A	+17B	+34C	+28D	+25E	+27F	+24G	+19H	+14I	+9J	=	2384
+40A	+27B	+40C	+38D	+27E	+29F	+26G	+21H	+16I	+11J	=	2768
+47A	+29B	+47C	+38D	+27E	+29F	+26G	+21H	+16I	+11J	=	2833
+48A	+30B	+47C	+38D	+27E	+29F	+26G	+21H	+16I	+11J	=	2837
+48A	+29B	+46C	+37D	+26E	+28F	+25G	+20H	+15I	+10J	=	2736

A	B	C	D	E	F	G	H	I	J		
3	1	6	15	9	16	21	7	25	1		
27	6	48	15	27	128	189	28	200	9	=	677
54	9	84	105	117	160	231	98	375	10	=	1243
81	13	120	270	189	320	462	161	450	13	=	2079
78	10	120	240	189	400	504	133	350	9	=	2033
84	12	174	285	207	432	504	133	350	9	=	2190
90	17	204	420	225	432	504	133	350	9	=	2384
120	27	240	570	243	464	546	147	400	11	=	2768
141	29	282	570	243	464	546	147	400	11	=	2833
144	30	282	570	243	464	546	147	400	11	=	2837
144	29	276	555	234	448	525	140	375	10	=	2736

14)

A	B	C	D	E	F	G	H	I	J		
13	20	13	0	9	7	14	11	25	8		
+4A	+8B	+9C	+5D	+8E	+7F	+10G	+4H	+7I	+7J	=	865
+9A	+13B	+17C	+9D	+12E	+16F	+13G	+10H	+12I	+7J	=	1466
+13A	+14B	+20C	+16D	+13E	+18F	+21G	+14H	+11I	+6J	=	1723
+20A	+18B	+25C	+19D	+16E	+22F	+25G	+15H	+12I	+7J	=	2114
+23A	+22B	+33C	+21D	+21E	+25F	+25G	+15H	+12I	+7J	=	2403
+30A	+25B	+33C	+22D	+31E	+23F	+23G	+13H	+10I	+5J	=	2514
+33A	+32B	+38C	+25D	+33E	+25F	+25G	+15H	+12I	+7J	=	2906
+39A	+32B	+44C	+24D	+32E	+24F	+24G	+14H	+11I	+6J	=	2988
+41A	+34B	+45C	+25D	+33E	+25F	+25G	+15H	+12I	+7J	=	3141
+41A	+33B	+44C	+24D	+32E	+24F	+24G	+14H	+11I	+6J	=	3034

10-Variable Systems followed by Verificiations

A	B	C	D	E	F	G	H	I	J		
13	20	13	0	9	7	14	11	25	8		
52	160	117	-0	72	49	140	44	175	56	=	865
117	260	221	-0	108	112	182	110	300	56	=	1466
169	280	260	-0	117	126	294	154	275	48	=	1723
260	360	325	-0	144	154	350	165	300	56	=	2114
299	440	429	-0	189	175	350	165	300	56	=	2403
390	500	429	-0	279	161	322	143	250	40	=	2514
429	640	494	-0	297	175	350	165	300	56	=	2906
507	640	572	-0	288	168	336	154	275	48	=	2988
533	680	585	-0	297	175	350	165	300	56	=	3141
533	660	572	-0	288	168	336	154	275	48	=	3034

15)

A	B	C	D	E	F	G	H	I	J		
1	13	15	17	10	1	9	26	22	12		
+6A	+6B	+8C	+4D	+11E	+8F	+7G	+4H	+10I	+6J	=	849
+13A	+9B	+10C	+14D	+20E	+18F	+12G	+12H	+17I	+7J	=	1614
+15A	+16B	+14C	+19D	+24E	+24F	+15G	+14H	+15I	+5J	=	1909
+18A	+22B	+19C	+19D	+31E	+32F	+18G	+13H	+14I	+4J	=	2110
+27A	+30B	+20C	+20D	+37E	+41F	+18G	+13H	+14I	+4J	=	2324
+30A	+40B	+27C	+27D	+40E	+42F	+19G	+14H	+15I	+5J	=	2781
+40A	+45B	+35C	+37D	+42E	+44F	+21G	+16H	+17I	+7J	=	3306
+40A	+46B	+35C	+36D	+41E	+43F	+20G	+15H	+16I	+6J	=	3222
+43A	+50B	+37C	+38D	+43E	+45F	+22G	+17H	+18I	+8J	=	3501
+41A	+47B	+34C	+35D	+40E	+42F	+19G	+14H	+15I	+5J	=	3124

A	B	C	D	E	F	G	H	I	J		
1	13	15	17	10	1	9	26	22	12		
6	78	120	68	110	8	63	104	220	72	=	849
13	117	150	238	200	18	108	312	374	84	=	1614
15	208	210	323	240	24	135	364	330	60	=	1909
18	286	285	323	310	32	162	338	308	48	=	2110
27	390	300	340	370	41	162	338	308	48	=	2324
30	520	405	459	400	42	171	364	330	60	=	2781
40	585	525	629	420	44	189	416	374	84	=	3306
40	598	525	612	410	43	180	390	352	72	=	3222
43	650	555	646	430	45	198	442	396	96	=	3501
41	611	510	595	400	42	171	364	330	60	=	3124

10-Variable Systems followed by Verificiations

16)

A	B	C	D	E	F	G	H	I	J		
3	1	13	20	9	0	19	19	18	13		
+10A	+7B	+6C	+4D	+7E	+8F	+4G	+5H	+5I	+10J	=	649
+11A	+11B	+8C	+12D	+11E	+17F	+7G	+11H	+6I	+10J	=	1067
+13A	+14B	+13C	+13D	+15E	+20F	+8G	+13H	+5I	+9J	=	1223
+21A	+18B	+17C	+19D	+24E	+27F	+16G	+14H	+6I	+10J	=	1706
+26A	+27B	+18C	+26D	+31E	+32F	+16G	+14H	+6I	+10J	=	1946
+36A	+36B	+21C	+31D	+41E	+33F	+17G	+15H	+7I	+11J	=	2283
+41A	+40B	+27C	+36D	+38E	+30F	+14G	+12H	+4I	+8J	=	2246
+45A	+50B	+31C	+37D	+39E	+31F	+15G	+13H	+5I	+9J	=	2418
+44A	+53B	+29C	+35D	+37E	+29F	+13G	+11H	+3I	+7J	=	2196
+46A	+54B	+30C	+36D	+38E	+30F	+14G	+12H	+4I	+8J	=	2314

A	B	C	D	E	F	G	H	I	J		
3	1	13	20	9	0	19	19	18	13		
30	7	78	80	63	-0	76	95	90	130	=	649
33	11	104	240	99	-0	133	209	108	130	=	1067
39	14	169	260	135	-0	152	247	90	117	=	1223
63	18	221	380	216	-0	304	266	108	130	=	1706
78	27	234	520	279	-0	304	266	108	130	=	1946
108	36	273	620	369	-0	323	285	126	143	=	2283
123	40	351	720	342	-0	266	228	72	104	=	2246
135	50	403	740	351	-0	285	247	90	117	=	2418
132	53	377	700	333	-0	247	209	54	91	=	2196
138	54	390	720	342	-0	266	228	72	104	=	2314

17)

A	B	C	D	E	F	G	H	I	J		
-19	-3	-17	-15	-5	-24	-18	-23	-8	-15		
+9A	+5B	+4C	+11D	+4E	+3F	+9G	+6H	+11I	+9J	=	-1034
+16A	+6B	+13C	+18D	+7E	+12F	+15G	+9H	+18I	+9J	=	-1892
+23A	+9B	+21C	+19D	+15E	+17F	+18G	+12H	+17I	+8J	=	-2445
+31A	+17B	+30C	+22D	+19E	+23F	+26G	+13H	+18I	+9J	=	-3173
+33A	+21B	+34C	+24D	+22E	+25F	+24G	+11H	+16I	+7J	=	-3256
+40A	+29B	+44C	+32D	+29E	+30F	+29G	+16H	+21I	+12J	=	-4178
+43A	+29B	+40C	+35D	+24E	+25F	+24G	+11H	+16I	+7J	=	-3747
+49A	+38B	+46C	+36D	+25E	+26F	+25G	+12H	+17I	+8J	=	-4098
+49A	+38B	+45C	+35D	+24E	+25F	+24G	+11H	+16I	+7J	=	-3973
+50A	+38B	+45C	+35D	+24E	+25F	+24G	+11H	+16I	+7J	=	-3992

2-10 Variables Associated Expression Systems

10-Variable Systems followed by Verificiations

A	B	C	D	E	F	G	H	I	J		
-19	-3	-17	-15	-5	-24	-18	-23	-8	-15		
-171	-15	-68	-165	-20	-72	-162	-138	-88	-135	=	-1034
-304	-18	-221	-270	-35	-288	-270	-207	-144	-135	=	-1892
-437	-27	-357	-285	-75	-408	-324	-276	-136	-120	=	-2445
-589	-51	-510	-330	-95	-552	-468	-299	-144	-135	=	-3173
-627	-63	-578	-360	-110	-600	-432	-253	-128	-105	=	-3256
-760	-87	-748	-480	-145	-720	-522	-368	-168	-180	=	-4178
-817	-87	-680	-525	-120	-600	-432	-253	-128	-105	=	-3747
-931	-114	-782	-540	-125	-624	-450	-276	-136	-120	=	-4098
-931	-114	-765	-525	-120	-600	-432	-253	-128	-105	=	-3973
-950	-114	-765	-525	-120	-600	-432	-253	-128	-105	=	-3992

18)

A	B	C	D	E	F	G	H	I	J		
8	7	0	3	16	4	10	22	4	7		
+8A	+9B	+1C	+7D	+9E	+7F	+5G	+3H	+2I	+4J	=	472
+16A	+16B	+5C	+13D	+17E	+10F	+10G	+11H	+10I	+4J	=	1001
+29A	+29B	+13C	+22D	+27E	+18F	+23G	+21H	+14I	+8J	=	1809
+36A	+30B	+14C	+29D	+33E	+17F	+30G	+19H	+12I	+6J	=	1989
+41A	+30B	+17C	+35D	+40E	+22F	+28G	+17H	+10I	+4J	=	2093
+50A	+36B	+24C	+39D	+49E	+23F	+29G	+18H	+11I	+5J	=	2410
+58A	+42B	+27C	+47D	+51E	+25F	+31G	+20H	+13I	+7J	=	2666
+61A	+48B	+32C	+48D	+52E	+26F	+32G	+21H	+14I	+8J	=	2798
+59A	+50B	+29C	+45D	+49E	+23F	+29G	+18H	+11I	+5J	=	2598
+62A	+52B	+31C	+47D	+51E	+25F	+31G	+20H	+13I	+7J	=	2768

A	B	C	D	E	F	G	H	I	J		
8	7	0	3	16	4	10	22	4	7		
64	63	-0	21	144	28	50	66	8	28	=	472
128	112	-0	39	272	40	100	242	40	28	=	1001
232	203	-0	66	432	72	230	462	56	56	=	1809
288	210	-0	87	528	68	300	418	48	42	=	1989
328	210	-0	105	640	88	280	374	40	28	=	2093
400	252	-0	117	784	92	290	396	44	35	=	2410
464	294	-0	141	816	100	310	440	52	49	=	2666
488	336	-0	144	832	104	320	462	56	56	=	2798
472	350	-0	135	784	92	290	396	44	35	=	2598
496	364	-0	141	816	100	310	440	52	49	=	2768

2-10 Variables Associated Expression Systems

10-Variable Systems followed by Verificiations

19)

A	B	C	D	E	F	G	H	I	J		
5	14	14	21	23	4	11	12	1	0		
+5A	+7B	+5C	+9D	+2E	+1F	+1G	+9H	+1I	+5J	=	552
+9A	+16B	+13C	+14D	+7E	+6F	+3G	+18H	+8I	+6J	=	1187
+20A	+27B	+24C	+22D	+19E	+13F	+15G	+29H	+12I	+10J	=	2290
+21A	+26B	+29C	+26D	+20E	+18F	+16G	+25H	+8I	+6J	=	2437
+29A	+37B	+40C	+33D	+30E	+26F	+19G	+28H	+11I	+9J	=	3266
+29A	+38B	+44C	+33D	+28E	+22F	+15G	+24H	+7I	+5J	=	3178
+30A	+39B	+46C	+34D	+28E	+22F	+15G	+24H	+7I	+5J	=	3246
+38A	+44B	+52C	+38D	+32E	+26F	+19G	+28H	+11I	+9J	=	3728
+35A	+41B	+48C	+34D	+28E	+22F	+15G	+24H	+7I	+5J	=	3327
+38A	+43B	+50C	+36D	+30E	+24F	+17G	+26H	+9I	+7J	=	3542

A	B	C	D	E	F	G	H	I	J		
5	14	14	21	23	4	11	12	1	0		
25	98	70	189	46	4	11	108	1	-0	=	552
45	224	182	294	161	24	33	216	8	-0	=	1187
100	378	336	462	437	52	165	348	12	-0	=	2290
105	364	406	546	460	72	176	300	8	-0	=	2437
145	518	560	693	690	104	209	336	11	-0	=	3266
145	532	616	693	644	88	165	288	7	-0	=	3178
150	546	644	714	644	88	165	288	7	-0	=	3246
190	616	728	798	736	104	209	336	11	-0	=	3728
175	574	672	714	644	88	165	288	7	-0	=	3327
190	602	700	756	690	96	187	312	9	-0	=	3542

20)

A	B	C	D	E	F	G	H	I	J		
4	19	13	14	3	10	23	9	14	0		
+11A	+5B	+7C	+7D	+4E	+4F	+10G	+9H	+10I	+11J	=	831
+12A	+9B	+6C	+9D	+9E	+6F	+8G	+13H	+11I	+8J	=	965
+17A	+18B	+11C	+21D	+17E	+13F	+14G	+18H	+15I	+12J	=	1722
+15A	+17B	+14C	+23D	+16E	+12F	+14G	+15H	+12I	+9J	=	1680
+26A	+22B	+17C	+31D	+23E	+23F	+16G	+17H	+14I	+11J	=	2193
+28A	+26B	+17C	+31D	+25E	+21F	+14G	+15H	+12I	+9J	=	2171
+31A	+32B	+23C	+36D	+24E	+20F	+13G	+14H	+11I	+8J	=	2386
+43A	+37B	+32C	+39D	+27E	+23F	+16G	+17H	+14I	+11J	=	2865
+43A	+38B	+31C	+38D	+26E	+22F	+15G	+16H	+13I	+10J	=	2798
+44A	+38B	+31C	+38D	+26E	+22F	+15G	+16H	+13I	+10J	=	2802

2-10 Variables Associated Expression Systems — 1000 Associated Systems Volume 1

10-Variable Systems followed by Verificiations

A	B	C	D	E	F	G	H	I	J		
4	19	13	14	3	10	23	9	14	0		
44	95	91	98	12	40	230	81	140	-0	=	831
48	171	78	126	27	60	184	117	154	-0	=	965
68	342	143	294	51	130	322	162	210	-0	=	1722
60	323	182	322	48	120	322	135	168	-0	=	1680
104	418	221	434	69	230	368	153	196	-0	=	2193
112	494	221	434	75	210	322	135	168	-0	=	2171
124	608	299	504	72	200	299	126	154	-0	=	2386
172	703	416	546	81	230	368	153	196	-0	=	2865
172	722	403	532	78	220	345	144	182	-0	=	2798
176	722	403	532	78	220	345	144	182	-0	=	2802

21)

A	B	C	D	E	F	G	H	I	J		
-2	-10	-5	-5	-17	-6	-9	-13	0	-19		
+11A	+11B	+4C	+8D	+4E	+8F	+3G	+7H	+6I	+11J	=	-635
+20A	+17B	+5C	+13D	+9E	+12F	+10G	+12H	+15I	+11J	=	-980
+28A	+27B	+13C	+18D	+15E	+24F	+21G	+20H	+18I	+14J	=	-1595
+33A	+29B	+15C	+21D	+18E	+28F	+26G	+18H	+16I	+12J	=	-1706
+40A	+36B	+18C	+23D	+24E	+35F	+24G	+16H	+14I	+10J	=	-1877
+49A	+40B	+24C	+27D	+31E	+36F	+25G	+17H	+15I	+11J	=	-2151
+51A	+41B	+28C	+29D	+31E	+36F	+25G	+17H	+15I	+11J	=	-2195
+60A	+51B	+37C	+30D	+32E	+37F	+26G	+18H	+16I	+12J	=	-2427
+58A	+49B	+34C	+27D	+29E	+34F	+23G	+15H	+13I	+9J	=	-2181
+60A	+50B	+35C	+28D	+30E	+35F	+24G	+16H	+14I	+10J	=	-2269

A	B	C	D	E	F	G	H	I	J		
-2	-10	-5	-5	-17	-6	-9	-13	0	-19		
-22	-110	-20	-40	-68	-48	-27	-91	-0	-209	=	-635
-40	-170	-25	-65	-153	-72	-90	-156	-0	-209	=	-980
-56	-270	-65	-90	-255	-144	-189	-260	-0	-266	=	-1595
-66	-290	-75	-105	-306	-168	-234	-234	-0	-228	=	-1706
-80	-360	-90	-115	-408	-210	-216	-208	-0	-190	=	-1877
-98	-400	-120	-135	-527	-216	-225	-221	-0	-209	=	-2151
-102	-410	-140	-145	-527	-216	-225	-221	-0	-209	=	-2195
-120	-510	-185	-150	-544	-222	-234	-234	-0	-228	=	-2427
-116	-490	-170	-135	-493	-204	-207	-195	-0	-171	=	-2181
-120	-500	-175	-140	-510	-210	-216	-208	-0	-190	=	-2269

10-Variable Systems followed by Verificiations

22)

A	B	C	D	E	F	G	H	I	J		
19	4	19	22	20	6	17	4	15	5		
+3A	+4B	+1C	+2D	+4E	+9F	+3G	+6H	+8I	+3J	=	480
+14A	+7B	+8C	+5D	+13E	+13F	+6G	+10H	+19I	+5J	=	1346
+22A	+7B	+12C	+6D	+20E	+13F	+12G	+18H	+18I	+4J	=	1850
+31A	+13B	+20C	+10D	+22E	+17F	+21G	+18H	+18I	+4J	=	2502
+39A	+18B	+26C	+18D	+27E	+25F	+22G	+19H	+19I	+5J	=	3153
+48A	+20B	+28C	+22D	+38E	+26F	+23G	+20H	+20I	+6J	=	3725
+55A	+22B	+31C	+29D	+38E	+26F	+23G	+20H	+20I	+6J	=	4077
+61A	+26B	+33C	+27D	+36E	+24F	+21G	+18H	+18I	+4J	=	4067
+66A	+34B	+37C	+31D	+40E	+28F	+25G	+22H	+22I	+8J	=	4626
+62A	+29B	+32C	+26D	+35E	+23F	+20G	+17H	+17I	+3J	=	3990

A	B	C	D	E	F	G	H	I	J		
19	4	19	22	20	6	17	4	15	5		
57	16	19	44	80	54	51	24	120	15	=	480
266	28	152	110	260	78	102	40	285	25	=	1346
418	28	228	132	400	78	204	72	270	20	=	1850
589	52	380	220	440	102	357	72	270	20	=	2502
741	72	494	396	540	150	374	76	285	25	=	3153
912	80	532	484	760	156	391	80	300	30	=	3725
1045	88	589	638	760	156	391	80	300	30	=	4077
1159	104	627	594	720	144	357	72	270	20	=	4067
1254	136	703	682	800	168	425	88	330	40	=	4626
1178	116	608	572	700	138	340	68	255	15	=	3990

23)

A	B	C	D	E	F	G	H	I	J		
18	3	5	16	22	15	3	20	21	28		
+4A	+9B	+8C	+8D	+8E	+6F	+5G	+4H	+1I	+8J	=	873
+9A	+18B	+16C	+16D	+20E	+16F	+15G	+13H	+6I	+12J	=	1999
+12A	+27B	+23C	+24D	+26E	+25F	+24G	+16H	+7I	+13J	=	2646
+10A	+32B	+22C	+29D	+29E	+28F	+22G	+13H	+4I	+10J	=	2598
+16A	+34B	+28C	+33D	+37E	+34F	+23G	+14H	+5I	+11J	=	3144
+18A	+36B	+38C	+36D	+43E	+35F	+24G	+15H	+6I	+12J	=	3503
+16A	+38B	+37C	+36D	+40E	+32F	+21G	+12H	+3I	+9J	=	3141
+22A	+41B	+43C	+38D	+42E	+34F	+23G	+14H	+5I	+11J	=	3538
+23A	+42B	+43C	+38D	+42E	+34F	+23G	+14H	+5I	+11J	=	3559
+24A	+42B	+43C	+38D	+42E	+34F	+23G	+14H	+5I	+11J	=	3577

2-10 Variables Associated Expression Systems　　　　　　　1000 Associated Systems Volume 1

10-Variable Systems followed by Verificiations

A	B	C	D	E	F	G	H	I	J		
18	3	5	16	22	15	3	20	21	28		
72	27	40	128	176	90	15	80	21	224	=	873
162	54	80	256	440	240	45	260	126	336	=	1999
216	81	115	384	572	375	72	320	147	364	=	2646
180	96	110	464	638	420	66	260	84	280	=	2598
288	102	140	528	814	510	69	280	105	308	=	3144
324	108	190	576	946	525	72	300	126	336	=	3503
288	114	185	576	880	480	63	240	63	252	=	3141
396	123	215	608	924	510	69	280	105	308	=	3538
414	126	215	608	924	510	69	280	105	308	=	3559
432	126	215	608	924	510	69	280	105	308	=	3577

24)

A	B	C	D	E	F	G	H	I	J		
6	5	8	21	13	12	5	26	15	15		
+8A	+6B	+10C	+7D	+8E	+4F	+2G	+10H	+5I	+8J	=	922
+10A	+11B	+17C	+10D	+17E	+12F	+10G	+13H	+7I	+8J	=	1439
+11A	+19B	+23C	+11D	+23E	+20F	+11G	+14H	+6I	+7J	=	1729
+18A	+28B	+27C	+17D	+31E	+29F	+18G	+16H	+8I	+9J	=	2333
+19A	+29B	+35C	+22D	+35E	+32F	+17G	+15H	+7I	+8J	=	2540
+28A	+34B	+44C	+31D	+44E	+32F	+17G	+15H	+7I	+8J	=	2997
+32A	+42B	+54C	+35D	+45E	+33F	+18G	+16H	+8I	+9J	=	3311
+35A	+49B	+59C	+34D	+44E	+32F	+17G	+15H	+7I	+8J	=	3297
+38A	+52B	+61C	+36D	+46E	+34F	+19G	+17H	+9I	+10J	=	3560
+39A	+52B	+61C	+36D	+46E	+34F	+19G	+17H	+9I	+10J	=	3566

A	B	C	D	E	F	G	H	I	J		
6	5	8	21	13	12	5	26	15	15		
48	30	80	147	104	48	10	260	75	120	=	922
60	55	136	210	221	144	50	338	105	120	=	1439
66	95	184	231	299	240	55	364	90	105	=	1729
108	140	216	357	403	348	90	416	120	135	=	2333
114	145	280	462	455	384	85	390	105	120	=	2540
168	170	352	651	572	384	85	390	105	120	=	2997
192	210	432	735	585	396	90	416	120	135	=	3311
210	245	472	714	572	384	85	390	105	120	=	3297
228	260	488	756	598	408	95	442	135	150	=	3560
234	260	488	756	598	408	95	442	135	150	=	3566

2-10 Variables Associated Expression Systems — 1000 Associated Systems Volume 1

10-Variable Systems followed by Verificiations

25)

A	B	C	D	E	F	G	H	I	J		
18	12	6	4	7	23	17	23	5	0		
+7A	+4B	+4C	+4D	+10E	+6F	+3G	+5H	+2I	+7J	=	598
+19A	+10B	+13C	+11D	+22E	+11F	+12G	+9H	+14I	+10J	=	1472
+24A	+13B	+18C	+11D	+21E	+12F	+17G	+14H	+12I	+8J	=	1834
+26A	+19B	+21C	+14D	+20E	+18F	+19G	+12H	+10I	+6J	=	2081
+37A	+30B	+24C	+19D	+31E	+29F	+21G	+14H	+12I	+8J	=	2869
+41A	+36B	+30C	+25D	+35E	+30F	+22G	+15H	+13I	+9J	=	3169
+47A	+40B	+34C	+31D	+33E	+28F	+20G	+13H	+11I	+7J	=	3223
+51A	+44B	+39C	+34D	+36E	+31F	+23G	+16H	+14I	+10J	=	3610
+53A	+47B	+40C	+35D	+37E	+32F	+24G	+17H	+15I	+11J	=	3767
+51A	+44B	+37C	+32D	+34E	+29F	+21G	+14H	+12I	+8J	=	3440

A	B	C	D	E	F	G	H	I	J		
18	12	6	4	7	23	17	23	5	0		
126	48	24	16	70	138	51	115	10	-0	=	598
342	120	78	44	154	253	204	207	70	-0	=	1472
432	156	108	44	147	276	289	322	60	-0	=	1834
468	228	126	56	140	414	323	276	50	-0	=	2081
666	360	144	76	217	667	357	322	60	-0	=	2869
738	432	180	100	245	690	374	345	65	-0	=	3169
846	480	204	124	231	644	340	299	55	-0	=	3223
918	528	234	136	252	713	391	368	70	-0	=	3610
954	564	240	140	259	736	408	391	75	-0	=	3767
918	528	222	128	238	667	357	322	60	-0	=	3440

26)

A	B	C	D	E	F	G	H	I	J		
5	10	2	20	2	9	7	17	14	19		
+11A	+4B	+12C	+7D	+6E	+9F	+7G	+4H	+4I	+11J	=	734
+16A	+13B	+21C	+8D	+12E	+10F	+14G	+11H	+9I	+11J	=	1146
+15A	+18B	+28C	+11D	+12E	+9F	+17G	+10H	+7I	+9J	=	1194
+23A	+22B	+37C	+17D	+19E	+14F	+25G	+11H	+8I	+10J	=	1577
+23A	+25B	+44C	+25D	+21E	+14F	+24G	+10H	+7I	+9J	=	1728
+26A	+29B	+52C	+34D	+24E	+14F	+24G	+10H	+7I	+9J	=	1985
+34A	+36B	+53C	+42D	+23E	+13F	+23G	+9H	+6I	+8J	=	2189
+39A	+41B	+58C	+44D	+25E	+15F	+25G	+11H	+8I	+10J	=	2450
+39A	+41B	+57C	+43D	+24E	+14F	+24G	+10H	+7I	+9J	=	2360
+41A	+42B	+58C	+44D	+25E	+15F	+25G	+11H	+8I	+10J	=	2470

10-Variable Systems followed by Verificiations

A	B	C	D	E	F	G	H	I	J		
5	10	2	20	2	9	7	17	14	19		
55	40	24	140	12	81	49	68	56	209	=	734
80	130	42	160	24	90	98	187	126	209	=	1146
75	180	56	220	24	81	119	170	98	171	=	1194
115	220	74	340	38	126	175	187	112	190	=	1577
115	250	88	500	42	126	168	170	98	171	=	1728
130	290	104	680	48	126	168	170	98	171	=	1985
170	360	106	840	46	117	161	153	84	152	=	2189
195	410	116	880	50	135	175	187	112	190	=	2450
195	410	114	860	48	126	168	170	98	171	=	2360
205	420	116	880	50	135	175	187	112	190	=	2470

27)

A	B	C	D	E	F	G	H	I	J		
8	7	13	19	10	15	7	21	5	18		
+8A	+5B	+10C	+8D	+3E	+7F	+5G	+8H	+8I	+8J	=	903
+10A	+13B	+13C	+10D	+5E	+11F	+13G	+12H	+10I	+7J	=	1264
+17A	+21B	+18C	+18D	+14E	+17F	+16G	+17H	+11I	+8J	=	1922
+24A	+22B	+27C	+19D	+19E	+22F	+23G	+17H	+11I	+8J	=	2295
+34A	+26B	+37C	+26D	+30E	+32F	+26G	+20H	+14I	+11J	=	3079
+41A	+27B	+42C	+34D	+37E	+31F	+25G	+19H	+13I	+10J	=	3363
+49A	+35B	+47C	+42D	+37E	+31F	+25G	+19H	+13I	+10J	=	3700
+50A	+41B	+48C	+42D	+37E	+31F	+25G	+19H	+13I	+10J	=	3763
+51A	+43B	+48C	+42D	+37E	+31F	+25G	+19H	+13I	+10J	=	3785
+52A	+43B	+48C	+42D	+37E	+31F	+25G	+19H	+13I	+10J	=	3793

A	B	C	D	E	F	G	H	I	J		
8	7	13	19	10	15	7	21	5	18		
64	35	130	152	30	105	35	168	40	144	=	903
80	91	169	190	50	165	91	252	50	126	=	1264
136	147	234	342	140	255	112	357	55	144	=	1922
192	154	351	361	190	330	161	357	55	144	=	2295
272	182	481	494	300	480	182	420	70	198	=	3079
328	189	546	646	370	465	175	399	65	180	=	3363
392	245	611	798	370	465	175	399	65	180	=	3700
400	287	624	798	370	465	175	399	65	180	=	3763
408	301	624	798	370	465	175	399	65	180	=	3785
416	301	624	798	370	465	175	399	65	180	=	3793

2-10 Variables Associated Expression Systems

1000 Associated Systems Volume 1

10-Variable Systems followed by Verificiations

28)

A	B	C	D	E	F	G	H	I	J		
18	2	20	14	14	7	6	12	4	28		
+4A	+10B	+5C	+8D	+3E	+11F	+10G	+8H	+9I	+6J	=	783
+9A	+21B	+9C	+17D	+14E	+18F	+21G	+13H	+14I	+8J	=	1506
+10A	+28B	+17C	+18D	+16E	+21F	+22G	+15H	+14I	+8J	=	1791
+12A	+28B	+17C	+26D	+16E	+22F	+24G	+14H	+13I	+7J	=	1914
+19A	+29B	+23C	+29D	+19E	+29F	+24G	+14H	+13I	+7J	=	2295
+27A	+34B	+27C	+33D	+27E	+29F	+24G	+14H	+13I	+7J	=	2697
+35A	+41B	+28C	+41D	+26E	+28F	+23G	+13H	+12I	+6J	=	2916
+42A	+48B	+35C	+41D	+26E	+28F	+23G	+13H	+12I	+6J	=	3196
+45A	+52B	+37C	+43D	+28E	+30F	+25G	+15H	+14I	+8J	=	3468
+42A	+48B	+33C	+39D	+24E	+26F	+21G	+11H	+10I	+4J	=	2986

A	B	C	D	E	F	G	H	I	J		
18	2	20	14	14	7	6	12	4	28		
72	20	100	112	42	77	60	96	36	168	=	783
162	42	180	238	196	126	126	156	56	224	=	1506
180	56	340	252	224	147	132	180	56	224	=	1791
216	56	340	364	224	154	144	168	52	196	=	1914
342	58	460	406	266	203	144	168	52	196	=	2295
486	68	540	462	378	203	144	168	52	196	=	2697
630	82	560	574	364	196	138	156	48	168	=	2916
756	96	700	574	364	196	138	156	48	168	=	3196
810	104	740	602	392	210	150	180	56	224	=	3468
756	96	660	546	336	182	126	132	40	112	=	2986

29)

A	B	C	D	E	F	G	H	I	J		
-19	-11	-11	-14	-6	-21	-23	-18	-23	-22		
+6A	+2B	+9C	+4D	+4E	+3F	+7G	+3H	+10I	+6J	=	-955
+9A	+2B	+9C	+4D	+5E	+6F	+15G	+4H	+15I	+5J	=	-1376
+14A	+8B	+13C	+14D	+8E	+16F	+17G	+7H	+16I	+6J	=	-2094
+17A	+19B	+24C	+23D	+15E	+19F	+21G	+9H	+18I	+8J	=	-2842
+21A	+23B	+29C	+31D	+23E	+23F	+21G	+9H	+18I	+8J	=	-3261
+24A	+22B	+32C	+30D	+26E	+21F	+19G	+7H	+16I	+6J	=	-3130
+35A	+25B	+40C	+38D	+28E	+23F	+21G	+9H	+18I	+8J	=	-3798
+35A	+31B	+40C	+35D	+25E	+20F	+18G	+6H	+15I	+5J	=	-3483
+37A	+33B	+41C	+36D	+26E	+21F	+19G	+7H	+16I	+6J	=	-3681
+40A	+35B	+43C	+38D	+28E	+23F	+21G	+9H	+18I	+8J	=	-4036

2-10 Variables Associated Expression Systems

10-Variable Systems followed by Verificiations

A	B	C	D	E	F	G	H	I	J		
-19	-11	-11	-14	-6	-21	-23	-18	-23	-22		
-114	-22	-99	-56	-24	-63	-161	-54	-230	-132	=	-955
-171	-22	-99	-56	-30	-126	-345	-72	-345	-110	=	-1376
-266	-88	-143	-196	-48	-336	-391	-126	-368	-132	=	-2094
-323	-209	-264	-322	-90	-399	-483	-162	-414	-176	=	-2842
-399	-253	-319	-434	-138	-483	-483	-162	-414	-176	=	-3261
-456	-242	-352	-420	-156	-441	-437	-126	-368	-132	=	-3130
-665	-275	-440	-532	-168	-483	-483	-162	-414	-176	=	-3798
-665	-341	-440	-490	-150	-420	-414	-108	-345	-110	=	-3483
-703	-363	-451	-504	-156	-441	-437	-126	-368	-132	=	-3681
-760	-385	-473	-532	-168	-483	-483	-162	-414	-176	=	-4036

30)

A	B	C	D	E	F	G	H	I	J		
19	18	13	6	20	3	15	26	26	1		
+7A	+2B	+2C	+3D	+10E	+3F	+2G	+4H	+5I	+7J	=	693
+18A	+6B	+7C	+9D	+21E	+14F	+8G	+15H	+16I	+9J	=	1992
+16A	+12B	+7C	+9D	+19E	+20F	+12G	+13H	+13I	+6J	=	1967
+19A	+19B	+13C	+14D	+24E	+29F	+15G	+14H	+14I	+7J	=	2483
+26A	+28B	+17C	+18D	+32E	+36F	+17G	+16H	+16I	+9J	=	3171
+31A	+29B	+18C	+17D	+37E	+34F	+15G	+14H	+14I	+7J	=	3249
+37A	+38B	+25C	+23D	+37E	+34F	+15G	+14H	+14I	+7J	=	3652
+37A	+38B	+25C	+22D	+36E	+33F	+14G	+13H	+13I	+6J	=	3555
+40A	+41B	+27C	+24D	+38E	+35F	+16G	+15H	+15I	+8J	=	3886
+42A	+42B	+28C	+25D	+39E	+36F	+17G	+16H	+16I	+9J	=	4052

A	B	C	D	E	F	G	H	I	J		
19	18	13	6	20	3	15	26	26	1		
133	36	26	18	200	9	30	104	130	7	=	693
342	108	91	54	420	42	120	390	416	9	=	1992
304	216	91	54	380	60	180	338	338	6	=	1967
361	342	169	84	480	87	225	364	364	7	=	2483
494	504	221	108	640	108	255	416	416	9	=	3171
589	522	234	102	740	102	225	364	364	7	=	3249
703	684	325	138	740	102	225	364	364	7	=	3652
703	684	325	132	720	99	210	338	338	6	=	3555
760	738	351	144	760	105	240	390	390	8	=	3886
798	756	364	150	780	108	255	416	416	9	=	4052

2-10 Variables Associated Expression Systems   1000 Associated Systems Volume 1

10-Variable Systems followed by Verificiations

31)

A	B	C	D	E	F	G	H	I	J		
1	6	16	15	3	7	19	14	13	1		
+9A	+4B	+11C	+9D	+11E	+10F	+11G	+8H	+10I	+6J	=	904
+8A	+4B	+10C	+9D	+16E	+13F	+16G	+9H	+9I	+4J	=	1017
+16A	+10B	+18C	+17D	+28E	+23F	+25G	+17H	+12I	+7J	=	1740
+20A	+11B	+15C	+14D	+30E	+23F	+27G	+13H	+8I	+3J	=	1589
+30A	+14B	+17C	+24D	+32E	+33F	+28G	+14H	+9I	+4J	=	1922
+38A	+19B	+20C	+32D	+37E	+32F	+27G	+13H	+8I	+3J	=	2089
+46A	+28B	+28C	+40D	+40E	+35F	+30G	+16H	+11I	+6J	=	2570
+46A	+34B	+30C	+38D	+38E	+33F	+28G	+14H	+9I	+4J	=	2494
+49A	+39B	+32C	+40D	+40E	+35F	+30G	+16H	+11I	+6J	=	2703
+50A	+39B	+32C	+40D	+40E	+35F	+30G	+16H	+11I	+6J	=	2704

A	B	C	D	E	F	G	H	I	J		
1	6	16	15	3	7	19	14	13	1		
9	24	176	135	33	70	209	112	130	6	=	904
8	24	160	135	48	91	304	126	117	4	=	1017
16	60	288	255	84	161	475	238	156	7	=	1740
20	66	240	210	90	161	513	182	104	3	=	1589
30	84	272	360	96	231	532	196	117	4	=	1922
38	114	320	480	111	224	513	182	104	3	=	2089
46	168	448	600	120	245	570	224	143	6	=	2570
46	204	480	570	114	231	532	196	117	4	=	2494
49	234	512	600	120	245	570	224	143	6	=	2703
50	234	512	600	120	245	570	224	143	6	=	2704

32)

A	B	C	D	E	F	G	H	I	J		
12	3	20	17	4	6	16	19	1	2		
+4A	+9B	+3C	+5D	+2E	+9F	+2G	+4H	+6I	+7J	=	410
+10A	+13B	+5C	+14D	+6E	+11F	+10G	+13H	+12I	+8J	=	1022
+13A	+15B	+10C	+20D	+14E	+18F	+15G	+16H	+12I	+8J	=	1477
+21A	+18B	+12C	+26D	+17E	+21F	+23G	+17H	+13I	+9J	=	1904
+25A	+21B	+18C	+25D	+16E	+25F	+20G	+14H	+10I	+6J	=	1970
+27A	+31B	+24C	+27D	+21E	+26F	+21G	+15H	+11I	+7J	=	2242
+36A	+34B	+30C	+36D	+22E	+27F	+22G	+16H	+12I	+8J	=	2680
+36A	+33B	+30C	+34D	+20E	+25F	+20G	+14H	+10I	+6J	=	2547
+38A	+35B	+31C	+35D	+21E	+26F	+21G	+15H	+11I	+7J	=	2662
+38A	+34B	+30C	+34D	+20E	+25F	+20G	+14H	+10I	+6J	=	2574

10-Variable Systems followed by Verificiations

A	B	C	D	E	F	G	H	I	J		
12	3	20	17	4	6	16	19	1	2		
48	27	60	85	8	54	32	76	6	14	=	410
120	39	100	238	24	66	160	247	12	16	=	1022
156	45	200	340	56	108	240	304	12	16	=	1477
252	54	240	442	68	126	368	323	13	18	=	1904
300	63	360	425	64	150	320	266	10	12	=	1970
324	93	480	459	84	156	336	285	11	14	=	2242
432	102	600	612	88	162	352	304	12	16	=	2680
432	99	600	578	80	150	320	266	10	12	=	2547
456	105	620	595	84	156	336	285	11	14	=	2662
456	102	600	578	80	150	320	266	10	12	=	2574

33)

A	B	C	D	E	F	G	H	I	J		
13	16	15	16	6	19	19	2	20	18		
+5A	+6B	+10C	+8D	+11E	+10F	+6G	+10H	+10I	+5J	=	1119
+13A	+9B	+17C	+15D	+18E	+14F	+11G	+13H	+18I	+4J	=	1849
+16A	+18B	+27C	+19D	+25E	+25F	+18G	+16H	+20I	+6J	=	2712
+20A	+21B	+31C	+21D	+26E	+22F	+22G	+12H	+16I	+2J	=	2769
+29A	+26B	+35C	+31D	+37E	+33F	+25G	+15H	+19I	+5J	=	3638
+28A	+27B	+36C	+35D	+36E	+31F	+23G	+13H	+17I	+3J	=	3558
+38A	+35B	+42C	+45D	+37E	+32F	+24G	+14H	+18I	+4J	=	4150
+38A	+42B	+42C	+43D	+35E	+30F	+22G	+12H	+16I	+2J	=	4062
+44A	+48B	+47C	+48D	+40E	+35F	+27G	+17H	+21I	+7J	=	4811
+43A	+46B	+45C	+46D	+38E	+33F	+25G	+15H	+19I	+5J	=	4536

A	B	C	D	E	F	G	H	I	J		
13	16	15	16	6	19	19	2	20	18		
65	96	150	128	66	190	114	20	200	90	=	1119
169	144	255	240	108	266	209	26	360	72	=	1849
208	288	405	304	150	475	342	32	400	108	=	2712
260	336	465	336	156	418	418	24	320	36	=	2769
377	416	525	496	222	627	475	30	380	90	=	3638
364	432	540	560	216	589	437	26	340	54	=	3558
494	560	630	720	222	608	456	28	360	72	=	4150
494	672	630	688	210	570	418	24	320	36	=	4062
572	768	705	768	240	665	513	34	420	126	=	4811
559	736	675	736	228	627	475	30	380	90	=	4536

10-Variable Systems followed by Verificiations

34)

A	B	C	D	E	F	G	H	I	J		
-15	0	-11	-7	-1	-6	-20	-22	-14	-12		
+4A	+6B	+7C	+3D	+5E	+1F	+4G	+3H	+5I	+4J	=	-433
+10A	+14B	+10C	+11D	+10E	+9F	+6G	+8H	+11I	+4J	=	-899
+19A	+19B	+15C	+16D	+19E	+17F	+15G	+17H	+14I	+7J	=	-1637
+21A	+25B	+19C	+14D	+23E	+22F	+17G	+14H	+11I	+4J	=	-1627
+27A	+30B	+25C	+19D	+26E	+28F	+19G	+16H	+13I	+6J	=	-1993
+35A	+38B	+35C	+26D	+34E	+31F	+22G	+19H	+16I	+9J	=	-2502
+39A	+39B	+40C	+30D	+32E	+29F	+20G	+17H	+14I	+7J	=	-2495
+46A	+40B	+43C	+29D	+31E	+28F	+19G	+16H	+13I	+6J	=	-2551
+47A	+41B	+43C	+29D	+31E	+28F	+19G	+16H	+13I	+6J	=	-2566
+46A	+39B	+41C	+27D	+29E	+26F	+17G	+14H	+11I	+4J	=	-2365

A	B	C	D	E	F	G	H	I	J		
-15	0	-11	-7	-1	-6	-20	-22	-14	-12		
-60	-0	-77	-21	-5	-6	-80	-66	-70	-48	=	-433
-150	-0	-110	-77	-10	-54	-120	-176	-154	-48	=	-899
-285	-0	-165	-112	-19	-102	-300	-374	-196	-84	=	-1637
-315	-0	-209	-98	-23	-132	-340	-308	-154	-48	=	-1627
-405	-0	-275	-133	-26	-168	-380	-352	-182	-72	=	-1993
-525	-0	-385	-182	-34	-186	-440	-418	-224	-108	=	-2502
-585	-0	-440	-210	-32	-174	-400	-374	-196	-84	=	-2495
-690	-0	-473	-203	-31	-168	-380	-352	-182	-72	=	-2551
-705	-0	-473	-203	-31	-168	-380	-352	-182	-72	=	-2566
-690	-0	-451	-189	-29	-156	-340	-308	-154	-48	=	-2365

35)

A	B	C	D	E	F	G	H	I	J		
3	11	14	0	1	17	7	24	8	17		
+4A	+9B	+11C	+9D	+3E	+5F	+7G	+9H	+4I	+4J	=	718
+14A	+14B	+17C	+20D	+12E	+16F	+14G	+16H	+14I	+6J	=	1414
+18A	+21B	+22C	+30D	+16E	+21F	+22G	+20H	+15I	+7J	=	1839
+23A	+22B	+24C	+34D	+21E	+23F	+27G	+17H	+12I	+4J	=	1820
+29A	+31B	+32C	+41D	+27E	+29F	+27G	+17H	+12I	+4J	=	2157
+39A	+36B	+38C	+44D	+37E	+31F	+29G	+19H	+14I	+6J	=	2482
+43A	+37B	+39C	+48D	+33E	+27F	+25G	+15H	+10I	+2J	=	2223
+45A	+47B	+41C	+49D	+34E	+28F	+26G	+16H	+11I	+3J	=	2441
+47A	+50B	+42C	+50D	+35E	+29F	+27G	+17H	+12I	+4J	=	2568
+46A	+48B	+40C	+48D	+33E	+27F	+25G	+15H	+10I	+2J	=	2367

2-10 Variables Associated Expression Systems — 1000 Associated Systems Volume 1

10-Variable Systems followed by Verificiations

A	B	C	D	E	F	G	H	I	J		
3	11	14	0	1	17	7	24	8	17		
12	99	154	-0	3	85	49	216	32	68	=	718
42	154	238	-0	12	272	98	384	112	102	=	1414
54	231	308	-0	16	357	154	480	120	119	=	1839
69	242	336	-0	21	391	189	408	96	68	=	1820
87	341	448	-0	27	493	189	408	96	68	=	2157
117	396	532	-0	37	527	203	456	112	102	=	2482
129	407	546	-0	33	459	175	360	80	34	=	2223
135	517	574	-0	34	476	182	384	88	51	=	2441
141	550	588	-0	35	493	189	408	96	68	=	2568
138	528	560	-0	33	459	175	360	80	34	=	2367

36)

A	B	C	D	E	F	G	H	I	J		
5	20	17	20	21	1	8	13	13	16		
+3A	+8B	+9C	+8D	+2E	+5F	+3G	+5H	+6I	+3J	=	750
+5A	+16B	+13C	+12D	+3E	+13F	+9G	+10H	+8I	+3J	=	1236
+13A	+22B	+16C	+16D	+11E	+18F	+17G	+18H	+9I	+4J	=	1897
+13A	+27B	+16C	+16D	+15E	+18F	+17G	+17H	+8I	+3J	=	2039
+15A	+34B	+18C	+17D	+21E	+20F	+16G	+16H	+7I	+2J	=	2321
+25A	+47B	+26C	+30D	+31E	+25F	+21G	+21H	+12I	+7J	=	3492
+28A	+51B	+30C	+33D	+29E	+23F	+19G	+19H	+10I	+5J	=	3571
+30A	+50B	+32C	+30D	+26E	+20F	+16G	+16H	+7I	+2J	=	3319
+34A	+54B	+35C	+33D	+29E	+23F	+19G	+19H	+10I	+5J	=	3746
+34A	+53B	+34C	+32D	+28E	+22F	+18G	+18H	+9I	+4J	=	3617

A	B	C	D	E	F	G	H	I	J		
5	20	17	20	21	1	8	13	13	16		
15	160	153	160	42	5	24	65	78	48	=	750
25	320	221	240	63	13	72	130	104	48	=	1236
65	440	272	320	231	18	136	234	117	64	=	1897
65	540	272	320	315	18	136	221	104	48	=	2039
75	680	306	340	441	20	128	208	91	32	=	2321
125	940	442	600	651	25	168	273	156	112	=	3492
140	1020	510	660	609	23	152	247	130	80	=	3571
150	1000	544	600	546	20	128	208	91	32	=	3319
170	1080	595	660	609	23	152	247	130	80	=	3746
170	1060	578	640	588	22	144	234	117	64	=	3617

10-Variable Systems followed by Verificiations

37)

A	B	C	D	E	F	G	H	I	J
0	-13	-12	-16	-15	-24	-15	-2	-25	-18

+4A	+6B	+7C	+5D	+3E	+8F	+10G	+9H	+4I	+4J	=	-819
+9A	+12B	+18C	+14D	+11E	+13F	+20G	+18H	+12I	+6J	=	-1817
+17A	+13B	+19C	+17D	+17E	+18F	+27G	+26H	+11I	+5J	=	-2178
+18A	+16B	+26C	+18D	+18E	+25F	+28G	+24H	+9I	+3J	=	-2425
+18A	+18B	+27C	+21D	+23E	+26F	+27G	+23H	+8I	+2J	=	-2550
+31A	+29B	+34C	+26D	+33E	+30F	+31G	+27H	+12I	+6J	=	-3343
+32A	+34B	+39C	+30D	+31E	+28F	+29G	+25H	+10I	+4J	=	-3334
+36A	+39B	+43C	+31D	+32E	+29F	+30G	+26H	+11I	+5J	=	-3562
+34A	+37B	+40C	+28D	+29E	+26F	+27G	+23H	+8I	+2J	=	-3155
+38A	+40B	+43C	+31D	+32E	+29F	+30G	+26H	+11I	+5J	=	-3575

A	B	C	D	E	F	G	H	I	J
0	-13	-12	-16	-15	-24	-15	-2	-25	-18

-0	-78	-84	-80	-45	-192	-150	-18	-100	-72	=	-819
-0	-156	-216	-224	-165	-312	-300	-36	-300	-108	=	-1817
-0	-169	-228	-272	-255	-432	-405	-52	-275	-90	=	-2178
-0	-208	-312	-288	-270	-600	-420	-48	-225	-54	=	-2425
-0	-234	-324	-336	-345	-624	-405	-46	-200	-36	=	-2550
-0	-377	-408	-416	-495	-720	-465	-54	-300	-108	=	-3343
-0	-442	-468	-480	-465	-672	-435	-50	-250	-72	=	-3334
-0	-507	-516	-496	-480	-696	-450	-52	-275	-90	=	-3562
-0	-481	-480	-448	-435	-624	-405	-46	-200	-36	=	-3155
-0	-520	-516	-496	-480	-696	-450	-52	-275	-90	=	-3575

38)

A	B	C	D	E	F	G	H	I	J
10	12	0	9	17	24	20	19	7	22

+5A	+3B	+1C	+1D	+9E	+2F	+4G	+9H	+7I	+5J	=	706
+14A	+13B	+11C	+11D	+19E	+6F	+15G	+17H	+18I	+8J	=	1787
+20A	+21B	+18C	+19D	+22E	+13F	+20G	+23H	+20I	+10J	=	2506
+22A	+21B	+23C	+19D	+24E	+18F	+22G	+20H	+17I	+7J	=	2576
+25A	+28B	+27C	+26D	+24E	+21F	+20G	+18H	+15I	+5J	=	2689
+38A	+34B	+38C	+39D	+37E	+25F	+24G	+22H	+19I	+9J	=	3597
+38A	+37B	+42C	+39D	+35E	+23F	+22G	+20H	+17I	+7J	=	3415
+40A	+44B	+46C	+37D	+33E	+21F	+20G	+18H	+15I	+5J	=	3283
+42A	+46B	+47C	+38D	+34E	+22F	+21G	+19H	+16I	+6J	=	3445
+44A	+47B	+48C	+39D	+35E	+23F	+22G	+20H	+17I	+7J	=	3595

2-10 Variables Associated Expression Systems

10-Variable Systems followed by Verificiations

A	B	C	D	E	F	G	H	I	J		
10	12	0	9	17	24	20	19	7	22		
50	36	-0	9	153	48	80	171	49	110	=	706
140	156	-0	99	323	144	300	323	126	176	=	1787
200	252	-0	171	374	312	400	437	140	220	=	2506
220	252	-0	171	408	432	440	380	119	154	=	2576
250	336	-0	234	408	504	400	342	105	110	=	2689
380	408	-0	351	629	600	480	418	133	198	=	3597
380	444	-0	351	595	552	440	380	119	154	=	3415
400	528	-0	333	561	504	400	342	105	110	=	3283
420	552	-0	342	578	528	420	361	112	132	=	3445
440	564	-0	351	595	552	440	380	119	154	=	3595

39)

A	B	C	D	E	F	G	H	I	J		
-16	-14	-6	-19	-12	-19	-17	-12	-15	-14		
+3A	+11B	+9C	+11D	+4E	+9F	+5G	+5H	+6I	+3J	=	-961
+14A	+15B	+12C	+20D	+8E	+20F	+13G	+8H	+14I	+5J	=	-1959
+15A	+15B	+15C	+21D	+14E	+20F	+18G	+9H	+12I	+3J	=	-2123
+16A	+15B	+18C	+26D	+21E	+21F	+22G	+7H	+10I	+1J	=	-2341
+19A	+21B	+28C	+32D	+31E	+26F	+23G	+8H	+11I	+2J	=	-2920
+29A	+24B	+35C	+40D	+41E	+27F	+24G	+9H	+12I	+3J	=	-3513
+34A	+33B	+41C	+45D	+41E	+27F	+24G	+9H	+12I	+3J	=	-3850
+35A	+32B	+42C	+43D	+39E	+25F	+22G	+7H	+10I	+1J	=	-3642
+36A	+33B	+42C	+43D	+39E	+25F	+22G	+7H	+10I	+1J	=	-3672
+40A	+36B	+45C	+46D	+42E	+28F	+25G	+10H	+13I	+4J	=	-4120

A	B	C	D	E	F	G	H	I	J		
-16	-14	-6	-19	-12	-19	-17	-12	-15	-14		
-48	-154	-54	-209	-48	-171	-85	-60	-90	-42	=	-961
-224	-210	-72	-380	-96	-380	-221	-96	-210	-70	=	-1959
-240	-210	-90	-399	-168	-380	-306	-108	-180	-42	=	-2123
-256	-210	-108	-494	-252	-399	-374	-84	-150	-14	=	-2341
-304	-294	-168	-608	-372	-494	-391	-96	-165	-28	=	-2920
-464	-336	-210	-760	-492	-513	-408	-108	-180	-42	=	-3513
-544	-462	-246	-855	-492	-513	-408	-108	-180	-42	=	-3850
-560	-448	-252	-817	-468	-475	-374	-84	-150	-14	=	-3642
-576	-462	-252	-817	-468	-475	-374	-84	-150	-14	=	-3672
-640	-504	-270	-874	-504	-532	-425	-120	-195	-56	=	-4120

2-10 Variables Associated Expression Systems	1000 Associated Systems Volume 1

10-Variable Systems followed by Verificiations

40)

	A	B	C	D	E	F	G	H	I	J		
	15	16	16	22	16	0	1	4	25	25		
	+10A	+5B	+9C	+8D	+10E	+8F	+3G	+4H	+8I	+10J	=	1179
	+14A	+13B	+20C	+17D	+18E	+18F	+11G	+15H	+12I	+12J	=	2071
	+12A	+11B	+18C	+21D	+19E	+23F	+9G	+16H	+9I	+9J	=	1933
	+17A	+19B	+21C	+23D	+22E	+32F	+14G	+17H	+10I	+10J	=	2335
	+24A	+31B	+26C	+27D	+26E	+39F	+17G	+20H	+13I	+13J	=	3029
	+27A	+34B	+32C	+28D	+29E	+39F	+17G	+20H	+13I	+13J	=	3288
	+30A	+35B	+32C	+31D	+26E	+36F	+14G	+17H	+10I	+10J	=	3202
	+32A	+45B	+34C	+32D	+27E	+37F	+15G	+18H	+11I	+11J	=	3517
	+31A	+44B	+32C	+30D	+25E	+35F	+13G	+16H	+9I	+9J	=	3268
	+33A	+45B	+33C	+31D	+26E	+36F	+14G	+17H	+10I	+10J	=	3423

	A	B	C	D	E	F	G	H	I	J		
	15	16	16	22	16	0	1	4	25	25		
	150	80	144	176	160	-0	3	16	200	250	=	1179
	210	208	320	374	288	-0	11	60	300	300	=	2071
	180	176	288	462	304	-0	9	64	225	225	=	1933
	255	304	336	506	352	-0	14	68	250	250	=	2335
	360	496	416	594	416	-0	17	80	325	325	=	3029
	405	544	512	616	464	-0	17	80	325	325	=	3288
	450	560	512	682	416	-0	14	68	250	250	=	3202
	480	720	544	704	432	-0	15	72	275	275	=	3517
	465	704	512	660	400	-0	13	64	225	225	=	3268
	495	720	528	682	416	-0	14	68	250	250	=	3423

41)

	A	B	C	D	E	F	G	H	I	J		
	7	5	10	22	22	10	0	12	18	20		
	+11A	+7B	+3C	+3D	+11E	+4F	+11G	+9H	+7I	+11J	=	944
	+21A	+15B	+8C	+8D	+17E	+9F	+19G	+11H	+17I	+12J	=	1620
	+19A	+13B	+6C	+13D	+15E	+8F	+17G	+9H	+14I	+9J	=	1494
	+21A	+22B	+11C	+18D	+22E	+16F	+19G	+9H	+14I	+9J	=	1947
	+27A	+25B	+13C	+23D	+29E	+22F	+20G	+10H	+15I	+10J	=	2398
	+30A	+27B	+13C	+27D	+32E	+21F	+19G	+9H	+14I	+9J	=	2523
	+33A	+35B	+20C	+30D	+33E	+22F	+20G	+10H	+15I	+10J	=	2802
	+41A	+41B	+28C	+33D	+36E	+25F	+23G	+13H	+18I	+13J	=	3280
	+41A	+41B	+27C	+32D	+35E	+24F	+22G	+12H	+17I	+12J	=	3166
	+39A	+38B	+24C	+29D	+32E	+21F	+19G	+9H	+14I	+9J	=	2795

2-10 Variables Associated Expression Systems   1000 Associated Systems Volume 1

10-Variable Systems followed by Verificiations

A	B	C	D	E	F	G	H	I	J		
7	5	10	22	22	10	0	12	18	20		
77	35	30	66	242	40	-0	108	126	220	=	944
147	75	80	176	374	90	-0	132	306	240	=	1620
133	65	60	286	330	80	-0	108	252	180	=	1494
147	110	110	396	484	160	-0	108	252	180	=	1947
189	125	130	506	638	220	-0	120	270	200	=	2398
210	135	130	594	704	210	-0	108	252	180	=	2523
231	175	200	660	726	220	-0	120	270	200	=	2802
287	205	280	726	792	250	-0	156	324	260	=	3280
287	205	270	704	770	240	-0	144	306	240	=	3166
273	190	240	638	704	210	-0	108	252	180	=	2795

42)

A	B	C	D	E	F	G	H	I	J		
-14	-20	-14	-2	-16	-20	-11	-12	-26	-15		
+5A	+3B	+4C	+11D	+10E	+9F	+4G	+10H	+5I	+5J	=	-917
+10A	+8B	+10C	+18D	+19E	+20F	+9G	+21H	+10I	+7J	=	-1896
+18A	+9B	+15C	+27D	+27E	+21F	+15G	+29H	+10I	+7J	=	-2426
+21A	+8B	+16C	+26D	+29E	+26F	+18G	+27H	+8I	+5J	=	-2519
+28A	+13B	+15C	+27D	+29E	+33F	+16G	+25H	+6I	+3J	=	-2717
+37A	+22B	+22C	+35D	+38E	+35F	+18G	+27H	+8I	+5J	=	-3449
+42A	+22B	+24C	+40D	+36E	+33F	+16G	+25H	+6I	+3J	=	-3357
+48A	+32B	+30C	+44D	+40E	+37F	+20G	+29H	+10I	+7J	=	-4133
+47A	+31B	+28C	+42D	+38E	+35F	+18G	+27H	+8I	+5J	=	-3867
+48A	+31B	+28C	+42D	+38E	+35F	+18G	+27H	+8I	+5J	=	-3881

A	B	C	D	E	F	G	H	I	J		
-14	-20	-14	-2	-16	-20	-11	-12	-26	-15		
-70	-60	-56	-22	-160	-180	-44	-120	-130	-75	=	-917
-140	-160	-140	-36	-304	-400	-99	-252	-260	-105	=	-1896
-252	-180	-210	-54	-432	-420	-165	-348	-260	-105	=	-2426
-294	-160	-224	-52	-464	-520	-198	-324	-208	-75	=	-2519
-392	-260	-210	-54	-464	-660	-176	-300	-156	-45	=	-2717
-518	-440	-308	-70	-608	-700	-198	-324	-208	-75	=	-3449
-588	-440	-336	-80	-576	-660	-176	-300	-156	-45	=	-3357
-672	-640	-420	-88	-640	-740	-220	-348	-260	-105	=	-4133
-658	-620	-392	-84	-608	-700	-198	-324	-208	-75	=	-3867
-672	-620	-392	-84	-608	-700	-198	-324	-208	-75	=	-3881

10-Variable Systems followed by Verificiations

43)

A	B	C	D	E	F	G	H	I	J		
4	13	5	9	10	6	24	19	16	7		
+9A	+8B	+7C	+7D	+4E	+6F	+2G	+9H	+8I	+9J	=	724
+16A	+14B	+13C	+18D	+11E	+10F	+13G	+21H	+15I	+12J	=	1678
+20A	+17B	+16C	+20D	+18E	+16F	+14G	+27H	+15I	+12J	=	2010
+27A	+22B	+19C	+24D	+26E	+21F	+21G	+26H	+14I	+11J	=	2390
+29A	+23B	+23C	+27D	+33E	+23F	+19G	+24H	+12I	+9J	=	2408
+41A	+34B	+30C	+32D	+45E	+27F	+23G	+28H	+16I	+13J	=	3087
+47A	+33B	+29C	+38D	+43E	+25F	+21G	+26H	+14I	+11J	=	2983
+53A	+40B	+35C	+39D	+44E	+26F	+22G	+27H	+15I	+12J	=	3219
+53A	+40B	+34C	+38D	+43E	+25F	+21G	+26H	+14I	+11J	=	3123
+53A	+39B	+33C	+37D	+42E	+24F	+20G	+25H	+13I	+10J	=	3014

A	B	C	D	E	F	G	H	I	J		
4	13	5	9	10	6	24	19	16	7		
36	104	35	63	40	36	48	171	128	63	=	724
64	182	65	162	110	60	312	399	240	84	=	1678
80	221	80	180	180	96	336	513	240	84	=	2010
108	286	95	216	260	126	504	494	224	77	=	2390
116	299	115	243	330	138	456	456	192	63	=	2408
164	442	150	288	450	162	552	532	256	91	=	3087
188	429	145	342	430	150	504	494	224	77	=	2983
212	520	175	351	440	156	528	513	240	84	=	3219
212	520	170	342	430	150	504	494	224	77	=	3123
212	507	165	333	420	144	480	475	208	70	=	3014

44)

A	B	C	D	E	F	G	H	I	J		
1	8	10	8	19	8	5	5	6	16		
+10A	+4B	+4C	+4D	+8E	+7F	+12G	+10H	+4I	+10J	=	616
+13A	+7B	+7C	+9D	+16E	+8F	+17G	+19H	+7I	+10J	=	961
+17A	+15B	+10C	+13D	+20E	+11F	+22G	+23H	+7I	+10J	=	1236
+20A	+22B	+15C	+14D	+24E	+14F	+25G	+22H	+6I	+9J	=	1441
+23A	+21B	+14C	+14D	+30E	+17F	+23G	+20H	+4I	+7J	=	1500
+34A	+26B	+24C	+26D	+41E	+20F	+26G	+23H	+7I	+10J	=	2076
+32A	+30B	+27C	+24D	+38E	+17F	+23G	+20H	+4I	+7J	=	1943
+40A	+37B	+35C	+27D	+41E	+20F	+26G	+23H	+7I	+10J	=	2288
+43A	+41B	+37C	+29D	+43E	+22F	+28G	+25H	+9I	+12J	=	2477
+40A	+37B	+33C	+25D	+39E	+18F	+24G	+21H	+5I	+8J	=	2134

2-10 Variables Associated Expression Systems — 1000 Associated Systems Volume 1

10-Variable Systems followed by Verificiations

A	B	C	D	E	F	G	H	I	J		
1	8	10	8	19	8	5	5	6	16		
10	32	40	32	152	56	60	50	24	160	=	616
13	56	70	72	304	64	85	95	42	160	=	961
17	120	100	104	380	88	110	115	42	160	=	1236
20	176	150	112	456	112	125	110	36	144	=	1441
23	168	140	112	570	136	115	100	24	112	=	1500
34	208	240	208	779	160	130	115	42	160	=	2076
32	240	270	192	722	136	115	100	24	112	=	1943
40	296	350	216	779	160	130	115	42	160	=	2288
43	328	370	232	817	176	140	125	54	192	=	2477
40	296	330	200	741	144	120	105	30	128	=	2134

45)

A	B	C	D	E	F	G	H	I	J		
-1	-7	-14	-21	-5	-17	-4	-20	-24	-24		
+8A	+7B	+6C	+4D	+2E	+6F	+5G	+2H	+3I	+8J	=	-661
+13A	+13B	+13C	+14D	+13E	+12F	+16G	+13H	+8I	+11J	=	-1629
+11A	+14B	+11C	+15D	+13E	+15F	+18G	+11H	+5I	+8J	=	-1502
+20A	+20B	+13C	+25D	+17E	+22F	+27G	+12H	+6I	+9J	=	-2034
+26A	+23B	+16C	+26D	+25E	+28F	+26G	+11H	+5I	+8J	=	-2194
+35A	+28B	+20C	+35D	+37E	+28F	+26G	+11H	+5I	+8J	=	-2543
+36A	+36B	+24C	+36D	+36E	+27F	+25G	+10H	+4I	+7J	=	-2583
+40A	+38B	+28C	+36D	+36E	+27F	+25G	+10H	+4I	+7J	=	-2657
+46A	+45B	+33C	+41D	+41E	+32F	+30G	+15H	+9I	+12J	=	-3357
+44A	+42B	+30C	+38D	+38E	+29F	+27G	+12H	+6I	+9J	=	-2947

A	B	C	D	E	F	G	H	I	J		
-1	-7	-14	-21	-5	-17	-4	-20	-24	-24		
-8	-49	-84	-84	-10	-102	-20	-40	-72	-192	=	-661
-13	-91	-182	-294	-65	-204	-64	-260	-192	-264	=	-1629
-11	-98	-154	-315	-65	-255	-72	-220	-120	-192	=	-1502
-20	-140	-182	-525	-85	-374	-108	-240	-144	-216	=	-2034
-26	-161	-224	-546	-125	-476	-104	-220	-120	-192	=	-2194
-35	-196	-280	-735	-185	-476	-104	-220	-120	-192	=	-2543
-36	-252	-336	-756	-180	-459	-100	-200	-96	-168	=	-2583
-40	-266	-392	-756	-180	-459	-100	-200	-96	-168	=	-2657
-46	-315	-462	-861	-205	-544	-120	-300	-216	-288	=	-3357
-44	-294	-420	-798	-190	-493	-108	-240	-144	-216	=	-2947

2-10 Variables Associated Expression Systems

10-Variable Systems followed by Verificiations

46)

A	B	C	D	E	F	G	H	I	J		
8	10	2	9	19	16	24	18	26	21		
+1A	+8B	+8C	+3D	+9E	+3F	+3G	+8H	+8I	+2J	=	816
+9A	+13B	+16C	+14D	+12E	+14F	+8G	+14H	+16I	+4J	=	1756
+12A	+19B	+20C	+19D	+15E	+16F	+10G	+17H	+17I	+5J	=	2131
+19A	+25B	+25C	+20D	+21E	+18F	+19G	+16H	+16I	+4J	=	2563
+30A	+33B	+34C	+27D	+28E	+29F	+21G	+18H	+18I	+6J	=	3299
+36A	+39B	+41C	+30D	+34E	+30F	+22G	+19H	+19I	+7J	=	3667
+40A	+41B	+43C	+34D	+30E	+26F	+18G	+15H	+15I	+3J	=	3263
+45A	+49B	+50C	+37D	+33E	+29F	+21G	+18H	+18I	+6J	=	3796
+42A	+46B	+46C	+33D	+29E	+25F	+17G	+14H	+14I	+2J	=	3202
+44A	+47B	+47C	+34D	+30E	+26F	+18G	+15H	+15I	+3J	=	3363

A	B	C	D	E	F	G	H	I	J		
8	10	2	9	19	16	24	18	26	21		
8	80	16	27	171	48	72	144	208	42	=	816
72	130	32	126	228	224	192	252	416	84	=	1756
96	190	40	171	285	256	240	306	442	105	=	2131
152	250	50	180	399	288	456	288	416	84	=	2563
240	330	68	243	532	464	504	324	468	126	=	3299
288	390	82	270	646	480	528	342	494	147	=	3667
320	410	86	306	570	416	432	270	390	63	=	3263
360	490	100	333	627	464	504	324	468	126	=	3796
336	460	92	297	551	400	408	252	364	42	=	3202
352	470	94	306	570	416	432	270	390	63	=	3363

47)

A	B	C	D	E	F	G	H	I	J		
16	12	3	4	19	0	6	21	0	8		
+8A	+10B	+5C	+8D	+4E	+7F	+5G	+2H	+5I	+8J	=	507
+9A	+16B	+11C	+17D	+8E	+13F	+10G	+5H	+7I	+8J	=	818
+18A	+20B	+20C	+20D	+16E	+14F	+16G	+14H	+7I	+8J	=	1426
+24A	+27B	+28C	+25D	+18E	+15F	+22G	+14H	+7I	+8J	=	1724
+33A	+38B	+36C	+33D	+23E	+24F	+25G	+17H	+10I	+11J	=	2256
+37A	+42B	+40C	+31D	+29E	+20F	+21G	+13H	+6I	+7J	=	2346
+42A	+45B	+49C	+36D	+29E	+20F	+21G	+13H	+6I	+7J	=	2509
+47A	+53B	+54C	+36D	+29E	+20F	+21G	+13H	+6I	+7J	=	2700
+48A	+56B	+54C	+36D	+29E	+20F	+21G	+13H	+6I	+7J	=	2752
+49A	+56B	+54C	+36D	+29E	+20F	+21G	+13H	+6I	+7J	=	2768

2-10 Variables Associated Expression Systems	1000 Associated Systems Volume 1

10-Variable Systems followed by Verificiations

A	B	C	D	E	F	G	H	I	J		
16	12	3	4	19	0	6	21	0	8		
128	120	15	32	76	-0	30	42	-0	64	=	507
144	192	33	68	152	-0	60	105	-0	64	=	818
288	240	60	80	304	-0	96	294	-0	64	=	1426
384	324	84	100	342	-0	132	294	-0	64	=	1724
528	456	108	132	437	-0	150	357	-0	88	=	2256
592	504	120	124	551	-0	126	273	-0	56	=	2346
672	540	147	144	551	-0	126	273	-0	56	=	2509
752	636	162	144	551	-0	126	273	-0	56	=	2700
768	672	162	144	551	-0	126	273	-0	56	=	2752
784	672	162	144	551	-0	126	273	-0	56	=	2768

48)

A	B	C	D	E	F	G	H	I	J		
16	5	20	15	0	3	10	10	9	24		
+7A	+4B	+9C	+9D	+9E	+10F	+10G	+6H	+9I	+7J	=	886
+13A	+6B	+12C	+9D	+17E	+15F	+13G	+14H	+15I	+6J	=	1207
+21A	+10B	+22C	+16D	+26E	+22F	+17G	+24H	+17I	+8J	=	1887
+29A	+13B	+27C	+24D	+33E	+25F	+28G	+23H	+16I	+7J	=	2326
+31A	+17B	+34C	+29D	+33E	+27F	+27G	+22H	+15I	+6J	=	2546
+42A	+21B	+38C	+32D	+44E	+29F	+29G	+24H	+17I	+8J	=	2979
+45A	+29B	+41C	+37D	+45E	+30F	+30G	+25H	+18I	+9J	=	3258
+49A	+35B	+45C	+37D	+45E	+30F	+30G	+25H	+18I	+9J	=	3432
+49A	+37B	+44C	+36D	+44E	+29F	+29G	+24H	+17I	+8J	=	3351
+50A	+37B	+44C	+36D	+44E	+29F	+29G	+24H	+17I	+8J	=	3367

A	B	C	D	E	F	G	H	I	J		
16	5	20	15	0	3	10	10	9	24		
112	20	180	135	-0	30	100	60	81	168	=	886
208	30	240	135	-0	45	130	140	135	144	=	1207
336	50	440	240	-0	66	170	240	153	192	=	1887
464	65	540	360	-0	75	280	230	144	168	=	2326
496	85	680	435	-0	81	270	220	135	144	=	2546
672	105	760	480	-0	87	290	240	153	192	=	2979
720	145	820	555	-0	90	300	250	162	216	=	3258
784	175	900	555	-0	90	300	250	162	216	=	3432
784	185	880	540	-0	87	290	240	153	192	=	3351
800	185	880	540	-0	87	290	240	153	192	=	3367

10-Variable Systems followed by Verificiations

49)

A	B	C	D	E	F	G	H	I	J		
2	18	17	0	8	19	24	25	27	20		
+9A	+8B	+6C	+7D	+7E	+6F	+11G	+9H	+4I	+11J	=	1251
+13A	+12B	+8C	+15D	+15E	+8F	+16G	+13H	+8I	+11J	=	1795
+19A	+12B	+8C	+14D	+21E	+15F	+19G	+21H	+6I	+9J	=	2166
+27A	+17B	+10C	+21D	+26E	+19F	+24G	+20H	+5I	+8J	=	2470
+28A	+18B	+11C	+27D	+34E	+20F	+24G	+20H	+5I	+8J	=	2590
+30A	+20B	+16C	+31D	+38E	+21F	+25G	+21H	+6I	+9J	=	2862
+31A	+23B	+18C	+32D	+37E	+20F	+24G	+20H	+5I	+8J	=	2829
+42A	+28B	+29C	+35D	+40E	+23F	+27G	+23H	+8I	+11J	=	3497
+41A	+27B	+27C	+33D	+38E	+21F	+25G	+21H	+6I	+9J	=	3197
+42A	+27B	+27C	+33D	+38E	+21F	+25G	+21H	+6I	+9J	=	3199

A	B	C	D	E	F	G	H	I	J		
2	18	17	0	8	19	24	25	27	20		
18	144	102	-0	56	114	264	225	108	220	=	1251
26	216	136	-0	120	152	384	325	216	220	=	1795
38	216	136	-0	168	285	456	525	162	180	=	2166
54	306	170	-0	208	361	576	500	135	160	=	2470
56	324	187	-0	272	380	576	500	135	160	=	2590
60	360	272	-0	304	399	600	525	162	180	=	2862
62	414	306	-0	296	380	576	500	135	160	=	2829
84	504	493	-0	320	437	648	575	216	220	=	3497
82	486	459	-0	304	399	600	525	162	180	=	3197
84	486	459	-0	304	399	600	525	162	180	=	3199

50)

A	B	C	D	E	F	G	H	I	J		
0	14	5	4	6	23	7	10	16	22		
+4A	+11B	+8C	+5D	+9E	+10F	+5G	+5H	+5I	+7J	=	817
+4A	+17B	+8C	+11D	+8E	+9F	+11G	+4H	+5I	+5J	=	884
+10A	+21B	+17C	+17D	+16E	+20F	+18G	+10H	+7I	+7J	=	1495
+14A	+26B	+21C	+25D	+22E	+21F	+22G	+10H	+7I	+7J	=	1704
+17A	+32B	+24C	+34D	+26E	+24F	+23G	+11H	+8I	+8J	=	1987
+24A	+39B	+27C	+38D	+31E	+23F	+22G	+10H	+7I	+7J	=	2068
+22A	+44B	+25C	+36D	+28E	+20F	+19G	+7H	+4I	+4J	=	1868
+31A	+49B	+34C	+38D	+30E	+22F	+21G	+9H	+6I	+6J	=	2159
+33A	+53B	+35C	+39D	+31E	+23F	+22G	+10H	+7I	+7J	=	2308
+34A	+53B	+35C	+39D	+31E	+23F	+22G	+10H	+7I	+7J	=	2308

2-10 Variables Associated Expression Systems　　　　1000 Associated Systems Volume 1

10-Variable Systems followed by Verificiations

	A	B	C	D	E	F	G	H	I	J		
	0	14	5	4	6	23	7	10	16	22		
	-0	154	40	20	54	230	35	50	80	154	=	817
	-0	238	40	44	48	207	77	40	80	110	=	884
	-0	294	85	68	96	460	126	100	112	154	=	1495
	-0	364	105	100	132	483	154	100	112	154	=	1704
	-0	448	120	136	156	552	161	110	128	176	=	1987
	-0	546	135	152	186	529	154	100	112	154	=	2068
	-0	616	125	144	168	460	133	70	64	88	=	1868
	-0	686	170	152	180	506	147	90	96	132	=	2159
	-0	742	175	156	186	529	154	100	112	154	=	2308
	-0	742	175	156	186	529	154	100	112	154	=	2308

51)

	A	B	C	D	E	F	G	H	I	J		
	6	8	19	21	19	10	14	24	0	8		
	+3A	+7B	+5C	+3D	+4E	+6F	+11G	+9H	+9I	+5J	=	778
	+7A	+7B	+10C	+5D	+4E	+6F	+12G	+10H	+13I	+3J	=	961
	+9A	+12B	+17C	+11D	+12E	+9F	+13G	+12H	+13I	+3J	=	1516
	+19A	+24B	+22C	+22D	+19E	+19F	+23G	+15H	+16I	+6J	=	2467
	+19A	+25B	+23C	+25D	+23E	+19F	+22G	+14H	+15I	+5J	=	2587
	+24A	+33B	+24C	+33D	+28E	+19F	+22G	+14H	+15I	+5J	=	2963
	+34A	+35B	+29C	+43D	+29E	+20F	+23G	+15H	+16I	+6J	=	3419
	+35A	+41B	+30C	+42D	+28E	+19F	+22G	+14H	+15I	+5J	=	3396
	+39A	+45B	+33C	+45D	+31E	+22F	+25G	+17H	+18I	+8J	=	3797
	+35A	+40B	+28C	+40D	+26E	+17F	+20G	+12H	+13I	+3J	=	3158

	A	B	C	D	E	F	G	H	I	J		
	6	8	19	21	19	10	14	24	0	8		
	18	56	95	63	76	60	154	216	-0	40	=	778
	42	56	190	105	76	60	168	240	-0	24	=	961
	54	96	323	231	228	90	182	288	-0	24	=	1516
	114	192	418	462	361	190	322	360	-0	48	=	2467
	114	200	437	525	437	190	308	336	-0	40	=	2587
	144	264	456	693	532	190	308	336	-0	40	=	2963
	204	280	551	903	551	200	322	360	-0	48	=	3419
	210	328	570	882	532	190	308	336	-0	40	=	3396
	234	360	627	945	589	220	350	408	-0	64	=	3797
	210	320	532	840	494	170	280	288	-0	24	=	3158

2-10 Variables Associated Expression Systems

10-Variable Systems followed by Verificiations

52)

	A	B	C	D	E	F	G	H	I	J		
	0	-11	-1	-6	-2	-7	-16	-4	-3	-15		
	+9A	+3B	+8C	+4D	+6E	+6F	+8G	+7H	+3I	+7J	=	-389
	+16A	+11B	+16C	+8D	+10E	+11F	+12G	+11H	+8I	+8J	=	-662
	+24A	+15B	+23C	+14D	+12E	+16F	+16G	+19H	+9I	+9J	=	-902
	+26A	+21B	+26C	+21D	+12E	+24F	+21G	+18H	+8I	+8J	=	-1127
	+33A	+26B	+31C	+26D	+15E	+34F	+19G	+16H	+6I	+6J	=	-1217
	+39A	+32B	+42C	+37D	+24E	+37F	+22G	+19H	+9I	+9J	=	-1513
	+45A	+38B	+43C	+43D	+21E	+34F	+19G	+16H	+6I	+6J	=	-1475
	+54A	+44B	+52C	+47D	+25E	+38F	+23G	+20H	+10I	+10J	=	-1762
	+51A	+43B	+48C	+43D	+21E	+34F	+19G	+16H	+6I	+6J	=	-1535
	+54A	+45B	+50C	+45D	+23E	+36F	+21G	+18H	+8I	+8J	=	-1665

	A	B	C	D	E	F	G	H	I	J		
	0	-11	-1	-6	-2	-7	-16	-4	-3	-15		
	-0	-33	-8	-24	-12	-42	-128	-28	-9	-105	=	-389
	-0	-121	-16	-48	-20	-77	-192	-44	-24	-120	=	-662
	-0	-165	-23	-84	-24	-112	-256	-76	-27	-135	=	-902
	-0	-231	-26	-126	-24	-168	-336	-72	-24	-120	=	-1127
	-0	-286	-31	-156	-30	-238	-304	-64	-18	-90	=	-1217
	-0	-352	-42	-222	-48	-259	-352	-76	-27	-135	=	-1513
	-0	-418	-43	-258	-42	-238	-304	-64	-18	-90	=	-1475
	-0	-484	-52	-282	-50	-266	-368	-80	-30	-150	=	-1762
	-0	-473	-48	-258	-42	-238	-304	-64	-18	-90	=	-1535
	-0	-495	-50	-270	-46	-252	-336	-72	-24	-120	=	-1665

53)

	A	B	C	D	E	F	G	H	I	J		
	0	12	4	9	3	17	8	7	16	10		
	+5A	+10B	+9C	+8D	+8E	+6F	+6G	+8H	+9I	+3J	=	632
	+12A	+20B	+15C	+20D	+13E	+16F	+10G	+16H	+16I	+6J	=	1299
	+15A	+24B	+16C	+27D	+16E	+17F	+10G	+19H	+14I	+4J	=	1409
	+24A	+27B	+19C	+32D	+18E	+26F	+21G	+20H	+15I	+5J	=	1782
	+26A	+31B	+26C	+34D	+26E	+28F	+20G	+19H	+14I	+4J	=	1893
	+34A	+34B	+33C	+38D	+34E	+28F	+20G	+19H	+14I	+4J	=	2017
	+35A	+36B	+38C	+39D	+32E	+26F	+18G	+17H	+12I	+2J	=	1948
	+44A	+43B	+47C	+42D	+35E	+29F	+21G	+20H	+15I	+5J	=	2278
	+47A	+46B	+49C	+44D	+37E	+31F	+23G	+22H	+17I	+7J	=	2462
	+43A	+41B	+44C	+39D	+32E	+26F	+18G	+17H	+12I	+2J	=	2032

2-10 Variables Associated Expression Systems   1000 Associated Systems Volume 1

10-Variable Systems followed by Verificiations

	A	B	C	D	E	F	G	H	I	J		
	0	12	4	9	3	17	8	7	16	10		
	-0	120	36	72	24	102	48	56	144	30	=	632
	-0	240	60	180	39	272	80	112	256	60	=	1299
	-0	288	64	243	48	289	80	133	224	40	=	1409
	-0	324	76	288	54	442	168	140	240	50	=	1782
	-0	372	104	306	78	476	160	133	224	40	=	1893
	-0	408	132	342	102	476	160	133	224	40	=	2017
	-0	432	152	351	96	442	144	119	192	20	=	1948
	-0	516	188	378	105	493	168	140	240	50	=	2278
	-0	552	196	396	111	527	184	154	272	70	=	2462
	-0	492	176	351	96	442	144	119	192	20	=	2032

54)

A	B	C	D	E	F	G	H	I	J		
11	10	17	9	9	23	13	25	23	24		
+4A	+4B	+11C	+6D	+9E	+11F	+11G	+5H	+4I	+7J	=	1187
+6A	+8B	+14C	+12D	+12E	+13F	+13G	+10H	+6I	+6J	=	1600
+11A	+13B	+20C	+16D	+16E	+20F	+14G	+15H	+6I	+6J	=	2178
+11A	+17B	+21C	+15D	+17E	+22F	+14G	+13H	+4I	+4J	=	2137
+16A	+22B	+24C	+19D	+23E	+27F	+14G	+13H	+4I	+4J	=	2498
+17A	+25B	+25C	+25D	+26E	+27F	+14G	+13H	+4I	+4J	=	2637
+28A	+37B	+34C	+36D	+29E	+30F	+17G	+16H	+7I	+7J	=	3481
+29A	+37B	+37C	+33D	+26E	+27F	+14G	+13H	+4I	+4J	=	3165
+31A	+41B	+38C	+34D	+27E	+28F	+15G	+14H	+5I	+5J	=	3370
+31A	+40B	+37C	+33D	+26E	+27F	+14G	+13H	+4I	+4J	=	3217

A	B	C	D	E	F	G	H	I	J		
11	10	17	9	9	23	13	25	23	24		
44	40	187	54	81	253	143	125	92	168	=	1187
66	80	238	108	108	299	169	250	138	144	=	1600
121	130	340	144	144	460	182	375	138	144	=	2178
121	170	357	135	153	506	182	325	92	96	=	2137
176	220	408	171	207	621	182	325	92	96	=	2498
187	250	425	225	234	621	182	325	92	96	=	2637
308	370	578	324	261	690	221	400	161	168	=	3481
319	370	629	297	234	621	182	325	92	96	=	3165
341	410	646	306	243	644	195	350	115	120	=	3370
341	400	629	297	234	621	182	325	92	96	=	3217

10-Variable Systems followed by Verificiations

55)

	A	B	C	D	E	F	G	H	I	J		
	-16	-7	-4	-22	-16	0	-1	-13	-26	-17		
	+2A	+7B	+9C	+8D	+7E	+8F	+8G	+7H	+8I	+5J	=	-797
	+9A	+15B	+16C	+13D	+8E	+10F	+9G	+8H	+19I	+4J	=	-1402
	+10A	+24B	+23C	+15D	+16E	+11F	+15G	+10H	+19I	+4J	=	-1713
	+14A	+33B	+28C	+25D	+26E	+15F	+19G	+11H	+20I	+5J	=	-2300
	+16A	+40B	+37C	+31D	+31E	+19F	+19G	+11H	+20I	+5J	=	-2629
	+20A	+49B	+47C	+35D	+38E	+20F	+20G	+12H	+21I	+6J	=	-3053
	+22A	+51B	+48C	+37D	+37E	+19F	+19G	+11H	+20I	+5J	=	-3074
	+31A	+55B	+57C	+39D	+39E	+21F	+21G	+13H	+22I	+7J	=	-3472
	+32A	+57B	+57C	+39D	+39E	+21F	+21G	+13H	+22I	+7J	=	-3502
	+32A	+56B	+56C	+38D	+38E	+20F	+20G	+12H	+21I	+6J	=	-3396

	A	B	C	D	E	F	G	H	I	J		
	-16	-7	-4	-22	-16	0	-1	-13	-26	-17		
	-32	-49	-36	-176	-112	-0	-8	-91	-208	-85	=	-797
	-144	-105	-64	-286	-128	-0	-9	-104	-494	-68	=	-1402
	-160	-168	-92	-330	-256	-0	-15	-130	-494	-68	=	-1713
	-224	-231	-112	-550	-416	-0	-19	-143	-520	-85	=	-2300
	-256	-280	-148	-682	-496	-0	-19	-143	-520	-85	=	-2629
	-320	-343	-188	-770	-608	-0	-20	-156	-546	-102	=	-3053
	-352	-357	-192	-814	-592	-0	-19	-143	-520	-85	=	-3074
	-496	-385	-228	-858	-624	-0	-21	-169	-572	-119	=	-3472
	-512	-399	-228	-858	-624	-0	-21	-169	-572	-119	=	-3502
	-512	-392	-224	-836	-608	-0	-20	-156	-546	-102	=	-3396

56)

	A	B	C	D	E	F	G	H	I	J		
	14	13	3	5	19	20	3	3	6	5		
	+3A	+7B	+10C	+6D	+5E	+10F	+2G	+4H	+2I	+3J	=	533
	+3A	+8B	+18C	+7D	+5E	+16F	+4G	+5H	+3I	+2J	=	705
	+9A	+18B	+26C	+20D	+17E	+27F	+16G	+12H	+8I	+7J	=	1568
	+8A	+18B	+32C	+18D	+18E	+32F	+15G	+9H	+5I	+4J	=	1636
	+11A	+22B	+35C	+21D	+21E	+35F	+14G	+8H	+4I	+3J	=	1854
	+15A	+25B	+42C	+22D	+25E	+34F	+13G	+7H	+3I	+2J	=	2014
	+23A	+37B	+51C	+30D	+28E	+37F	+16G	+10H	+6I	+5J	=	2517
	+23A	+37B	+51C	+27D	+25E	+34F	+13G	+7H	+3I	+2J	=	2334
	+29A	+43B	+56C	+32D	+30E	+39F	+18G	+12H	+8I	+7J	=	2816
	+27A	+40B	+53C	+29D	+27E	+36F	+15G	+9H	+5I	+4J	=	2557

10-Variable Systems followed by Verificiations

A	B	C	D	E	F	G	H	I	J		
14	13	3	5	19	20	3	3	6	5		
42	91	30	30	95	200	6	12	12	15	=	533
42	104	54	35	95	320	12	15	18	10	=	705
126	234	78	100	323	540	48	36	48	35	=	1568
112	234	96	90	342	640	45	27	30	20	=	1636
154	286	105	105	399	700	42	24	24	15	=	1854
210	325	126	110	475	680	39	21	18	10	=	2014
322	481	153	150	532	740	48	30	36	25	=	2517
322	481	153	135	475	680	39	21	18	10	=	2334
406	559	168	160	570	780	54	36	48	35	=	2816
378	520	159	145	513	720	45	27	30	20	=	2557

57)

A	B	C	D	E	F	G	H	I	J		
-4	-12	-15	-17	-7	-17	-10	-10	-1	-4		
+9A	+2B	+2C	+3D	+10E	+3F	+4G	+5H	+2I	+7J	=	-382
+19A	+10B	+12C	+9D	+16E	+12F	+12G	+13H	+12I	+8J	=	-1139
+29A	+19B	+18C	+14D	+28E	+22F	+19G	+23H	+15I	+11J	=	-1901
+31A	+25B	+19C	+13D	+32E	+26F	+21G	+20H	+12I	+8J	=	-2050
+32A	+24B	+20C	+15D	+35E	+27F	+19G	+18H	+10I	+6J	=	-2079
+43A	+31B	+25C	+27D	+46E	+30F	+22G	+21H	+13I	+9J	=	-2689
+44A	+37B	+31C	+28D	+45E	+29F	+21G	+20H	+12I	+8J	=	-2823
+50A	+38B	+37C	+27D	+44E	+28F	+20G	+19H	+11I	+7J	=	-2883
+55A	+44B	+41C	+31D	+48E	+32F	+24G	+23H	+15I	+11J	=	-3299
+54A	+42B	+39C	+29D	+46E	+30F	+22G	+21H	+13I	+9J	=	-3109

A	B	C	D	E	F	G	H	I	J		
-4	-12	-15	-17	-7	-17	-10	-10	-1	-4		
-36	-24	-30	-51	-70	-51	-40	-50	-2	-28	=	-382
-76	-120	-180	-153	-112	-204	-120	-130	-12	-32	=	-1139
-116	-228	-270	-238	-196	-374	-190	-230	-15	-44	=	-1901
-124	-300	-285	-221	-224	-442	-210	-200	-12	-32	=	-2050
-128	-288	-300	-255	-245	-459	-190	-180	-10	-24	=	-2079
-172	-372	-375	-459	-322	-510	-220	-210	-13	-36	=	-2689
-176	-444	-465	-476	-315	-493	-210	-200	-12	-32	=	-2823
-200	-456	-555	-459	-308	-476	-200	-190	-11	-28	=	-2883
-220	-528	-615	-527	-336	-544	-240	-230	-15	-44	=	-3299
-216	-504	-585	-493	-322	-510	-220	-210	-13	-36	=	-3109

10-Variable Systems followed by Verificiations

58)

A	B	C	D	E	F	G	H	I	J		
12	2	7	0	2	14	4	6	23	16		
+6A	+11B	+4C	+5D	+4E	+4F	+6G	+11H	+8I	+6J	=	556
+11A	+16B	+4C	+12D	+5E	+8F	+10G	+13H	+13I	+4J	=	795
+14A	+17B	+11C	+14D	+7E	+13F	+17G	+16H	+13I	+4J	=	1002
+23A	+27B	+17C	+17D	+15E	+24F	+26G	+18H	+15I	+6J	=	1468
+27A	+31B	+17C	+19D	+23E	+28F	+25G	+17H	+14I	+5J	=	1547
+37A	+42B	+21C	+30D	+33E	+31F	+28G	+20H	+17I	+8J	=	1926
+38A	+39B	+25C	+31D	+29E	+27F	+24G	+16H	+13I	+4J	=	1700
+49A	+45B	+36C	+34D	+32E	+30F	+27G	+19H	+16I	+7J	=	2116
+49A	+47B	+35C	+33D	+31E	+29F	+26G	+18H	+15I	+6J	=	2048
+48A	+45B	+33C	+31D	+29E	+27F	+24G	+16H	+13I	+4J	=	1888

A	B	C	D	E	F	G	H	I	J		
12	2	7	0	2	14	4	6	23	16		
72	22	28	-0	8	56	24	66	184	96	=	556
132	32	28	-0	10	112	40	78	299	64	=	795
168	34	77	-0	14	182	68	96	299	64	=	1002
276	54	119	-0	30	336	104	108	345	96	=	1468
324	62	119	-0	46	392	100	102	322	80	=	1547
444	84	147	-0	66	434	112	120	391	128	=	1926
456	78	175	-0	58	378	96	96	299	64	=	1700
588	90	252	-0	64	420	108	114	368	112	=	2116
588	94	245	-0	62	406	104	108	345	96	=	2048
576	90	231	-0	58	378	96	96	299	64	=	1888

59)

A	B	C	D	E	F	G	H	I	J		
9	0	16	7	11	23	25	17	16	0		
+9A	+10B	+4C	+8D	+8E	+8F	+4G	+4H	+11I	+9J	=	817
+14A	+20B	+7C	+14D	+11E	+18F	+10G	+13H	+16I	+10J	=	1598
+19A	+26B	+16C	+22D	+15E	+22F	+18G	+18H	+16I	+10J	=	2264
+22A	+24B	+17C	+26D	+20E	+25F	+21G	+15H	+13I	+7J	=	2435
+30A	+26B	+23C	+34D	+22E	+33F	+22G	+16H	+14I	+8J	=	2923
+38A	+27B	+31C	+34D	+33E	+32F	+21G	+15H	+13I	+7J	=	3163
+44A	+29B	+38C	+40D	+32E	+31F	+20G	+14H	+12I	+6J	=	3279
+45A	+33B	+39C	+40D	+32E	+31F	+20G	+14H	+12I	+6J	=	3304
+46A	+36B	+39C	+40D	+32E	+31F	+20G	+14H	+12I	+6J	=	3313
+49A	+38B	+41C	+42D	+34E	+33F	+22G	+16H	+14I	+8J	=	3570

10-Variable Systems followed by Verificiations

A	B	C	D	E	F	G	H	I	J		
9	0	16	7	11	23	25	17	16	0		
81	-0	64	56	88	184	100	68	176	-0	=	817
126	-0	112	98	121	414	250	221	256	-0	=	1598
171	-0	256	154	165	506	450	306	256	-0	=	2264
198	-0	272	182	220	575	525	255	208	-0	=	2435
270	-0	368	238	242	759	550	272	224	-0	=	2923
342	-0	496	238	363	736	525	255	208	-0	=	3163
396	-0	608	280	352	713	500	238	192	-0	=	3279
405	-0	624	280	352	713	500	238	192	-0	=	3304
414	-0	624	280	352	713	500	238	192	-0	=	3313
441	-0	656	294	374	759	550	272	224	-0	=	3570

60)

A	B	C	D	E	F	G	H	I	J		
4	8	19	5	20	18	21	24	0	21		
+5A	+9B	+8C	+6D	+8E	+5F	+6G	+7H	+8I	+5J	=	923
+17A	+19B	+13C	+11D	+17E	+13F	+15G	+17H	+20I	+9J	=	2008
+21A	+22B	+22C	+13D	+25E	+21F	+24G	+21H	+20I	+9J	=	2818
+25A	+28B	+26C	+19D	+24E	+24F	+28G	+18H	+17I	+6J	=	2971
+33A	+35B	+32C	+25D	+29E	+34F	+28G	+18H	+17I	+6J	=	3483
+39A	+43B	+43C	+36D	+35E	+36F	+30G	+20H	+19I	+8J	=	4123
+44A	+49B	+46C	+41D	+33E	+34F	+28G	+18H	+17I	+6J	=	4065
+51A	+55B	+53C	+44D	+36E	+37F	+31G	+21H	+20I	+9J	=	4601
+51A	+57B	+52C	+43D	+35E	+36F	+30G	+20H	+19I	+8J	=	4489
+49A	+54B	+49C	+40D	+32E	+33F	+27G	+17H	+16I	+5J	=	4073

A	B	C	D	E	F	G	H	I	J		
4	8	19	5	20	18	21	24	0	21		
20	72	152	30	160	90	126	168	-0	105	=	923
68	152	247	55	340	234	315	408	-0	189	=	2008
84	176	418	65	500	378	504	504	-0	189	=	2818
100	224	494	95	480	432	588	432	-0	126	=	2971
132	280	608	125	580	612	588	432	-0	126	=	3483
156	344	817	180	700	648	630	480	-0	168	=	4123
176	392	874	205	660	612	588	432	-0	126	=	4065
204	440	1007	220	720	666	651	504	-0	189	=	4601
204	456	988	215	700	648	630	480	-0	168	=	4489
196	432	931	200	640	594	567	408	-0	105	=	4073

10-Variable Systems followed by Verificiations

61)

A	B	C	D	E	F	G	H	I	J		
7	19	9	9	21	16	21	16	14	6		
+9A	+5B	+11C	+5D	+6E	+9F	+4G	+4H	+4I	+11J	=	842
+14A	+14B	+13C	+8D	+15E	+16F	+13G	+11H	+11I	+12J	=	1799
+19A	+15B	+22C	+17D	+18E	+21F	+20G	+16H	+11I	+12J	=	2385
+21A	+14B	+21C	+19D	+17E	+22F	+22G	+14H	+9I	+10J	=	2354
+21A	+14B	+24C	+23D	+18E	+22F	+20G	+12H	+7I	+8J	=	2324
+24A	+23B	+26C	+31D	+21E	+23F	+21G	+13H	+8I	+9J	=	2742
+31A	+31B	+31C	+38D	+21E	+23F	+21G	+13H	+8I	+9J	=	3051
+34A	+34B	+34C	+40D	+23E	+25F	+23G	+15H	+10I	+11J	=	3362
+37A	+38B	+36C	+42D	+25E	+27F	+25G	+17H	+12I	+13J	=	3683
+33A	+33B	+31C	+37D	+20E	+22F	+20G	+12H	+7I	+8J	=	3000

A	B	C	D	E	F	G	H	I	J		
7	19	9	9	21	16	21	16	14	6		
63	95	99	45	126	144	84	64	56	66	=	842
98	266	117	72	315	256	273	176	154	72	=	1799
133	285	198	153	378	336	420	256	154	72	=	2385
147	266	189	171	357	352	462	224	126	60	=	2354
147	266	216	207	378	352	420	192	98	48	=	2324
168	437	234	279	441	368	441	208	112	54	=	2742
217	589	279	342	441	368	441	208	112	54	=	3051
238	646	306	360	483	400	483	240	140	66	=	3362
259	722	324	378	525	432	525	272	168	78	=	3683
231	627	279	333	420	352	420	192	98	48	=	3000

62)

A	B	C	D	E	F	G	H	I	J		
1	6	9	10	13	13	24	18	4	26		
+5A	+10B	+5C	+3D	+6E	+6F	+6G	+9H	+8I	+5J	=	764
+8A	+16B	+16C	+12D	+17E	+16F	+15G	+20H	+11I	+7J	=	1743
+16A	+17B	+20C	+15D	+17E	+21F	+21G	+28H	+10I	+6J	=	2146
+16A	+19B	+25C	+20D	+20E	+26F	+21G	+27H	+9I	+5J	=	2309
+22A	+24B	+32C	+20D	+27E	+32F	+20G	+26H	+8I	+4J	=	2505
+29A	+32B	+41C	+30D	+34E	+33F	+21G	+27H	+9I	+5J	=	2917
+37A	+43B	+44C	+36D	+36E	+35F	+23G	+29H	+11I	+7J	=	3274
+46A	+47B	+53C	+36D	+36E	+35F	+23G	+29H	+11I	+7J	=	3388
+46A	+47B	+52C	+35D	+35E	+34F	+22G	+28H	+10I	+6J	=	3271
+48A	+48B	+53C	+36D	+36E	+35F	+23G	+29H	+11I	+7J	=	3396

2-10 Variables Associated Expression Systems

10-Variable Systems followed by Verificiations

A	B	C	D	E	F	G	H	I	J		
1	6	9	10	13	13	24	18	4	26		
5	60	45	30	78	78	144	162	32	130	=	764
8	96	144	120	221	208	360	360	44	182	=	1743
16	102	180	150	221	273	504	504	40	156	=	2146
16	114	225	200	260	338	504	486	36	130	=	2309
22	144	288	200	351	416	480	468	32	104	=	2505
29	192	369	300	442	429	504	486	36	130	=	2917
37	258	396	360	468	455	552	522	44	182	=	3274
46	282	477	360	468	455	552	522	44	182	=	3388
46	282	468	350	455	442	528	504	40	156	=	3271
48	288	477	360	468	455	552	522	44	182	=	3396

63)

A	B	C	D	E	F	G	H	I	J		
-9	-2	-4	-19	-9	-6	-12	-22	0	-26		
+4A	+7B	+10C	+5D	+12E	+7F	+6G	+5H	+11I	+4J	=	-621
+14A	+14B	+16C	+10D	+14E	+15F	+14G	+11H	+21I	+5J	=	-1164
+18A	+16B	+14C	+15D	+19E	+18F	+14G	+15H	+18I	+2J	=	-1364
+20A	+24B	+22C	+16D	+20E	+19F	+19G	+14H	+17I	+1J	=	-1476
+31A	+34B	+35C	+27D	+26E	+30F	+23G	+18H	+21I	+5J	=	-2216
+38A	+40B	+37C	+34D	+33E	+31F	+24G	+19H	+22I	+6J	=	-2561
+36A	+42B	+35C	+32D	+29E	+27F	+20G	+15H	+18I	+2J	=	-2201
+37A	+47B	+36C	+31D	+28E	+26F	+19G	+14H	+17I	+1J	=	-2130
+42A	+52B	+40C	+35D	+32E	+30F	+23G	+18H	+21I	+5J	=	-2577
+41A	+50B	+38C	+33D	+30E	+28F	+21G	+16H	+19I	+3J	=	-2368

A	B	C	D	E	F	G	H	I	J		
-9	-2	-4	-19	-9	-6	-12	-22	0	-26		
-36	-14	-40	-95	-108	-42	-72	-110	-0	-104	=	-621
-126	-28	-64	-190	-126	-90	-168	-242	-0	-130	=	-1164
-162	-32	-56	-285	-171	-108	-168	-330	-0	-52	=	-1364
-180	-48	-88	-304	-180	-114	-228	-308	-0	-26	=	-1476
-279	-68	-140	-513	-234	-180	-276	-396	-0	-130	=	-2216
-342	-80	-148	-646	-297	-186	-288	-418	-0	-156	=	-2561
-324	-84	-140	-608	-261	-162	-240	-330	-0	-52	=	-2201
-333	-94	-144	-589	-252	-156	-228	-308	-0	-26	=	-2130
-378	-104	-160	-665	-288	-180	-276	-396	-0	-130	=	-2577
-369	-100	-152	-627	-270	-168	-252	-352	-0	-78	=	-2368

10-Variable Systems followed by Verificiations

64)

	A	B	C	D	E	F	G	H	I	J		
	4	8	14	9	23	1	18	25	13	6		
	+4A	+7B	+4C	+11D	+9E	+4F	+11G	+5H	+11I	+6J	=	940
	+6A	+10B	+6C	+11D	+16E	+4F	+16G	+9H	+17I	+4J	=	1417
	+11A	+13B	+12C	+18D	+26E	+13F	+24G	+18H	+18I	+5J	=	2235
	+13A	+16B	+17C	+20D	+33E	+20F	+26G	+18H	+18I	+5J	=	2559
	+20A	+17B	+22C	+25D	+34E	+27F	+26G	+18H	+18I	+5J	=	2740
	+27A	+20B	+30C	+30D	+41E	+29F	+28G	+20H	+20I	+7J	=	3236
	+33A	+18B	+30C	+36D	+38E	+26F	+25G	+17H	+17I	+4J	=	3040
	+38A	+27B	+38C	+38D	+40E	+28F	+27G	+19H	+19I	+6J	=	3434
	+42A	+32B	+41C	+41D	+43E	+31F	+30G	+22H	+22I	+9J	=	3817
	+39A	+28B	+37C	+37D	+39E	+27F	+26G	+18H	+18I	+5J	=	3337

	A	B	C	D	E	F	G	H	I	J		
	4	8	14	9	23	1	18	25	13	6		
	16	56	56	99	207	4	198	125	143	36	=	940
	24	80	84	99	368	4	288	225	221	24	=	1417
	44	104	168	162	598	13	432	450	234	30	=	2235
	52	128	238	180	759	20	468	450	234	30	=	2559
	80	136	308	225	782	27	468	450	234	30	=	2740
	108	160	420	270	943	29	504	500	260	42	=	3236
	132	144	420	324	874	26	450	425	221	24	=	3040
	152	216	532	342	920	28	486	475	247	36	=	3434
	168	256	574	369	989	31	540	550	286	54	=	3817
	156	224	518	333	897	27	468	450	234	30	=	3337

65)

	A	B	C	D	E	F	G	H	I	J		
	18	10	7	18	13	23	11	12	2	22		
	+2A	+6B	+10C	+10D	+5E	+7F	+6G	+3H	+3I	+2J	=	724
	+10A	+14B	+16C	+18D	+9E	+9F	+13G	+5H	+7I	+2J	=	1341
	+14A	+20B	+19C	+19D	+12E	+15F	+16G	+9H	+6I	+1J	=	1746
	+25A	+26B	+25C	+27D	+18E	+23F	+29G	+12H	+9I	+4J	=	2703
	+29A	+27B	+32C	+34D	+21E	+24F	+27G	+10H	+7I	+2J	=	2928
	+39A	+33B	+42C	+43D	+31E	+28F	+31G	+14H	+11I	+6J	=	3810
	+43A	+30B	+42C	+47D	+27E	+24F	+27G	+10H	+7I	+2J	=	3592
	+54A	+41B	+53C	+50D	+30E	+27F	+30G	+13H	+10I	+5J	=	4280
	+56A	+46B	+54C	+51D	+31E	+28F	+31G	+14H	+11I	+6J	=	4474
	+55A	+44B	+52C	+49D	+29E	+26F	+29G	+12H	+9I	+4J	=	4220

2-10 Variables Associated Expression Systems — 1000 Associated Systems Volume 1

10-Variable Systems followed by Verificiations

A	B	C	D	E	F	G	H	I	J		
18	10	7	18	13	23	11	12	2	22		
36	60	70	180	65	161	66	36	6	44	=	724
180	140	112	324	117	207	143	60	14	44	=	1341
252	200	133	342	156	345	176	108	12	22	=	1746
450	260	175	486	234	529	319	144	18	88	=	2703
522	270	224	612	273	552	297	120	14	44	=	2928
702	330	294	774	403	644	341	168	22	132	=	3810
774	300	294	846	351	552	297	120	14	44	=	3592
972	410	371	900	390	621	330	156	20	110	=	4280
1008	460	378	918	403	644	341	168	22	132	=	4474
990	440	364	882	377	598	319	144	18	88	=	4220

66)

A	B	C	D	E	F	G	H	I	J		
-17	-15	-18	-20	-17	-22	-20	-12	-16	-17		
+4A	+4B	+10C	+9D	+4E	+8F	+9G	+9H	+9I	+4J	=	-1232
+9A	+13B	+18C	+15D	+8E	+16F	+11G	+18H	+14I	+4J	=	-2188
+14A	+20B	+21C	+17D	+10E	+18F	+10G	+23H	+12I	+2J	=	-2524
+20A	+29B	+30C	+21D	+13E	+20F	+16G	+24H	+13I	+3J	=	-3263
+30A	+31B	+38C	+29D	+19E	+30F	+17G	+25H	+14I	+4J	=	-4154
+42A	+36B	+47C	+34D	+31E	+33F	+20G	+28H	+17I	+7J	=	-5160
+46A	+35B	+47C	+38D	+27E	+29F	+16G	+24H	+13I	+3J	=	-4877
+50A	+39B	+51C	+37D	+26E	+28F	+15G	+23H	+12I	+2J	=	-4953
+52A	+41B	+52C	+38D	+27E	+29F	+16G	+24H	+13I	+3J	=	-5159
+53A	+41B	+52C	+38D	+27E	+29F	+16G	+24H	+13I	+3J	=	-5176

A	B	C	D	E	F	G	H	I	J		
-17	-15	-18	-20	-17	-22	-20	-12	-16	-17		
-68	-60	-180	-180	-68	-176	-180	-108	-144	-68	=	-1232
-153	-195	-324	-300	-136	-352	-220	-216	-224	-68	=	-2188
-238	-300	-378	-340	-170	-396	-200	-276	-192	-34	=	-2524
-340	-435	-540	-420	-221	-440	-320	-288	-208	-51	=	-3263
-510	-465	-684	-580	-323	-660	-340	-300	-224	-68	=	-4154
-714	-540	-846	-680	-527	-726	-400	-336	-272	-119	=	-5160
-782	-525	-846	-760	-459	-638	-320	-288	-208	-51	=	-4877
-850	-585	-918	-740	-442	-616	-300	-276	-192	-34	=	-4953
-884	-615	-936	-760	-459	-638	-320	-288	-208	-51	=	-5159
-901	-615	-936	-760	-459	-638	-320	-288	-208	-51	=	-5176

2-10 Variables Associated Expression Systems 1000 Associated Systems Volume 1

10-Variable Systems followed by Verificiations

67)

A	B	C	D	E	F	G	H	I	J		
1	3	8	19	15	11	15	24	13	12		
+8A	+2B	+3C	+2D	+3E	+8F	+8G	+8H	+7I	+10J	=	732
+11A	+7B	+9C	+11D	+8E	+17F	+17G	+17H	+10I	+10J	=	1533
+15A	+12B	+11C	+21D	+17E	+25F	+27G	+21H	+11I	+11J	=	2252
+19A	+15B	+16C	+23D	+22E	+28F	+31G	+22H	+12I	+12J	=	2560
+24A	+17B	+17C	+27D	+26E	+33F	+31G	+22H	+12I	+12J	=	2770
+26A	+24B	+27C	+36D	+30E	+34F	+32G	+23H	+13I	+13J	=	3179
+35A	+33B	+36C	+45D	+30E	+34F	+32G	+23H	+13I	+13J	=	3458
+41A	+38B	+42C	+46D	+31E	+35F	+33G	+24H	+14I	+14J	=	3636
+42A	+41B	+42C	+46D	+31E	+35F	+33G	+24H	+14I	+14J	=	3646
+41A	+39B	+40C	+44D	+29E	+33F	+31G	+22H	+12I	+12J	=	3405

A	B	C	D	E	F	G	H	I	J		
1	3	8	19	15	11	15	24	13	12		
8	6	24	38	45	88	120	192	91	120	=	732
11	21	72	209	120	187	255	408	130	120	=	1533
15	36	88	399	255	275	405	504	143	132	=	2252
19	45	128	437	330	308	465	528	156	144	=	2560
24	51	136	513	390	363	465	528	156	144	=	2770
26	72	216	684	450	374	480	552	169	156	=	3179
35	99	288	855	450	374	480	552	169	156	=	3458
41	114	336	874	465	385	495	576	182	168	=	3636
42	123	336	874	465	385	495	576	182	168	=	3646
41	117	320	836	435	363	465	528	156	144	=	3405

68)

A	B	C	D	E	F	G	H	I	J		
-11	-3	-13	-10	-14	-8	-19	-3	0	-3		
+10A	+8B	+5C	+6D	+8E	+5F	+11G	+3H	+11I	+10J	=	-659
+16A	+7B	+12C	+12D	+14E	+8F	+12G	+5H	+17I	+8J	=	-1000
+24A	+14B	+16C	+18D	+21E	+13F	+18G	+13H	+18I	+9J	=	-1500
+30A	+21B	+19C	+21D	+26E	+23F	+24G	+15H	+20I	+11J	=	-1932
+31A	+21B	+23C	+27D	+29E	+24F	+23G	+14H	+19I	+10J	=	-2080
+35A	+29B	+28C	+30D	+33E	+25F	+24G	+15H	+20I	+11J	=	-2332
+34A	+30B	+33C	+29D	+30E	+22F	+21G	+12H	+17I	+8J	=	-2238
+37A	+34B	+36C	+29D	+30E	+22F	+21G	+12H	+17I	+8J	=	-2322
+39A	+36B	+37C	+30D	+31E	+23F	+22G	+13H	+18I	+9J	=	-2420
+42A	+38B	+39C	+32D	+33E	+25F	+24G	+15H	+20I	+11J	=	-2599

10-Variable Systems followed by Verificiations

A	B	C	D	E	F	G	H	I	J		
-11	-3	-13	-10	-14	-8	-19	-3	0	-3		
-110	-24	-65	-60	-112	-40	-209	-9	-0	-30	=	-659
-176	-21	-156	-120	-196	-64	-228	-15	-0	-24	=	-1000
-264	-42	-208	-180	-294	-104	-342	-39	-0	-27	=	-1500
-330	-63	-247	-210	-364	-184	-456	-45	-0	-33	=	-1932
-341	-63	-299	-270	-406	-192	-437	-42	-0	-30	=	-2080
-385	-87	-364	-300	-462	-200	-456	-45	-0	-33	=	-2332
-374	-90	-429	-290	-420	-176	-399	-36	-0	-24	=	-2238
-407	-102	-468	-290	-420	-176	-399	-36	-0	-24	=	-2322
-429	-108	-481	-300	-434	-184	-418	-39	-0	-27	=	-2420
-462	-114	-507	-320	-462	-200	-456	-45	-0	-33	=	-2599

69)

A	B	C	D	E	F	G	H	I	J		
14	3	5	3	15	3	21	0	25	18		
+11A	+5B	+9C	+4D	+11E	+8F	+9G	+4H	+11I	+8J	=	1023
+15A	+13B	+15C	+8D	+18E	+18F	+17G	+11H	+15I	+9J	=	1566
+21A	+15B	+17C	+14D	+27E	+22F	+22G	+17H	+16I	+10J	=	1979
+20A	+20B	+14C	+15D	+31E	+26F	+21G	+13H	+12I	+6J	=	1847
+31A	+31B	+22C	+22D	+37E	+39F	+24G	+16H	+15I	+9J	=	2416
+31A	+34B	+21C	+21D	+37E	+36F	+21G	+13H	+12I	+6J	=	2216
+35A	+43B	+22C	+25D	+37E	+36F	+21G	+13H	+12I	+6J	=	2316
+37A	+48B	+25C	+26D	+38E	+37F	+22G	+14H	+13I	+7J	=	2459
+37A	+48B	+24C	+25D	+37E	+36F	+21G	+13H	+12I	+6J	=	2369
+39A	+49B	+25C	+26D	+38E	+37F	+22G	+14H	+13I	+7J	=	2490

A	B	C	D	E	F	G	H	I	J		
14	3	5	3	15	3	21	0	25	18		
154	15	45	12	165	24	189	-0	275	144	=	1023
210	39	75	24	270	54	357	-0	375	162	=	1566
294	45	85	42	405	66	462	-0	400	180	=	1979
280	60	70	45	465	78	441	-0	300	108	=	1847
434	93	110	66	555	117	504	-0	375	162	=	2416
434	102	105	63	555	108	441	-0	300	108	=	2216
490	129	110	75	555	108	441	-0	300	108	=	2316
518	144	125	78	570	111	462	-0	325	126	=	2459
518	144	120	75	555	108	441	-0	300	108	=	2369
546	147	125	78	570	111	462	-0	325	126	=	2490

10-Variable Systems followed by Verificiations

70)

A	B	C	D	E	F	G	H	I	J		
15	13	14	3	0	16	23	24	25	7		
+7A	+9B	+5C	+11D	+5E	+9F	+4G	+12H	+5I	+5J	=	1009
+7A	+16B	+11C	+19D	+13E	+10F	+5G	+12H	+5I	+4J	=	1240
+10A	+25B	+20C	+29D	+19E	+18F	+15G	+15H	+6I	+5J	=	2020
+11A	+25B	+20C	+31D	+20E	+18F	+16G	+14H	+5I	+4J	=	2008
+13A	+32B	+28C	+38D	+24E	+20F	+16G	+14H	+5I	+4J	=	2294
+16A	+35B	+34C	+40D	+27E	+18F	+14G	+12H	+3I	+2J	=	2278
+19A	+42B	+37C	+44D	+29E	+20F	+16G	+14H	+5I	+4J	=	2658
+22A	+42B	+40C	+43D	+28E	+19F	+15G	+13H	+4I	+3J	=	2647
+22A	+44B	+39C	+42D	+27E	+18F	+14G	+12H	+3I	+2J	=	2561
+25A	+46B	+41C	+44D	+29E	+20F	+16G	+14H	+5I	+4J	=	2856

A	B	C	D	E	F	G	H	I	J		
15	13	14	3	0	16	23	24	25	7		
105	117	70	33	-0	144	92	288	125	35	=	1009
105	208	154	57	-0	160	115	288	125	28	=	1240
150	325	280	87	-0	288	345	360	150	35	=	2020
165	325	280	93	-0	288	368	336	125	28	=	2008
195	416	392	114	-0	320	368	336	125	28	=	2294
240	455	476	120	-0	288	322	288	75	14	=	2278
285	546	518	132	-0	320	368	336	125	28	=	2658
330	546	560	129	-0	304	345	312	100	21	=	2647
330	572	546	126	-0	288	322	288	75	14	=	2561
375	598	574	132	-0	320	368	336	125	28	=	2856

71)

A	B	C	D	E	F	G	H	I	J		
-6	-5	-6	-20	-17	-22	-20	-18	-3	-3		
+12A	+11B	+5C	+4D	+6E	+9F	+4G	+12H	+7I	+12J	=	-890
+14A	+14B	+7C	+7D	+4E	+11F	+4G	+13H	+9I	+9J	=	-1014
+20A	+21B	+21C	+13D	+15E	+24F	+14G	+20H	+14I	+14J	=	-2118
+25A	+20B	+22C	+12D	+18E	+25F	+19G	+18H	+12I	+12J	=	-2254
+28A	+23B	+27C	+14D	+21E	+28F	+19G	+18H	+12I	+12J	=	-2474
+31A	+23B	+28C	+14D	+24E	+25F	+16G	+15H	+9I	+9J	=	-2351
+41A	+33B	+36C	+24D	+26E	+27F	+18G	+17H	+11I	+11J	=	-2875
+44A	+39B	+39C	+25D	+27E	+28F	+19G	+18H	+12I	+12J	=	-3044
+45A	+41B	+39C	+25D	+27E	+28F	+19G	+18H	+12I	+12J	=	-3060
+43A	+38B	+36C	+22D	+24E	+25F	+16G	+15H	+9I	+9J	=	-2706

10-Variable Systems followed by Verificiations

A	B	C	D	E	F	G	H	I	J		
-6	-5	-6	-20	-17	-22	-20	-18	-3	-3		
-72	-55	-30	-80	-102	-198	-80	-216	-21	-36	=	-890
-84	-70	-42	-140	-68	-242	-80	-234	-27	-27	=	-1014
-120	-105	-126	-260	-255	-528	-280	-360	-42	-42	=	-2118
-150	-100	-132	-240	-306	-550	-380	-324	-36	-36	=	-2254
-168	-115	-162	-280	-357	-616	-380	-324	-36	-36	=	-2474
-186	-115	-168	-280	-408	-550	-320	-270	-27	-27	=	-2351
-246	-165	-216	-480	-442	-594	-360	-306	-33	-33	=	-2875
-264	-195	-234	-500	-459	-616	-380	-324	-36	-36	=	-3044
-270	-205	-234	-500	-459	-616	-380	-324	-36	-36	=	-3060
-258	-190	-216	-440	-408	-550	-320	-270	-27	-27	=	-2706

72)

A	B	C	D	E	F	G	H	I	J		
2	11	2	5	16	3	14	10	21	18		
+7A	+9B	+8C	+8D	+7E	+3F	+5G	+6H	+7I	+7J	=	693
+11A	+9B	+11C	+12D	+11E	+11F	+11G	+8H	+11I	+6J	=	985
+17A	+10B	+15C	+17D	+12E	+12F	+16G	+14H	+10I	+5J	=	1151
+28A	+16B	+20C	+25D	+21E	+16F	+24G	+16H	+12I	+7J	=	1655
+34A	+26B	+29C	+31D	+24E	+20F	+26G	+18H	+14I	+9J	=	2011
+38A	+27B	+33C	+28D	+28E	+16F	+22G	+14H	+10I	+5J	=	1823
+50A	+37B	+37C	+40D	+31E	+19F	+25G	+17H	+13I	+8J	=	2271
+54A	+40B	+41C	+37D	+28E	+16F	+22G	+14H	+10I	+5J	=	2059
+58A	+44B	+44C	+40D	+31E	+19F	+25G	+17H	+13I	+8J	=	2378
+58A	+43B	+43C	+39D	+30E	+18F	+24G	+16H	+12I	+7J	=	2278

A	B	C	D	E	F	G	H	I	J		
2	11	2	5	16	3	14	10	21	18		
14	99	16	40	112	9	70	60	147	126	=	693
22	99	22	60	176	33	154	80	231	108	=	985
34	110	30	85	192	36	224	140	210	90	=	1151
56	176	40	125	336	48	336	160	252	126	=	1655
68	286	58	155	384	60	364	180	294	162	=	2011
76	297	66	140	448	48	308	140	210	90	=	1823
100	407	74	200	496	57	350	170	273	144	=	2271
108	440	82	185	448	48	308	140	210	90	=	2059
116	484	88	200	496	57	350	170	273	144	=	2378
116	473	86	195	480	54	336	160	252	126	=	2278

10-Variable Systems followed by Verificiations

73)

A	B	C	D	E	F	G	H	I	J		
17	13	8	17	19	3	2	3	18	24		
+5A	+9B	+5C	+6D	+6E	+7F	+9G	+3H	+8I	+5J	=	770
+6A	+15B	+9C	+9D	+13E	+15F	+11G	+6H	+9I	+5J	=	1136
+14A	+20B	+19C	+18D	+23E	+25F	+15G	+14H	+10I	+6J	=	1864
+15A	+26B	+28C	+19D	+24E	+31F	+16G	+14H	+10I	+6J	=	2087
+16A	+30B	+29C	+24D	+32E	+32F	+16G	+14H	+10I	+6J	=	2404
+25A	+31B	+30C	+25D	+41E	+32F	+16G	+14H	+10I	+6J	=	2766
+27A	+36B	+36C	+27D	+38E	+29F	+13G	+11H	+7I	+3J	=	2740
+35A	+42B	+44C	+27D	+38E	+29F	+13G	+11H	+7I	+3J	=	3018
+39A	+46B	+47C	+30D	+41E	+32F	+16G	+14H	+10I	+6J	=	3420
+39A	+45B	+46C	+29D	+40E	+31F	+15G	+13H	+9I	+5J	=	3313

A	B	C	D	E	F	G	H	I	J		
17	13	8	17	19	3	2	3	18	24		
85	117	40	102	114	21	18	9	144	120	=	770
102	195	72	153	247	45	22	18	162	120	=	1136
238	260	152	306	437	75	30	42	180	144	=	1864
255	338	224	323	456	93	32	42	180	144	=	2087
272	390	232	408	608	96	32	42	180	144	=	2404
425	403	240	425	779	96	32	42	180	144	=	2766
459	468	288	459	722	87	26	33	126	72	=	2740
595	546	352	459	722	87	26	33	126	72	=	3018
663	598	376	510	779	96	32	42	180	144	=	3420
663	585	368	493	760	93	30	39	162	120	=	3313

74)

A	B	C	D	E	F	G	H	I	J		
5	18	20	6	9	14	9	14	15	18		
+8A	+5B	+7C	+7D	+1E	+3F	+4G	+1H	+7I	+10J	=	698
+19A	+11B	+19C	+13D	+13E	+12F	+12G	+6H	+18I	+14J	=	1750
+25A	+20B	+28C	+15D	+20E	+20F	+21G	+15H	+18I	+14J	=	2516
+25A	+18B	+28C	+17D	+25E	+25F	+21G	+12H	+15I	+11J	=	2466
+29A	+28B	+33C	+27D	+34E	+29F	+23G	+14H	+17I	+13J	=	3075
+37A	+34B	+36C	+37D	+42E	+31F	+25G	+16H	+19I	+15J	=	3555
+34A	+31B	+40C	+35D	+38E	+27F	+21G	+12H	+15I	+11J	=	3238
+46A	+43B	+52C	+38D	+41E	+30F	+24G	+15H	+18I	+14J	=	4009
+43A	+40B	+48C	+34D	+37E	+26F	+20G	+11H	+14I	+10J	=	3520
+45A	+41B	+49C	+35D	+38E	+27F	+21G	+12H	+15I	+11J	=	3653

10-Variable Systems followed by Verificiations

A	B	C	D	E	F	G	H	I	J		
5	18	20	6	9	14	9	14	15	18		
40	90	140	42	9	42	36	14	105	180	=	698
95	198	380	78	117	168	108	84	270	252	=	1750
125	360	560	90	180	280	189	210	270	252	=	2516
125	324	560	102	225	350	189	168	225	198	=	2466
145	504	660	162	306	406	207	196	255	234	=	3075
185	612	720	222	378	434	225	224	285	270	=	3555
170	558	800	210	342	378	189	168	225	198	=	3238
230	774	1040	228	369	420	216	210	270	252	=	4009
215	720	960	204	333	364	180	154	210	180	=	3520
225	738	980	210	342	378	189	168	225	198	=	3653

75)

A	B	C	D	E	F	G	H	I	J		
9	15	12	3	7	10	0	16	17	8		
+3A	+8B	+8C	+8D	+7E	+8F	+9G	+5H	+2I	+5J	=	550
+4A	+14B	+15C	+12D	+12E	+17F	+11G	+13H	+5I	+5J	=	1049
+14A	+23B	+25C	+20D	+22E	+23F	+21G	+23H	+8I	+8J	=	1783
+21A	+31B	+31C	+28D	+24E	+28F	+28G	+22H	+7I	+7J	=	2085
+20A	+36B	+36C	+34D	+29E	+29F	+26G	+20H	+5I	+5J	=	2192
+23A	+41B	+45C	+39D	+32E	+31F	+28G	+22H	+7I	+7J	=	2540
+24A	+49B	+45C	+40D	+31E	+30F	+27G	+21H	+6I	+6J	=	2614
+34A	+55B	+55C	+42D	+33E	+32F	+29G	+23H	+8I	+8J	=	3036
+34A	+55B	+54C	+41D	+32E	+31F	+28G	+22H	+7I	+7J	=	2963
+34A	+54B	+53C	+40D	+31E	+30F	+27G	+21H	+6I	+6J	=	2875

A	B	C	D	E	F	G	H	I	J		
9	15	12	3	7	10	0	16	17	8		
27	120	96	24	49	80	-0	80	34	40	=	550
36	210	180	36	84	170	-0	208	85	40	=	1049
126	345	300	60	154	230	-0	368	136	64	=	1783
189	465	372	84	168	280	-0	352	119	56	=	2085
180	540	432	102	203	290	-0	320	85	40	=	2192
207	615	540	117	224	310	-0	352	119	56	=	2540
216	735	540	120	217	300	-0	336	102	48	=	2614
306	825	660	126	231	320	-0	368	136	64	=	3036
306	825	648	123	224	310	-0	352	119	56	=	2963
306	810	636	120	217	300	-0	336	102	48	=	2875

10-Variable Systems followed by Verificiations

76)

	A	B	C	D	E	F	G	H	I	J		
	3	9	21	4	20	21	18	9	13	0		
	+3A	+9B	+9C	+6D	+9E	+5F	+6G	+4H	+5I	+3J	=	797
	+8A	+15B	+16C	+15D	+14E	+12F	+15G	+10H	+10I	+4J	=	1577
	+20A	+23B	+20C	+24D	+25E	+18F	+27G	+22H	+13I	+7J	=	2514
	+25A	+26B	+24C	+23D	+27E	+21F	+32G	+18H	+9I	+3J	=	2741
	+37A	+37B	+37C	+31D	+39E	+35F	+36G	+22H	+13I	+7J	=	3875
	+42A	+35B	+43C	+32D	+44E	+32F	+33G	+19H	+10I	+4J	=	3919
	+47A	+46B	+49C	+37D	+46E	+34F	+35G	+21H	+12I	+6J	=	4341
	+51A	+52B	+56C	+38D	+47E	+35F	+36G	+22H	+13I	+7J	=	4639
	+49A	+50B	+53C	+35D	+44E	+32F	+33G	+19H	+10I	+4J	=	4297
	+49A	+49B	+52C	+34D	+43E	+31F	+32G	+18H	+9I	+3J	=	4182

	A	B	C	D	E	F	G	H	I	J		
	3	9	21	4	20	21	18	9	13	0		
	9	81	189	24	180	105	108	36	65	-0	=	797
	24	135	336	60	280	252	270	90	130	-0	=	1577
	60	207	420	96	500	378	486	198	169	-0	=	2514
	75	234	504	92	540	441	576	162	117	-0	=	2741
	111	333	777	124	780	735	648	198	169	-0	=	3875
	126	315	903	128	880	672	594	171	130	-0	=	3919
	141	414	1029	148	920	714	630	189	156	-0	=	4341
	153	468	1176	152	940	735	648	198	169	-0	=	4639
	147	450	1113	140	880	672	594	171	130	-0	=	4297
	147	441	1092	136	860	651	576	162	117	-0	=	4182

77)

	A	B	C	D	E	F	G	H	I	J		
	-12	-20	-6	-22	-22	-3	-3	-7	-18	-25		
	+9A	+5B	+3C	+9D	+6E	+3F	+10G	+10H	+5I	+5J	=	-880
	+17A	+11B	+9C	+19D	+10E	+9F	+16G	+15H	+13I	+6J	=	-1680
	+21A	+11B	+11C	+27D	+10E	+13F	+24G	+19H	+12I	+5J	=	-1937
	+29A	+18B	+18C	+31D	+14E	+17F	+32G	+21H	+14I	+7J	=	-2527
	+33A	+22B	+19C	+32D	+12E	+21F	+29G	+18H	+11I	+4J	=	-2492
	+43A	+29B	+24C	+37D	+22E	+24F	+32G	+21H	+14I	+7J	=	-3280
	+42A	+28B	+22C	+36D	+19E	+21F	+29G	+18H	+11I	+4J	=	-2980
	+53A	+37B	+33C	+38D	+21E	+23F	+31G	+20H	+13I	+6J	=	-3558
	+55A	+42B	+34C	+39D	+22E	+24F	+32G	+21H	+14I	+7J	=	-3788
	+53A	+39B	+31C	+36D	+19E	+21F	+29G	+18H	+11I	+4J	=	-3386

10-Variable Systems followed by Verificiations

A	B	C	D	E	F	G	H	I	J		
-12	-20	-6	-22	-22	-3	-3	-7	-18	-25		
-108	-100	-18	-198	-132	-9	-30	-70	-90	-125	=	-880
-204	-220	-54	-418	-220	-27	-48	-105	-234	-150	=	-1680
-252	-220	-66	-594	-220	-39	-72	-133	-216	-125	=	-1937
-348	-360	-108	-682	-308	-51	-96	-147	-252	-175	=	-2527
-396	-440	-114	-704	-264	-63	-87	-126	-198	-100	=	-2492
-516	-580	-144	-814	-484	-72	-96	-147	-252	-175	=	-3280
-504	-560	-132	-792	-418	-63	-87	-126	-198	-100	=	-2980
-636	-740	-198	-836	-462	-69	-93	-140	-234	-150	=	-3558
-660	-840	-204	-858	-484	-72	-96	-147	-252	-175	=	-3788
-636	-780	-186	-792	-418	-63	-87	-126	-198	-100	=	-3386

78)

A	B	C	D	E	F	G	H	I	J		
15	7	1	7	11	10	14	24	14	3		
+4A	+7B	+6C	+11D	+10E	+10F	+5G	+12H	+12I	+5J	=	943
+6A	+8B	+7C	+18D	+16E	+19F	+10G	+21H	+16I	+5J	=	1528
+8A	+6B	+5C	+20D	+20E	+23F	+12G	+23H	+13I	+2J	=	1665
+11A	+8B	+10C	+26D	+29E	+26F	+15G	+24H	+14I	+3J	=	1983
+13A	+12B	+11C	+31D	+32E	+28F	+14G	+23H	+13I	+2J	=	2075
+25A	+25B	+22C	+42D	+44E	+33F	+19G	+28H	+18I	+7J	=	2891
+28A	+26B	+25C	+45D	+40E	+29F	+15G	+24H	+14I	+3J	=	2663
+39A	+36B	+33C	+47D	+42E	+31F	+17G	+26H	+16I	+5J	=	3072
+38A	+35B	+31C	+45D	+40E	+29F	+15G	+24H	+14I	+3J	=	2882
+38A	+34B	+30C	+44D	+39E	+28F	+14G	+23H	+13I	+2J	=	2791

A	B	C	D	E	F	G	H	I	J		
15	7	1	7	11	10	14	24	14	3		
60	49	6	77	110	100	70	288	168	15	=	943
90	56	7	126	176	190	140	504	224	15	=	1528
120	42	5	140	220	230	168	552	182	6	=	1665
165	56	10	182	319	260	210	576	196	9	=	1983
195	84	11	217	352	280	196	552	182	6	=	2075
375	175	22	294	484	330	266	672	252	21	=	2891
420	182	25	315	440	290	210	576	196	9	=	2663
585	252	33	329	462	310	238	624	224	15	=	3072
570	245	31	315	440	290	210	576	196	9	=	2882
570	238	30	308	429	280	196	552	182	6	=	2791

10-Variable Systems followed by Verificiations

79)

A	B	C	D	E	F	G	H	I	J		
16	11	14	16	19	17	9	2	27	10		
+7A	+8B	+3C	+7D	+6E	+8F	+10G	+6H	+10I	+7J	=	1046
+13A	+16B	+8C	+11D	+17E	+15F	+19G	+16H	+16I	+9J	=	1975
+23A	+23B	+14C	+19D	+22E	+21F	+30G	+24H	+18I	+11J	=	2810
+21A	+24B	+15C	+25D	+27E	+20F	+29G	+21H	+15I	+8J	=	2851
+29A	+26B	+16C	+26D	+31E	+31F	+28G	+20H	+14I	+7J	=	3246
+37A	+38B	+25C	+35D	+39E	+34F	+31G	+23H	+17I	+10J	=	4123
+40A	+42B	+31C	+38D	+38E	+33F	+30G	+22H	+16I	+9J	=	4263
+39A	+44B	+30C	+36D	+36E	+31F	+28G	+20H	+14I	+7J	=	4055
+40A	+45B	+30C	+36D	+36E	+31F	+28G	+20H	+14I	+7J	=	4082
+42A	+46B	+31C	+37D	+37E	+32F	+29G	+21H	+15I	+8J	=	4239

A	B	C	D	E	F	G	H	I	J		
16	11	14	16	19	17	9	2	27	10		
112	88	42	112	114	136	90	12	270	70	=	1046
208	176	112	176	323	255	171	32	432	90	=	1975
368	253	196	304	418	357	270	48	486	110	=	2810
336	264	210	400	513	340	261	42	405	80	=	2851
464	286	224	416	589	527	252	40	378	70	=	3246
592	418	350	560	741	578	279	46	459	100	=	4123
640	462	434	608	722	561	270	44	432	90	=	4263
624	484	420	576	684	527	252	40	378	70	=	4055
640	495	420	576	684	527	252	40	378	70	=	4082
672	506	434	592	703	544	261	42	405	80	=	4239

80)

A	B	C	D	E	F	G	H	I	J		
2	4	6	4	10	11	22	10	4	28		
+2A	+1B	+9C	+5D	+7E	+5F	+8G	+7H	+9I	+2J	=	545
+13A	+7B	+15C	+12D	+12E	+11F	+19G	+13H	+20I	+6J	=	1229
+11A	+11B	+21C	+14D	+11E	+13F	+19G	+12H	+17I	+3J	=	1191
+13A	+13B	+26C	+23D	+13E	+17F	+21G	+12H	+17I	+3J	=	1377
+16A	+14B	+31C	+24D	+17E	+20F	+20G	+11H	+16I	+2J	=	1430
+28A	+18B	+43C	+30D	+29E	+23F	+23G	+14H	+19I	+5J	=	1911
+34A	+20B	+48C	+36D	+27E	+21F	+21G	+12H	+17I	+3J	=	1815
+37A	+25B	+51C	+38D	+29E	+23F	+23G	+14H	+19I	+5J	=	2037
+38A	+28B	+51C	+38D	+29E	+23F	+23G	+14H	+19I	+5J	=	2051
+38A	+27B	+50C	+37D	+28E	+22F	+22G	+13H	+18I	+4J	=	1952

10-Variable Systems followed by Verificiations

A	B	C	D	E	F	G	H	I	J		
2	4	6	4	10	11	22	10	4	28		
4	4	54	20	70	55	176	70	36	56	=	545
26	28	90	48	120	121	418	130	80	168	=	1229
22	44	126	56	110	143	418	120	68	84	=	1191
26	52	156	92	130	187	462	120	68	84	=	1377
32	56	186	96	170	220	440	110	64	56	=	1430
56	72	258	120	290	253	506	140	76	140	=	1911
68	80	288	144	270	231	462	120	68	84	=	1815
74	100	306	152	290	253	506	140	76	140	=	2037
76	112	306	152	290	253	506	140	76	140	=	2051
76	108	300	148	280	242	484	130	72	112	=	1952

81)

A	B	C	D	E	F	G	H	I	J		
12	5	14	12	13	5	14	0	13	24		
+8A	+9B	+9C	+3D	+1E	+1F	+9G	+8H	+2I	+8J	=	665
+15A	+16B	+15C	+5D	+8E	+7F	+14G	+12H	+9I	+9J	=	1198
+23A	+19B	+16C	+13D	+14E	+15F	+21G	+16H	+9I	+9J	=	1635
+29A	+23B	+20C	+17D	+15E	+21F	+25G	+16H	+9I	+9J	=	1930
+38A	+34B	+24C	+28D	+23E	+33F	+28G	+19H	+12I	+12J	=	2598
+43A	+43B	+30C	+32D	+28E	+33F	+28G	+19H	+12I	+12J	=	2900
+49A	+45B	+34C	+38D	+25E	+30F	+25G	+16H	+9I	+9J	=	2903
+56A	+51B	+41C	+40D	+27E	+32F	+27G	+18H	+11I	+11J	=	3277
+58A	+53B	+42C	+41D	+28E	+33F	+28G	+19H	+12I	+12J	=	3406
+57A	+51B	+40C	+39D	+26E	+31F	+26G	+17H	+10I	+10J	=	3194

A	B	C	D	E	F	G	H	I	J		
12	5	14	12	13	5	14	0	13	24		
96	45	126	36	13	5	126	-0	26	192	=	665
180	80	210	60	104	35	196	-0	117	216	=	1198
276	95	224	156	182	75	294	-0	117	216	=	1635
348	115	280	204	195	105	350	-0	117	216	=	1930
456	170	336	336	299	165	392	-0	156	288	=	2598
516	215	420	384	364	165	392	-0	156	288	=	2900
588	225	476	456	325	150	350	-0	117	216	=	2903
672	255	574	480	351	160	378	-0	143	264	=	3277
696	265	588	492	364	165	392	-0	156	288	=	3406
684	255	560	468	338	155	364	-0	130	240	=	3194

10-Variable Systems followed by Verificiations

82)

	A	B	C	D	E	F	G	H	I	J		
	-4	-2	-8	-7	-6	-24	-15	-6	-27	-12		
	+11A	+5B	+10C	+10D	+8E	+5F	+10G	+4H	+10I	+11J	=	-948
	+17A	+15B	+17C	+13D	+11E	+8F	+15G	+11H	+16I	+12J	=	-1450
	+26A	+18B	+25C	+17D	+14E	+14F	+21G	+20H	+16I	+12J	=	-1890
	+27A	+18B	+27C	+15D	+16E	+19F	+22G	+16H	+12I	+8J	=	-1863
	+39A	+31B	+36C	+22D	+25E	+31F	+26G	+20H	+16I	+12J	=	-2640
	+42A	+38B	+40C	+27D	+28E	+29F	+24G	+18H	+14I	+10J	=	-2583
	+47A	+41B	+44C	+32D	+28E	+29F	+24G	+18H	+14I	+10J	=	-2676
	+56A	+44B	+53C	+32D	+28E	+29F	+24G	+18H	+14I	+10J	=	-2790
	+59A	+47B	+55C	+34D	+30E	+31F	+26G	+20H	+16I	+12J	=	-3018
	+57A	+44B	+52C	+31D	+27E	+28F	+23G	+17H	+13I	+9J	=	-2689

	A	B	C	D	E	F	G	H	I	J		
	-4	-2	-8	-7	-6	-24	-15	-6	-27	-12		
	-44	-10	-80	-70	-48	-120	-150	-24	-270	-132	=	-948
	-68	-30	-136	-91	-66	-192	-225	-66	-432	-144	=	-1450
	-104	-36	-200	-119	-84	-336	-315	-120	-432	-144	=	-1890
	-108	-36	-216	-105	-96	-456	-330	-96	-324	-96	=	-1863
	-156	-62	-288	-154	-150	-744	-390	-120	-432	-144	=	-2640
	-168	-76	-320	-189	-168	-696	-360	-108	-378	-120	=	-2583
	-188	-82	-352	-224	-168	-696	-360	-108	-378	-120	=	-2676
	-224	-88	-424	-224	-168	-696	-360	-108	-378	-120	=	-2790
	-236	-94	-440	-238	-180	-744	-390	-120	-432	-144	=	-3018
	-228	-88	-416	-217	-162	-672	-345	-102	-351	-108	=	-2689

83)

	A	B	C	D	E	F	G	H	I	J		
	6	17	11	21	2	2	4	17	8	3		
	+9A	+5B	+9C	+2D	+6E	+7F	+5G	+6H	+5I	+9J	=	495
	+19A	+16B	+12C	+8D	+16E	+13F	+9G	+17H	+15I	+11J	=	1222
	+22A	+22B	+14C	+14D	+21E	+12F	+11G	+20H	+13I	+9J	=	1535
	+32A	+28B	+22C	+25D	+32E	+20F	+21G	+22H	+15I	+11J	=	2150
	+38A	+29B	+24C	+27D	+37E	+24F	+19G	+20H	+13I	+9J	=	2221
	+45A	+37B	+31C	+36D	+44E	+24F	+19G	+20H	+13I	+9J	=	2679
	+53A	+46B	+42C	+44D	+47E	+27F	+22G	+23H	+16I	+12J	=	3277
	+57A	+50B	+46C	+41D	+44E	+24F	+19G	+20H	+13I	+9J	=	3242
	+59A	+53B	+47C	+42D	+45E	+25F	+20G	+21H	+14I	+10J	=	3373
	+62A	+55B	+49C	+44D	+47E	+27F	+22G	+23H	+16I	+12J	=	3561

10-Variable Systems followed by Verificiations

A	B	C	D	E	F	G	H	I	J		
6	17	11	21	2	2	4	17	8	3		
54	85	99	42	12	14	20	102	40	27	=	495
114	272	132	168	32	26	36	289	120	33	=	1222
132	374	154	294	42	24	44	340	104	27	=	1535
192	476	242	525	64	40	84	374	120	33	=	2150
228	493	264	567	74	48	76	340	104	27	=	2221
270	629	341	756	88	48	76	340	104	27	=	2679
318	782	462	924	94	54	88	391	128	36	=	3277
342	850	506	861	88	48	76	340	104	27	=	3242
354	901	517	882	90	50	80	357	112	30	=	3373
372	935	539	924	94	54	88	391	128	36	=	3561

84)

A	B	C	D	E	F	G	H	I	J		
18	18	6	22	0	1	17	8	16	25		
+3A	+7B	+9C	+7D	+4E	+8F	+6G	+3H	+8I	+6J	=	800
+13A	+14B	+13C	+9D	+11E	+12F	+11G	+5H	+18I	+7J	=	1464
+18A	+16B	+16C	+13D	+17E	+19F	+21G	+14H	+19I	+8J	=	1986
+24A	+22B	+23C	+15D	+18E	+25F	+27G	+13H	+18I	+7J	=	2347
+33A	+23B	+26C	+23D	+19E	+34F	+27G	+13H	+18I	+7J	=	2730
+35A	+33B	+33C	+27D	+21E	+35F	+28G	+14H	+19I	+8J	=	3143
+41A	+36B	+39C	+33D	+20E	+34F	+27G	+13H	+18I	+7J	=	3406
+47A	+45B	+45C	+34D	+21E	+35F	+28G	+14H	+19I	+8J	=	3801
+46A	+44B	+43C	+32D	+19E	+33F	+26G	+12H	+17I	+6J	=	3575
+48A	+45B	+44C	+33D	+20E	+34F	+27G	+13H	+18I	+7J	=	3724

A	B	C	D	E	F	G	H	I	J		
18	18	6	22	0	1	17	8	16	25		
54	126	54	154	-0	8	102	24	128	150	=	800
234	252	78	198	-0	12	187	40	288	175	=	1464
324	288	96	286	-0	19	357	112	304	200	=	1986
432	396	138	330	-0	25	459	104	288	175	=	2347
594	414	156	506	-0	34	459	104	288	175	=	2730
630	594	198	594	-0	35	476	112	304	200	=	3143
738	648	234	726	-0	34	459	104	288	175	=	3406
846	810	270	748	-0	35	476	112	304	200	=	3801
828	792	258	704	-0	33	442	96	272	150	=	3575
864	810	264	726	-0	34	459	104	288	175	=	3724

10-Variable Systems followed by Verificiations

85)

A	B	C	D	E	F	G	H	I	J		
16	12	1	3	5	13	3	8	19	6		
+9A	+7B	+2C	+6D	+9E	+2F	+5G	+7H	+3I	+9J	=	501
+11A	+11B	+3C	+12D	+14E	+2F	+5G	+9H	+5I	+8J	=	673
+20A	+25B	+14C	+18D	+24E	+8F	+14G	+18H	+10I	+13J	=	1366
+21A	+29B	+11C	+22D	+21E	+4F	+13G	+13H	+5I	+8J	=	1204
+26A	+36B	+12C	+23D	+27E	+9F	+13G	+13H	+5I	+8J	=	1467
+35A	+44B	+20C	+30D	+36E	+13F	+17G	+17H	+9I	+12J	=	1977
+38A	+48B	+24C	+33D	+32E	+9F	+13G	+13H	+5I	+8J	=	1870
+43A	+58B	+32C	+35D	+34E	+11F	+15G	+15H	+7I	+10J	=	2192
+43A	+60B	+31C	+34D	+33E	+10F	+14G	+14H	+6I	+9J	=	2158
+44A	+60B	+31C	+34D	+33E	+10F	+14G	+14H	+6I	+9J	=	2174

A	B	C	D	E	F	G	H	I	J		
16	12	1	3	5	13	3	8	19	6		
144	84	2	18	45	26	15	56	57	54	=	501
176	132	3	36	70	26	15	72	95	48	=	673
320	300	14	54	120	104	42	144	190	78	=	1366
336	348	11	66	105	52	39	104	95	48	=	1204
416	432	12	69	135	117	39	104	95	48	=	1467
560	528	20	90	180	169	51	136	171	72	=	1977
608	576	24	99	160	117	39	104	95	48	=	1870
688	696	32	105	170	143	45	120	133	60	=	2192
688	720	31	102	165	130	42	112	114	54	=	2158
704	720	31	102	165	130	42	112	114	54	=	2174

86)

A	B	C	D	E	F	G	H	I	J		
6	11	7	13	20	19	15	1	21	8		
+3A	+9B	+3C	+6D	+5E	+10F	+5G	+10H	+3I	+3J	=	678
+9A	+18B	+13C	+13D	+15E	+15F	+10G	+12H	+9I	+4J	=	1480
+11A	+24B	+20C	+17D	+18E	+21F	+15G	+17H	+8I	+3J	=	1884
+19A	+33B	+23C	+22D	+21E	+30F	+23G	+18H	+9I	+4J	=	2498
+24A	+33B	+29C	+23D	+23E	+35F	+21G	+16H	+7I	+2J	=	2628
+28A	+34B	+38C	+25D	+27E	+35F	+21G	+16H	+7I	+2J	=	2832
+34A	+46B	+49C	+34D	+30E	+38F	+24G	+19H	+10I	+5J	=	3446
+41A	+49B	+56C	+32D	+28E	+36F	+22G	+17H	+8I	+3J	=	3376
+42A	+50B	+56C	+32D	+28E	+36F	+22G	+17H	+8I	+3J	=	3393
+44A	+51B	+57C	+33D	+29E	+37F	+23G	+18H	+9I	+4J	=	3520

2-10 Variables Associated Expression Systems   1000 Associated Systems Volume 1

10-Variable Systems followed by Verificiations

A	B	C	D	E	F	G	H	I	J		
6	11	7	13	20	19	15	1	21	8		
18	99	21	78	100	190	75	10	63	24	=	678
54	198	91	169	300	285	150	12	189	32	=	1480
66	264	140	221	360	399	225	17	168	24	=	1884
114	363	161	286	420	570	345	18	189	32	=	2498
144	363	203	299	460	665	315	16	147	16	=	2628
168	374	266	325	540	665	315	16	147	16	=	2832
204	506	343	442	600	722	360	19	210	40	=	3446
246	539	392	416	560	684	330	17	168	24	=	3376
252	550	392	416	560	684	330	17	168	24	=	3393
264	561	399	429	580	703	345	18	189	32	=	3520

87)

A	B	C	D	E	F	G	H	I	J		
9	10	8	3	10	11	1	23	22	4		
+5A	+5B	+11C	+11D	+9E	+4F	+10G	+6H	+7I	+5J	=	672
+7A	+3B	+17C	+15D	+11E	+3F	+10G	+7H	+9I	+2J	=	794
+19A	+11B	+27C	+28D	+16E	+14F	+18G	+19H	+13I	+6J	=	1660
+19A	+17B	+30C	+29D	+16E	+15F	+18G	+16H	+10I	+3J	=	1611
+24A	+20B	+34C	+31D	+21E	+20F	+17G	+15H	+9I	+2J	=	1779
+33A	+23B	+43C	+38D	+30E	+22F	+19G	+17H	+11I	+4J	=	2195
+37A	+33B	+52C	+42D	+31E	+23F	+20G	+18H	+12I	+5J	=	2486
+37A	+32B	+55C	+39D	+28E	+20F	+17G	+15H	+9I	+2J	=	2278
+42A	+37B	+59C	+43D	+32E	+24F	+21G	+19H	+13I	+6J	=	2701
+41A	+35B	+57C	+41D	+30E	+22F	+19G	+17H	+11I	+4J	=	2508

A	B	C	D	E	F	G	H	I	J		
9	10	8	3	10	11	1	23	22	4		
45	50	88	33	90	44	10	138	154	20	=	672
63	30	136	45	110	33	10	161	198	8	=	794
171	110	216	84	160	154	18	437	286	24	=	1660
171	170	240	87	160	165	18	368	220	12	=	1611
216	200	272	93	210	220	17	345	198	8	=	1779
297	230	344	114	300	242	19	391	242	16	=	2195
333	330	416	126	310	253	20	414	264	20	=	2486
333	320	440	117	280	220	17	345	198	8	=	2278
378	370	472	129	320	264	21	437	286	24	=	2701
369	350	456	123	300	242	19	391	242	16	=	2508

10-Variable Systems followed by Verificiations

88)

A	B	C	D	E	F	G	H	I	J		
10	7	13	4	22	19	23	11	9	28		
+7A	+8B	+2C	+7D	+8E	+10F	+3G	+3H	+5I	+7J	=	889
+9A	+12B	+9C	+10D	+13E	+11F	+9G	+5H	+7I	+7J	=	1347
+17A	+17B	+15C	+19D	+19E	+18F	+18G	+13H	+8I	+8J	=	2173
+22A	+23B	+16C	+20D	+20E	+25F	+23G	+13H	+8I	+8J	=	2552
+30A	+27B	+20C	+30D	+30E	+33F	+24G	+14H	+9I	+9J	=	3195
+37A	+35B	+26C	+35D	+37E	+35F	+26G	+16H	+11I	+11J	=	3753
+40A	+39B	+29C	+38D	+32E	+30F	+21G	+11H	+6I	+6J	=	3302
+51A	+45B	+38C	+41D	+35E	+33F	+24G	+14H	+9I	+9J	=	3919
+49A	+43B	+35C	+38D	+32E	+30F	+21G	+11H	+6I	+6J	=	3498
+50A	+43B	+35C	+38D	+32E	+30F	+21G	+11H	+6I	+6J	=	3508

A	B	C	D	E	F	G	H	I	J		
10	7	13	4	22	19	23	11	9	28		
70	56	26	28	176	190	69	33	45	196	=	889
90	84	117	40	286	209	207	55	63	196	=	1347
170	119	195	76	418	342	414	143	72	224	=	2173
220	161	208	80	440	475	529	143	72	224	=	2552
300	189	260	120	660	627	552	154	81	252	=	3195
370	245	338	140	814	665	598	176	99	308	=	3753
400	273	377	152	704	570	483	121	54	168	=	3302
510	315	494	164	770	627	552	154	81	252	=	3919
490	301	455	152	704	570	483	121	54	168	=	3498
500	301	455	152	704	570	483	121	54	168	=	3508

89)

A	B	C	D	E	F	G	H	I	J		
2	10	15	9	22	1	23	11	0	13		
+4A	+6B	+8C	+11D	+8E	+8F	+5G	+6H	+4I	+5J	=	717
+8A	+5B	+6C	+10D	+12E	+6F	+8G	+9H	+8I	+2J	=	825
+17A	+8B	+8C	+14D	+21E	+16F	+10G	+18H	+9I	+3J	=	1305
+23A	+15B	+9C	+22D	+28E	+20F	+16G	+17H	+8I	+2J	=	1746
+33A	+25B	+14C	+31D	+33E	+27F	+20G	+21H	+12I	+6J	=	2327
+35A	+30B	+16C	+32D	+37E	+27F	+20G	+21H	+12I	+6J	=	2508
+39A	+34B	+21C	+36D	+36E	+26F	+19G	+20H	+11I	+5J	=	2597
+40A	+37B	+24C	+35D	+35E	+25F	+18G	+19H	+10I	+4J	=	2595
+39A	+36B	+22C	+33D	+33E	+23F	+16G	+17H	+8I	+2J	=	2395
+42A	+38B	+24C	+35D	+35E	+25F	+18G	+19H	+10I	+4J	=	2609

2-10 Variables Associated Expression Systems — 1000 Associated Systems Volume 1

10-Variable Systems followed by Verificiations

A	B	C	D	E	F	G	H	I	J		
2	10	15	9	22	1	23	11	0	13		
8	60	120	99	176	8	115	66	-0	65	=	717
16	50	90	90	264	6	184	99	-0	26	=	825
34	80	120	126	462	16	230	198	-0	39	=	1305
46	150	135	198	616	20	368	187	-0	26	=	1746
66	250	210	279	726	27	460	231	-0	78	=	2327
70	300	240	288	814	27	460	231	-0	78	=	2508
78	340	315	324	792	26	437	220	-0	65	=	2597
80	370	360	315	770	25	414	209	-0	52	=	2595
78	360	330	297	726	23	368	187	-0	26	=	2395
84	380	360	315	770	25	414	209	-0	52	=	2609

90)

A	B	C	D	E	F	G	H	I	J		
13	14	12	2	15	6	21	12	23	21		
+9A	+9B	+8C	+5D	+5E	+7F	+2G	+5H	+5I	+5J	=	788
+14A	+15B	+15C	+12D	+9E	+17F	+7G	+11H	+10I	+7J	=	1489
+22A	+23B	+22C	+15D	+12E	+24F	+9G	+19H	+11I	+8J	=	2064
+22A	+29B	+26C	+20D	+19E	+32F	+10G	+18H	+10I	+7J	=	2324
+25A	+30B	+28C	+25D	+28E	+38F	+10G	+18H	+10I	+7J	=	2582
+35A	+34B	+33C	+29D	+38E	+40F	+12G	+20H	+12I	+9J	=	3152
+37A	+38B	+32C	+31D	+33E	+35F	+7G	+15H	+7I	+4J	=	2736
+42A	+49B	+37C	+33D	+35E	+37F	+9G	+17H	+9I	+6J	=	3215
+44A	+52B	+38C	+34D	+36E	+38F	+10G	+18H	+10I	+7J	=	3395
+45A	+52B	+38C	+34D	+36E	+38F	+10G	+18H	+10I	+7J	=	3408

A	B	C	D	E	F	G	H	I	J		
13	14	12	2	15	6	21	12	23	21		
117	126	96	10	75	42	42	60	115	105	=	788
182	210	180	24	135	102	147	132	230	147	=	1489
286	322	264	30	180	144	189	228	253	168	=	2064
286	406	312	40	285	192	210	216	230	147	=	2324
325	420	336	50	420	228	210	216	230	147	=	2582
455	476	396	58	570	240	252	240	276	189	=	3152
481	532	384	62	495	210	147	180	161	84	=	2736
546	686	444	66	525	222	189	204	207	126	=	3215
572	728	456	68	540	228	210	216	230	147	=	3395
585	728	456	68	540	228	210	216	230	147	=	3408

2-10 Variables Associated Expression Systems 1000 Associated Systems Volume 1

10-Variable Systems followed by Verificiations

91)

	A	B	C	D	E	F	G	H	I	J		
	14	9	18	11	14	2	5	16	14	28		
	+8A	+11B	+10C	+9D	+12E	+11F	+4G	+4H	+10I	+8J	=	1128
	+11A	+13B	+9C	+12D	+15E	+14F	+5G	+9H	+13I	+6J	=	1322
	+21A	+22B	+15C	+21D	+22E	+21F	+13G	+19H	+16I	+9J	=	2188
	+25A	+24B	+21C	+22D	+20E	+22F	+17G	+16H	+13I	+6J	=	2201
	+33A	+35B	+32C	+32D	+31E	+30F	+19G	+18H	+15I	+8J	=	3016
	+38A	+41B	+35C	+38D	+36E	+29F	+18G	+17H	+14I	+7J	=	3265
	+43A	+43B	+43C	+43D	+37E	+30F	+19G	+18H	+15I	+8J	=	3631
	+48A	+51B	+48C	+43D	+37E	+30F	+19G	+18H	+15I	+8J	=	3863
	+48A	+54B	+47C	+42D	+36E	+29F	+18G	+17H	+14I	+7J	=	3782
	+50A	+55B	+48C	+43D	+37E	+30F	+19G	+18H	+15I	+8J	=	3927

	A	B	C	D	E	F	G	H	I	J		
	14	9	18	11	14	2	5	16	14	28		
	112	99	180	99	168	22	20	64	140	224	=	1128
	154	117	162	132	210	28	25	144	182	168	=	1322
	294	198	270	231	308	42	65	304	224	252	=	2188
	350	216	378	242	280	44	85	256	182	168	=	2201
	462	315	576	352	434	60	95	288	210	224	=	3016
	532	369	630	418	504	58	90	272	196	196	=	3265
	602	387	774	473	518	60	95	288	210	224	=	3631
	672	459	864	473	518	60	95	288	210	224	=	3863
	672	486	846	462	504	58	90	272	196	196	=	3782
	700	495	864	473	518	60	95	288	210	224	=	3927

92)

	A	B	C	D	E	F	G	H	I	J		
	-4	-7	-16	-18	-7	-5	-22	-11	-12	-10		
	+7A	+8B	+3C	+3D	+8E	+4F	+7G	+3H	+5I	+7J	=	-579
	+15A	+14B	+5C	+7D	+14E	+10F	+17G	+8H	+13I	+8J	=	-1210
	+16A	+18B	+14C	+13D	+19E	+18F	+21G	+12H	+13I	+8J	=	-1701
	+16A	+24B	+20C	+15D	+24E	+20F	+22G	+11H	+12I	+7J	=	-1909
	+23A	+33B	+26C	+19D	+34E	+27F	+25G	+14H	+15I	+10J	=	-2438
	+25A	+37B	+27C	+18D	+36E	+24F	+22G	+11H	+12I	+7J	=	-2306
	+33A	+41B	+31C	+26D	+38E	+26F	+24G	+13H	+14I	+9J	=	-2708
	+37A	+43B	+35C	+25D	+37E	+25F	+23G	+12H	+13I	+8J	=	-2717
	+40A	+46B	+37C	+27D	+39E	+27F	+25G	+14H	+15I	+10J	=	-2952
	+39A	+44B	+35C	+25D	+37E	+25F	+23G	+12H	+13I	+8J	=	-2732

2-10 Variables Associated Expression Systems

10-Variable Systems followed by Verificiations

A	B	C	D	E	F	G	H	I	J		
-4	-7	-16	-18	-7	-5	-22	-11	-12	-10		
-28	-56	-48	-54	-56	-20	-154	-33	-60	-70	=	-579
-60	-98	-80	-126	-98	-50	-374	-88	-156	-80	=	-1210
-64	-126	-224	-234	-133	-90	-462	-132	-156	-80	=	-1701
-64	-168	-320	-270	-168	-100	-484	-121	-144	-70	=	-1909
-92	-231	-416	-342	-238	-135	-550	-154	-180	-100	=	-2438
-100	-259	-432	-324	-252	-120	-484	-121	-144	-70	=	-2306
-132	-287	-496	-468	-266	-130	-528	-143	-168	-90	=	-2708
-148	-301	-560	-450	-259	-125	-506	-132	-156	-80	=	-2717
-160	-322	-592	-486	-273	-135	-550	-154	-180	-100	=	-2952
-156	-308	-560	-450	-259	-125	-506	-132	-156	-80	=	-2732

93)

A	B	C	D	E	F	G	H	I	J		
0	14	5	7	19	8	0	4	12	18		
+10A	+10B	+6C	+6D	+5E	+11F	+11G	+5H	+8I	+10J	=	691
+9A	+13B	+7C	+8D	+7E	+13F	+10G	+5H	+7I	+8J	=	758
+17A	+20B	+9C	+15D	+11E	+15F	+15G	+13H	+8I	+9J	=	1069
+20A	+23B	+14C	+17D	+12E	+22F	+18G	+12H	+7I	+8J	=	1191
+26A	+31B	+21C	+24D	+23E	+28F	+20G	+14H	+9I	+10J	=	1712
+27A	+37B	+27C	+28D	+24E	+26F	+18G	+12H	+7I	+8J	=	1789
+32A	+39B	+35C	+33D	+24E	+26F	+18G	+12H	+7I	+8J	=	1892
+34A	+46B	+41C	+34D	+25E	+27F	+19G	+13H	+8I	+9J	=	2088
+38A	+50B	+44C	+37D	+28E	+30F	+22G	+16H	+11I	+12J	=	2363
+37A	+48B	+42C	+35D	+26E	+28F	+20G	+14H	+9I	+10J	=	2189

A	B	C	D	E	F	G	H	I	J		
0	14	5	7	19	8	0	4	12	18		
-0	140	30	42	95	88	-0	20	96	180	=	691
-0	182	35	56	133	104	-0	20	84	144	=	758
-0	280	45	105	209	120	-0	52	96	162	=	1069
-0	322	70	119	228	176	-0	48	84	144	=	1191
-0	434	105	168	437	224	-0	56	108	180	=	1712
-0	518	135	196	456	208	-0	48	84	144	=	1789
-0	546	175	231	456	208	-0	48	84	144	=	1892
-0	644	205	238	475	216	-0	52	96	162	=	2088
-0	700	220	259	532	240	-0	64	132	216	=	2363
-0	672	210	245	494	224	-0	56	108	180	=	2189

10-Variable Systems followed by Verificiations

94)

A	B	C	D	E	F	G	H	I	J		
19	14	17	10	19	18	3	26	13	28		
+9A	+5B	+10C	+8D	+3E	+6F	+6G	+3H	+10I	+9J	=	1134
+15A	+9B	+21C	+18D	+9E	+9F	+13G	+6H	+16I	+11J	=	1992
+12A	+6B	+20C	+18D	+13E	+7F	+10G	+3H	+12I	+7J	=	1665
+20A	+12B	+29C	+26D	+18E	+16F	+18G	+5H	+14I	+9J	=	2549
+23A	+19B	+34C	+29D	+22E	+22F	+18G	+5H	+14I	+9J	=	3003
+30A	+26B	+38C	+34D	+29E	+24F	+20G	+7H	+16I	+11J	=	3661
+33A	+26B	+45C	+37D	+27E	+22F	+18G	+5H	+14I	+9J	=	3653
+37A	+30B	+49C	+38D	+28E	+23F	+19G	+6H	+15I	+10J	=	3970
+40A	+34B	+51C	+40D	+30E	+25F	+21G	+8H	+17I	+12J	=	4351
+38A	+31B	+48C	+37D	+27E	+22F	+18G	+5H	+14I	+9J	=	3869

A	B	C	D	E	F	G	H	I	J		
19	14	17	10	19	18	3	26	13	28		
171	70	170	80	57	108	18	78	130	252	=	1134
285	126	357	180	171	162	39	156	208	308	=	1992
228	84	340	180	247	126	30	78	156	196	=	1665
380	168	493	260	342	288	54	130	182	252	=	2549
437	266	578	290	418	396	54	130	182	252	=	3003
570	364	646	340	551	432	60	182	208	308	=	3661
627	364	765	370	513	396	54	130	182	252	=	3653
703	420	833	380	532	414	57	156	195	280	=	3970
760	476	867	400	570	450	63	208	221	336	=	4351
722	434	816	370	513	396	54	130	182	252	=	3869

95)

A	B	C	D	E	F	G	H	I	J		
18	2	19	15	11	23	0	14	22	12		
+6A	+9B	+7C	+9D	+6E	+5F	+7G	+5H	+7I	+4J	=	847
+12A	+15B	+12C	+15D	+11E	+17F	+18G	+14H	+13I	+7J	=	1777
+15A	+20B	+10C	+20D	+10E	+15F	+24G	+21H	+10I	+4J	=	1817
+18A	+21B	+14C	+23D	+15E	+22F	+27G	+21H	+10I	+4J	=	2210
+25A	+29B	+23C	+30D	+23E	+29F	+29G	+23H	+12I	+6J	=	2973
+34A	+33B	+28C	+35D	+32E	+29F	+29G	+23H	+12I	+6J	=	3412
+41A	+41B	+34C	+40D	+31E	+28F	+28G	+22H	+11I	+5J	=	3661
+49A	+44B	+42C	+42D	+33E	+30F	+30G	+24H	+13I	+7J	=	4157
+47A	+43B	+39C	+39D	+30E	+27F	+27G	+21H	+10I	+4J	=	3771
+48A	+43B	+39C	+39D	+30E	+27F	+27G	+21H	+10I	+4J	=	3789

10-Variable Systems followed by Verificiations

A	B	C	D	E	F	G	H	I	J		
18	2	19	15	11	23	0	14	22	12		
108	18	133	135	66	115	-0	70	154	48	=	847
216	30	228	225	121	391	-0	196	286	84	=	1777
270	40	190	300	110	345	-0	294	220	48	=	1817
324	42	266	345	165	506	-0	294	220	48	=	2210
450	58	437	450	253	667	-0	322	264	72	=	2973
612	66	532	525	352	667	-0	322	264	72	=	3412
738	82	646	600	341	644	-0	308	242	60	=	3661
882	88	798	630	363	690	-0	336	286	84	=	4157
846	86	741	585	330	621	-0	294	220	48	=	3771
864	86	741	585	330	621	-0	294	220	48	=	3789

96)

A	B	C	D	E	F	G	H	I	J		
19	9	0	2	3	17	25	13	12	4		
+9A	+9B	+3C	+4D	+2E	+1F	+7G	+2H	+5I	+9J	=	580
+12A	+16B	+9C	+11D	+13E	+6F	+15G	+7H	+8I	+11J	=	1141
+15A	+21B	+10C	+12D	+19E	+11F	+21G	+10H	+8I	+11J	=	1537
+25A	+27B	+19C	+17D	+26E	+13F	+31G	+11H	+9I	+12J	=	2125
+29A	+33B	+24C	+22D	+33E	+17F	+31G	+11H	+9I	+12J	=	2354
+36A	+40B	+26C	+29D	+40E	+15F	+29G	+9H	+7I	+10J	=	2443
+39A	+44B	+29C	+34D	+39E	+14F	+28G	+8H	+6I	+9J	=	2472
+44A	+48B	+34C	+35D	+40E	+15F	+29G	+9H	+7I	+10J	=	2679
+49A	+53B	+38C	+39D	+44E	+19F	+33G	+13H	+11I	+14J	=	3123
+45A	+48B	+33C	+34D	+39E	+14F	+28G	+8H	+6I	+9J	=	2622

A	B	C	D	E	F	G	H	I	J		
19	9	0	2	3	17	25	13	12	4		
171	81	-0	8	6	17	175	26	60	36	=	580
228	144	-0	22	39	102	375	91	96	44	=	1141
285	189	-0	24	57	187	525	130	96	44	=	1537
475	243	-0	34	78	221	775	143	108	48	=	2125
551	297	-0	44	99	289	775	143	108	48	=	2354
684	360	-0	58	120	255	725	117	84	40	=	2443
741	396	-0	68	117	238	700	104	72	36	=	2472
836	432	-0	70	120	255	725	117	84	40	=	2679
931	477	-0	78	132	323	825	169	132	56	=	3123
855	432	-0	68	117	238	700	104	72	36	=	2622

10-Variable Systems followed by Verificiations

97)

	A	B	C	D	E	F	G	H	I	J		
	-14	-7	-10	-2	-2	-17	-22	-19	-21	-18		
	+7A	+5B	+8C	+9D	+11E	+7F	+10G	+4H	+11I	+7J	=	-1025
	+11A	+13B	+9C	+15D	+13E	+15F	+15G	+8H	+15I	+6J	=	-1551
	+16A	+17B	+12C	+19D	+20E	+19F	+18G	+10H	+14I	+5J	=	-1834
	+24A	+19B	+18C	+21D	+27E	+25F	+26G	+11H	+15I	+6J	=	-2374
	+32A	+24B	+28C	+24D	+29E	+33F	+27G	+12H	+16I	+7J	=	-2847
	+36A	+34B	+39C	+35D	+33E	+35F	+29G	+14H	+18I	+9J	=	-3307
	+35A	+35B	+40C	+34D	+30E	+32F	+26G	+11H	+15I	+6J	=	-3011
	+42A	+42B	+49C	+37D	+33E	+35F	+29G	+14H	+18I	+9J	=	-3551
	+43A	+43B	+49C	+37D	+33E	+35F	+29G	+14H	+18I	+9J	=	-3572
	+43A	+42B	+48C	+36D	+32E	+34F	+28G	+13H	+17I	+8J	=	-3454

	A	B	C	D	E	F	G	H	I	J		
	-14	-7	-10	-2	-2	-17	-22	-19	-21	-18		
	-98	-35	-80	-18	-22	-119	-220	-76	-231	-126	=	-1025
	-154	-91	-90	-30	-26	-255	-330	-152	-315	-108	=	-1551
	-224	-119	-120	-38	-40	-323	-396	-190	-294	-90	=	-1834
	-336	-133	-180	-42	-54	-425	-572	-209	-315	-108	=	-2374
	-448	-168	-280	-48	-58	-561	-594	-228	-336	-126	=	-2847
	-504	-238	-390	-70	-66	-595	-638	-266	-378	-162	=	-3307
	-490	-245	-400	-68	-60	-544	-572	-209	-315	-108	=	-3011
	-588	-294	-490	-74	-66	-595	-638	-266	-378	-162	=	-3551
	-602	-301	-490	-74	-66	-595	-638	-266	-378	-162	=	-3572
	-602	-294	-480	-72	-64	-578	-616	-247	-357	-144	=	-3454

98)

	A	B	C	D	E	F	G	H	I	J		
	11	20	6	16	5	19	25	25	5	8		
	+9A	+1B	+9C	+9D	+1E	+8F	+5G	+1H	+4I	+9J	=	716
	+21A	+6B	+14C	+19D	+8E	+21F	+16G	+11H	+16I	+13J	=	2037
	+21A	+4B	+18C	+20D	+10E	+18F	+19G	+11H	+12I	+9J	=	2013
	+31A	+12B	+28C	+28D	+17E	+24F	+29G	+14H	+15I	+12J	=	2984
	+30A	+18B	+33C	+29D	+21E	+23F	+27G	+12H	+13I	+10J	=	3014
	+39A	+29B	+39C	+33D	+30E	+25F	+29G	+14H	+15I	+12J	=	3642
	+38A	+35B	+38C	+35D	+28E	+23F	+27G	+12H	+13I	+10J	=	3603
	+38A	+43B	+38C	+34D	+27E	+22F	+26G	+11H	+12I	+9J	=	3660
	+40A	+45B	+39C	+35D	+28E	+23F	+27G	+12H	+13I	+10J	=	3831
	+43A	+47B	+41C	+37D	+30E	+25F	+29G	+14H	+15I	+12J	=	4122

2-10 Variables Associated Expression Systems

10-Variable Systems followed by Verificiations

A	B	C	D	E	F	G	H	I	J		
11	20	6	16	5	19	25	25	5	8		
99	20	54	144	5	152	125	25	20	72	=	716
231	120	84	304	40	399	400	275	80	104	=	2037
231	80	108	320	50	342	475	275	60	72	=	2013
341	240	168	448	85	456	725	350	75	96	=	2984
330	360	198	464	105	437	675	300	65	80	=	3014
429	580	234	528	150	475	725	350	75	96	=	3642
418	700	228	560	140	437	675	300	65	80	=	3603
418	860	228	544	135	418	650	275	60	72	=	3660
440	900	234	560	140	437	675	300	65	80	=	3831
473	940	246	592	150	475	725	350	75	96	=	4122

99)

A	B	C	D	E	F	G	H	I	J		
-11	-1	-19	-8	-10	-5	-2	-16	-9	-6		
+11A	+9B	+4C	+11D	+6E	+6F	+11G	+4H	+9I	+11J	=	-617
+15A	+10B	+11C	+13D	+8E	+8F	+13G	+6H	+13I	+9J	=	-901
+21A	+19B	+23C	+25D	+16E	+12F	+18G	+12H	+16I	+12J	=	-1551
+21A	+23B	+26C	+25D	+18E	+14F	+18G	+11H	+15I	+11J	=	-1611
+26A	+26B	+35C	+28D	+25E	+19F	+18G	+11H	+15I	+11J	=	-1959
+33A	+34B	+36C	+35D	+32E	+19F	+18G	+11H	+15I	+11J	=	-2189
+39A	+39B	+40C	+41D	+31E	+18F	+17G	+10H	+14I	+10J	=	-2336
+44A	+50B	+45C	+43D	+33E	+20F	+19G	+12H	+16I	+12J	=	-2609
+41A	+47B	+41C	+39D	+29E	+16F	+15G	+8H	+12I	+8J	=	-2273
+42A	+47B	+41C	+39D	+29E	+16F	+15G	+8H	+12I	+8J	=	-2284

A	B	C	D	E	F	G	H	I	J		
-11	-1	-19	-8	-10	-5	-2	-16	-9	-6		
-121	-9	-76	-88	-60	-30	-22	-64	-81	-66	=	-617
-165	-10	-209	-104	-80	-40	-26	-96	-117	-54	=	-901
-231	-19	-437	-200	-160	-60	-36	-192	-144	-72	=	-1551
-231	-23	-494	-200	-180	-70	-36	-176	-135	-66	=	-1611
-286	-26	-665	-224	-250	-95	-36	-176	-135	-66	=	-1959
-363	-34	-684	-280	-320	-95	-36	-176	-135	-66	=	-2189
-429	-39	-760	-328	-310	-90	-34	-160	-126	-60	=	-2336
-484	-50	-855	-344	-330	-100	-38	-192	-144	-72	=	-2609
-451	-47	-779	-312	-290	-80	-30	-128	-108	-48	=	-2273
-462	-47	-779	-312	-290	-80	-30	-128	-108	-48	=	-2284

10-Variable Systems followed by Verificiations

100)

	A	B	C	D	E	F	G	H	I	J		
	1	6	10	13	17	10	5	2	8	10		
	+10A	+10B	+5C	+3D	+5E	+5F	+3G	+4H	+5I	+10J	=	457
	+18A	+14B	+7C	+5D	+13E	+7F	+8G	+5H	+13I	+9J	=	772
	+28A	+19B	+17C	+11D	+23E	+13F	+20G	+15H	+17I	+13J	=	1372
	+30A	+24B	+15C	+15D	+24E	+15F	+22G	+11H	+13I	+9J	=	1403
	+35A	+28B	+22C	+23D	+31E	+20F	+22G	+11H	+13I	+9J	=	1775
	+42A	+32B	+30C	+34D	+38E	+22F	+24G	+13H	+15I	+11J	=	2218
	+48A	+33B	+38C	+40D	+38E	+22F	+24G	+13H	+15I	+11J	=	2388
	+54A	+34B	+44C	+39D	+37E	+21F	+23G	+12H	+14I	+10J	=	2395
	+54A	+36B	+43C	+38D	+36E	+20F	+22G	+11H	+13I	+9J	=	2332
	+58A	+39B	+46C	+41D	+39E	+23F	+25G	+14H	+16I	+12J	=	2579

	A	B	C	D	E	F	G	H	I	J		
	1	6	10	13	17	10	5	2	8	10		
	10	60	50	39	85	50	15	8	40	100	=	457
	18	84	70	65	221	70	40	10	104	90	=	772
	28	114	170	143	391	130	100	30	136	130	=	1372
	30	144	150	195	408	150	110	22	104	90	=	1403
	35	168	220	299	527	200	110	22	104	90	=	1775
	42	192	300	442	646	220	120	26	120	110	=	2218
	48	198	380	520	646	220	120	26	120	110	=	2388
	54	204	440	507	629	210	115	24	112	100	=	2395
	54	216	430	494	612	200	110	22	104	90	=	2332
	58	234	460	533	663	230	125	28	128	120	=	2579

Dedication

This systems research book is dedicated to me, my parents and my family.

About Author

Shams Zia BSc. (Hons) Computer Science (Hajvery University), BCS (Punjab University) a computer scientist and research writer with 20+ years of development experience. His major inventions are "Equated Accounting Math", "Circle 45 /7 (Constants Circle)", "+Account -Balance Difference and N-Difference Equation System", "Balance Matrix Balanced Value System", "Set Accounting Math", "Data Math", "Data CRUD", "Commerce Math" and "Associated Value Expression System". In extra curricular activities, he is a karatay sports man, likes running and gym. He loves his family, parents and children.

Bibliography

Zia, Shams. Equated Accounting. Accounting Organization Society Research Draft AOS-D-19-00151.

Zia, Shams. Equated Accounting. Accounting Organization Society Research Draft AOS-D-19-00285.

Zia, Shams. Equated Accounting Math (Eq. Acc. Math Equation Accounting) Research Draft AAM-D-21-00519.

Zia, Shams. Equated Accounting Set (Eq. Acc. Set Equation Accounting) Research Draft AAM-D-22-00168.

Zia, Shams. Equated Accounting Data (Eq. Acc. Data (Data Math)) Research Draft AAM-D-22-00181.

Zia, Shams. Equated Accounting Commerce (Commerce Math) Research Draft AOS-D-22-00184.

Zia, Shams. Journal of Computer and System Sciences Research Draft JCSS-D-23-00296.

Zia, Shams. Invention Disclosure Equated Accounting Math Research Draft INV-D-23-00036.

Zia, Shams. Equated Accounting Math Research Book ISBN 9789999310567.

Zia, Shams. Circle 45 /7 Theory Research Book ISBN 9789999311700.

Zia, Shams. Equated Accounting Math (Eq. Acc Math II Range Equation) Draft AAM-D-23-00554.

Zia, Shams Invention Disclosure, Equated Accounting Math (Eq. Acc. Math III, Balanced Matrix Value System) Draft INV-D-24-00020.

Zia, Shams, (July, 2024). Associated Expression Value System Research (Concept Paper) http://dx.doi.org/10.13140/RG.2.2.25361.24166

Zia, Shams, (July, 2024). Associated Expression Value System Research Supplement (Data) (http://dx.doi.org/10.13140/RG.2.2.21468.40326)

(https://www.researchgate.net/publication/382440911_Associated_Expression_Value_System_Research_Supplement)

Zia, Shams, (July, 2024). Balanced Matrix Value System Research Supplement (Data) (http://dx.doi.org/10.13140/RG.2.2.13079.79523)

Zia, Shams, (August, 2024). Solution to System Research Supplement (Data) http://dx.doi.org/10.13140/RG.2.2.32900.13440

Zia, Shams, (August, 2024). Linear and System Expressions http://dx.doi.org/10.13140/RG.2.2.35131.63527

Zia, Shams, (August, 2024). Generalized Expression Value System Research Supplement (Data)

http://dx.doi.org/10.13140/RG.2.2.20248.40961

Zia, Shams, (September, 2024). Associated Expression Binary Logic Systems http://dx.doi.org/10.13140/RG.2.2.17826.03522

Zia, Shams, (September, 2024). Expression Systems Decimal Unit (Data)

http://dx.doi.org/10.13140/RG.2.2.10541.70882

Zia, Shams, (September, 2024). Expression Systems Double Unit (Data)

http://dx.doi.org/10.13140/RG.2.2.17252.59528

Copyright © 2024 Shams Zia

All rights reserved.

www.ingramcontent.com/pod-product-compliance
Lightning Source LLC
Chambersburg PA
CBHW062100220526
45471CB00010B/3546
9798339441496